中国气象灾害年鉴

(2011)

中国气象局

内容简介

本年鉴是中国气象局主要业务产品之一。全书共分为六章，第一章重点描述和分析2010年重大气象灾害和异常气候事件及其成因；第二章按灾种分析年内对我国国民经济产生较大影响的干旱、暴雨洪涝、热带气旋、局地强对流、沙尘暴、低温冷冻害和雪灾、雾、雷电、高温热浪、酸雨、农业气象灾害、森林草原火灾、病虫害等发生的特点、重大事例，并对其影响进行评估；第三、第四章分别从月和省（区、市）的角度概述气象灾害的发生情况；第五章分析2010年全球气候特征、重大气象灾害及其成因；第六章介绍2010年中国气象局防灾减灾重大事例。本年鉴附录给出气象灾害灾情统计资料和月、季、年气候特征分布图以及港澳台地区的部分气象灾情。本书比较全面地总结分析了2010年我国气象灾害特点及其影响，可供从事气象、农业、水文、地质、地理、生态、环境、保险、人文、经济、社会其他行业以及灾害风险评估管理等方面的业务、科研、教学和管理决策人员参考。

图书在版编目（CIP）数据

中国气象灾害年鉴. 2011 / 中国气象局编. — 北京：气象出版社，2012.3

ISBN 978-7-5029-5446-8

I. ①中… II. ①中… III. ①气象灾害－中国－2011－年鉴 IV. ①P429-54

中国版本图书馆CIP数据核字（2012）第036325号

出版发行：气象出版社　　地　社：北京市海淀区中关村南大街46号
网　址：http://www.cmp.cma.gov.cn　　邮　编：100081
E-mail：qxcbs@cma.gov.cn　　电　话：总编室 010-68407112　发行部 010-68409198
责任编辑：张　斌　　终　审：周诗健
封面设计：王　伟　　责任技编：吴庭芳
印　刷：北京天成印务有限责任公司
开　本：889mm×1194mm　1/16　　印　张：14.5　　字　数：440千字
版　次：2012年3月第一版　　印　次：2012年3月第一次印刷
印　数：1—1500
定　价：120.00元

中国气象灾害年鉴（2011）

2011 年 3 月 23—25 日，2010 年度气象灾情核灾会
在江西省南昌市召开（国家气候中心提供）

2010 年 1—2 月，北疆出现 60 年来最强雪灾
（新疆阿勒泰地区气象局提供）

2010 年 3 月 29 日，干涸的云南省陆良县德格海子水库
（云南省气象局提供）

2010 年 4 月 24 日，甘肃民勤出现
强沙尘暴（中国气象报）

2010 年 5 月，西南秋冬春特大干旱，贵州受旱的
油菜种植基地（贵州省气象局提供）

2010 年 6 月 19 日，206 国道鹰潭龙虎山鱼塘大桥
被洪水冲断（江西省鹰潭市气象局提供）

2010 年 6 月 27 日，贵州省关岭县岗乌镇特大泥石流灾害（贵州省气象局提供）

2010 年 7 月 26—27 日，浙江省温岭市城区出现内涝（浙江省温岭市气象局提供）

2010 年 8 月 8 日，甘肃省舟曲县城泥石流灾害（兰州中心气象台提供）

2010 年 9 月 21 日，台风“凡亚比”在广东茂名马贵镇造成洪涝、泥石流灾害（广东省气象局提供）

2010 年 10 月 5 日，持续暴雨造成海南省三亚市城区道路被淹（海南省三亚市气象局提供）

2010 年 12 月 20 日江苏赣榆小麦大面积枯黄（江苏省气象局提供）

序 言

气象灾害是指由气象原因直接或间接引起的，给人类和社会经济造成损失的灾害现象。20 世纪 90 年代以来，在全球气候变暖背景下，气象灾害呈明显上升趋势，对经济社会发展的影响日益加剧，给国家安全、经济社会、生态环境以及人类健康带来了严重威胁。随着我国社会经济发展进程的加快，气象灾害的风险越来越大，影响范围也越来越广。因此，必须把加强防灾减灾作为重要的战略任务，不断提高气象服务水平，增强气象灾害的监测、分析、预警和信息发布能力，为我国经济社会可持续发展提供支撑和保障。

气象灾害信息是气象灾害预测与评估的基础资料。为适应提高防灾减灾能力、保护人民生命财产安全和构建和谐社会的需求，中国气象局从 2005 年开始组织国家气候中心、国家气象中心、中国气象科学研究院、国家卫星气象中心以及各省（区、市）气象局共同编撰出版《中国气象灾害年鉴》。《中国气象灾害年鉴》为研究自然灾害的演变规律、时空分布特征和致灾机理等提供了宝贵的基础信息，为开展灾害风险综合评估、科学预测和有效预防气象灾害提供了有价值的参考。

2010 年，中国极端天气气候事件频发。西南地区发生历史罕见秋冬春特大干旱；东北、华北发生近 40 年罕见冬春持续低温，新疆北部出现有气象记录以来最为严重的雪灾；华南、江南、北方和西部地区先后遭受多轮暴雨袭击，海南出现历史罕见持续性强降水过程，甘肃舟曲等地因局地强降水引发严重山洪、泥石流、滑坡等地质灾害；夏季高温频繁，强度强，范围大，初夏东北多地最高气温突破历史极值；热带气旋登陆比例高，影响区域集中；春季，强沙尘暴影响范围广。全国气象及

其衍生灾害受灾人口近4.3亿人次，因灾死亡4000多人，农作物受灾面积3700多万公顷，绝收面积480多万公顷，直接经济损失5000多亿元。总体来看，2010年气象灾害直接经济损失超过1990—2009年的平均水平，气象灾害属于偏重年份。《中国气象灾害年鉴（2011）》系统地收集、整理和分析了2010年我国所发生的干旱、暴雨洪涝、台风、冰雹和龙卷风、沙尘暴、低温冷冻害和雪灾等主要气象灾害及其对国民经济和社会发展的影响，收录了港澳台地区的部分气象灾情及全球重大气象灾害，给出了全年主要气象灾害灾情图表、主要气象要素和天气现象特征分布图。希望通过本年鉴对2010年气象灾害的总结分析，能为有关部门加强防灾减灾工作和减少气象灾害损失提供帮助。

中国气象局副局长

许小峰

编写说明

一、 资料来源

本年鉴气象资料和灾情数据来自我国各级气象部门的气象观测整编资料、天气气候情报分析、气象灾情报告、气候影响评估报告，以及民政部、水利部、农业部、国土资源部、国家统计局等有关部门提供的信息材料。某区域同一熟农作物多次遭受干旱、洪涝、风雹等灾害，在统计全年受灾面积时，不重复计算；在统计全年人员伤亡、经济损失时，则进行累计统计。

二、 气象灾害收录标准

1. 干旱

指因一段时间内少雨或无雨，降水量较常年同期明显偏少而致灾的一种气象灾害。干旱影响到自然环境和人类社会经济活动的各个方面。干旱导致土壤缺水，影响农作物正常生长发育并造成减产；干旱造成水资源不足，人畜饮水困难，城市供水紧张，制约工农业生产发展；长期干旱还会导致生态环境恶化，甚者还会导致社会不稳定进而引发国家安全等方面的问题。

本年鉴收录整理的干旱标准为一个省（自治区、直辖市）或约5万平方千米以上的某一区域，发生持续时间20天以上，并造成农业受灾面积10万公顷以上，或造成10万以上人口生活、生产用水困难的干旱事件。

2. 暴雨洪涝

指长时间降水过多或区域性持续的大雨（日降水量25.0～49.9毫米）、暴雨以上强度降水（日降水量大于等于50.0毫米）以及局地短时强降水引起江河洪水泛滥，冲毁堤坝、房屋、道路、桥梁，淹没农田、城镇等，引发地质灾害，造成农业或其他财产损失和人员伤亡的一种灾害。

本年鉴收录整理的标准为某一地区发生局地或区域暴雨过程，并造成洪水或引发泥石流、滑坡等地质灾害，使农业受灾面积达5万公顷以上，或造成死亡人数10人以上，或造成直接经济损失1亿元以上。

3. 热带气旋

指生成于热带或副热带海洋上伴有狂风暴雨的大气涡旋，在北半球作逆时针方向旋转，在南半球作顺时针方向旋转。它在围绕自己中心旋转的同时，不断向前移动，其形状像旋转的陀螺边行边转。热带气旋主要是依靠水汽凝结时释放的潜热而形成和发展起来的。其强度以中心附近最大平均风力划分为热带低压（中心附近最大平均风力6～7级）、热带风暴（中心附近最大平均风力8～9级）、强热带风暴（中心附近最大平均风力10～11级）、台风（中心附近最大平均风力12～13级）、强台风（中心附近最大平均风力14～15级）、超强台风（中心附近最大平均风力16级或16级以上）。热带气旋尤其是达到台风强度的热带气旋具有

很强的破坏力，狂风会掀翻船只、摧毁房屋和其他设施，巨浪能冲破海堤，暴雨能引发山洪。

本年鉴收录整理的标准为中心附近最大平均风力大于等于8级，在我国登陆或虽未登陆但对我国有影响，并造成10人以上死亡，或造成直接经济损失1亿元以上的热带气旋。

4. 冰雹和龙卷风

冰雹是指从发展强盛的积雨云中降落到地面的冰球或冰块，其下降时巨大的动量常给农作物和人身安全带来严重危害。冰雹出现的范围虽较小，时间短，但来势猛，强度大，常伴有狂风骤雨，因此往往给局部地区的农牧业、工矿企业、电讯、交通运输以及人民生命财产造成较大损失。龙卷风是一种范围小、生消迅速，一般伴随降雨、雷电或冰雹的猛烈涡旋，是一种破坏力极强的小尺度风暴。

本年鉴收录整理的标准为在某一地区出现的风雹过程，使农业受灾面积1000公顷以上，或造成2人以上死亡，或造成直接经济损失1000万元以上。

5. 沙尘暴

指由于强风将地面大量尘沙吹起，使空气浑浊，水平能见度小于1000米的天气现象。水平能见度小于500米为强沙尘暴，水平能见度小于50米为特强沙尘暴。沙尘暴是干旱地区特有的一种灾害性天气。强风摧毁建筑物、树木等，甚至造成人畜伤亡；流沙埋没农田、渠道、村舍、草场等，使北方脆弱的生态环境进一步恶化；沙尘中的有害物及沙尘颗粒造成环境污染，危害人们的身体健康；恶劣的能见度影响交通运输，并间接引发交通事故。

本年鉴收录整理的标准是沙尘暴以上等级，并且造成直接经济损失超过10万元以上的沙尘天气过程。

6. 低温冷（冻）害及雪（白）灾

低温冷（冻）害包括低温冷害、霜冻害和冻害。低温冷害是指农作物生长发育期间，因气温低于作物生理下限温度，影响作物正常生长发育，引起农作物生育期延迟，或使生殖器官的生理活动受阻，最终导致减产的一种农业气象灾害。霜冻害指在农作物、果树等生长季节内，地面最低温度降至0℃以下，使作物受到伤害甚至死亡的农业气象灾害。冻害一般指冬作物和果树、林木等在越冬期间遇到0℃以下（甚至－20℃以下）或剧烈变温天气引起植株体冰冻或丧失一切生理活力，造成植株死亡或部分死亡的现象。雪灾指由于降雪量过多，使蔬菜大棚、房屋被压垮，植株、果树被压断，或对交通运输及人们出行造成影响，造成人员伤亡或经济损失的现象。白灾是草原牧区冬春季由于降雪量过多或积雪过厚，加上持续低温，雪层维持时间长，积雪掩埋牧场，影响牲畜放牧采食或不能采食，造成牲畜饿冻或因而染病、甚至发生大量死亡的一种灾害。

本年鉴收录整理的标准为影响范围1万平方千米以上并造成农业受灾面积1000公顷以上，或造成2人以上死亡，或死亡牲畜1万头（只）以上，或造成经济损失100万元以上。

7. 雾

指近地层空气中悬浮的大量水滴或冰晶微粒的乳白色的集合体，使水平能见度降到1千米以下的天气现象。雾使能见度降低会造成水、陆、空交通灾难，也会对输电、人们日常生活等造成影响。

本年鉴收录整理的标准为影响范围1万平方千米以上，持续时间2小时以上；并因雾造成2人以上死亡，或造成经济损失100万元以上。

8. 雷电

雷电是在雷暴天气条件下发生于大气中的一种长距离放电现象，具有大电流、高电压、强电磁辐射等特征。雷电多伴随强对流天气产生，常见的积雨云内能够形成正负的荷电中心，当聚集的电量足够大时，形成足够强的空间电场，异性荷电中心之间或云中电荷区与大地之间就会发生击穿放电，这就是雷电。雷电导致人员伤亡，建筑物、供配电系统、通信设备、民用电器的损坏，引起森林火灾，造成计算机信息系统中断，致使仓储、炼油厂、油田等燃烧甚至爆炸，危害人民财产和人身安全，同时也严重威胁航空航天等运载工具的安全。

本年鉴所收集整理的雷电灾害事件标准为雷击死亡 3 人及以上，或者死亡和受伤 4 人及以上，或者直接经济损失超过 100 万元的雷击事件。

9. 高温热浪

本年鉴将日最高气温大于或等于 35℃ 定义为高温日；连续 5 天以上的高温过程称为持续高温或“热浪”天气。高温热浪对人们日常生活和健康影响极大，使与热有关的疾病发病率和死亡率增加；加剧土壤水分蒸发和作物蒸腾作用，加速旱情发展；导致水电需求量猛增，造成能源供应紧张。

本年鉴收录整理的标准为对人体健康、社会经济等产生较大影响的高温热浪过程。

10. 酸雨

pH 值小于 5.6 的雨水、冻雨、雪、雹、露等大气降水称为酸雨。酸雨的形成是大气中发生的错综复杂的物理和化学过程，但其最主要因素是二氧化硫和氮氧化物在大气或水滴中转化为硫酸和硝酸所致。酸雨的危害包括森林退化，湖泊酸化，导致鱼类死亡，水生生物种群减少，农田土壤酸化、贫瘠，有毒重金属污染增强，粮食、蔬菜、瓜果大面积减产，使建筑物和桥梁损坏，文物遭受侵蚀等。

本年鉴按照大气降水 pH 值≥5.6 为非酸性降水、4.5≤pH 值<5.6 为弱酸性降水、pH 值<4.5 为强酸性降水的标准对酸雨基本情况进行分析和整理。

11. 农业气象灾害

农业气象灾害是指不利的气象条件给农业生产造成的危害。农业气象灾害按气象要素可分为单因子和综合因子两类。由温度要素引起的农业气象灾害，包括低温造成的霜冻害、冬作物越冬冻害、冷害、热带和亚热带作物寒害以及高温造成的热害；由水分因子引起的有旱害、涝害、雪害和雹害等；由风力异常造成的农业气象灾害，如大风害、台风害、风蚀等；由综合气象要素引起的农业气象灾害，如干热风、冷雨害、冻涝害等。此外，广义的农业气象灾害还包括畜牧气象灾害（如白灾、黑灾、暴风雪等）和渔业气象灾害等。

本年鉴所收集整理的农业气象灾害为对农作物生长发育、产量形成造成不利影响，导致作物减产、品质降低、农田或农业设施损毁等影响较大的灾害过程或事件。

12. 森林草原火灾

指失去人为控制，并在森林内或草原上自由蔓延和扩展，对森林草原生态系统和人类带来一定危害和损失的森林草原火灾。

本年鉴收录整理的标准为造成森林草原受灾面积 100 公顷以上或造成人员伤亡、或造成经济损失 100 万元以上的森林草原火灾。

13. 病虫害

病虫害是农业生产中的重大灾害之一，指虫害和病害的总称，它直接影响作物产量和品

质。虫害指农作物生长发育过程中，遭到有害昆虫的侵害，使作物生长和发育受到阻碍，甚至造成枯萎死亡；病害指植物在生长过程中，遇到不利的环境条件，或者某种寄生物侵害，而不能正常生长发育，或是器官组织遭到破坏，表现为植物器官上出现斑点、植株畸形或颜色不正常，甚至整个器官或全株死亡与腐烂等。

本年鉴收录整理的标准为与气象条件相关的病虫害，造成受灾面积100万公顷以上。

三、 港澳台地区灾情

全国气象灾情统计数据未包含香港、澳门和台湾地区，港澳台地区的部分灾情见附录6。

目　录

概　述

2010 年，中国平均年降水量 681.0 毫米，比常年偏多 11.1%，为 1951 年以来第 4 多（图 1）；四季降水量均偏多，其中春季和秋季降水量分别为 1951 年以来的第 3 多和第 6 多。中国年平均气温 9.5℃，较常年偏高 0.7℃，是 1951 年以来历史第 10 高值，也是 1997 年以来连续第 14 年高于常年值（图 2）；春季气温偏低、冬夏秋均偏高，夏季气温为 1951 年以来历史同期最高。

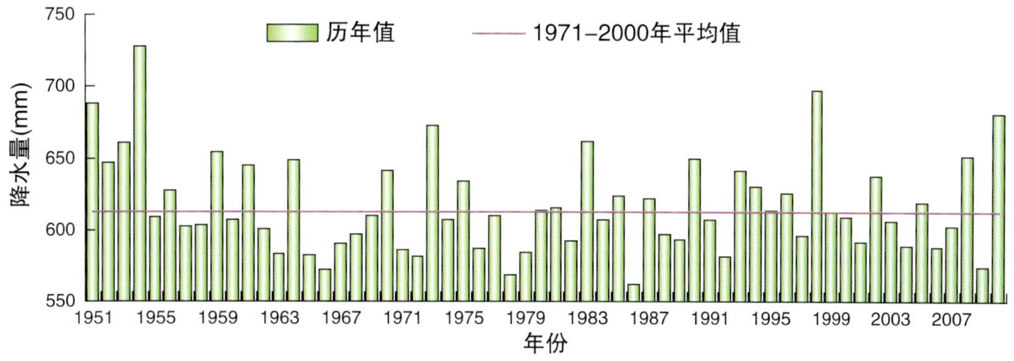

图 1　1951—2010 年全国平均年降水量历年变化图

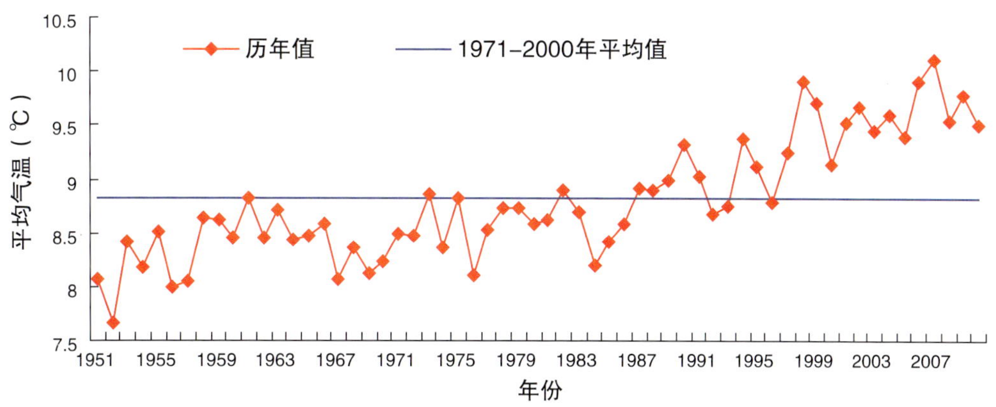

图 2　1951—2010 年全国年平均气温历年变化图

2010 年，中国极端天气气候事件频发。西南地区发生历史罕见秋冬春特大干旱。东北、华北发生近 40 年罕见冬春持续低温，新疆北部出现有气象记录以来最为严重的雪灾。5 月至 7 月华南、江南遭受 14 轮暴雨袭击，7 月中旬至 9 月上旬北方和西部地区遭受 10 轮暴雨袭击，10 月海南出现历史罕见持续性强降水过程，甘肃舟曲等地因局地强降水引发严重山洪、泥石流、滑坡等地质灾害。夏季高温频繁，强度强，范围大，初夏东北多地最高气温突破历史极值。热带气旋登陆比例高，影响区域集中，台风“灿都”、“凡亚比”造成损失较重。重庆出现近 20 余年来最严重风雹灾害，人员伤亡大。春季，强沙尘暴影响范围广，横扫 21 个省（区、市）。

据统计，2010 年全国因气象灾害及其次生、衍生灾害导致受灾人口近 4.3 亿人次，因灾死亡 4000 多人，农作物受灾面积 3700 多万公顷，绝收面积 480 多万公顷，直接经济损失 5000 多亿元（图 3）。总体来看，2010 年气象灾害直接经济损失超过 1990—2009 年的平均水平，气象灾害属于偏重年份。

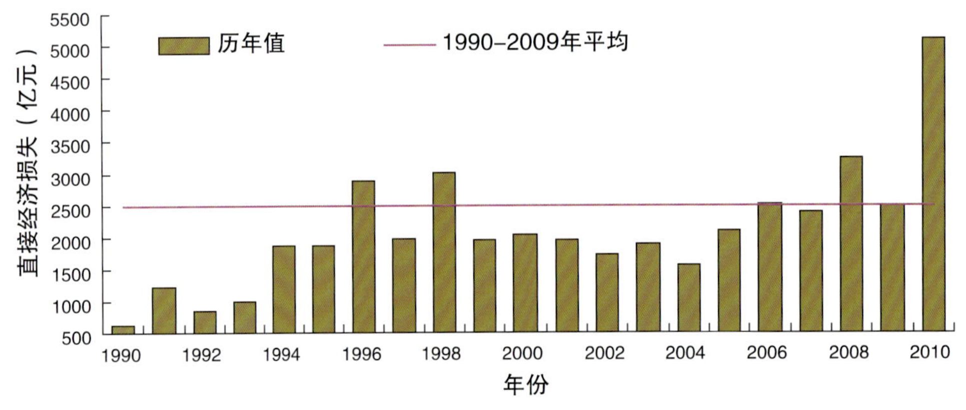

图 3　1990—2010 年全国气象灾害直接经济损失直方图

图 4 给出 2010 年全国主要气象灾害在各项损失指标中所占比例。除“绝收面积”干旱占 54.9%外，其他各项损失指标中以暴雨洪涝所占比例最高。暴雨洪涝在“死亡人口”、“倒塌房屋”、“直接经济损失”中所占比例分别为 80.7%、89.8%和 68.8%，均超过 60%。受灾人口和受灾面积也分别达到 46.9%和 46.8%。

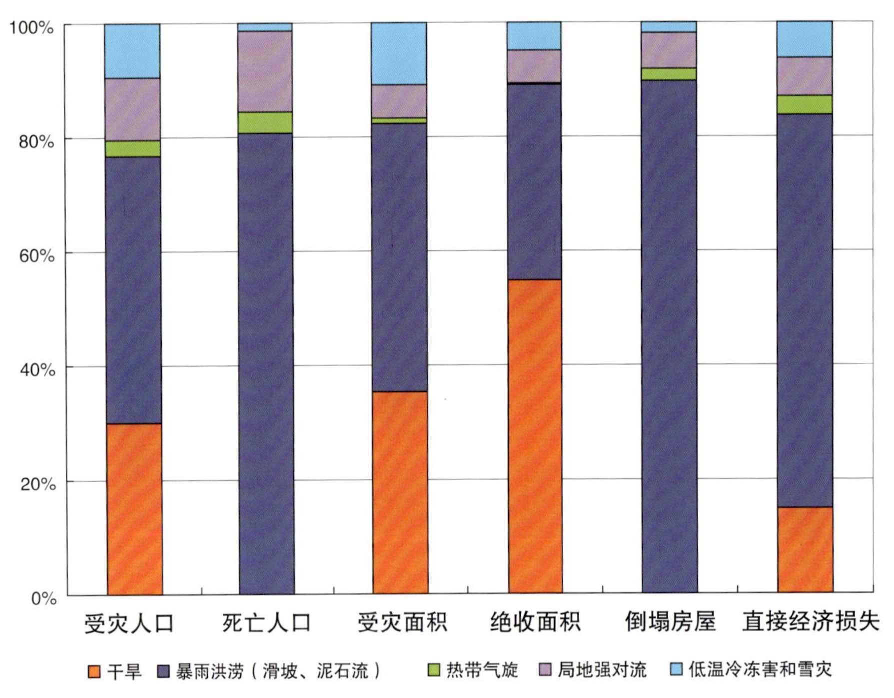

图 4　2010 年全国主要气象灾害各项损失指标比例图

与 2009 年相比，2010 年全国气象灾害造成的死亡人数、直接经济损失明显偏多，受灾人口、农作物受灾面积偏少，绝收面积接近。分灾种比较，2010 年暴雨洪涝、低温冷冻害和雪灾直接经济损失较 2009 年显著偏重，干旱的直接经济损失偏轻，热带气旋和局地强对流的直接经济损失接近 2009 年（图 5 左）；暴雨洪涝（含滑坡、泥石流）、热带气旋造成的死亡人数较 2009 年明显偏多，局地强对流造成死亡人数略偏多，低温冷冻害和雪灾造成的死亡人数接近 2009 年（图 5 右）。

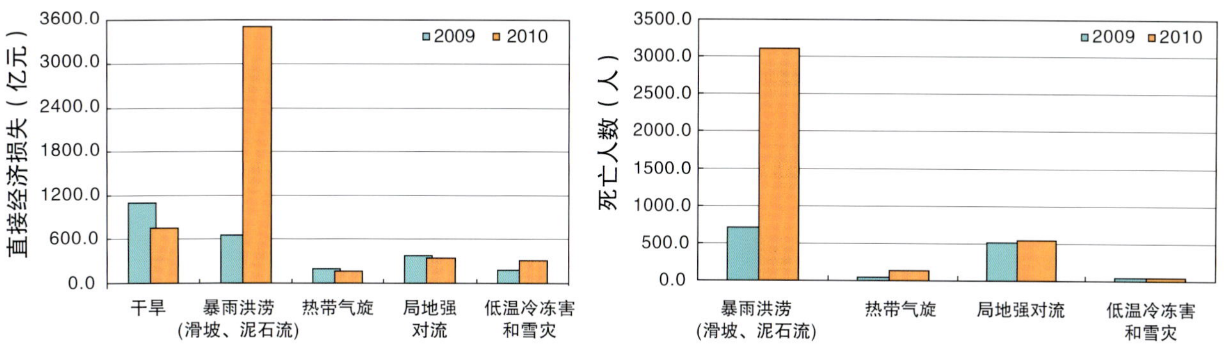

图 5　2010 年全国主要气象灾害直接经济损失（左）和死亡人数（右）与 2009 年比较图

2010 年主要气象灾害概述：

干旱　2010 年，中国干旱受灾面积 1320 多万公顷，较常年偏小，且明显小于 2009 年，但区域性和阶段性干旱严重，属干旱灾害中等年份。西南地区发生历史罕见秋冬春特大干旱；华北及内蒙古中东部夏旱明显；黄淮、华北南部及江淮北部发生秋冬连旱（图 6）。

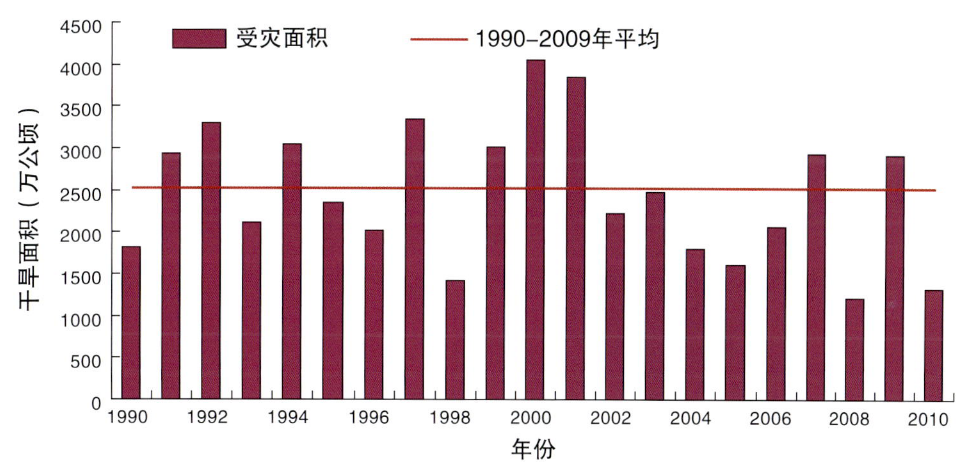

图 6　1990—2010 年全国干旱受灾面积直方图

暴雨洪涝（及其引发的滑坡和泥石流）　2010 年，中国暴雨过程频繁，降雨强度大，导致多流域汛情并发，滑坡和泥石流等次生灾害严重。3 月江南出现历史罕见早汛；5—7 月南方遭受 14 次强降雨轮番袭击，汛情严重；7 月中旬至 9 月上旬，北方出现严重暴雨洪涝；甘肃舟曲局地强降雨引发特大山洪泥石流灾害；云贵川等地汛期频发泥石流、滑坡灾害；10 月上中旬，海南出现历史罕见持续性强降水。2010 年，暴雨洪涝受灾面积 1750 多万公顷，明显高于 1990—2009 年平均水平（图 7）。同时，死亡失踪人口和直接经济损失偏重，暴雨洪涝灾害属于偏重年份。

热带气旋（台风）　2010 年，在西北太平洋和南海共有 14 个热带气旋（中心附近最大风力≥8 级）生成，较常年（27 个）偏少 13 个，与 1998 年并列为 1949 年以来生成个数最少年。其中 7 个登陆中国，登陆个数接近常年（7.1 个）；登陆比例高达 50%，为 1949 年以来最高。台风登陆地点集中，有 5 个在福建沿海登陆。受登陆热带气旋影响，造成 140 人死亡，直接经济损失 166.4 亿元，死亡人数和直接经济损失都少于 1990—2009 年平均水平。总体而言，2010 年台风灾害损失较常年偏轻（图 8）。

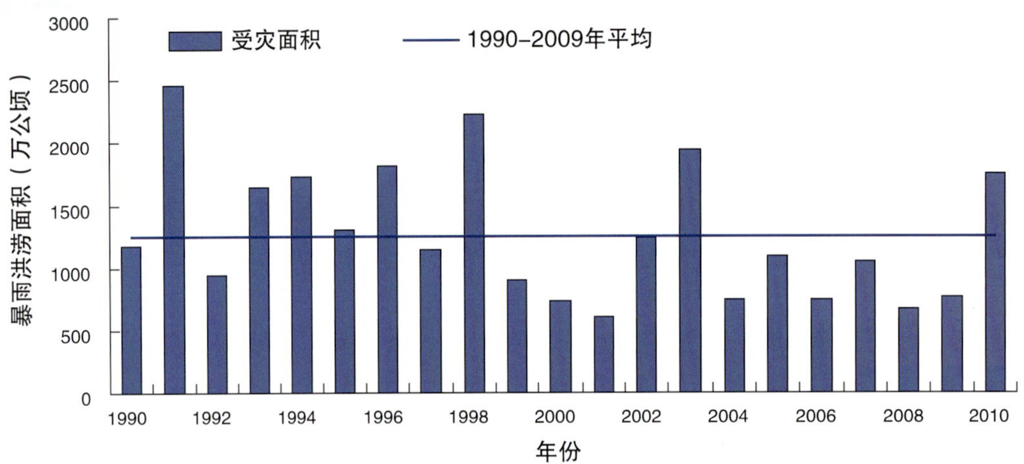

图 7　1990—2010 年全国暴雨洪涝受灾面积直方图

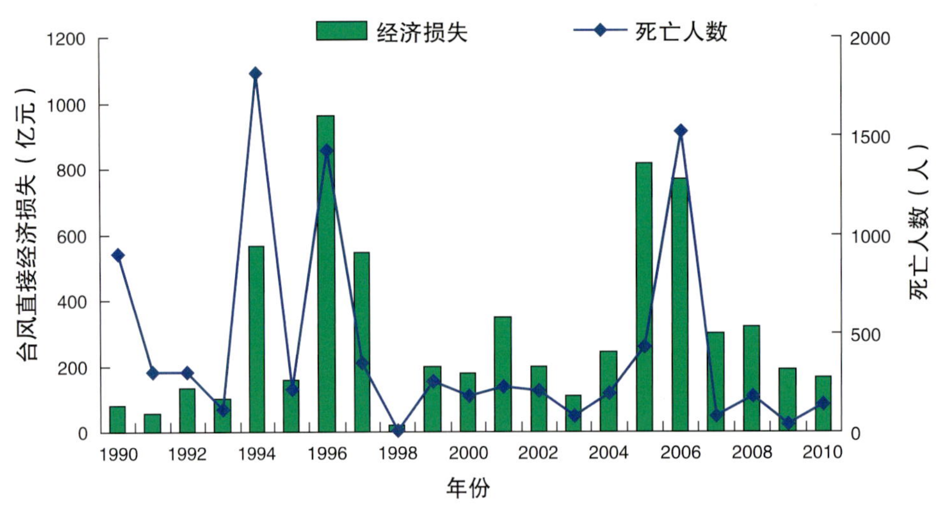

图 8　1990—2010 年全国热带气旋直接经济损失和死亡人数直方图

局地强对流（大风、冰雹、龙卷及雷电等）　2010 年，中国平均强对流日数比常年同期偏少，为 1961 年以来历史同期第 5 少。全年因风雹灾害共造成 218.0 万公顷农作物受灾，直接经济损失 350.9 亿元，受灾面积和经济损失都较 2009 年偏轻，但局部地区灾情重。5 月 3—8 日，重庆 21 个县（区）遭受罕见风雹灾害，为重庆地区近 20 余年来最重，造成严重人员伤亡。

低温冷冻害及雪灾　2010 年，中国因低温冷冻灾害和雪灾共造成农作物受灾面积 412.1 万公顷，受灾面积较常年和 2009 年均偏大，为灾情偏重年份。东北、华北发生近 40 年罕见冬春持续低温，新疆北部 1—3 月出现有气象记录以来最为严重的雪灾，11—12 月东北及内蒙古等地发生严重雪灾。

沙尘暴　2010 年春季，中国北方地区平均沙尘日数为 2.5 天，比常年同期偏少 3.1 天，为 1961 年以来历史同期第 8 少；沙尘天气过程有 16 次，较常年同期（19.2 次）偏少，但较 2000—2009 年同期平均值（12.7 次）偏多。强沙尘暴过程少，沙尘暴过程多。沙尘天气阶段性集中多发，且前春多后春少，影响范围广，局地强度强。3 月 19—22 日的强沙尘暴过程影响中国 21 个省（区、市），是 2010 年影响中国范围最广的一次。

第一章 重大气象灾害和气候事件及气候异常成因分析

1.1 重大气象灾害和异常气候事件

1.1.1 2010年全国降水量为近十年最多

2010年，中国平均年降水量681.0毫米，比常年偏多11.1%，为1961年以来第2多。全国共出现暴雨1540站日，比常年（1267站日）偏多21.5%，为1961年以来第3多。全国共有98站的日降水量突破历史极值，主要分布在新疆、辽宁、甘肃、青海、陕西、四川、云南、江苏、江西、湖南、福建、广东和海南等地，其中27站日降水量超过250毫米，海南琼海（701.9毫米），广东惠东（718.5毫米）等站日降水量超过600毫米。

1.1.2 西南地区发生历史罕见秋冬春特大干旱

2009年9月至2010年3月中旬，云南、贵州、四川南部、重庆南部、广西北部持续少雨，气温偏高，降水量比常年同期偏少30%～80%，云南、贵州降水量均为有气象观测记录以来最少值，平均气温分别为历史同期最高和第3高值。西南地区出现有气象记录以来最严重的秋冬春连旱。持续干旱造成云南、四川、广西等地森林火灾频发、农业生产受灾严重、江河湖库水位明显下降、人畜饮水困难，经济社会发展和人民群众生产生活受到严重影响。

1.1.3 1—3月新疆北部出现有气象记录以来最为严重的雪灾

2010年1—3月，新疆北部平均降水量94.8毫米（较常年同期偏多3倍）、平均降水日数36天（较常年同期偏多16.7天），均为历史同期最大值。1月上中旬，阿勒泰、塔城、富蕴等气象观测站日降雪量屡破当地1月日最大降雪量的极值，新疆北部地区积雪深度普遍在25厘米以上，阿勒泰最大积雪深度达94厘米，富蕴达88厘米，均突破冬季历史极值。强降雪导致新疆北部遭受低温冷冻和雪灾，造成人员伤亡和较重经济损失。

1.1.4 3月江南出现历史罕见早汛

1月1日至3月16日，江淮、江南降水过程频繁，江苏、安徽、江西、浙江、福建5省平均降水量达313毫米，较常年同期偏多61%，为1961以来历史同期次多；平均降水日数为36天，较常年同期偏多5天。受连续集中降水的影响，江西、浙江等地3月初出现历史罕见早汛。江西昌江、乐安河水位全面超警戒，新安江等多个水库创历史同期最高水位，并引发多处山洪地质灾害。

1.1.5 强沙尘暴横扫我国21省（区、市）

3月19—22日，新疆南疆盆地、青海北部、甘肃中西部、内蒙古中西部、宁夏、陕西北部、华北、黄淮北部等地出现扬沙和沙尘暴，黄淮南部、江汉、江淮、江南东北部出现浮尘。强沙尘暴过程影响21个省（区、市），是2010年影响中国范围最广的一次，给北方地区的农业、交通以及空气质量造成不利影响。

1.1.6 东北、华北发生近40年罕见冬春持续低温

2009年11月至2010年4月，东北、华北发生近40年来罕见持续低温灾害。京津冀地区和东北三省平均气温分别为1971年以来历史同期最低值和次低值。1月1—6日，北方遭受强寒潮袭击，东北大部及内蒙古东北部极端最低气温达－30～－40℃，局部地区在－40℃以下。1月1日内蒙古满洲里最低气温达－43.8℃，突破历史极值；北京1月6日最低气温达－16.7℃，突破1971年以来1月上旬最低气温纪录。1月17—23日，中国大部地区再次遭受强寒潮袭击，渤海出现罕见海冰，海冰面积达2000年以来历史同期最大。低温灾害对冬小麦、油菜生长影响严重，造成冬小麦越冬期明显偏早，弱苗比例大；生长积温偏少，返青迟缓。

1.1.7 5—7月14次强降雨轮番袭击，南方汛情严重

5—7月，南方共出现14次强降雨天气过程，强降水主要集中在江西、湖南、广东、福建、广西、浙江、安徽等地，部分地区累计降雨量达800～1200毫米，福建武夷山高达1481.5毫米。汛前降水偏多和入汛后频繁的强降水过程，使得江河湖库水位居高不下超警戒，长江上游干流、江西赣江、信江、抚河和四川渠江发生洪水，经济损失和人员伤亡较重。

1.1.8 初夏东北炎热，日最高气温达40℃

6月，黑龙江、吉林平均高温日数均为历史同期最多，6月23—29日，黑龙江呼玛（40.5℃）、漠河（39.3℃）、加格达奇（39.7℃）、伊春（38.2℃），内蒙古额尔古纳（39℃）、图里河（37.9℃），吉林松原（38.1℃）等32站日最高气温突破历史极值。少雨高温，导致黑龙江、内蒙古大兴安岭林区发生多起森林火灾。

1.1.9 云贵川等地汛期频发泥石流、滑坡灾害

6月27日21时至28日20时，贵州省关岭县岗乌镇降水量达260.4毫米。前期干旱和强降水引发岗乌镇重大山体滑坡，造成42人死亡，57人失踪。7月13日，强降水引发云南省巧家县小河镇发生特大山洪、泥石流灾害，造成19人死亡，26人失踪。8月12—23日，四川省多次出现区域性暴雨天气过程，导致汶川、映秀、汉源等地震灾区发生严重泥石流、滑坡等地质灾害。

1.1.10 夏季南方地区高温频繁、强度强、范围大

7月下旬至8月下旬，南方地区出现持续大范围高温天气。7月21日至8月22日，皖、苏、沪、浙、赣、湘、渝7省（市）平均高温日数达16.1天，较常年同期（8.1天）多8天，为1961年以来历史同期次大值。高温热浪造成多地电力负荷连创新高，对电力供应、电网运行安全有较大影响。

1.1.11 8月甘肃舟曲发生新中国成立以来特大山洪泥石流灾害

8月7日20时至24时，甘肃省甘南藏族自治州出现局地短时强降水。此次降雨过程局地性强、短时强度大、突发性强。由于舟曲县城位于两山之间的峡谷地带，植被覆盖低、地表土壤裸露，受前期重度气象干旱导致土质疏松、汶川地震导致舟曲县城周边山体松动、岩层破碎、地表松散物大量堆积等因素影响，局地短时强降水引发舟曲县发生特大山洪泥石流灾害，造成1700多人死亡（含失踪）。

1.1.12 台风“凡亚比”重创广东

1011号台风“凡亚比”于9月19日在台湾花莲县沿海登陆，登陆时最大风力15级（50米/秒）；20日在福建漳浦县沿海再次登陆，登陆时最大风力12级（35米/秒），为中国近10年来登

陆时最大风速≥50 米/秒的 7 个强台风之一，是 2010 年登陆中国最强的台风。广东普降暴雨到大暴雨，局部特大暴雨。“凡亚比”导致广东、福建和广西 222.5 万人受灾，135 人死亡（失踪），直接经济损失 60.9 亿元。

1.1.13 10 月上中旬海南出现历史罕见持续性强降水过程

10 月 1—19 日，海南平均降水量达 1060.1 毫米，平均暴雨日数为 6.6 天，均是常年同期的 5 倍以上，且均为历史同期最多。全省有 3 个气象观测站日降水量突破历史极值，7 个站连续降水量突破历史极值。强降水导致部分江河水库水位超过警戒水位，多个县市出现严重内涝，公路交通一度中断，旅游业受到严重影响；海口、三亚、万宁、琼海等地中小学停课。

1.1.14 近 20 年来西北太平洋和南海出现的最强台风“鲇鱼”

1013 号超强台风“鲇鱼”于 10 月 18 日在菲律宾吕宋岛东北部沿海登陆，登陆时中心附近最大风力达到 17 级以上（68 米/秒）；23 日在福建漳浦县登陆，登陆时中心附近最大风力 13 级（38 米/秒）。“鲇鱼”是近 20 年来西北太平洋和南海出现的最强台风，同时也是 2010 年全球范围内生成的最强台风，并且是登陆福建最晚的台风。“鲇鱼”造成福建 64 万人受灾，直接经济损失 26.1 亿元。

1.2 主要异常气候事件成因分析

1.2.1 暴雨洪涝

2010 年春到夏季，中国暴雨过程频繁，降雨强度大，导致多流域汛情并发。如：5—7 月南方多次遭受强降雨过程；7 月中旬至 9 月上旬，北方出现严重暴雨洪涝，暴雨洪涝灾害属于近 20 年来的偏重年份。

1. 海温异常影响

2009/2010 年厄尔尼诺事件于 2010 年 5 月份结束，2010 年 7 月进入拉尼娜状态，爆发类型为东部型。之后海温下降速度较前期有所减缓，但前三个月累计负海温距平值历史排名仍为 1951 年以来第一位。10 月赤道太平洋处于明显的拉尼娜状态，大气状态呈典型的拉尼娜特征。与历史冷事件（自 1951）相比，2010 年拉尼娜特点：冷暖转换速度最快；海温下降速度最快；初期海温异常强度最强；次表层海温异常强度大；热带大气响应迅速，南方涛动指数接近历史极值。根据以前的研究，厄尔尼诺次年，长江流域多洪涝。另外，2010 年 9 月以前，由于受厄尔尼诺事件及其滞后效应的影响，西太平洋热带地区与常年相比，对流活动明显偏弱，台风活动显著偏少。

2. 低、中、高纬环流系统（季风环流系统）的匹配

2010 年 5—7 月，南方共出现 14 次强降雨天气过程，强降水主要集中在江西、湖南、广东、福建、广西、浙江、安徽等地。由南半球越过赤道转向经过孟加拉湾、中南半岛向我国南方输送西南暖湿气流；加上从南海和西北太平洋地区向南方地区输送水汽；还有北方冷空气较强；南方输送的水汽与北方的冷空气在长江流域及其以南地区频繁交汇，导致对流发展旺盛，因此南方地区持续出现大范围强降雨天气。

7 月中旬至 8 月下旬造成我国北方和西部降水异常偏多的主要原因是大气环流组合性的持续异常。主要表现在三个方面：一是西太平洋副热带高压较常年同期稳定偏强西伸；二是东欧至莫斯科上空形成一个强大的向高纬度伸展的暖性高压环流系统并稳定维持；三是位于日本东北方向的鄂霍次克海地区存在另一相对稳定的暖性高压系统。副热带高压异常使得位于副热带高压西侧和北侧的西南急流稳定维持，暖湿气流源源不断从西南方向向我国的西部和北方输送水汽；而东欧暖性高压使得其前方不断引导极地的干冷气流南下并沿青藏高原北缘不断东移进入我国，在我国西部冷暖空气交汇形成大范围降水；不仅如此，由于鄂霍次克海暖高压的阻挡作用，东移的冷空气在我国的东北地区与暖空气交汇，形成了明显的降水。

总之，东亚夏季风的推进过程以及季风系统各成员的异常特征是造成夏季这些洪涝异常的主要原因。南海夏季风爆发以后强度异常偏弱，东亚夏季风强度自入夏以来也异常偏弱。弱的夏季风有利于中高纬冷空气的向南扩展，有利于冷暖空气的交汇。7 月中旬之前，东亚夏季风前沿基本稳定维持在长江流域及其以南地区，使得主要多雨带在长江以南地区摆动，期间副高的阶段性北抬造成了 6 月上旬主要多雨带维持在江南南部、6 月中旬至 7 月上旬位于江南北部、7 月上旬后期至中旬后期北推至长江中下游地区。7 月下半月之后，季风前沿明显北推至黄淮以北地区，加之西太平洋副高异常偏西，造成主要多雨带位于我国北方和西部地区。

3. 青藏高原积雪与青藏高压

由于 2009/2010 冬季青藏高原积雪异常偏少，高原对大气的加热作用显著，使得对流层高层 200hPa 青藏高压强度偏强，控制范围扩大，容易向东扩展与副高连通，造成副高偏强、西伸。从 7 月到 8 月上旬，青藏高原至西太平洋副热带地区对流层中上层表现出比较明显的上下一致性正压结构，青藏高压偏强，与西太平洋副高东西向打通，致使副高偏强、西伸控制我国南方地区。

1.2.2 区域性和阶段性干旱

2010 年，中国干旱受灾面积较常年偏小，但区域性和阶段性干旱严重，属干旱灾害中等年份。如：西南地区发生历史罕见秋冬春特大干旱；黄淮、华北南部及江淮北部发生秋冬连旱。

1. 西南秋冬春特大干旱

2009/2010 西南大旱的直接原因是降水严重偏少和气温持续偏高。2009 年至 2010 年 4 月，半年多的时间内西南地区降水总量严重偏少，其中云南中部和东部、贵州西南部、广西西北部部分地区偏少 5～8 成，云南省和贵州省的平均降水量均为有气象观测记录以来最少值。这期间在长达 200 多天的时段内，西南地区大部及广西气温较常年同期显著偏高 1～2℃，从而使得本来水偏少的情况下蒸发加大，导致干旱加重。总之，2009 年秋季，云南等西南大部分地区雨季结束偏早，秋季后气温又长期偏高，水汽蒸发量大，加剧了气象干旱发展。

另外，从下垫面温度条件和大尺度环流背景看，2009/2010 年为中部型的中等强度的 El Nino 事件，暖池区海温持续偏低，西太平洋副热带高压脊线的位置明显偏南；青藏高原上空的气压持续偏高，其南侧的印缅低压持续偏弱，印度洋水汽输送特别弱；正是这两方面的原因导致我国西南地区降水所需的水汽严重不足。同时，北方冷空气活动路径偏北偏东，很难渗透到云贵高原腹地。上述结果造成冷暖空气很难在我国西南地区交汇、致使降水持续偏少。

2. 黄淮、华北南部及江淮北部发生秋冬连旱

自 2010 年 10 月以后，华北大部和黄淮、江淮北部降水量普遍在 50 毫米以下，山东大部、河北南部、河南北部不足 10 毫米，与常年同期相比，华北中南部和黄淮、江淮大部降水量偏少 5～9 成。

2010 年夏季快速发展的拉尼娜事件对大气环流产生明显影响，使之发生调整。从 11 月中旬后，北极涛动（AO）持续表现出明显的负位相，大西洋地区出现持续的阻塞形势，极涡主体从北冰洋直接旋转南下，冷空气不断从极地向外扩散，使得东亚冬季风偏强。中高纬度大气环流长时间维持经向型特征，我国东部偏北气流加强，引导中高纬冷空气南下。而西太平洋副热带高压明显减弱，东退，导致来自太平洋的水汽输送明显减弱，很难输送到长江以北地区，使得冷暖气流不能在长江以北地区交汇。同时，还缺乏来自北太平洋偏东气流的水汽输送，从而造成华北、黄淮等地的秋冬连旱。

1.2.3 雪灾和冰冻雨雪天气

2010 年，中国因低温冷冻灾害和雪灾造成农作物受灾偏重，与常年相比，受灾面积较常年也偏大，如 12 月中国南方地区出现大范围冰冻雨雪天气过程。

2010 年 11 月中旬以后，AO 指数一直为负位相；西伯利亚高压表现出很强的波动性，并且偏强时波动幅度较大；东亚冬季风偏强；500 百帕欧亚大陆中高纬度为两槽一脊的分布形势，乌拉尔阻塞高压建立，东亚大槽加深，非常有利于冷空气入侵我国影响东部地区；12 月，我国经历了 4 次明显的全国性冷空气过程；并且 4 次冷空气均为全国性降温过程，即冷空气势力较强，在 2～3 天或 3～4 天内北方的冷空气就迅速地到达了我国南方地区。700 百帕高度场分布显示印缅槽明显，为长江流域及其以南地区的降水提供了良好的水汽条件。来自西南的水汽输送与南下冷空气在长江以南的贵州、湖南、江西等地交汇，造成上述地区雨雪冰冻天气发生。

1.2.4 2010 年热带气旋偏少的原因

2010 年西北太平洋和南海生成的热带气旋异常偏少，究其可能成因主要有以下两方面：

（1）海洋是影响热带气旋生成的重要因素之一。2010 年 1—10 月东印度洋海温持续偏高，是导致西北太平洋和中国南海编号热带气旋偏少的重要原因。

（2）大气环流异常是造成热带气旋活动异常偏少的直接原因。主要表现为西北太平洋副热带高压偏强偏西，季风槽位置异常偏西，垂直风切变偏大等几方面因素的综合影响。同时环流异常也影响热带气旋的运动路径，副热带高压南侧的东风气流容易引导热带气旋以西行、西北行或北上路径进入我国沿海地区，有利于热带气旋登陆我国，这也是 2010 年热带气旋编号少而登陆并不少的重要原因。

第二章　气象灾害分述

2.1 干旱

2.1.1 基本概况

2010 年，中国平均年降水量 681 毫米，比常年偏多 11.1%，为 1961 年以来第 2 多。全国近 2/3 省（区、市）为多雨年，其中陕西、山东、青海、湖南、浙江、福建、海南、江西、吉林年降水量较常年偏多 10%～30%，辽宁、新疆偏多 40%～50%，吉林、新疆年降水量为 1961 年以来最多，辽宁、福建、江西、海南为次多，浙江为第 3 多；天津、北京、重庆、甘肃等 11 省（区、市）年降水量较常年偏少，其中天津偏少 11%。

2010 年，全国农作物受旱面积 1325.8 万公顷，较常年偏小（图 2.1.1），但区域性和阶段性干旱严重，全国主要旱区分布如图 2.1.2，其中云南大部、广西西北部、贵州中西部、甘肃南部、青海东北部、河南东北部、河北南部、山东西北部、安徽北部、内蒙古东部等地干旱日数达 80 天以上（图 2.1.3）；全国因旱农作物绝收面积 267.4 万公顷，其中云南、贵州、内蒙古、河北、吉林、山西 6 省（区）占全国因旱绝收面积的 88.7%；干旱造成全国 12704.2 万人次受灾，其中饮水困难人口达 3384.2 万人次，因旱直接经济损失 756.7 亿元。

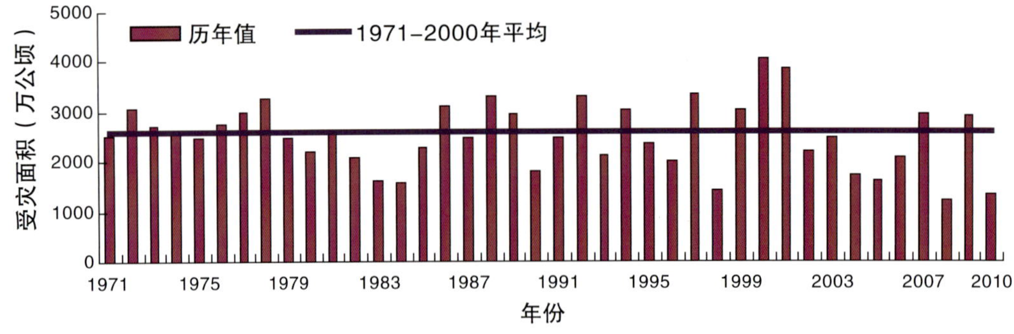

图 2.1.1　1971—2010 年我国干旱受灾面积

Fig. 2.1.1　Change of drought areas in China during 1971—2010

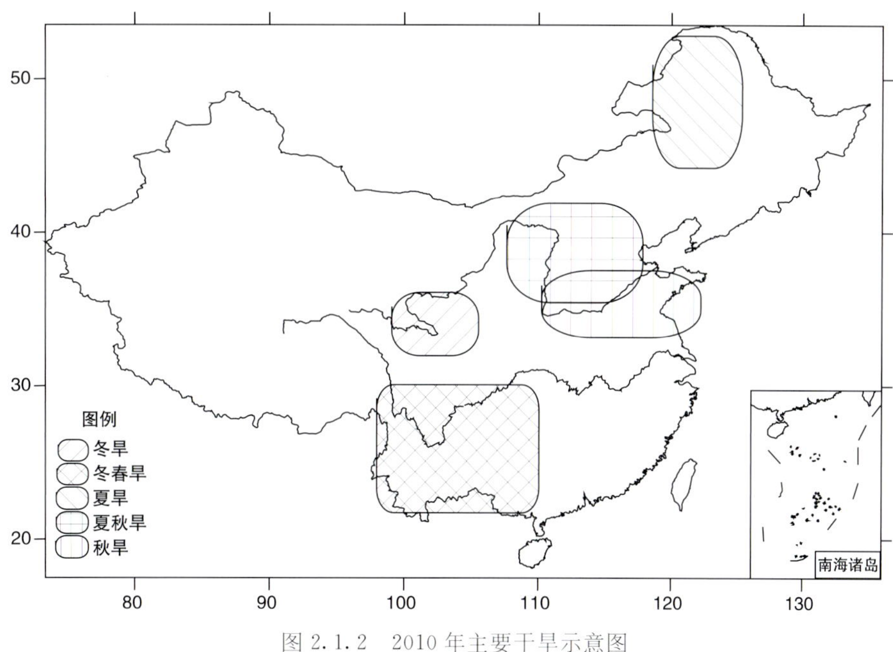

图 2.1.2 2010 年主要干旱示意图

Fig. 2.1.2 Sketch of major droughts over China in 2010

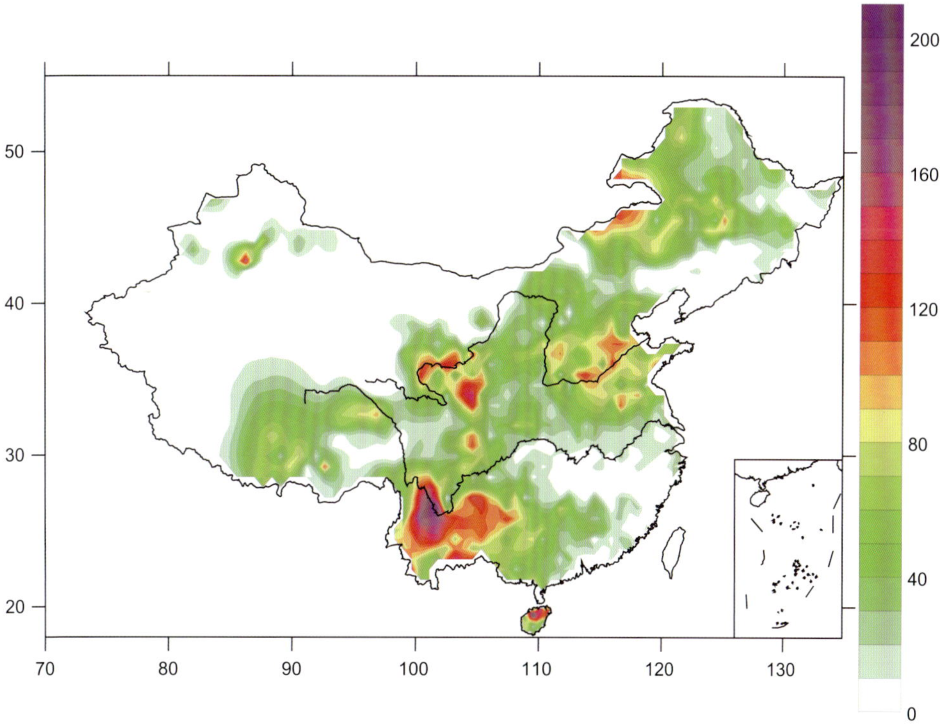

图 2.1.3 2010 年全国中旱以上干旱日数分布图（天）

Fig. 2.1.3 Distribution of moderate drought and more severe drought days of China in 2010

表 2.1.1 2010 年我国主要干旱事件简表

Table 2.1.1 List of major drought events over China in 2010

时间	地区	程度	旱情概况
2009 年 9 月至 2010 年 3 月中旬	云南、贵州、重庆、四川、广西	2009 年 9 月至 2010 年 3 月中旬，云南、贵州、四川南部、广西北部降水量较常年同期偏少 3～8 成。云南、贵州两省区域平均降水量较常年同期偏少 50%以上，均为有气象观测记录以来同期最少值。	严重气象干旱对群众生活、农业生产、塘库蓄水、森林防火等造成极大影响。据不完全统计，云南、贵州、广西、四川因干旱一度导致 6900 多万人受灾，农作物受灾面积 660 万公顷，直接经济损失 400 多亿元。
2009 年 11 月至 2010 年 4 月	海南	2009 年 11 月 1 日至 2010 年 4 月 6 日，海南大部降水量不足 100 毫米，普遍较常年同期偏少 50%～80%；全省平均降水量 80.7 毫米，较常年同期偏少 66%，为 1952 年以来历史同期最少值。	海南全省大部地区出现重度气象干旱。严重干旱对海南省部分地区农业生产和人畜饮水造成一定影响。海南作物受旱面积合计达 6.6 万公顷，有 1.3 万公顷的水田处于缺水状态；10.9 万人、2.2 万头大牲畜发生临时饮水困难。
6 至 8 月	内蒙古中东部、河北西部、山西、陕西北部	华北西部、西北东北部以及内蒙古大部降水量在 100 毫米以下，内蒙古中西部不足 50 毫米，普遍较常年同期偏少 3～8 成；内蒙古平均降水量 81.7 毫米，为 1961 年以来历史同期最少值，华北地区平均降水量为 1961 年以来历史同期第 4 少。	内蒙古中东部、河北西部、山西、陕西北部共有 901 万人受灾，66 万人发生饮水困难，258 万公顷农作物受灾。8 月以后，华北大部、西北东部干旱有效缓解，但内蒙古中东部降水稀少，部分地区干旱持续到 10 月上旬。
9 月—10 月上旬	内蒙古中东部、吉林西部、黑龙江西南部	黑龙江、吉林大部、内蒙古、甘肃大部等地降水较少，特别是内蒙古东部的部分地区降水量不足 10 毫米，与常年同期相比，黑龙江、吉林大部、内蒙古中东部、甘肃中部等地降水量较常年同期偏少 3～8 成，局地偏少 8 成以上。	内蒙古中东部、吉林西部、黑龙江西南部等地的部分地区存在中到重度气象干旱。内蒙古气象干旱面积约 61.7 万平方千米，其中重旱面积有 18.3 万平方千米（除阿拉善盟）。重旱区域主要分布在呼伦贝尔市西部、兴安盟大部、通辽市北部、赤峰市东北部、锡林郭勒盟东北部以及阿拉善盟西部。
10 月至 12 月上旬	华北、黄淮、江淮大部	10—12 月，华北中南部、黄淮、江淮北部降水量不足 50 毫米，较常年同期偏少 50%以上，尤其是黄淮大部地区偏少超过 80%，其中山东省平均降水量为 1961 年以来历史同期次少，山西为第 3 少，江苏为第 4 少值。	华北大部、黄淮、江淮北部及陕西大部等地存在中度以上干旱，其中山西大部、山东、河南、安徽北部、江苏北部达到重旱以上等级，对农业生产造成一定影响。

2.1.2 主要旱灾事例

1. 西南地区发生历史罕见秋冬春特大干旱

2009 年 9 月至 2010 年 3 月中旬，云南中东部降水量不足 100 毫米，四川西部和南部、贵州南部、云南大部、广西西北部降水量一般在 100～200 毫米，云南西南部和西北部、四川盆地大部、重庆、贵州北部降水量有 200～300 毫米。与常年同期相比，云南、贵州、重庆、四川南部，以及广西西北部降水量偏少 3 成以上，其中云南中部和东部、贵州西南部，以及广西西北部部分地区偏少 5～8 成（图 2.1.4）。2009 年 9 月 1 日至 2010 年 3 月 19 日，云南省平均降水量为 175.2 毫米，比常年同期偏少 50.6%；贵州省平均降水量为 166.5 毫米，比常年同期偏少 50.3%，两省降水量均是有气象观测记录以来最少值（图 2.1.5）。同期，西南地区大部及广西气温比常年同期偏高1～2℃；云南平均气温15.3℃，为1952年以来历史同期最高；贵州省平均气温12.5℃，为1952年来历史同期第三高。雨少温高导致西南地区气象干旱持续发展，出现有气象记录以来最严重的秋冬春连旱（图2.1.6）。云南省重旱以上气象干旱平均日数为81天，其中最大日数达179天；贵州省重旱以上气象干旱平均日数为49天，其中最大日数达148天；四川重旱以上气象干旱平均日数为25天，其中最大日数达117天；广西重旱以上气象干旱平均日数为33天，其中最大日数达168天。

严重干旱导致西南部分地区人畜饮水持续困难，江河湖库水位偏低，特色经济作物林果受灾严重，夏收粮油作物大量减产，春播生产受到较大影响。同时，森林火灾频发，部分商品价格出现上涨。此次严重气象干旱共造成我国西南地区6900多万人受灾，农作物受灾面积660万公顷，直接经济损失400多亿元。

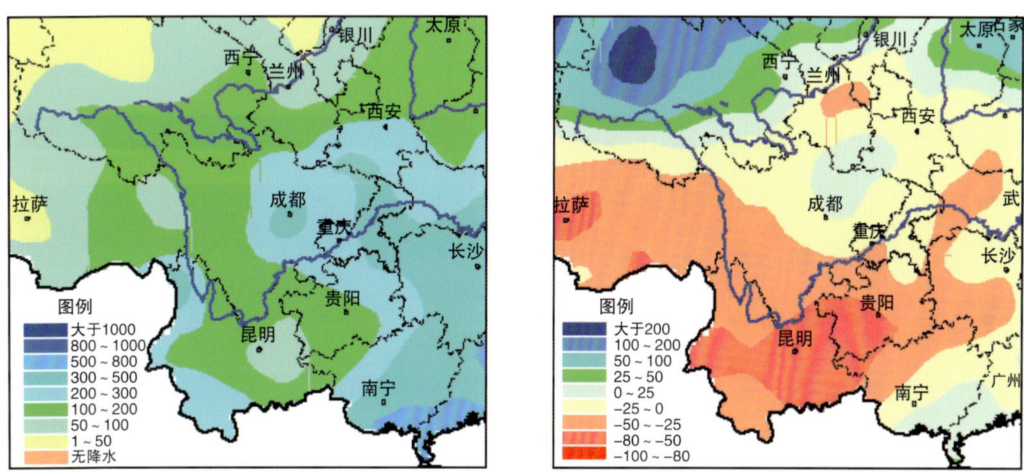

图2.1.4　2009年9月1日至2010年3月24日滇黔川桂渝降水量（左，毫米）和降水距平百分率（右，%）分布图

Fig. 2.1.4　Distribution of precipitation (left, mm) and its anomaly percentage (right, %) in Yunnan, Guizhou, Sichuan, Guangxi and Chongqing from September 1, 2009 to Match 24, 2010

人畜饮水持续困难，江河湖库水位偏低。云南、贵州、四川、广西和重庆饮水困难情况比常年偏重。云南干旱区塘、库蓄水明显不足，金沙江、澜沧江、红河、珠江源头等水系的水位不同程度下降，来水量大幅减少。截止5月9日统计，干旱最为严重的云南省河道平均来水量较常年整体偏少42%，干旱一度造成16个州市960万人、2050.9万头（匹）牲畜饮水出现困难。

农业受灾严重，春播生产受到影响。干旱导致云南、贵州夏收粮油作物大幅减产或绝收；特色经济作物甘蔗、烤烟、橡胶、茶叶、咖啡、蚕桑、水果等大面积受灾；部分地区烤烟、一季稻栽插困难，春播进度推迟。

热源点显著增多，各地森林火灾频发。气象卫星遥感监测分析显示，2009年9月1日至2010年3月21日，西南地区监测到的热源点逐月增多，2010年2月达到最高值（3406个）；火点总数达5442个。云南、四川、广西等地森林火灾频发。

水电供应紧张，物价出现上涨。西南旱情一度导致全国六成水电告急，多地火电机组吃力，部分地区水电发电量大大低于历史同期。云南、广西的花卉、春茶、甘蔗等产量受到影响，市场上鲜花、白糖、普洱茶等价格出现上涨，部分地区大米、蔬菜等价格也出现上涨。

2. 华北及内蒙古中东部夏旱明显

6月份，北方地区高温少雨，西北地区大部、华北大部及内蒙古、黑龙江南部、吉林西部、辽宁西部降水量不足50毫米，东北、华北及内蒙古等地降水量偏少3～8成；同时，上述大部地

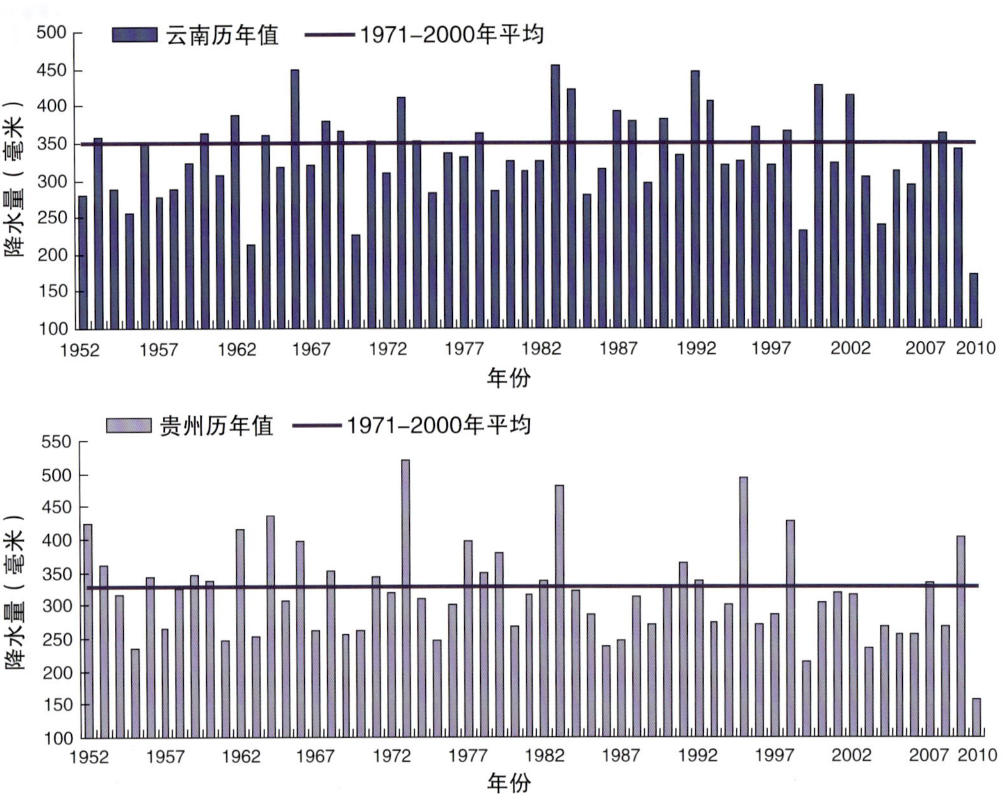

图 2.1.5　云南、贵州 9 月 1 日至次年 3 月 19 日降水量历年变化

Fig. 2.1.5　Precipitation in Yunnan (upper) and Guizhou (bottom) from September 1 to March 19 during 1952—2010

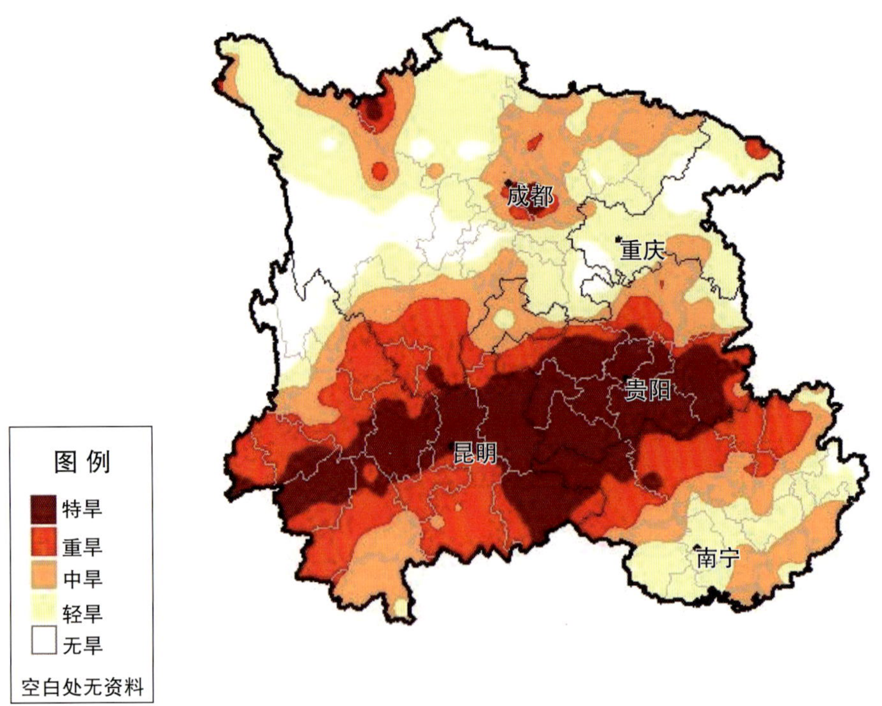

图 2.1.6　2010 年 3 月 21 日西南地区气象干旱监测图

Fig. 2.1.6　Drought monitoring in southwestern China on March 21, 2010

区平均气温偏高 1～4℃，内蒙古东北部、黑龙江偏高 4～8℃。降水明显偏少，气温偏高，土壤失墒快，华北大部及内蒙古中东部、吉林、陕西北部等地干旱露头并呈发展态势。

7 月，北方大部仍持续高温少雨。华北大部降水量不足 100 毫米，内蒙古大部、陕西北部、宁夏、甘肃西部不足 50 毫米，上述大部地区降水量较常年同期偏少 3～8 成。北京降水量仅 35.8 毫米，为 1961 年以来历史同期第 3 少；内蒙古 7 月降水量仅 55.6 毫米，为 1961 年以来历史同期第 5 少。华北中西部及内蒙古中东部、陕西北部等地干旱持续发展（图 2.1.7）。

8 月 1 日至 9 月 6 日，华北大部及陕西大部降水量有 100～200 毫米，与常年同期相比，上述大部地区接近常年或偏多，华北及陕西北部的气象干旱得以解除。但内蒙古中东部、吉林西部降水量在 100 毫米以下，内蒙古西部及中部部分地区不足 50 毫米，较常年同期偏少 3～8 成，局部偏少 8 成以上，内蒙古中东部及吉林西部的气象干旱持续。

干旱造成吉林、内蒙古和河北近 600 万公顷农作物受灾，至少 80 万公顷农作物绝收，有 197.2 万人口、433.4 万头大牲畜因旱发生饮水困难，其中内蒙古数十万头（只）牲畜死亡。

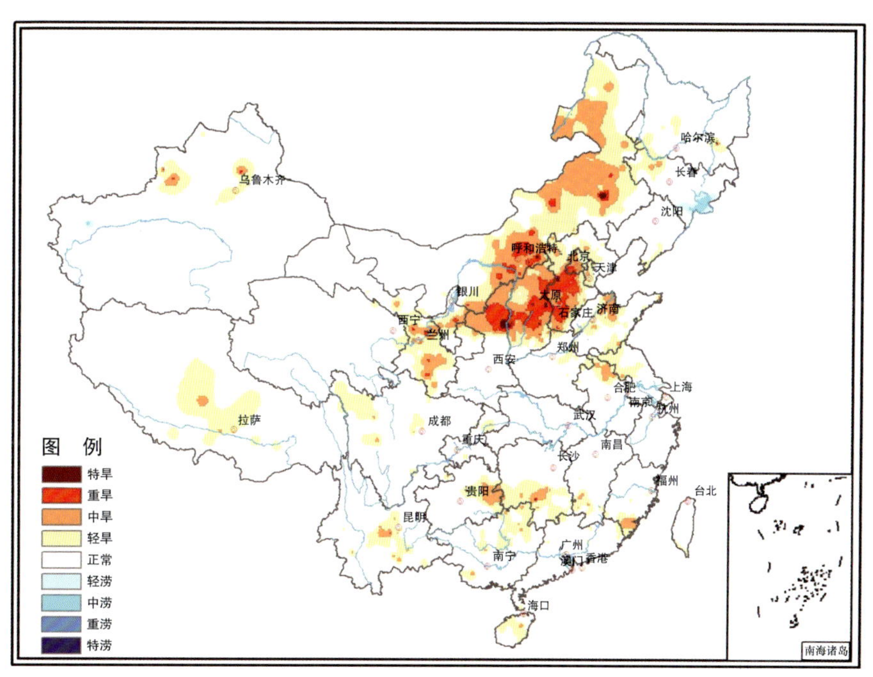

图 2.1.7 2010 年 7 月 31 日全国旱涝分布图

Fig. 2.1.7 Drought and flood monitoring on July 31, 2010

3. 华北、黄淮等地出现秋冬连旱

2010 年 10—12 月，华北大部、黄淮降水量普遍在 50 毫米以下，山东大部、河北南部不足 10 毫米，与常年同期相比，华北中南部、黄淮大部地区降水量偏少 5～8 成，河北南部、河南东部、山东大部、安徽北部、江苏北部偏少 8 成以上。冀、晋、鲁、豫、苏、皖 6 省区域平均降水量仅为 39.7 毫米，仅次于 1970 年和 1989 年，为 1961 年以来历史同期第三少（图 2.1.8），其中河南、山东分别为最少和次少值；6 省区域平均最长连续无降水日数为 43 天，仅次于 1974 年和 1989 年，也为 1961 年以来历史同期第三多（图 2.1.9）。同期，华北西部、黄淮西部、西北地区东北部和西部等地较常年同期气温偏高 1～2℃。

截至 12 月底，干旱共造成河南、江苏、山东、安徽 275 万公顷农作物受灾，受灾人口 1800 多万，直接经济损失超过 20 亿元。其中山东因旱受灾人口 838.7 万人；农作物受灾面积 77.0 万公顷，饮水困难人口 14.9 万人，饮水困难大牲畜 18.1 万头，全省有 338 座小型水库干涸，直接

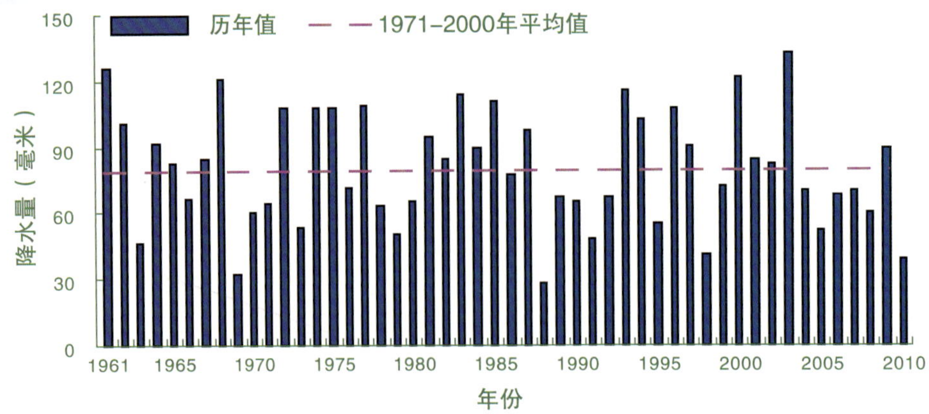

图 2.1.8 10—12 月冀、晋、鲁、豫、苏、皖 6 省区域平均降水量历年变化（1961—2010 年）

Fig. 2.1.8 Precipitation averaged over Hebei, Shanxi, Shandong, Henan, Jiangsu and Anhui Provinces from October to December during 1961 to 2010

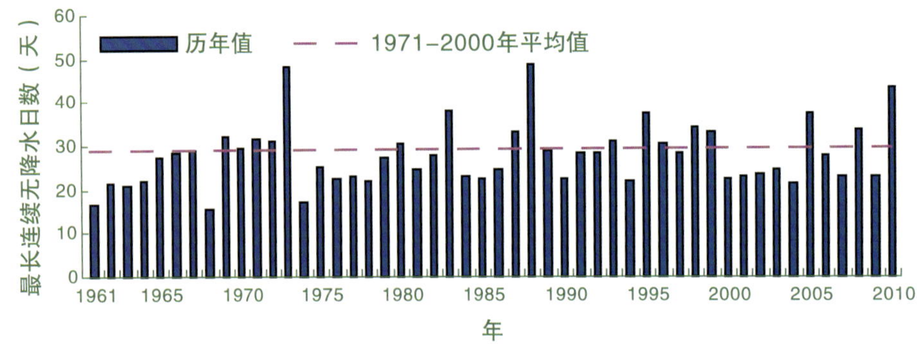

图 2.1.9 10—12 月冀、晋、鲁、豫、苏、皖 6 省区域平均连续无降水日数历年变化（1961—2010 年）

Fig. 2.1.9 Consecutive non-precipitation days averaged over Hebei, Shanxi, Shandong, Henan, Jiangsu and Anhui Provinces from October to December 31 during 1961 to 2010

经济损失 8.9 亿元。河南小麦受旱面积达 90.3 万公顷，其中严重干旱 10 万公顷。江苏徐州、连云港、宿迁 3 市受灾人口 486.2 万人，农作物受灾面积 41.5 万公顷，其中绝收面积 1.5 万公顷，直接经济损失 6.7 亿元。安徽阜阳、蚌埠、淮南、滁州、六安、亳州、宿州 7 市受灾人口 542.1 万人，农作物受灾面积 66.3 万公顷，直接经济损失 4.7 亿元。

2.2 暴雨洪涝

2.2.1 基本概况

2010 年，全国平均年降水量及四季降水量均比常年偏多，但季节和区域分布不均，旱涝灾害交替发生。年内暴雨过程频繁，降雨强度大，导致多流域汛情并发，滑坡和泥石流等次生灾害严重。3 月江南出现历史罕见早汛；5—7 月南方遭受 14 次强降雨轮番袭击，汛情严重；7 月中旬至 9 月上旬，北方和西部的部分地区出现严重暴雨洪涝；甘肃舟曲局地强降雨引发特大山洪泥石流灾害；云贵川等地汛期频发泥石流、滑坡灾害；10 月上中旬，海南出现历史罕见持续性强降水。据统计，2010 年全国因暴雨洪涝及其引发的滑坡、泥石流灾害共造成近 2 亿人次受灾，因灾死亡 3104 人；农作物受灾面积 1752.6 万公顷，其中绝收 165.9 万公顷；倒塌房屋 222.1 万间，直接经济损失 3505 亿元。

总体上看，2010 年全国暴雨洪涝灾害造成的损失明显高于上世纪 90 年代以来的平均水平，暴雨洪涝灾害属于偏重年份。受灾较重的有江西、吉林、四川、湖南、陕西、湖北、甘肃等省。

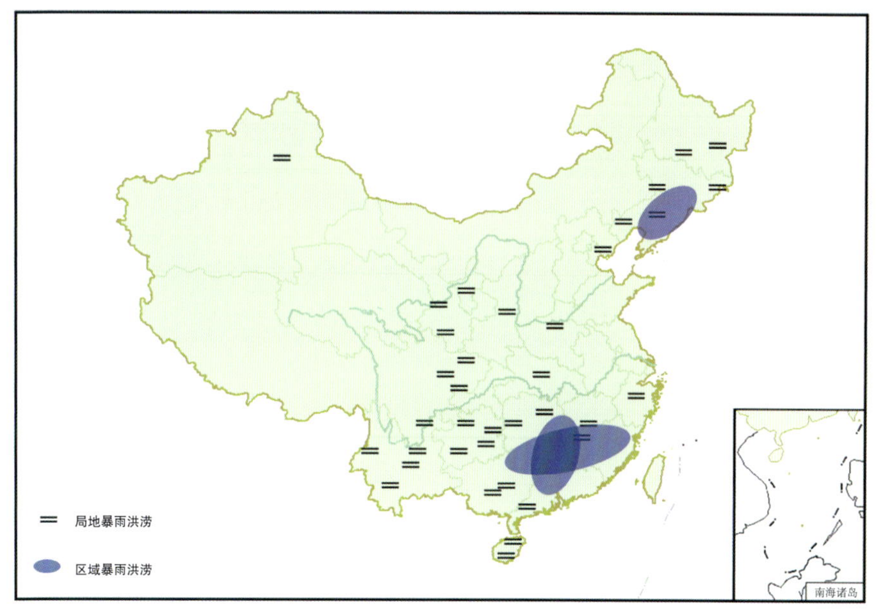

图 2.2.1 2010 年全国主要暴雨洪涝示意图

Fig. 2.2.1 Sketch map of major rainstorm induced floods over China in 2010

表 2.2.1 2010 年全国主要暴雨洪涝过程简表

Table 2.2.1 List of major rainstorm induced floods and associated disasters over China in 2010

时间	地区	主要过程降水量（毫米）	死亡（人）	直接经济损失（亿元）
5 月上中旬	广东中北部	100～250	22	29.1
5 月中旬	湖南东部	50～100	3	24.4
5 月中旬	江西大部	50～100，局地 150	1	4.9
5 月下旬—6 月上旬	广西大部	50～200，局地 300	20	8.4
6 月上旬	湖南北部	50～100	9	23.3
6 月中下旬	江西大部	100～300，局地 450	18	203.4
6 月中下旬	福建大部	200～600，局地 700	79	100.9
6 月中下旬	湖南中南部	100～300	15	67.4
6 月下旬	广东韶关、汕头、湛江、茂名等 14 市	100～200，局地 250	9	17.7
6 月下旬	云南昆明、曲靖、昭通、普洱、文山、迪庆 6 市	50～100，局地 150	2	6.8
6 月下旬	贵州关岭县	局地 250	42	
7 月中下旬	辽宁沈阳、鞍山、抚顺、本溪等 9 市	50～200，局地 300		22.7
7 月中下旬	吉林长春、吉林、四平、辽源、通化等 8 个市	50～150	1	9.1
8 月上旬	甘肃舟曲	25～50，局地 100	1700（含失踪）	0.8
8 月中下旬	辽宁沈阳、鞍山、本溪、丹东、锦州等地	50～200，局地 250	4	19.4
8 月中下旬	四川成都、绵阳、德阳等地	100～200，局地 300	41	184.0
10 月上中旬	海南大部	500～1000，局地 1500	2	49.4

2.2.2 主要暴雨洪涝灾害事例

1. 前春，江淮江南及华南降水异常多，汛情早

2010年3月，江淮、江南降水过程频繁，苏、皖、赣、浙4省区域平均降水量达182.1毫米，为1951年以来历史同期第5多。3月初受连续集中降水的影响，江西、浙江等地出现历史罕见早汛。暴雨洪涝共造成皖、赣、浙、鄂、湘、闽等省200多万人受灾，4人死亡，直接经济损失超过16亿元。

4月10—14日，湖南、江西、福建、浙江等地先后出现强降水天气。江南、华南北部降水量50～150毫米，其中江西东北部、福建西北部为150～200毫米。4月19—22日，广西、湖南、江西、湖北等地出现强降水天气。广西东北部、江西东部部分地区降水量超过100毫米，湖南耒阳、常宁21日降水量分别为113.8毫米、92毫米，均创建站以来4月中下旬日降水量最高值。强降水引发洪涝灾害，导致江西、湖南、湖北、广西等地350多万人受灾，死亡15人；农作物受灾面积23万公顷；直接经济损失8亿多元。湘江、漓江出现超警戒水位洪水，九江出现2010年以来最高水位。江西昌江、乐安河水位全面超警戒，新安江等多个水库创历史同期最高水位，并引发多处山洪地质灾害。

4月底，新疆阿勒泰、塔城、伊犁地区部分县市发生融雪性洪水灾害，受灾人口近1.7万人，死亡1人。

2. 5—7月南方地区暴雨过程多、强度大，多流域发生严重汛情

5—7月，我国南方共出现14次强降雨过程，具有降水过程频繁、过程雨量大、短时降水强度高、极端性强、强对流天气多、灾害影响广致灾重的特点。强降水主要集中在江西、湖南、广东、福建、广西、浙江、安徽等地，且主要集中在5月至6月（共12次）。江南中部、华南中东部部分地区累计降雨量达800～1200毫米，福建武夷山高达1481.5毫米（图2.2.2）。长江流域总降水量567.7毫米，较常年同期（517.8毫米）偏多9.6%。广东、福建、浙江、江西等省共29个气象观测站累计降水量突破历史同期极值，29个观测站日降水量达到或突破历史极值。汛前降水偏多和入汛后频繁的强降水过程，使得长江、淮河、西江及太湖等江河湖泊出现超警戒水位，长江上游干流、赣江、信江、抚河、渠江发生洪水，经济损失和人员伤亡较重。

5月5—31日，江南、华南等地降水日数普遍有12～18天，其中浙江东南部、福建北部、江西中东部、湖南西北部以及重庆东南部、贵州东北部等地超过18天；湘赣浙闽粤5省平均降水量278.1毫米，比常年同期偏多85.4毫米，为1990年以来第2多（图2.2.3）。其中5—16日，江南大部、华南东部出现3次大范围持续强降水天气过程，造成广东、福建、广西、江西、湖南、湖北、浙江等省的部分或局部地区发生洪涝灾害，湘江、漓江出现超警戒水位洪水，赣江出现2010年以来最高水位，北江支流滃江发生1964年以来的最大洪水。强降水导致江南、华南部分地区发生暴雨洪涝及泥石流、滑坡等灾害，6日，京广线韶关段因泥石流掩埋铁路造成行车中断；7日，广州最大1小时和3小时降水量分别达到99.1毫米和199.5毫米，均破历史纪录，广州市区内涝严重；23日，连日降雨造成山体滑坡掩埋线路，K859次旅客列车运行至江西省境内发生脱线事故。此外，江南、华南大部、江汉和江淮南部由于长时间阴雨寡照，影响了油菜成熟收晒和早稻、蔬菜、瓜果生长，部分农田出现渍涝。据统计，广东、福建、广西、江西、湖南、湖北6省（区）共有1821.9万人受灾，死亡66人；农作物受灾面积81.1万公顷；直接经济损失105.3亿元。其中，广东、湖南、江西受灾较重。

广东 5月5—14日，广州、韶关、肇庆、惠州、梅州、汕尾、河源、阳江、清远、东莞、云浮11市60个县（市、区）147.0万人受灾，因灾死亡22人，失踪4人；农作物受灾面积10.2万

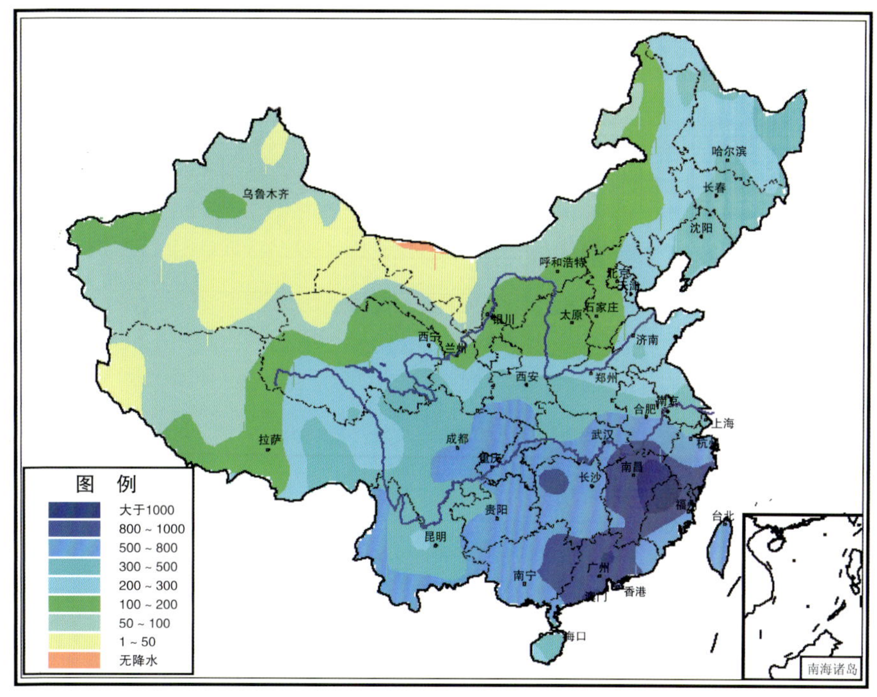

图 2.2.2　2010 年 5—7 月全国降水量分布图（毫米）

Fig. 2.2.2　Precipitation distribution over China from May to July in 2010

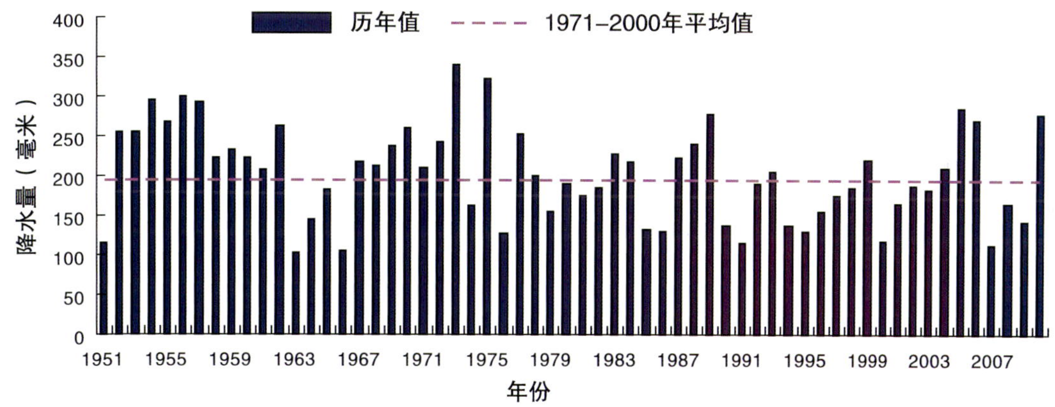

图 2.2.3　1951—2010 年湘赣浙闽粤 5 省 5 月 5—31 日降水量历年变化（毫米）

Fig. 2.2.3　Annual Variation of precipitation in Hunan, Jiangxi, Zhejiang, Fujian and Guangdong Provinces from May 5 to 31 during 1951—2010 (mm)

公顷；倒塌房屋 1.3 万间；直接经济损失 29.1 亿元。

湖南　5 月 12—16 日，长沙、株洲、湘潭、衡阳、邵阳、常德、益阳、永州、怀化、娄底、湘西土家族苗族自治州 11 市（州）71 个县（市、区）506.3 万人受灾；因灾死亡 3 人，失踪 2 人；倒塌房屋 1.5 万间；直接经济损失 24.4 亿元。

江西　5 月 12—14 日，南昌、萍乡、九江、新余、鹰潭、赣州、吉安、宜春、抚州、上饶 10 市（州）46 个县（市、区）228.1 万人受灾；因灾死亡 1 人；倒塌房屋 0.3 万间；直接经济损失 4.9 亿元。

5 月 31 日至 6 月 2 日，华南中西部、西南东部出现强降水，其中广西中部和东部、广东西部和北部、贵州东南部降暴雨，华南局部降大暴雨。6 月 1 日广西来宾、都安降水量分别为 442.7 毫米和 358.5 毫米，打破当地建站以来最大日降水量历史纪录。广西部分地区遭受洪涝灾害，来宾市区多处被淹，部分学校停课，湘桂铁路一度中断。5 月 28 日至 6 月 3 日，广西南宁、梧州、防城港、贵港、玉林、贺州、河池、来宾 8 市 32 县（市、区）227.7 万人受灾，因灾死亡 20 人，失踪 28 人；农作物受灾面积 12.3 万公顷；倒塌房屋 0.5 万间；直接经济损失 8.4 亿元。

6 月 7—9 日，江淮西部、江汉、江南、华南出现强降水，其中湖北中东部、湖南中西部、江西北部、安徽中南部、广东中西部降暴雨，局部降大暴雨。据统计，6 月 6—11 日，湖南湘西、湘潭、怀化、益阳、常德、娄底、衡阳、岳阳、张家界 9 市（州）51 个县（市、区）343.5 万人受灾，因灾死亡 9 人，失踪 1 人，紧急转移安置 20.3 万人；农作物受灾面积 18.4 万公顷；倒塌房屋 0.6 万间；直接经济损失 23.3 亿元，暴雨造成凤凰古城部分景点被淹，湘黔铁路一度中断。

6 月 13—18 日、19—22 日，江南、华南又出现持续强降水，其中福建中北部、广东北部和东部、广西东部和北部、江西大部、湖南北部和东部、浙江中部降暴雨，江西中北部、福建西北部、湖南北部、广西北部等地出现大暴雨或特大暴雨。特别是 6 月 19 日，江西有 25 县（市）出现大暴雨，进贤、余江、东乡、资溪、南昌等县（市）出现特大暴雨，大暴雨、特大暴雨站数均创历史极值，是江西有完整气象资料以来最强暴雨过程（图 2.2.4）。福建顺昌、武夷山等地也降特大暴雨，日降水量均突破历史极值。受连续强降水影响，江西 5 大河流、鄱阳湖和长江九江段全面超警戒水位，其中抚河、信江、赣江发生超历史纪录的特大洪水，抚河干流唱凯堤发生决口，鹰潭市境内铁路全部中断；福建闽江干流发生 30 年一遇的大洪水。截止 6 月 23 日统计，强降水造成江西、福建、湖南等南方 10 省（区、市）共有 200 人死亡，123 人失踪，直接经济损失 433 亿元，其中江西、福建、湖南等省受灾严重。

江西 6 月 14—24 日，南昌、景德镇、萍乡、九江、新余、鹰潭、赣州、吉安、宜春、抚州、上饶 11 市（州）100 个县（市、区）受灾人口 880.3 万人，因灾死亡 18 人，失踪 5 人，紧急转移

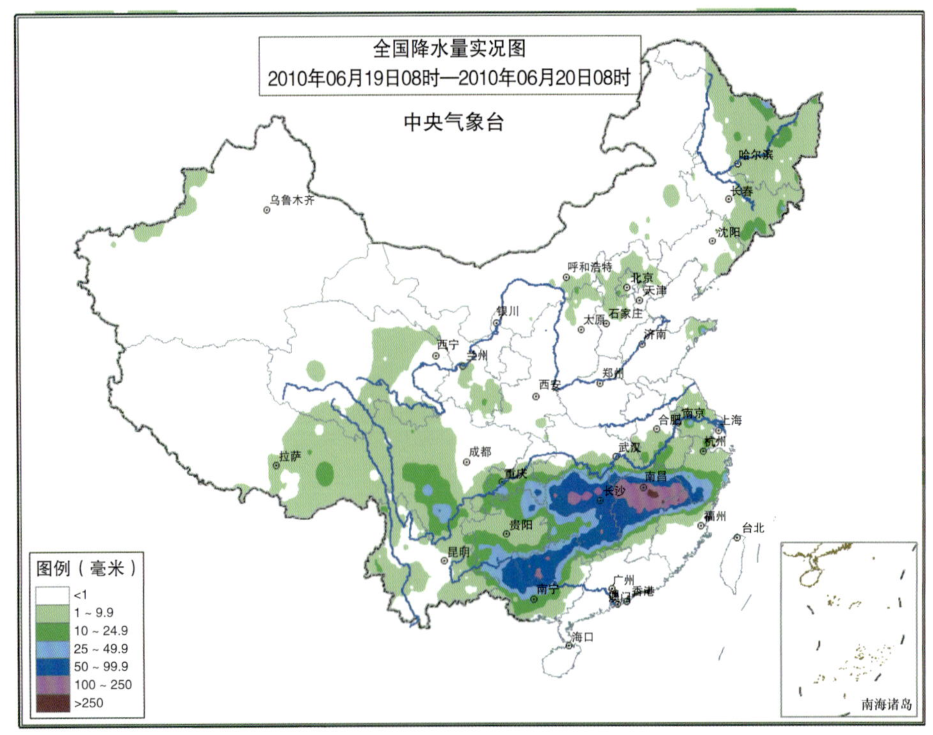

图 2.2.4 2010 年 6 月 19 日全国降水量分布（毫米）
Fig. 2.2.4 Distribution of precipitation on June 19, 2010 over China (mm)

安置 89.8 万人；农作物受灾面积 61 万公顷，绝收面积 13.4 万公顷；倒塌房屋 8.7 万间，损坏房屋 32.4 万间；直接经济损失 203.4 亿元。

福建 6 月 9—23 日，三明、南平等 7 市（州）50 个县（市、区）受灾人口 293.5 万人，因灾死亡 79 人，失踪 90 人，紧急转移安置 60.1 万人；倒塌房屋 5.2 万间，损坏房屋 11.2 万间；直接经济损失 100.9 亿元。

湖南 6 月 13—24 日，长沙、株洲、衡阳、益阳、张家界、郴州、邵阳、永州、怀化、湘西、娄底、岳阳、常德 13 市（州）94 县（区、市）受灾人口 849.1 万人，因灾死亡 15 人，失踪 9 人，紧急转移安置 38.6 万人；农作物受灾面积 44.8 万公顷，绝收面积 5.9 万公顷；倒塌房屋 3.3 万间，损坏房屋 8.3 万间；直接经济损失 67.4 亿元。

6 月 23—27 日，江南、华南及云南、贵州等地出现强降水。6 月 25 日广东潮阳日降雨量达 324.5 毫米，居该站点雨量历史第 2 位。6 月 26 日云南马龙（208.5 毫米），东川（117.5 毫米）降水量分别突破历史极值。此次强降水造成多条河流出现超警戒水位，6 月 25 日湖南湘江长沙段水位达到 38.46 米，直逼 1998 年最高洪峰，为 1953 年以来的第 3 高水位洪水。云南、广东等省部分地区遭受洪涝灾害。

广东 6 月 20—30 日，韶关、汕头、湛江、茂名、肇庆、惠州、梅州、汕尾、河源、阳江、清远、东莞、揭阳、云浮 14 市 47 个县（市、区）受灾人口 173.8 万人，因灾死亡 9 人，失踪 3 人；农作物受灾面积 8.4 万公顷；倒塌房屋 1.4 万间；直接经济损失 17.7 亿元。

云南 6 月 26—30 日，昆明、曲靖、昭通、普洱、文山、迪庆 6 市（州）15 个县（市、区）受灾人口 21.1 万人，因灾死亡 2 人，失踪 1 人；农作物受灾面积 3.1 万公顷；倒塌房屋 1.1 万间；直接经济损失 6.8 亿元。

6 月 28 日暴雨造成贵州关岭县岗乌镇大寨村山体滑坡。6 月 27 日 21 时至 28 日 20 时，贵州省关岭县岗乌镇降水量达 260.4 毫米。前期干旱和强降水引发岗乌镇重大山体滑坡，造成 42 人死亡，57 人失踪。

3. 7 月中旬至 8 月下旬，北方和西部部分地区出现严重暴雨洪涝

7 月中旬至 8 月下旬，北方和西部地区经历 8 次强降水过程，吉林、陕西、青海和四川暴雨日数为 1961 年以来历史同期最多，辽宁次多。东北大部、华北南部、黄淮、西北东南部及四川大部、云南、贵州等地累计降水量普遍有 200～500 毫米，东北南部、华北南部、西北东南部及四川东部一带较常年同期偏多 3 成至 1 倍。7 月 16 日至 8 月 31 日，北方 11 省（市）及川滇平均降水量 296.2 毫米，较常年同期（220.2 毫米）偏多 34.5%，为 1961 年以来历史同期最多（图 2.2.5）。局地强降雨导致汉江、辽河、渭河、岷江、沱江、涪江和嘉陵江、第二松花江、鸭绿江等干流及支流超警戒水位，出现严重汛情。

7 月 20—24 日，东北中南部等地相继出现大到暴雨，区域性大暴雨使辽宁、吉林部分地区严重受灾。过程降水量普遍达 200 毫米以上，其中辽宁铁岭、开原、新民、台安站降水量在 300 毫米以上，24 个气象观测站日降水量突破历史极值，辽宁开原（282.2 毫米）、铁岭（272.8 毫米）、新民（272.8 毫米）、台安（231.7 毫米）等站日降水量远超过历史极值。8 月，辽宁大部、吉林东南部降水量普遍在 200～400 毫米，辽宁东部部分地区超过 400 毫米，局地超过 600 毫米，辽宁凤城（918.3 毫米）、宽甸（876.3 毫米）等站站累计降水量超历史极值，绥中（257.7 毫米）、兴城（306.6 毫米）等站日降水量超过历史极值。强降水导致辽河干流出现超警戒水位洪水，第二松花江、鸭绿江等干流及支流超警戒水位，出现严重汛情，部分城乡内涝严重。

辽宁 7 月 19—24 日，沈阳、鞍山、抚顺、本溪、锦州、阜新、盘锦、铁岭、朝阳 9 市 31 个县（市、区）受灾人口 156.5 万人；农作物受灾面积 24.3 万公顷；倒塌房屋 6323 间；直接经济

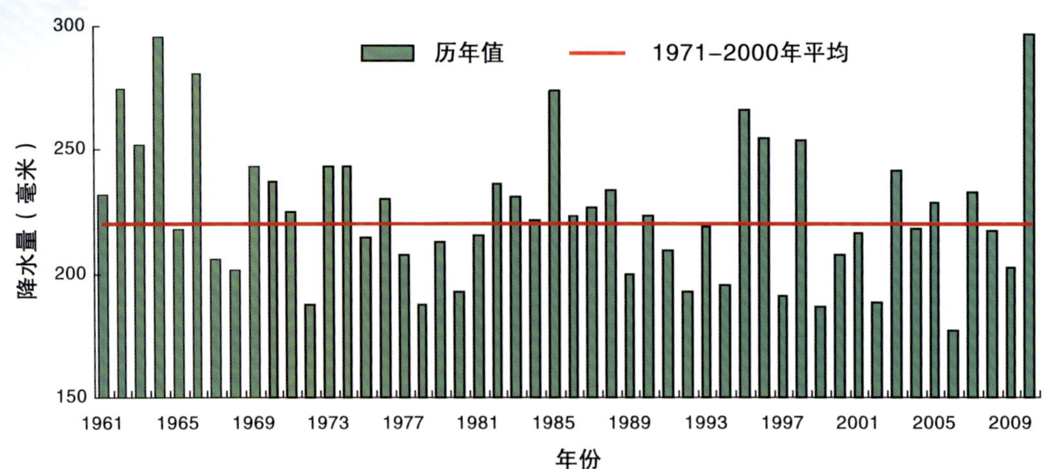

图 2.2.5　7 月 16 日至 8 月 31 日黑吉辽京津冀晋甘陕鲁豫川滇 13 省（市）区域平均降水量历年变化（1961—2010 年）

Fig. 2.2.5　Annual variation of regional precipitation averaged over Heilongjiang, Jilin, Liaoning, Beijing, Tianjin, Hebei, Shanxi, Gansu, Shaanxi, Shandong, Henan, Sichuan and Yunnan Provinces from July 16 to August 31 during 1961—2010

损失 22.7 亿元。

8 月 19—25 日，沈阳、鞍山、本溪、丹东、锦州等 6 市 27 个县（市、区）72.3 万人受灾，因灾死亡 4 人；农作物受灾面积 12.6 万公顷；倒塌房屋 0.4 万间；直接经济损失 19.7 亿元。

吉林　7 月 19—24 日，长春、吉林、四平、辽源、通化等 8 市 29 个县 58.9 万人受灾，因灾死亡 1 人；倒塌损坏房屋 1.5 万间；农作物受灾面积 15.6 万公顷，其中绝收面积 2.5 万公顷；因灾直接经济损失 9.1 亿元。

8 月 12—23 日，四川省出现 3 次区域性暴雨天气过程，强降雨过程主要集中在盆地西部和北部的部分地区，主要降雨时段在 12—14 日、17—19 日以及 20—23 日。四川平均降雨量为 125.1 毫米，为 1961 年以来历史同期最多（图 2.2.6）。据不完全统计，受强降水影响，四川成都、绵阳、德阳等地 983.8 万人受灾，因灾死亡 41 人，失踪 75 人；直接经济损失超过 184 亿元。强降雨还导致汶川、映秀、汉源等地震灾区发生严重泥石流、滑坡等地质灾害。

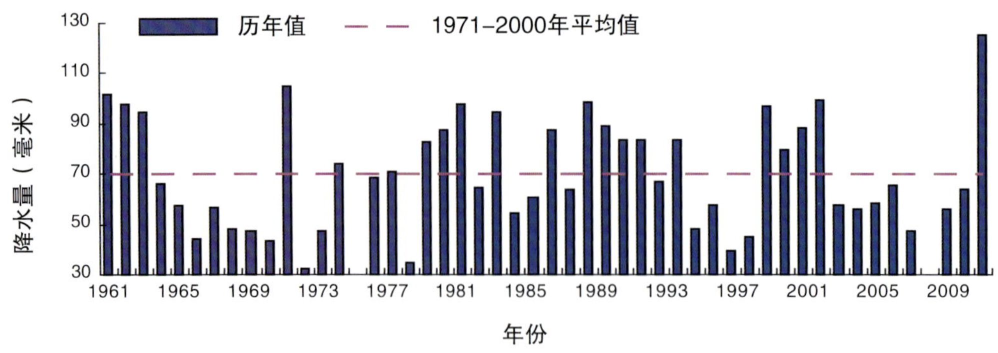

图 2.2.6　2010 年 8 月 12—23 日四川省平均降雨量历年变化（1961—2010 年）

Fig. 2.2.6　Annual variation of precipitation averaged over Sichuan Province from August 12 to 23 during 1961—2010

由于北方和西部地区累积雨量大、降水强度强且区域集中，造成地质灾害频繁、程度重。7 月 13 日，强降水引发云南省巧家县小河镇发生特大山洪、泥石流灾害，造成 19 人死亡，26 人失踪。7 月 27 日暴雨造成四川省汉源县严重山体滑坡。最严重的是甘肃舟曲发生特大山洪泥石流灾害，8 月 7 日 20 时至 24 时，甘肃省甘南州出现局地短时强降水，此次降雨过程局地性强、短时强度大、突发性强，引发舟曲县发生特大山洪泥石流灾害，造成 1700 多人死亡（含失踪）。

4. 10 月上中旬海南出现历史罕见持续性强降水过程，内涝严重

10 月 1—19 日，海南出现两次强降水过程，累计雨量大、降雨过程持续时间长、暴雨日数多、降水极端性强、灾害影响重。海南平均降水量达 1060.1 毫米，平均暴雨日数为 6.6 天（图 2.2.7），均是常年同期的 5 倍以上，且均为 1961 年以来历史同期最多。强降水过程主要集中在 10 月 1—9 日和 12—18 日两个时段，其中 10 月 1—9 日，海南降水量普遍在 300～1000 毫米，东部降水量达 1000 毫米以上，较常年同期偏多 1～6 倍。全省平均降水量为 713.3 毫米，为 1961 年以来历史同期最多。10 月 12—18 日，海南降水量普遍在 200～400 毫米。极端降水事件监测显示，10 月 1—18 日，海南有 3 站极端日降水量突破历史极值：10 月 5 日 08 时至 6 日 08 时海南琼海（701.9 毫米）、万宁（392.2 毫米）、10 月 7 日 08 时至 8 日 08 时文昌（348.6 毫米），有 7 站连续降水量突破历史极值：琼海（1476.2 毫米）、文昌（1408.2 毫米）、万宁（1187.2 毫米）、陵水（948.9 毫米）、海口（802.6 毫米）、五指山（725.5 毫米）、三亚（608.5 毫米）。强降水导致海南南渡江、万泉河的一些河段及小南平水库、牛路岭水库等水位接近或超过警戒水位或汛限水位，多个县市出现严重内涝，东线公路交通一度中断，旅游业受到很大影响；海口、三亚、万宁、琼海等地中小学一度停课；造成海南 393.4 万人受灾，因灾死亡 4 人，失踪 2 人，紧急转移安置 45.3 万人，农作物受灾面积 20.2 万公顷，直接经济损失 49.4 亿元。

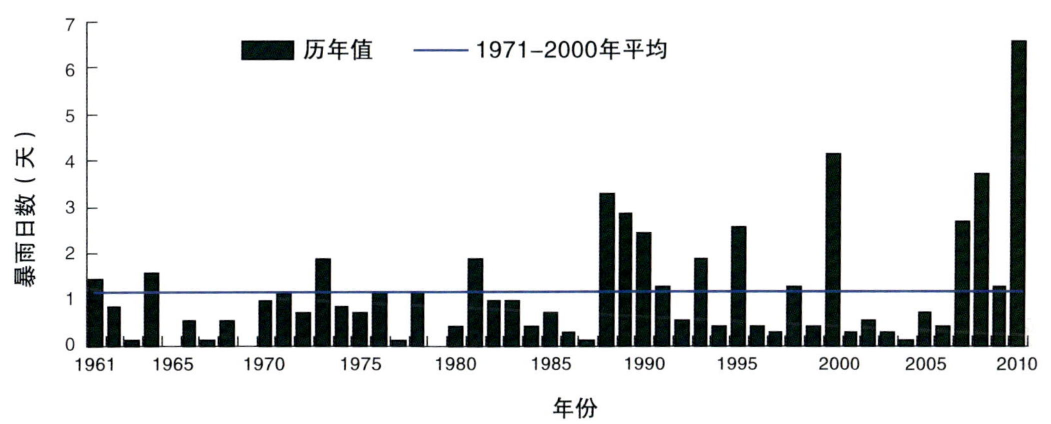

图 2.2.7　10 月 1 日至 19 日海南省暴雨日数历年变化（1961—2010 年）

Fig. 2.2.7　Annual variation of torrential days with daily precipitation≥50.0mm from October 1 to 19 in Hainan Province during 1961—2010

2.3 热带气旋

2.3.1 基本概况

2010 年，西北太平洋和南海上共有 14 个热带气旋（本文指中心附近最大风力≥8 级的热带气旋，下同）生成，其中 1002 号“康森”（Conson）、1003 号“灿都”（Chanthu）、1008 号“南川”（Namtheum）、1006 号“狮子山”（Lionrock）、1010 号“莫兰蒂”（Meranti）、1011 号“凡亚比”（Fanapi）、1013 号“鲇鱼”（Megi）先后在我国登陆（见图 2.3.1）。“凡亚比”和“鲇鱼”登陆强度强，7 个登陆热带气旋中，有 3 个集中在 8 月末至 9 月上旬登陆，5 个登陆地点在福建。总的看，2010 年热带气旋生成个数较常年明显偏少，登陆个数接近常年，登陆比例为历史最高；起编时间偏晚，停编时间偏早，初、末台登陆时间均比常年偏晚。

2010 年，热带气旋带来的大量降水，对缓解南方部分地区的夏伏旱和增加水库蓄水等十分有利，但由于登陆时间集中，部分地区因降水强度大、风力强，遭受的损失比较严重。据不完全统

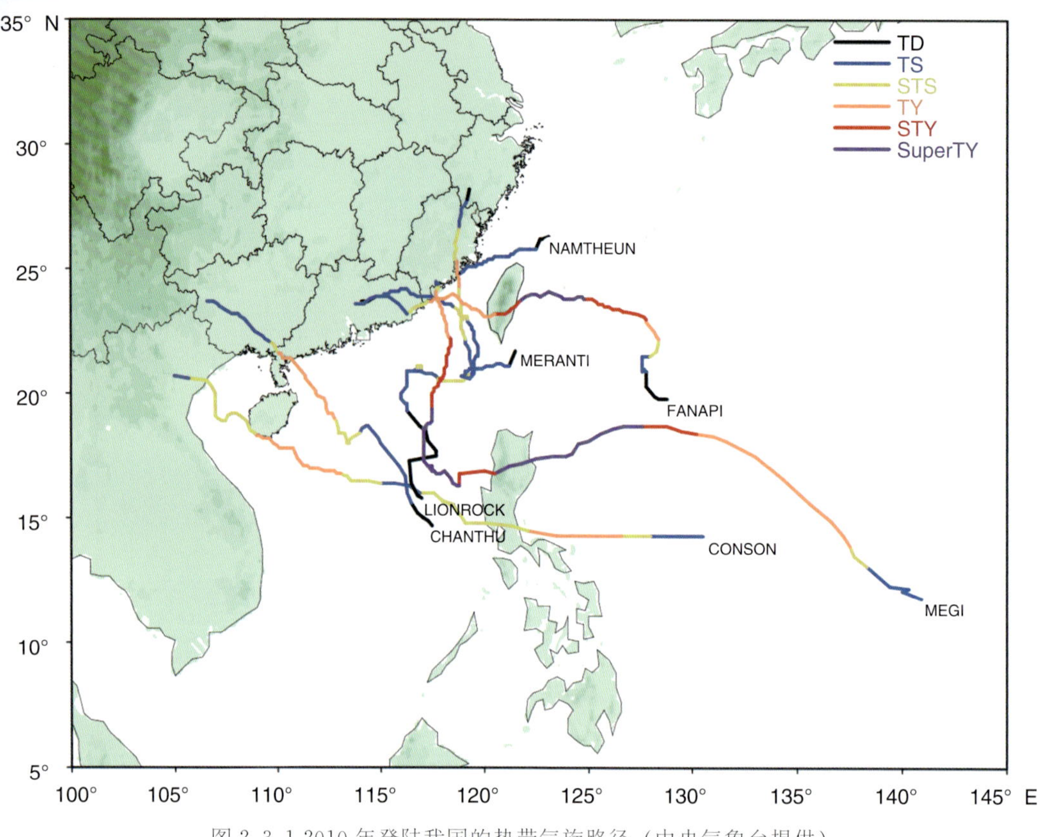

图 2.3.1 2010 年登陆我国的热带气旋路径（中央气象台提供）

Fig. 2.3.1 Tracks of tropical cyclones landed on China in 2010 (provided by Central Meteorological Observatory)

表 2.3.1 2010 年热带气旋主要灾情表

Table 2.3.1 List of tropical cyclones and associated disasters over China in 2010

国内编号及中英文名称	登陆时间（月.日）	登陆地点	最大风力（风速）	受灾地区	受灾人口（万人）	死亡人口（人）	失踪人口（人）	转移安置（万人）	倒塌房屋（万间）	受灾面积（万公顷）	直接经济损失（亿元）
1002 康森（Conson）	7.16	海南三亚	12(35)	海南	89.5	2		11.0		1.03	0.1
				广西	2.07			0.55	0.01	0.05	2.8
1003 灿都（Chanthu）	7.22	广东吴川	12(35)	广东	426.9	5		20.12	2.25	5.73	56.2
				广西	215.64			10.95	0.55	8.24	6.1
1008 南川（Namtheum）	8.31	福建惠安	8(18)								
1006 狮子山（Lionrock）	9.2	福建漳浦	9(23)	福建*	30.7			14.2	0.01	0.81	1.4
				广东	62.8	1		5.69	0.24	1.86	5.0
1010 莫兰蒂（Meranti）	9.10	福建石狮	12(35)	浙江	3.8					1.26	1.3
				福建	30.6	3		8.5	0.17	1.65	5.2
1011 凡亚比（Fanapi）	9.19 9.20	台湾花莲 福建漳浦	15(50) 12(35)	广东	152.5	128	6	13.3	1.53	4.82	53.7
				福建	62.2	1		20.0	0.07	4.62	7.0
				广西	7.79			0.1	0.04	0.46	0.2
1013 鲇鱼（Megi）	10.23	福建漳浦	13(38)	福建	63.99			18.2	0.05	3.44	26.1
				广东	0.67			0.09		0.23	0.3
合计					1149.2	140	6	122.7	4.92	34.19	166.4

* 为“南川”和“狮子山”灾害合计

计，全国共有1149.2万人受灾，140人死亡，6人失踪，转移安置122.7万人，34.2万公顷农作物受灾，4.9万间房屋倒塌，直接经济损失166.4亿元（表2.3.1）。其中，影响较大的是1011号"凡亚比"（Fanapi）和1003号"灿都"（Chanthu）；受灾较重的地区是广东，其次是福建。

2.3.2 主要热带气旋灾害事例

1. 1002号 "康森" （Conson）

1002号"康森"（Conson）于7月16日19时50分在海南省三亚市亚龙湾登陆，登陆时中心气压968百帕，中心附近最大风力有12级（35米/秒）。"康森"是2010年登陆我国的第一个热带气旋，登陆时间比常年初台登陆时间（7月1日）偏晚15天。受其影响，海南、广西2省（区）共有91.6万人受灾，死亡2人，紧急转移安置11.6万人；农作物受灾面积1.1万公顷；倒塌房屋100多间；直接经济损失2.9亿元。

海南 受"康森"登陆影响，7月15—17日海南出现了一次强降水和大风过程。海南岛大部分地区降大到暴雨，东部和南部的局部地区出现大暴雨，共有94个乡镇自动站累计雨量超过50毫米，34个乡镇自动站累计雨量超过100毫米，过程最大雨量出现在文昌市东路镇政府自动站（200.1毫米）。同时，海南岛沿海陆地出现9～12级大风，最大阵风出现在三亚基准观测站（51.8米/秒），风力达16级，其次为三亚田独高速路自动站（46.1米/秒）。"康森"造成海口和三亚机场共107个航班取消，琼州海峡15日17时至17日17时停航48小时，海口火车站2000多名旅客滞留。三亚市多个片区停水停电，包括路灯、交通指示牌以及绿化树木在内的大批市政设施遭到破坏。田独镇往东线高速公路2千米处一个广告牌被台风吹倒，当场砸死两男子。全省有89.5万人受灾，紧急转移安置11.0万人；农作物受灾面积1.0万公顷；直接经济损失约1000万元。

广西 受"康森"外围环流影响，7月16日20时至19日08时，全区累计降雨量超过200毫米有2个乡镇，分别出现在防城港市防城区垌中镇303.1毫米，钦州市钦北区贵台镇252.3毫米；100.0～199.9毫米有12个乡镇，50.0～99.9毫米105个乡镇，25.0～49.9毫米399个乡镇，10.0～24.9毫米有440个乡镇。大于100毫米的强降雨出现在防城港、钦州两市。另外桂南部分地区出现了6～7级阵风，其中沿海部分地区阵风8～10级。台风"康森"的到来，使广西前期高温天气得以缓解，但"康森"带来的风、雨给沿海局部地区带来一定危害，导致防城港市（东兴、防城区）局部民房倒塌，水利灌溉设施、渠道、道路被毁。全区2.1万人受灾，紧急转移安置5500人；倒塌房屋100多间；农作物受灾面积500多公顷；直接经济损失2.8亿元。

2. 1003号 "灿都" （Chanthu）

1003号"灿都"（Chanthu）于7月22日13时45分在广东省吴川市吴阳镇沿海登陆，登陆时中心附近最大风力有12级（35米/秒），中心气压970百帕。台风"灿都"具有近海快速加强、强度维持时间较长的特点。受其影响，广东、广西共有642.5万人受灾，死亡5人，紧急转移安置31.1万人；农作物受灾面积14.0万公顷；倒塌房屋2.8万间；直接经济损失62.3亿元。

广东 西部普降大暴雨，局部特大暴雨，珠江三角洲和东部沿海部分市（县）也出现暴雨，局部大暴雨，其中阳春永宁镇录得全省最大过程雨量512.7毫米。湛江、茂名和阳江沿海普遍录得9～12级大风，阵风达14～16级，其中茂名电白沙院镇瞬时最大风速达51.8米/秒（16级），茂名海洋气象观测基地浮标站录得有效波高7米的狂浪，最大波高甚至高达9.5米。受"灿都"影响，粤西地区受灾严重，部分地区农作物受灾甚至绝收，水产养殖遭受一定损失，速生丰产林、香蕉、果树等不同程度倒伏或折断。同时交通等也受到影响：7月22日深圳飞往上海、杭州、北京、北海、湛江等地的航班普遍延误或取消，广州白云机场约30个出港航班延误，湛江机场7个进出港航班被取消；广州发出的多趟列车在茂名、湛江境内滞留，最长晚点近20小时；湛茂高速、阳茂高速茂名段、渝湛高速广东段全线、湛江海湾大桥一度封闭；琼州海峡封航 47 个小时；深圳蛇口客运码头 22 日上午有 11 班往来澳门客轮停航；珠海、江门等地的海岛航线短时停航。据统计，全省共有 426.9 万人受灾，死亡 5 人，紧急转移安置 20.1 万人；倒塌房屋 2.25 万间；农作物受灾面积 5.7 万公顷；直接经济损失 56.2 亿元。

广西 桂南、桂中出现了大范围的强降雨和大风天气。7 月 22 日 08 时至 24 日 14 时，全区累计降雨量超过 250 毫米有 23 个乡镇，其中超过 300 毫米有 8 个乡镇（防城港市垌中镇板八街 362.4 毫米、钦州市八寨沟风景区 360.0 毫米、钦州市大直镇 353.6 毫米）；100～249.9 毫米有 305 个乡镇；50.0～99.9 毫米有 389 个乡镇；25.0～49.9 毫米有 225 个乡镇。100 毫米以上的降雨出现在玉林、北海、钦州、防城港、南宁、百色、贵港、梧州、来宾等市。另外，玉林、钦州、南宁、北海、防城港、贵港、来宾等市部分地区出现 8 级以上的大风，局地出现 10～12 级的大风。据统计，全区共有 215.6 万人受灾，紧急转移安置 11.0 万人；倒塌房屋 5500 间；农作物受灾面积 8.2 万公顷；直接经济损失 6.1 亿元。

3. 1008 号 “南川” （Namtheum）

1008 号“南川”（Namtheum）于 8 月 31 日 23 时 50 分在福建省惠安县沿海登陆，登陆时中心附近最大风力有 8 级（18 米/秒），中心气压 995 百帕。受其影响：

福建 8 月 31 日，福建省中北部沿海出现 6～7 级、阵风 8～9 级的东北大风，平潭南海极大风速达 26.5 米/秒（10 级）。全省大部县（市）出现阵性降水，中北部沿海地区的部分县（市）出现中雨到大雨，局部乡镇出现暴雨，其中平潭中楼中学 111.4 毫米最大。“南川”带来的降水有利于缓解福建省前期的高温状况和沿海尤其是南部沿海的持续干旱，但也给局部地区造成灾害。

4. 1006 号 “狮子山” （Lionrock）

1006 号“狮子山”（Lionrock）于 9 月 2 日 6 时 50 分在福建省漳浦县古雷镇登陆，登陆时中心附近最大风力有 9 级（23 米/秒），中心气压 990 百帕。受“狮子山”及“南川”共同影响，福建、广东 2 省共有 93.5 万人受灾，死亡 1 人，紧急转移 19.9 万人；农作物受灾面积 2.7 万公顷；倒塌房屋 2500 间；直接经济损失 6.4 亿元。

福建 9 月 1 日，福建中北部沿海出现 6～7 级、阵风 8～9 级的东北大风；2 日，热带风暴登陆后南部地区的部分县市风力明显加大，极大风力达 8～9 级，部分站点达 10～11 级，以诏安四都的 31.2 米/秒最大。9 月 1 日 8 时至 3 日 8 时，共有 32 个县（市）的 256 个乡镇过程降水量超过 50 毫米，其中 19 个县（市）的 122 个乡镇超过 100 毫米，以诏安汾水关的 399.1 毫米为最大。据统计，受“南川”和“狮子山”影响，全省有 30.7 万人受灾，紧急转移安置 14.2 万人；农作物受灾面积 8100 公顷；倒塌房屋 100 多间；直接经济损失 1.4 亿元。

广东 受“狮子山”及其残留的低压影响，9 月 1 日开始，广东省陆续出现暴雨到大暴雨，部分地区特大暴雨。根据全省自动气象站网监测，9 月 2 日 8 时至 4 日 8 时，共有 433 个乡镇降雨量 50～100 毫米，495 个乡镇 100～250 毫米，42 个乡镇超过 250 毫米，其中花都雅瑶镇最大达 405.7 毫米。强降水导致潮州、河源、梅州、阳江等市部分农田受淹，一些水利灌溉设施被毁。据统计，全省有 62.8 万人受灾，死亡 1 人，紧急转移人员 5.7 万人；房屋倒塌 2400 间；农作物受灾面积 1.86 万公顷；直接经济损失 5 亿元。

5. 1010 号 “莫兰蒂” （Meranti）

1010 号“莫兰蒂”（Meranti）于 9 月 10 日 3 时 30 分前后在福建省石狮市沿海登陆，登陆时中心附近最大风力有 12 级（35 米/秒），中心气压 975 百帕。受其影响，浙江、福建 2 省共有 34.4 万人受灾，死亡 3 人，紧急转移 8.5 万人；房屋倒塌 1700 间；农作物受灾面积 2.9 万公顷；直接经济损失 6.5 亿元。

福建 出现大范围强风天气，中部沿海地区出现 12～14 级的大风。9 月 8—11 日，全省 32 个县（市）的 203 个自动站风力超过 8 级，其中 12 个县（市）的 70 个站风力超过 10 级，惠安、晋江和石狮 3 个县（市）的 16 个站风力超过 12 级，以惠安百崎的 14 级（44.3 米/秒）为最大。9 月 9—10 日，福建省中北部沿海地区出现暴雨到大暴雨天气，10 日仙游日雨量 147 毫米和晋江日雨量 186 毫米，分别位居 1971 年以来历史同期第一位和第二位。9 月 9—12 日，全省有 27 个县（市）过程降水量大于 50 毫米，其中 7 个县（市）大于 100 毫米，以晋江的 216 毫米为最大。据统计，全省共有 30.6 万人受灾，倒塌房屋 1700 间，死亡 3 人，紧急转移 8.5 万人；农作物受灾面积 1.7 万公顷；停产工矿企业 158 个，公路中断 54 条次，供电、通讯中断 345 条次；损坏堤防 7400 多米，损坏护岸、灌溉设施 824 处，损坏水闸、机电泵站、水电站、机电井 70 座，冲毁塘坝 47 座；直接经济损失 5.2 亿元。

浙江 大部分地区有中到大雨，部分地区出现暴雨或大暴雨，局地发生泥石流。全省 3.8 万人受灾；农作物受灾面积 1.3 万公顷；损坏水利灌溉设施 60 多处；直接经济损失 1.3 亿元。

6. 1011 号 “凡亚比” （Fanapi）

1011 号“凡亚比”（Fanapi）于 9 月 19 日 9 时前后在台湾省花莲县附近沿海登陆，登陆时中心附近最大风力有 15 级（50 米/秒），中心气压 940 百帕。20 日 7 时在福建省漳浦县沿海再次登陆，登陆时中心附近最大风力有 12 级（35 米/秒），中心气压 970 百帕。“凡亚比”具有发展快、风力强、影响大等特点。受其影响，广东、广西、福建 3 省（区）共 222.5 万人受灾，死亡 129 人，失踪 6 人，紧急转移 33.4 万人；倒塌房屋 1.6 万间；农作物受灾面积 9.9 万公顷；直接经济损失 60.9 亿元。

广东 9 月 19 日夜间起，自东向西普降暴雨到大暴雨，局部特大暴雨。根据全省气象自动站网监测，19 日 0 时至 23 日 8 时有 473 个乡镇（社区）降水量为 100～200 毫米，104 个乡镇（社区）为 200～400 毫米，超过 400 毫米降水的有高州马贵（约 840 毫米）、阳春双窖（557.9 毫米）、上川岛（499.9 毫米）、阳春三甲镇（455.3 毫米）。强降雨导致茂名、阳江、云浮等市江河水位暴涨，局地发生严重洪涝及山体滑坡、泥石流等次生灾害。据统计，全省共计受灾人口 152.5 万人，死亡 128 人，失踪 6 人，紧急转移安置 13.3 万人；农作物受灾面积 4.8 万公顷；倒塌房屋 1.5 万间；直接经济损失 53.7 亿元。

广西 受“凡亚比”减弱后的低压环流和南下的冷空气共同影响，9 月 20—24 日出现了强降雨降温天气过程。据国家气象观测站资料统计，全区共出现大雨 97 站次，暴雨 40 站次，大暴雨 4 站。另据自动站降水观测资料统计，9 月 20 日 20 时至 24 日 8 时过程雨量超过 300 毫米的有 3 个乡镇（东兴市东兴镇 344 毫米、都安县保安乡 322 毫米、东兴市江平镇 322 毫米），200～300 毫米的有 16 个乡镇，100～200 毫米的有 369 个乡镇，50～100 毫米的有 534 个乡镇，其中 200 毫米以上的强降水主要出现在防城港、玉林、南宁、河池等市。初步统计，全区共有 7.8 万人受灾，紧急转移 1000 人；农作物受灾面积 4600 公顷；直接经济损失 2000 万元。

福建 中南部沿海出现明显风雨天气。9 月 19—20 日，有 25 个县（市）147 个乡镇自动站极大风力超过 10 级，有 11 个县（市）32 个乡镇风力超过 12 级，以莆田大洋 46.0 米/秒（14 级）为最大，泉州后诸 45.1 米/秒次之。9 月 20—21 日，中南部沿海地区有 25 县（市）次出现暴雨，8 个县（市）次出现大暴雨，以漳浦日雨量 158 毫米为最大，其中 21 日诏安日雨量 141 毫米，位居 1971 年以来历史同期第二位。9 月 18 日 20 时至 22 日 20 时，有 21 个县（市）过程降水量大于 50 毫米，其中 15 个县（市）过程雨量大于 100 毫米，以诏安的 244.5 毫米为最大。“凡亚比”带来的强风暴雨造成沿海多个县（市）电力设施受损，仅南安市就有 83 条线路跳闸，倒杆断杆 50 基，

4084 台配变停运。沈海高速公路一度封闭，两马、厦金、泉金航线，“小三通”客轮和平潭轮渡关闭，沿海重点工程停工，旅游景区关闭，福州、厦门、泉州、武夷山机场共取消 116 个航班。福州、厦门、莆田、泉州、漳州、龙岩等部分市（县）中小学、幼儿园停课。据统计，全省共有 62.2 万人受灾，死亡 1 人，紧急转移 20.0 万人；房屋倒塌 700 间；农作物受灾面积 4.6 万公顷；直接经济损失 7.0 亿元。

7. 1013 号 “鲇鱼” （Megi）

1013 号“鲇鱼”（Megi）于 10 月 23 日 12 时 55 分在福建省漳浦县沿海登陆，登陆时中心附近最大风力有 13 级（38 米/秒），中心气压 970 百帕。受其影响，广东、福建 2 省共有 64.7 万人受灾，紧急转移安置 18.3 万人；农作物受灾面积 3.7 万公顷；直接经济损失 26.4 亿元。

福建 10 月 19—24 日出现大范围 9 级以上强风，其中有 16 个县（市）67 个乡镇风力超过 10 级，有 4 个县（市）7 个乡镇风力超过 12 级，以莆田大洋 41.9 米/秒为最大（14 级）。全省普降小到中雨，中南部沿海地区先后 21 县（市）次出现暴雨，8 个县（市）次出现大暴雨，其中 23 日漳浦县日雨量 188.8 毫米为最大。统计 10 月 21—25 日国家气象观测站过程雨量，有 31 个县（市）大于 50 毫米，其中 17 个县（市）大于 100 毫米，以漳浦的 203.2 毫米为最大。台风登陆时又恰逢天文大潮，使漳州、厦门等市海域浪大潮高，其中漳州东山潮位站 10 月 23 日凌晨 0:21 出现最高潮位 7.36 米，距警戒水位仅 6 厘米。

受“鲇鱼”登陆影响，漳州海产养殖和渔船受到极大损失，漳浦县古雷镇汕尾码头避风港内数千艘渔船损毁，一艘大型的无动力驳船（载重量 1.6 万吨）因台风搁浅在沙滩上；六鳌镇 200 公顷海对虾养殖区被大量淡水漫堤灌入，海对虾濒临死亡；岱仔村附近海滩有 200 多个渔排被冲上海滩，2000 万粒鲍鱼横卧沙滩。福州、厦门、晋江机场航班延误取消，仅厦门空港取消 150 余个航班；厦金、泉金和两马航线停航，泉厦高铁限速，沈海及漳龙高速临时管制；全省 1651 个道路客运班次、1710 艘船舶暂停运营。漳浦县 9 万多户居民家庭停电。据统计，全省有 64.0 万人受灾，转移安置 18.2 万人；农作物受灾面积 3.4 万公顷；倒塌房屋近 500 间；停产工矿企业 253 个，公路中断 12 条次，供电、通讯中断 100 条次；损坏堤防 19.5 千米，损坏护岸、灌溉设施 560 处，损坏水闸、机电泵站 59 座，冲毁塘坝 47 座；直接经济损失 26.1 亿元。

广东 东部偏东地区出现明显降水，10 月 21 日 8 时至 24 日 8 时，全省共 54 个雨量站降雨量在 25 毫米以上，6 个站在 50 毫米以上，其中惠来葵潭镇 64.2 毫米为最多。10 月 21—23 日，粤西沿海和海面出现 6～8 级大风，中东部沿海和海面出现 8～10 级、阵风 11～12 级的大风。据统计，全省有 6700 人受灾，紧急转移安置 900 人；农作物受灾面积 2330 公顷；直接经济损失约 3000 万元。

2.4 冰雹与龙卷风

2.4.1 基本概况

2010 年全国共有 30 个省（区、市）、1692 个县（市）次出现冰雹，47 个县（市）次出现龙卷风；冰雹和龙卷风累计受灾面积 218.0 万公顷，绝收面积 28.0 万公顷，倒塌房屋 15.4 万间，损坏房屋 100.0 万间，死亡 176 人（不包括雷击死亡人数），直接经济损失 350.9 亿元。总的来看，2010 年全国降雹县次数比常年偏多，而龙卷风县次数较常年偏少，风雹造成的经济损失较常年偏重，较 2009 年偏轻，但局部地区灾情重。

2.4.2 冰雹

1. 主要特点

(1) 降雹次数比常年偏多

2010 年，全国 30 个省（区、市）均不同程度地遭受冰雹袭击。据统计，共有 1692 个县（市）次出现冰雹，降雹次数比常年（平均约 1000 个县次）明显偏多。

(2) 初雹时间较常年偏早，终雹时间较常年略偏晚

2010 年，全国最早一次冰雹天气出现在 1 月 26 日（云南德宏），初雹时间较常年（平均出现在 2 月上旬）偏早；最晚一次冰雹天气出现在 11 月 11 日（山东烟台），终雹时间较常年（平均出现在 11 月上旬）略偏晚。

(3) 降雹集中在春夏季节

从降雹的季节分布来看，2010 年夏季出现冰雹最多，共有 994 个县（市）次，占全年降雹总次数的 58.8%；春季降雹次多，共有 488 个县（市）次，占全年的 28.8%。秋季共有 127 个县（市）次降雹，占全年的 7.5%；冬季降雹次数最少，有 83 个县（市）次，占全年的 4.9%。

从各月降雹情况看，2010 年 7 月最多，共 387 个县（市）次降雹，占全年的 22.9%；8 月次多，313 个县（市）次降雹，占全年的 18.5%；6 月居第三位，294 个县（市）次降雹，占全年的 17.4%；4 月居第四位，169 个县（市）次降雹，占全年的 10.0%。12 月全国无降雹。

(4) 中东部地区降雹较多

2010 年，冰雹主要出现在我国中东部地区，降雹较多的地区是东北中部、华北、黄淮、江淮、江南、西南东部、西北东部及内蒙古等地。从各省（区）分布来看，甘肃最多，降雹 191 县次，云南其次，降雹 134 县次，河北、山东、内蒙古、江西、安徽、陕西、吉林、新疆、江苏、山西、湖南、湖北、贵州等省（区）降雹均超过 50 县次（见图 2.4.1）。山东、新疆、甘肃、陕西、内蒙古等省（区）受灾较重。

2. 部分风雹灾害事例

(1) 2 月 9 日，江西上饶、吉安、景德镇、九江 4 市 8 个县（市、区）部分地区遭受风雹灾害，造成 28.2 万人受灾；农作物受灾面积 1.2 万公顷；直接经济损失 1.4 亿元。

(2) 2 月 24—26 日，湖北黄冈、黄石、鄂州、咸宁等 4 市 7 县（市、区）遭受风雹灾害，受灾人口 23.3 万人，因灾死亡 1 人；倒塌房屋 350 余间；直接经济损失 0.3 亿元。

(3) 2 月 25 日，江西景德镇、九江、鹰潭、赣州、吉安、宜春、抚州、上饶 8 市 27 个县（市、区）遭受风雹灾害，75.4 万人受灾，紧急转移安置 0.7 万人；农作物受灾面积 2.5 万公顷；倒塌房屋 1000 余间；直接经济损失 2.3 亿元。

(4) 截至 3 月 10 日统计，2 月 25 日以来，福建三明、南平、龙岩 3 市 17 个县（市、区）遭受的风雹灾害造成 35.1 万人受灾，因灾死亡 2 人，紧急转移安置 9.9 万人；农作物受灾面积 1.7 万公顷；倒塌房屋 160 余间；直接经济损失 6.0 亿元。

(5) 3 月 1 日，湖南湘潭、邵阳、益阳、郴州、永州、怀化、湘西 7 市（州）16 个县（市、区）遭受风雹灾害，造成 44.4 万人受灾，紧急转移安置 1.1 万人；农作物受灾面积 1.6 万公顷；倒塌房屋 230 余间；直接经济损失 1.9 亿元。

(6) 截至 3 月 9 日统计，3 月 1 日以来，安徽铜陵、黄山 2 市 8 个县（市、区）遭受的风雹灾害共造成 37.8 万人受灾；农作物受灾面积 2.3 万公顷；倒塌房屋 100 余间；直接经济损失 1.2 亿元。

(7) 截至 3 月 9 日统计，3 月 4 日以来，浙江杭州、嘉兴、金华、丽水 4 市 20 个县（市、区）

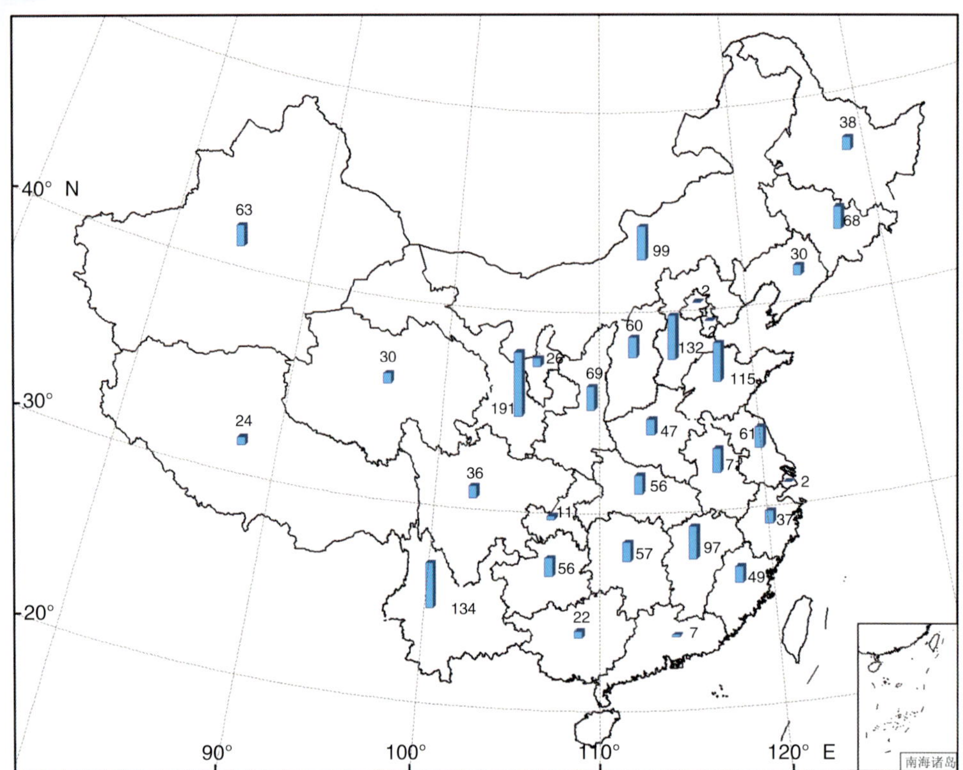

图 2.4.1　2010 年全国降雹县次分布

Fig. 2.4.1　Distribution of hail events over China in 2010

遭受的风雹灾害共造成 38.3 万人受灾；紧急转移安置 8500 余人；倒塌房屋 400 余间；直接经济损失 5.3 亿元。

（8）3 月 5 日，湖南省湘潭市、永州市蓝山县遭受冰雹灾害。造成 14.4 万人受灾，紧急转移安置 5751 人；农作物受灾面积 4956 公顷，其中成灾面积 3203 公顷，绝收面积 1753 公顷；倒塌损坏房屋 5.6 万间；直接经济损失 1.5 亿元。

（9）3 月 19 日，陕西铜川、咸阳、渭南 3 市 13 个县（市、区）遭受风雹灾害，受灾人口 18.9 万人；农作物受灾面积 6500 公顷；倒塌房屋 800 余间；直接经济损失 2.2 亿元。

（10）3 月 19—20 日，河北邢台、邯郸、衡水 3 市 16 县遭受风雹灾害。受灾人口 14.6 万人；农作物受灾面积 3300 公顷；直接经济损失 0.9 亿元。

（11）3 月 28 日，甘肃白银、张掖、定西 3 市 10 个县（市、区）部分地区遭受风雹灾害。受灾人口 112.5 万人；农作物受灾面积 7100 公顷；直接经济损失 0.8 亿元。

（12）4 月 20—25 日，云南红河、临沧、德宏、保山、文山等地部分县（市、区）遭受风雹灾害，受灾人口 7.7 万人，因灾死亡 4 人；倒塌房屋 212 间；农作物受灾 616 公顷；直接经济损失 0.6 亿元。

（13）4 月 22—26 日，云南保山、西双版纳、临沧、文山、红河、迪庆 6 市（州）8 县遭受风雹灾害。受灾人口 2.7 万人，死亡 3 人；倒塌房屋 104 间；直接经济损失 1849.4 万元。

（14）4 月 24 日，甘肃嘉峪关市、武威市、酒泉市、平凉市、庆阳市、张掖市、白银市、金昌市、天水市 9 市（州）39 个县（市、区）部分地区遭受风雹灾害。受灾人口 229.1 万人；农作物受灾面积 26.2 万公顷，农作物绝收面积 3.4 万公顷；倒塌房屋 582 间，损坏房屋 2246 间；直接经济损失 12.6 亿元。

（15）4月24日，陕西铜川市、延安市、渭南市、榆林市4市13个县（市、区）部分地区遭受风雹灾害。受灾人口37.4万人；农作物受灾面积1.2万公顷；直接经济损失2.1亿元。

（16）4月26日，陕西渭南、延安两市11县（市）遭受风雹灾害。受灾人口27.5万人；直接经济损失1.2亿。

（17）4月28日，云南保山市、昆明市、普洱市、大理白族自治州4市（州）11个县（市、区）部分地区遭受风雹灾害。受灾人口18.5万人；农作物受灾面积3.8万公顷，绝收面积6020公顷；直接经济损失2.5亿元。

（18）5月3—11日，重庆涪陵、梁平、垫江、彭水等21个县（区）遭受风雹灾害，造成158.1万人受灾，死亡32人，紧急转移安置8.7万人；农作物受灾面积8.0万公顷；倒塌房屋0.8万间；直接经济损失9.2亿元。

（19）5月14—15日，新疆兵团一师10个团场、阿拉尔市、阿克苏地区库车县和沙雅县遭受风雹灾害，农作物受灾面积2.4万公顷；直接经济损失3.0亿元。

（20）5月15—16日，黑龙江省绥化市5个县（市、区）遭受严重风雹灾害。受灾人口8500人，死亡7人，紧急转移安置人口3600余人；倒塌房屋1000余间；直接经济损失9000多万元。

（21）5月18—20日，福建三明、南平2市16个县（市、区）遭受风雹灾害，造成17.2万人受灾，死亡3人，失踪5人，紧急转移安置0.9万人；农作物受灾面积1.2万公顷；倒塌房屋190余间；直接经济损失3.0亿元。

（22）5月27—30日，河北唐山、邯郸、邢台、保定、张家口、沧州6市14个县（市、区）遭受风雹灾害，造成52.6万人受灾；农作物受灾面积3.1万公顷；直接经济损失0.9亿元。

（23）5月28—30日，山东青岛、东营、烟台、潍坊、日照、临沂、滨州7市16个县（市、区）遭受风雹灾害，造成62.2万人受灾；农作物受灾面积5.4万公顷；直接经济损失10.7亿元。

（24）5月28日，甘肃省临夏回族自治州永靖、积石山、和政、临夏和兰州市皋兰、七里河等县（区）遭受风雹袭击，造成4.9万人受灾；农作物受灾面积2923公顷；直接经济损失1.4亿元。

（25）5月29日，河南安阳、新乡2市2个县（市、区）遭受风雹灾害，受灾人口16.9万人；农作物受灾面积9300公顷；直接经济损失0.8亿元。

（26）6月2—5日，山西大同、忻州、晋城、运城、长治临汾6市13个县（市）遭受风雹灾害。受灾人口18.8万人；农作物受灾面积1.6万公顷；直接经济损失1.8亿元。

（27）6月3日，山西省运城市万荣县、临猗县、永济市、河津市以及临汾市大宁县、长治市黎城县遭受风雹灾害。农作物受灾面积2.1万公顷；直接经济损失5.1亿元。

（28）6月3—4日，甘肃定西、兰州、白银、平凉、甘南5市（州）9个县（市、区）遭受风雹灾害，造成7.9万人受灾；农作物受灾面积8700公顷；直接经济损失5400多万元。

（29）6月13日，河北保定、张家口、承德3市10个县（市、区）遭受风雹灾害，造成17.3万人受灾；农作物受灾面积1.6万公顷；直接经济损失0.8亿元。

（30）6月16日，内蒙古乌兰察布、锡林郭勒、呼伦贝尔、通辽4市（盟）8个县（市、区）遭受风雹灾害，造成5.8万人受灾，死亡1人；农作物受灾面积1.4万公顷；直接经济损失0.7亿元。

（31）6月16日，内蒙古赤峰市喀喇沁旗、宁城县和乌兰察布市商都县遭受风雹灾害。受灾人口5.2万人；农作物受灾面积2000多公顷；直接经济损失5.2亿元。

（32）截至6月22日统计，6月15日以来，河北石家庄市、唐山市、保定市、张家口市、承德市、沧州市6市（州）30个县（市、区）遭受的风雹灾害造成58.9万人受灾；农作物受灾面积4.9万公顷，直接经济损失1.7亿元。

(33) 截至6月22日统计，6月17日以来，山东济南市、东营市、潍坊市、济宁市、泰安市、日照市、莱芜市、临沂市、德州市、滨州市、菏泽市11市（州）35个县（市、区）遭受的风雹灾害造成94.5万人受灾，因灾死亡1人；农作物受灾面积8.4万公顷；倒塌房屋280间；直接经济损失4.3亿元。

(34) 截至6月22日统计，6月9日以来，云南昆明市、临沧市、红河哈尼族彝族自治州、文山壮族苗族自治州、西双版纳傣族自治州5市（州）6个县（市、区）遭受的风雹灾害造成3.5万人受灾，因灾死亡3人；农作物受灾面积816.6公顷；直接经济损失0.3亿元。

(35) 6月16日，山西大同、阳泉、朔州、运城4市8个县（市、区）遭受风雹灾害，造成10.9万人受灾；农作物受灾面积9100公顷；直接经济损失0.6亿元。

(36) 6月18日，安徽阜阳、宿州、亳州3市7个县（市、区）遭受风雹灾害，造成31.8万人受灾，紧急转移安置433人；农作物受灾面积8100公顷；倒塌房屋720间；直接经济损失0.8亿元。

(37) 6月21—24日，湖北省宜昌、黄冈、荆门、随州、孝感、荆州等地部分县（市）遭受风雹灾害。受灾人口33.5万人，转移安置2210人，死亡1人；农作物受灾面积2.5万公顷；倒塌房屋243间，损坏房屋3310间；直接经济损失7304万元。

(38) 截至6月29日统计，6月25日以来，内蒙古巴彦淖尔、兴安盟、赤峰市3市4县（旗）遭受风雹灾害，造成8822人受灾，死亡1人；农作物受灾面积4952公顷；直接经济0.5亿元。

(39) 6月25日，青海海东地区互助县风雹灾害造成2.2万人受灾，因灾死亡1人；农作物受灾面积4300公顷；直接经济损失0.2亿元。

(40) 6月28日，新疆塔城地区沙湾县、克拉玛依市白碱滩区、石河子市136团、农一师3团和阿克苏地区柯坪县、阿瓦提县遭受风雹灾害。农作物受灾面积1.8万公顷，其中成灾面积8800多公顷；直接经济损失1.5亿元。

(41) 7月4—9日，吉林长春、吉林、四平、通化、白山、松原、延边7市（州）26个县（市、区）遭受风雹灾害，受灾人口60.9万人；农作物受灾面积18.6万公顷；倒塌房屋73间；直接经济损失10.9亿元。

(42) 7月5—9日，江西宜春、抚州、上饶3市（州）10个县（市、区）遭受风雹灾害，受灾人口35.6万人，因灾死亡6人，紧急转移安置1万人；农作物受灾面积5.6万公顷；倒塌房屋1396间；直接经济损失7.2亿元。

(43) 7月7日，内蒙古呼和浩特、赤峰、呼伦贝尔、巴彦淖尔、乌兰察布5市11个县（市、区）遭受风雹灾害，受灾人口15.0万人；农作物受灾面积3.0万公顷；倒塌房屋260间；直接经济损失2.6亿元。

(44) 7月9日，内蒙古自治区巴彦淖尔市乌拉特中旗、呼和浩特市土默特左旗遭受冰雹袭击。受灾人口4.1万人；农作物受灾面积8867公顷；直接经济损失1.3亿元。

(45) 7月10日，新疆维吾尔自治区塔城地区托里县、裕民县、乌苏市和伊犁哈萨克自治州霍城县遭受冰雹袭击。农作物受灾面积7760公顷，其中绝收面积100多公顷；直接经济损失7217万元。

(46) 7月10日，吉林长春、吉林、通化、松原、白城5市12个县（市、区）遭受风雹灾害，受灾人口3.1万人，因灾死亡1人；农作物受灾面积7800公顷；直接经济损失0.7亿元。

(47) 7月10—12日，河北石家庄、张家口2市（州）4个县（市、区）遭受风雹灾害。受灾人口11.1万人；农作物受灾面积5900公顷；直接经济损失0.4亿元。

(48) 截至7月14日统计，7月8日以来，山西大同、忻州、长治3市10个县（市、区）遭受的风雹灾害造成 24.1 万人受灾；农作物受灾面积 2.9 万公顷；倒塌房屋 105 间；直接经济损失 2.2 亿元。

(49) 7 月 16—19 日，山西大同、长治、忻州 3 市 4 个县（市、区）遭受风雹灾害，受灾人口 6.3 万人，死亡 1 人；倒塌房屋 80 间，损坏房屋 739 间；农作物受灾面积 8600 公顷，其中绝收面积 3200 公顷；直接经济损失 0.7 亿元。

(50) 7 月 17—22 日，江苏徐州、泰州 2 市 4 个县（市、区）遭受风雹灾害，受灾人口 30.1 万人，因灾死亡 1 人，紧急转移安置 613 人；农作物受灾面积 2.5 万公顷；倒塌房屋 204 间；直接经济损失 0.7 亿元。

(51) 7 月 16—24 日，甘肃兰州市、平凉市、庆阳市、定西市、临夏回族自治州等 6 个市（州）15 个县（市、区）遭受风雹灾害，受灾人口 13.2 万人，死亡 2 人；农作物受灾面积 6900 公顷；直接经济损失 0.3 亿元。

(52) 7 月 18—26 日，江西景德镇、九江、新余、鹰潭、宜春等 6 市 8 县（市、区）遭受风雹灾害，造成 11.0 万人受灾，死亡 6 人，紧急转移安置 500 余人；倒塌房屋 500 余间，损坏房屋 1300 余间；农作物受灾 2600 公顷；直接经济损失 0.5 亿元。

(53) 7 月 16—26 日，内蒙古呼和浩特、包头、通辽、鄂尔多斯、呼伦贝尔等 8 个市（州）19 个县（市、区）遭受风雹灾害，造成 19.1 万人受灾，紧急转移安置 115 人；农作物受灾 6.5 万公顷，绝收 2.2 万公顷；直接经济损失 2.8 亿元。

(54) 7 月 18—27 日，黑龙江伊春、绥化 2 市 4 个县（市、区）遭受风雹灾害，受灾人口 13.6 万人；农作物受灾面积 2.1 万公顷；倒塌房屋 220 余间；直接经济损失 1.2 亿元。

(55) 7 月 17—27 日，安徽芜湖、阜阳、宿州等 6 市 16 个县（市、区）遭受风雹灾害，受灾人口 75.8 万人，死亡 2 人，紧急转移安置 1500 余人；农作物受灾面积 4.5 万公顷；倒塌房屋近 3000 间；直接经济损失 6.9 亿元。

(56) 7 月 20 日，江苏南京、常州、苏州等 6 市 18 县（市、区）遭受风雹灾害，受灾人口 6.6 万人，死亡 2 人；倒塌房屋 348 间；农作物受灾面积 1900 公顷；直接经济损失 0.6 亿元。

(57) 7 月 24 日，贵州省六盘水市、毕节地区 2 个市（州）5 个县（市、区）遭受风雹灾害，受灾人口 8.6 万人，死亡 5 人；农作物受灾面积 2600 公顷；直接经济损失 0.1 亿元。

(58) 7 月 30 日至 8 月 4 日，河北石家庄、唐山、邯郸、邢台、保定、张家口、承德、沧州 8 市（州）23 个县（市、区）遭受风雹灾害，受灾人口 46.2 万人，死亡 4 人，紧急转移安置 1100 余人；农作物受灾面积 2.4 万公顷；倒塌房屋近 200 间；直接经济损失 1.5 亿元。

(59) 截至 8 月 5 日统计，7 月 30 日以来，云南昆明、曲靖、昭通、丽江、楚雄、文山、西双版纳 7 市（州）22 个县（市、区）遭受的风雹灾害造成 43.9 万人受灾，死亡 2 人，紧急转移安置 900 余人；农作物受灾面积 2.6 万公顷；倒塌房屋 400 余间；直接经济损失 2.4 亿元。

(60) 截至 8 月 7 日统计，8 月 1 日以来，湖北十堰、宜昌、襄樊、荆门、荆州等 6 个市（州）11 个县（市、区）遭受的风雹灾害造成 17.7 万人受灾，紧急转移安置人口 6777 人；农作物受灾面积 9630 公顷；倒塌房屋 457 间；直接经济损失 2.0 亿元。

(61) 截至 8 月 8 日统计，8 月 3 日以来，山东淄博市、枣庄市、济宁市、泰安市、莱芜市等 10 个市（州）27 个县（市、区）遭受的风雹灾害造成 129.0 万人受灾，死亡 1 人；倒塌房屋 167 间，损坏房屋 1033 间；农作物受灾面积 9.0 万公顷，其中绝收面积 1.3 万公顷；直接经济损失 5.8 亿元。

(62) 截至 8 月 9 日统计，8 月 5 日以来，湖北黄石、宜昌、鄂州、襄樊、荆州、荆门、咸宁、十堰、恩施等 9 个市（州）21 个县（市、区）遭受的风雹灾害造成 53.8 万人受灾，死亡 2 人，紧急转移安置0.2万人；农作物受灾面积2.0万公顷，其中绝收面积4300公顷；倒塌房屋400余间，损坏房屋近4000间；直接经济损失1.6亿元。

(63) 截至8月11日统计，8月5日以来，江西南昌、萍乡等9市23个县（市、区）遭受的风雹灾害造成44.1万人受灾，死亡11人，紧急转移安置近2000人；农作物受灾面积7400公顷；倒塌房屋近1500间；直接经济损失1.1亿元。

(64) 截至8月11日统计，8月5日以来，湖南岳阳、常德、张家界、益阳、娄底5市（州）12个县（市、区）遭受的风雹灾害造成37.6万人受灾，死亡1人，紧急转移安置近1900人；农作物受灾面积1.6万公顷；倒塌房屋890间；直接经济损失1.1亿元。

(65) 截至8月12日统计，8月7日以来，云南昆明、曲靖、昭通、丽江、普洱、临沧6市9个县（市、区）遭受的风雹灾害造成1.8万人受灾，死亡4人；农作物受灾面积2100公顷；直接经济损失0.1亿元。

(66) 截至8月18日统计，8月14日以来，重庆长寿、忠县、开县、云阳4个县（市、区）遭受的风雹灾害造成14.7万人受灾，死亡1人，紧急转移安置3500余人；农作物受灾面积7100公顷；倒塌房屋近900间；直接经济损失0.4亿元。

(67) 截至8月18日统计，8月13日以来，贵州六盘水、安顺、黔西南、毕节4市（州、地区）10个县（市、区）遭受的风雹灾害造成12.1万人受灾，死亡2人；农作物受灾面积4000公顷；倒塌房屋110余间；直接经济损失0.1亿元。

(68) 截至8月19日统计，8月13日以来，吉林长春、松原、白城3市5个县（市、区）遭受的风雹灾害造成9.8万人受灾；农作物受灾面积3.1万公顷；直接经济损失2.3亿元。

(69) 截至8月19日统计，8月14日以来，江苏南京、常州、苏州、南通、盐城、扬州、泰州7市14个县（市、区）遭受的风雹灾害造成27.5万人受灾，死亡4人；农作物受灾面积4600公顷；倒塌房屋200余间；直接经济损失0.5亿元。

(70) 截至8月19日统计，8月15日以来，江西南昌、九江、新余3市5个县（市、区）遭受的风雹灾害造成3.7万人受灾，死亡5人，紧急转移安置6800人；农作物受灾面积2000公顷；倒塌房屋近1700间；直接经济损失0.5亿元。

(71) 截至8月26日统计，8月22日以来，江苏扬州、秦州、盐城、连云港4市5个县（市、区）遭受的风雹灾害造成2.2万人受灾，死亡1人；农作物受灾面积1000公顷；直接经济损失0.2亿元。

(72) 截至8月31日统计，8月25日以来，甘肃兰州、武威、酒泉、庆阳4市（州）6个县（市、区）遭受的风雹灾害造成4.2万人受灾；农作物受灾面积3400公顷；直接经济损失6800多万元。

(73) 8月30日，河北石家庄、保定2市5个县（市、区）遭受风雹灾害，受灾人口25.0万人；农作物受灾面积2.1万公顷；直接经济损失0.8亿元。

(74) 8月30日至9月4日，青海西宁、海东、海南3市（州）5个县（市、区）遭受风雹灾害，受灾人口16.4万人；农作物受灾面积1.9万公顷；直接经济损失0.8亿元。

(75) 截至9月5日统计，9月3日以来，宁夏固原、中卫2市5个县（市、区）遭受风雹灾害，受灾人口7.2万人；农作物受灾面积1.3万公顷；直接经济损失0.6亿元。

(76) 截至9月5日统计，9月1日以来，江苏泰州、宿迁、盐城、南通、连云港5市10个县（市、区）遭受的风雹灾害造成37.9万人受灾，死亡2人；倒塌房屋217间；农作物受灾面积4.6万公顷；直接经济损失3.8亿元。

(77) 9月3日，陕西省咸阳市礼泉县和乾县、西安市蓝田县、宝鸡市凤翔县和麟游县、汉中市汉台区、延安市宝塔区和子长县等地遭受短时大风、雷雨、冰雹袭击，造成9.2万人受灾；农作物受灾面积 6497 公顷；直接经济损失 1.3 亿元。

(78) 截至 9 月 7 日统计，9 月 2 日以来，安徽蚌埠、滁州、巢湖、六安 4 市 12 个县（市、区）遭受的风雹灾害造成 55.2 万人受灾，紧急转移安置 6579 人；农作物受灾面积 5.3 万公顷；倒塌房屋 1463 间；直接经济损失 2.7 亿元。

(79) 9 月 1—7 日，河南洛阳、安阳、三门峡 3 市（州）5 个县（市、区）遭受风雹灾害，受灾人口 27.0 万人，死亡 1 人，紧急转移安置 4500 人；农作物受灾面积 1.7 万公顷；倒塌房屋 477 间；直接经济损失 8.2 亿元。

(80) 截至 9 月 7 日统计，9 月 1 日以来，新疆兵团二师、兵团四师 5 个团场部分地区遭受的风雹灾害造成 2.2 万人受灾；农作物受灾面积 7500 公顷；直接经济损失 5414.4 万元。

(81) 截至 9 月 7 日统计，8 月 31 日以来，甘肃兰州、白银、天水、武威、平凉等 10 市（州）49 个县（市、区）遭受的风雹灾害造成 83.3 万人受灾，死亡 1 人，紧急转移安置 109 人；农作物受灾面积 8.0 万公顷；倒塌房屋 183 间；直接经济损失 7.2 亿元。

(82) 9 月 7 —11 日，云南昆明、曲靖、红河、西双版纳 4 市（州）7 个县（市、区）部分地区遭受风雹灾害。受灾人口 2.6 万人，死亡 1 人；农作物受灾面积 1300 公顷；直接经济损失 1779.0 万元。

(83) 截至 9 月 18 日统计，9 月 14 日以来，云南临沧、文山、大理 3 市（州）5 个县（市、区）遭受的风雹灾害造成 2.1 万人受灾，死亡 2 人，紧急转移安置 223 人；农作物受灾面积 1600 公顷；倒塌房屋 139 间；直接经济损失 0.1 亿元。

(84) 9 月 21 日，湖南益阳、张家界、常德 3 市 8 个县（市、区）部分地区遭受风雹灾害。受灾人口 74.3 人，紧急转移安置近 1000 人；农作物受灾面积 3.9 万公顷；倒塌房屋 430 余间；直接经济损失 1.4 亿元。

(85) 11 月 11 日，山东省烟台市长岛县遭受风雹袭击。受灾人口 500 人，紧急转移安置 200 人；农作物受灾面积 10 公顷；直接经济损失 1300 万元。

2.4.3 龙卷风

1. 主要特点

(1) 发生次数较常年偏少

2010 年全国有 16 个省（区、市）、47 个县（市、区）次发生了龙卷风（见表 2.4.1），龙卷风出现次数较常年偏少（近 10 多年平均每年 50 多个县次）。

(2) 主要集中在夏季

从 2010 年龙卷风的季节分布来看，夏季发生最多，共出现龙卷风 36 个县次，占全年总次数的 76.6%；春、秋季分别出现龙卷风 10 县次、1 县次，各占全年的 21.3%和 2.1%；冬季没有出现龙卷风。从龙卷风月际分布来看，7 月龙卷风最多，发生 23 县次，占全年 49.0%；8 月次多，发生 8 县次，占 17.0%，5 月、6 月各发生 7 县次和 5 县次，分居第三、第四位。

(3) 黑龙江、广东出现较多

从 2010 年龙卷风发生的地区分布来看，以黑龙江最多，有 14 个县次，占全国龙卷风总数的 29.8%，其次是广东，有 7 县次，占 14.9%。

表 2.4.1　2010 年龙卷风简表

Table 2.4.1　List of major tornado events over China in 2010

发生时间（月．日）	发生地点	发生时间（月．日）	发生地点
3.5	福建省三明市清流县、南平市政和县	7.20	黑龙江省双鸭山市宝清县
4.29	广东省阳江市阳东县	7.20	江西省九江市永修县
5.8	广东省肇庆市封开县	7.22	湖南省株洲市、醴陵市
5.15	黑龙江省绥化市北林区、海伦市、兰西县、庆安县、绥棱县、哈尔滨市呼兰区	7.22	辽宁省铁岭市昌图县
6.17—19	山东局地	7.22	江苏省盐城市东台市
6.19	江苏省泰州市泰兴市	7.27	辽宁省阜新市彰武县
6.20	河南省洛阳市孟津县	7.27	广东省深圳市
6.21	广东省广州市白云区	7.29	河北省张家口市康保县
6.22	河南省洛阳市孟津县	8.5	湖北省武汉市汉南区
7.2	浙江省嘉兴市海盐县	8.5	广东省佛山市南海区
7.4	上海市闵行区	8.8	内蒙古乌兰察布市商都县
7.13	黑龙江省绥化市青冈县、绥棱县、兰西县	8.12	江苏省盐城市东台市
7.16	黑龙江省绥化市北林区、庆安县和伊春市铁力市	8.16	安徽省安庆市桐城市
7.16	吉林省吉林市丰满区	8.17	广东省湛江市徐闻县
7.17	安徽省宿州市砀山县	8.19	黑龙江省绥化市庆安县
7.18	江苏省泰州市姜堰市、徐州市丰县	8.19	辽宁省铁岭市昌图县
7.19	河南省许昌市长葛市	9.3	广东省揭阳市惠来县
7.19	安徽省六安市		

2. 部分龙卷风灾害事例

（1）3 月 5 日傍晚，福建省三明市清流县受龙卷风、暴雨、冰雹的袭击。造成 500 多间房屋不同程度损毁，其中严重受损 60 多间；20 多个烟棚、30 余座烤房不同程度毁坏；吹断通信、电力杆线 30 多根；道路塌方 20 余处；直接经济损失达 3000 余万元。同日，南平市政和县遭受龙卷风袭击，造成 2 人死亡。

（2）4 月 29 日 9 时，广东省阳江市阳东县新洲镇遭受龙卷风、冰雹及暴雨袭击。损毁房屋 79 间；西瓜、尖椒、花生、水稻、甘蔗、蔬菜等受灾面积 541 公顷，其中绝收面积 170 公顷；直接经济损失 1556 万元。

（3）5 月 8 日 15 时，广东省封开县渔涝镇袁村出现龙卷风。39 座房屋受到不同程度的损坏，龙卷风掀开瓦面 800 平方米，直接经济损失 40 多万元。

（4）6 月 19 日 16 时，江苏省泰兴市河失镇出现龙卷风。印荡村损坏西瓜大棚钢架 172 间，损坏西瓜大棚薄膜 279 间，估计损失 60 万元；司马一组倒塌房屋 2 间，导致 2 人受伤。

（5）6 月 20 日 18 时 10 分至 19 时，河南省洛阳市孟津县遭受龙卷风袭击。芝麻、烟叶等作物受灾面积 3 公顷；倒塌损坏房屋 3 间；电力倒杆 11 根；林业、农业、电力等直接经济损失 11 万元。

（6）7 月 4 日 18 时 15 分，上海市闵行区浦江镇汇南村的上海时颖针织有限公司遭受龙卷风袭击。造成厂区内的一个 20 平方米的敞篷仓库部分倒塌，一座厂房屋顶瓦片被刮走；雷暴大风和龙卷风还造成浦江镇 35 公顷菜田受淹，6 公顷管棚设施损毁，9 公顷管棚薄膜损坏。

（7）7 月 13 日，黑龙江省绥化市青冈县、绥棱县、兰西县遭受暴雨和龙卷风袭击。受灾人口

4000 多人，紧急转移安置人口 160 人；农作物受灾面积 4306 公顷，其中绝收面积 327 公顷；倒塌房屋 26 间，损坏房屋 283 间；直接经济损失 1500 多万元。

(8) 7 月 16 日 17—18 时，黑龙江省绥化市北林区、庆安县和伊春市铁力市遭受暴雨和龙卷风袭击。受灾人口 14.2 万人，紧急转移 4402 人，死亡 2 人；农作物受灾面积 4.0 万公顷；倒塌房屋 953 间，损坏房屋 1.6 万间；直接经济损失 1.0 亿元。

(9) 7 月 16 日，吉林省吉林市丰满区江南乡小孤家子村出现龙卷风，造成房屋被毁，玉米倒伏，温室大棚损坏，广告牌掀倒，树木拦腰折断，1 人受伤。

(10) 7 月 17 日 19 时 30—33 分，安徽省宿州市砀山县遭受龙卷风、暴雨袭击。造成 28 万余人受灾；农作物受灾面积 1.6 万公顷；紧急转移人口 465 人，因灾死亡 1 人，伤 30 人；损毁房屋 5900 余间，倒塌房屋 1980 间；直接经济损失 5.5 亿元，其中农业损失 4.1 亿元。

(11) 7 月 18 日 17 时 20 分，江苏省泰州市姜堰市张甸镇三盟村遭受龙卷风袭击。造成金江鹅业有限公司约 300 平方米新建厂房倒塌；9 根电线杆和通讯杆被吹倒，通电通讯短时间中断；1 户民房倒塌，12 户民房受损；2000 多棵成型大树被刮倒（断）；直接损失 100 多万元。同日，徐州市出现雷雨大风天气，局部出现龙卷。丰县受灾人口 26.8 万人；农作物受灾面积 2.3 万公顷，其中成灾面积 9533 公顷；损毁鸭棚 122 个，死亡鸭子 7.7 万只；损坏设施大棚 300 个；刮毁“三线”杆 1940 杆；烧毁变压器 40 台；冲毁桥、涵、闸 9 处；倒塌民房 125 间，损坏民房 1327 间；损坏农具 131 件、家电 23 台；紧急转移安置人口 539 人，1 人死亡，9 人受伤；直接经济损失 5490 万元，其中农业损失 4930 万元。

(12) 7 月 19 日 5 时 30—33 分，河南省许昌市长葛市南席镇 2 个村遭受龙卷风、暴雨袭击。造成 197 间房屋受损；5000 多棵树木折断；农作物受灾面积 53 公顷；部分电力和通讯线路中断；直接经济损失 285 万元。

(13) 7 月 19 日，安徽省六安市局部发生龙卷风。受灾人口 6.4 万人；倒塌房屋 161 间；农作物受灾面积 139.3 公顷；直接经济损失 5524 万元。

(14) 7 月 20 日，黑龙江省宝清县部分乡镇村屯遭受龙卷风袭击。受灾人口 7144 人，死亡 1 人；农作物受灾面积 5430 公顷；直接经济损失 1662 万元，其中农业损失 1580 万元。

(15) 7 月 20 日 15 时 03 分，江西省永修县八角岭垦殖场出现龙卷风。受灾人口 2038 人，紧急转移安置灾民 287 人，受伤 12 人；倒塌民房 325 间；直接经济损失 1700 多元。

(16) 7 月 22 日，湖南省株洲市醴陵局地遭受龙卷风袭击。一个 3000 平方米的活动板房被龙卷风掀起卷到百米以外的河道上，周围近 20 台施工机械不同程度受损，另有 15 人受伤。

(17) 7 月 22 日，辽宁省铁岭市昌图县曙光村遭受冰雹和龙卷风袭击，直接经济损失 7100 多万元。

(18) 7 月 22 日 16 时，江苏省盐城市东台市富安镇久久村发生龙卷风，造成 25 人受灾，23 间房屋损坏；17 时，五烈镇辞郎、唐介村发生小范围龙卷风，43 公顷大棚西瓜全部绝收，直接经济损失约 265 万元。

(19) 7 月 27 日 18 时，辽宁省阜新市彰武县四堡子乡二道房子村和先锋村出现龙卷风。玉米倒伏面积 333 公顷，其中绝收 67 公顷；刮倒高压线杆 10 根，损坏变压器 1 台；直接经济损失 222 万元。

(20) 7 月 29 日 14 时 30—33 分，河北省张家口市康保县遭受龙卷风袭击，部分奶厅和圈舍受损，彩钢顶全部或大部分被揭顶，直接经济损失 4 万元。

(21) 8 月 5 日晚，湖北省武汉市汉南区陡埠村遭龙卷风突袭。该村工厂厂房和养鸡场棚房房顶被掀开，7000 只肉鸡死亡，1 人受伤，直接经济损失约 70 万元。

(22) 8 月 5 日 14—16 时，广东省佛山市南海区大沥镇大沥办事处沥北、颜峰、谢边、谭边、太平5个村委会先后遭受龙卷风袭击。龙卷风造成2人死亡，6人受伤；倒塌厂房、棚架4间；倒塌禽畜养殖棚2间；损坏汽车2辆。

(23) 8月8日15时30—40分，内蒙古乌兰察布市商都县小海子镇遭受龙卷风、冰雹袭击；与此同时，大黑沙土镇、十八顷镇也遭冰雹袭击。此次灾害共造成1232人受灾；农作物受灾面积295公顷，绝收面积102公顷；倒塌房屋20间，损坏房屋42间；直接经济损失393万元。

(24) 8月12日18—19时，江苏省盐城市东台市许河镇四仓村发生小范围龙卷风。玉米等农作物受灾面积45公顷，其中成灾面积30公顷，绝收面积20公顷，大棚蔬菜钢架被毁坏，农业经济损失约126万元。

(25) 8月16日15时52分，安徽省安庆市桐城市遭受雷雨大风和龙卷风袭击。受灾人口4500人；农作物受灾面积140公顷，其中成灾面积120公顷，绝收面积20公顷；倒塌民房25间，损坏房屋30间；直接经济损失150万元。

(26) 8月17日15时40分，广东省湛江市徐闻县前山镇深水村、曲界镇渔桥村、后寮村遭受龙卷风袭击。受灾人口997人，受伤10人；香蕉倒折29公顷，菠萝受损28公顷，甘蔗倒伏3公顷；损坏变压器1台、高压线2500米，生态林受损3公顷；直接经济损失1062万元。

(27) 8月19日15时37分，黑龙江省绥化市庆安县部分地区遭受龙卷风袭击。1.1万人受灾，转移安置870人，8人受伤；2350间房屋受损，40栋大棚损毁；农作物受灾面积3339公顷，其中成灾面积1850公顷，绝收面积670公顷；部分电力、通讯设施被损坏。

(28) 8月19日15时30分，辽宁省铁岭市昌图县遭受龙卷风袭击。农作物受灾面积562公顷；房屋被掀550户、倒塌160户，成排大树被刮断或连根拔出。

(29) 9月3日15时50分，广东省揭阳市惠来县出现龙卷风。造成2人受伤；损坏民房50间，倒塌民房15间；损失禽畜1.3万只；刮倒（斜）电杆35根；直接经济损失2100多万元。

2.5 沙尘暴

2.5.1 基本概况

2010年，我国共出现了19次沙尘天气过程，其中16次出现在春季。2010年春季我国北方沙尘次数是2000年以来第三多的年份。3月19—22日的强沙尘暴天气是2010年影响范围最广的一次沙尘天气过程。总的来看，2010年春季我国沙尘天气的主要特点是首发时间晚，发生时段集中；沙尘日数少；沙尘过程次数偏多，但强度偏弱。

2.5.2 2010年我国北方沙尘天气主要特征和过程

2010年，我国共出现了19次沙尘天气过程，除有一次发生在11月，两次发生在12月外，其余16次均出现在春季（3—5月）（表2.5.1）。在春季的16次沙尘过程中，有1次强沙尘暴，8次沙尘暴，7次扬沙天气过程。2010年春季沙尘天气过程总次数比常年同期（19.2次）偏少3.2次，但高于2000—2009年的平均值（12.7次），较2009年同期偏多9次（表2.5.2）。

1. 首发时间晚，发生时段集中

2010年3月8日，我国出现今年首次沙尘天气过程，发生时间比常年偏晚，是2001年以来最晚的一年。2010年春季的16次沙尘天气过程，有8次出现在3月，5次出现在4月，3次出现在5月。其中3月沙尘天气集中多发，8次沙尘天气过程均发生在3月8日以后，平均不到3天就发生一次。与近10年同期相比，3月沙尘天气过程为近10年来最多，4月和5月分别比常年同期偏少0.2次和0.4次，具有发生时段集中、且前期多后期少的特点。

表 2.5.1　2010 年我国主要沙尘天气过程纪要表（中央气象台提供）

Table 2.5.1　List of major sand and dust storm events and associated disasters over China in 2010 (provided by Central Meteorological Observatory)

序号	起止时间	过程类型	主要影响系统	影响范围
1	3 月 8 日	扬沙	冷锋	新疆南疆盆地、青海东部的部分地区出现了扬沙，南疆盆地的局部地区有沙尘暴。
2	3 月 11—12 日	沙尘暴	气旋、冷锋	内蒙古中西部、陕西北部、宁夏北部、辽宁东部等地出现了扬沙，内蒙古中西部的局部地区有沙尘暴或强沙尘暴。
3	3 月 13—14 日	扬沙	气旋、冷锋	南疆盆地、青海西北部、内蒙古中西部、甘肃中部、宁夏、辽宁等地出现了扬沙，青海西北部、内蒙古中西部、宁夏西部的局部地区有沙尘暴。
4	3 月 16—17 日	扬沙	冷锋	甘肃中西部、宁夏、内蒙古西部偏南地区、陕西西北部等地的部分地区出现了扬沙，其中，内蒙古西部偏南、甘肃西部的局部地区出现了沙尘暴。
5	3 月 19—22 日	强沙尘暴	蒙古气旋、冷锋	新疆南疆盆地、青海北部、甘肃中西部、内蒙古中西部、宁夏、陕西北部、华北、黄淮北部等地出现扬沙和沙尘暴，黄淮南部、江汉、江淮、江南东北部出现浮尘。
6	3 月 21—23 日	沙尘暴	冷锋	南疆盆地、内蒙古中西部、甘肃南部、陕西北部、华北西部和北部、四川东部、重庆北部、湖北西部、河南西部等地有出现扬沙或浮尘天气，内蒙古西部偏北、南疆盆地等地局地有强沙尘暴。
7	3 月 28—29 日	沙尘暴	冷锋	南疆盆地、内蒙古西部、甘肃西部、青海中部、宁夏南部等地出现扬沙天气，南疆盆地、内蒙古西部、青海西部以及甘肃西部的部分地区出现沙尘暴，南疆盆地和青海西部的部分地区出现了强沙尘暴。
8	3 月 31 日—4 月 1 日	沙尘暴	蒙古气旋、冷锋	南疆盆地、甘肃西部、内蒙古中东部偏南地区、辽宁西部、吉林西部等地出现扬沙天气，其中，南疆盆地、内蒙古中东部偏南地区等地的部分地区出现了沙尘暴。
9	4 月 8 日	扬沙	蒙古气旋、冷锋	南疆盆地、甘肃西部、内蒙古中东部区、辽宁西部、吉林西部等地出现扬沙天气，其中，南疆盆地、内蒙古中部偏南地区、吉林西部、辽宁西部等地的部分地区出现了沙尘暴。
10	4 月 9 日	沙尘暴	冷锋	南疆盆地、青海北部、甘肃东部、宁夏南部、内蒙古中部的偏南地区、河北西北部、山西北部等地出现扬沙天气，其中，青海北部、内蒙古中部偏南的部分地区出现沙尘暴，青海西北部的局地有强沙尘暴。
11	4 月 11—12 日	扬沙	冷锋	南疆盆地、青海西北部的部分地区出现扬沙，青海西北部的局部地区出现了强沙尘暴。
12	4 月 19—20 日	沙尘暴	冷锋	南疆盆地等地出现了扬沙，局部地区出现了沙尘暴或强沙尘暴。
13	4 月 24—28 日	沙尘暴	蒙古气旋、冷锋	南疆盆地、青海、甘肃、内蒙古西部、宁夏、陕西、山西南部、辽宁西部、吉林西部、西藏东北部、四川北部、湖北北部等地出现了扬沙或浮尘，其中，南疆盆地东部、青海柴达木盆地、甘肃西部、内蒙古西部的部分地区出现了沙尘暴或强沙尘暴

序号	起止时间	过程类型	主要影响系统	影响范围
14	5月4日	扬沙	气旋、冷锋	新疆南疆盆地、青海柴达木盆地、宁夏西部、内蒙古西部、甘肃中部、陕西北部
15	5月6日	扬沙	蒙古气旋、冷锋	内蒙古中西部的部分出现了扬沙或浮尘，局部地区有沙尘暴
16	5月8日	沙尘暴	蒙古气旋、冷锋	新疆吐鲁番盆地和南疆盆地东部、内蒙古中西部、宁夏、陕西北部等地出现了扬沙天气，内蒙古中西部的局地出现了沙尘暴。
17	11月10—11日	沙尘暴	蒙古气旋、冷锋	内蒙古中西部、宁夏、陕西北部、山西中北部、山西、河北南部、河南北部、山东等地出现了扬沙或浮尘，内蒙古中西部的局地出现了沙尘暴。
18	12月7日	扬沙	蒙古气旋、冷锋	内蒙古西部、甘肃西部、宁夏出现浮尘，内蒙古西部的局地出现沙尘暴
19	12月9日	沙尘暴	蒙古气旋、冷锋	内蒙古中西部、宁夏出现了沙尘暴。

表 2.5.2 2000—2010 年春季（3—5 月）我国沙尘天气过程统计

Table 2.5.2 Statistics of sand and dust storm events in spring (from March to May) during 2000—2010

时间	3月	4月	5月	总计
2000 年	3	8	5	16
2001 年	7	8	3	18
2002 年	6	6	0	12
2003 年	0	4	3	7
2004 年	7	4	4	15
2005 年	1	6	2	9
2006 年	5	7	6	18
2007 年	4	5	6	15
2008 年	4	1	5	10
2009 年	3	3	1	7
2010 年	8	5	3	16
2000—2009 年总计	40	52	35	127
2000—2009 年平均	4.0	5.2	3.5	12.7

2. 沙尘日数少

从 1961—2010 年我国北方地区春季沙尘日数的长期变化看（图 2.5.1），沙尘日数总体呈明显的下降趋势。2010 年春季，我国北方平均沙尘日数为 2.5 天，比常年同期（平均 5.6 天）偏少 3.1 天，比近 10 年同期（3.0 天）偏少 0.5 天，但较 2009 年同期（1.4 天）明显偏多，为 1961 年以来春季沙尘日数第六少的年份（图 2.5.1）。从分月来看，3 月 1.19 天，4 月 0.8 天，5 月 0.47 天，也表现出前春多后春少的特点，但均较常年同期（1.5 天，2.27 天和 1.84 天）偏少。

从分布来看，2010 年春季沙尘天气影响范围广（图 2.5.2a），我国北方大部均有沙尘天气出现，并且向黄淮、江淮蔓延，一直影响到江南东北部；全国春季沙尘日数呈西多东少的分布，新疆南部、西藏北部、青海西北部和内蒙古西部大部沙尘日数在 10 天以上，部分地区在 30 天以上，

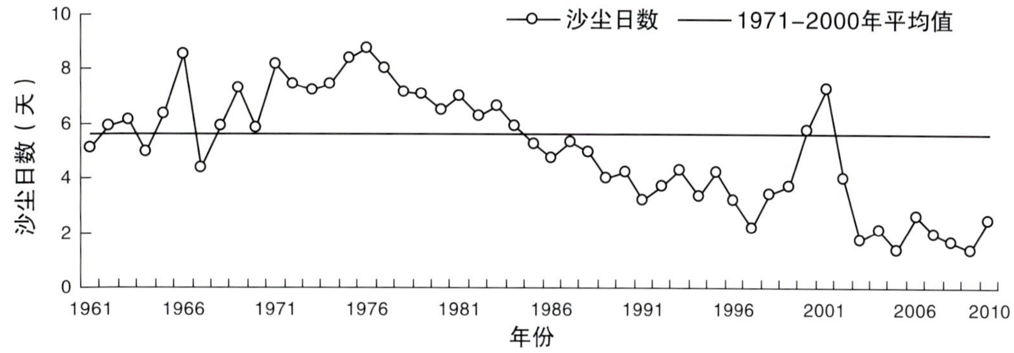

图 2.5.1 1961—2010 年春季（3—5 月）北方地区沙尘（包括扬沙、沙尘暴、强沙尘暴）日数变化
Fig. 2.5.1 Number of sand and dust (sand-blowing, sandstorm, strong sandstorm) days averaged over northern China in spring during 1961—2010

华北西部和西北东部在 5 天以上，华北东部、内蒙古东部、黄淮、江淮和江南东北部为 1～3 天。

与常年同期相比（图 2.5.2b），北方大部沙尘日数偏少，尤其是新疆西南部和内蒙古西部，偏少在 10 天以上。而与近 10 年（2000—2009 年）同期平均相比（图 2.5.2c），南疆盆地、西北西部和南部、华北西部局部、江淮西部和江南西北部偏多 1～3 天，南疆盆地偏多在 10 天以上。

3. 沙尘天气强度较弱

2010 年春季（3—5 月），我国北方地区沙尘天气过程次数偏多，但强度偏弱，共出现 1 次强沙尘暴和 8 次沙尘暴天气过程，比 2009 年（5 次）出现的沙尘暴天气过程次数偏多 3 次，比近 10 年平均（6.2 次）偏多 1.8 次，强沙尘暴比近 10 年平均（1.8 次）偏少 0.8 次（图 2.5.3），是近 10 年来春季强沙尘暴发生的次少值。

表 2.5.3 2010 年我国沙尘天气灾害造成的主要损失
Table 2.5.3 The major loss caused by sand/dust storm in 2010

省份	时间	受灾人口	受灾面积	经济损失	经济损失合计
新疆	3 月 12—15 日		1265 公顷	476 万元	588 万元
	3 月 28 日	0.4 万人	1493 公顷	108 万元	
甘肃	4 月 24—26 日	229 万人	26 万公顷	12 亿元	12 亿元
	5 月 27—28 日	0.5 万人	351 公顷	84 万元	
内蒙古	3 月 18—23 日	660 人		2000 万元	2120 万元
	12 月 7—9 日	650 人	60 万公顷	120 万元	

2.5.3 2010 年我国北方沙尘天气影响

2010 年春季沙尘天气的影响总体偏轻，但阶段性沙尘暴对我国北方空气质量、交通、工农业生产影响较大。2010 年 3 月 19—22 日的强沙尘暴天气过程是 2010 年强度最强、影响范围最广的一次沙尘天气过程，不仅对新疆南疆盆地、青海北部、甘肃中西部、内蒙古中西部、宁夏、陕西北部、华北、黄淮北部等北方地区造成了影响，沙尘还伴随大风一路南下，蔓延至黄淮南部、江淮、江汉等地，并对台湾地区造成了影响，累计影响了我国 21 个省（区、市）。此次沙尘天气给我国北方农业、交通和空气质量造成了非常不良影响。受这次沙尘天气过程影响的国土面积约 180 万平方千米，受影响人口约 2.7 亿。

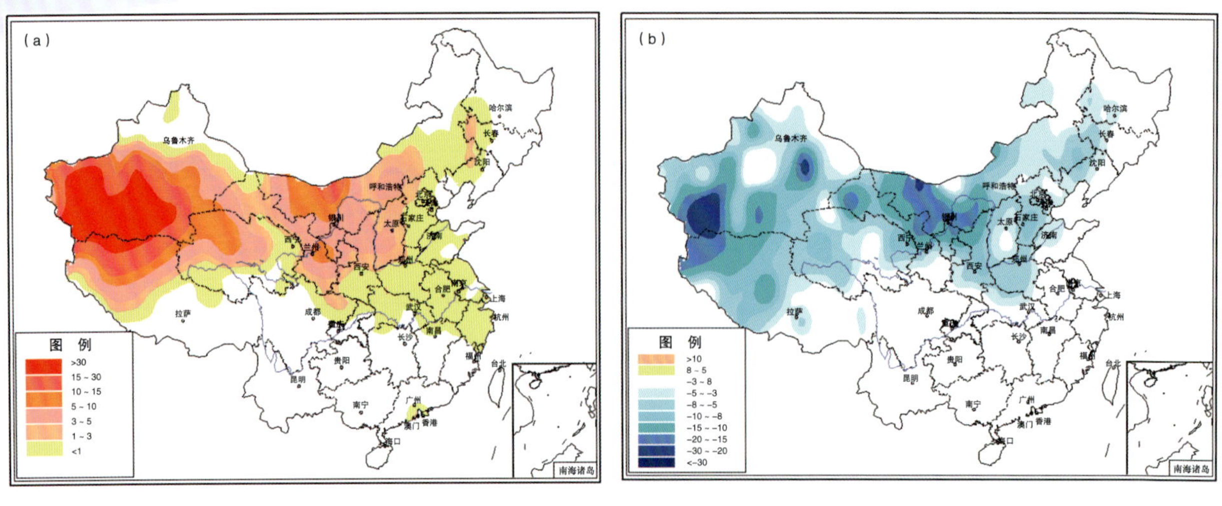

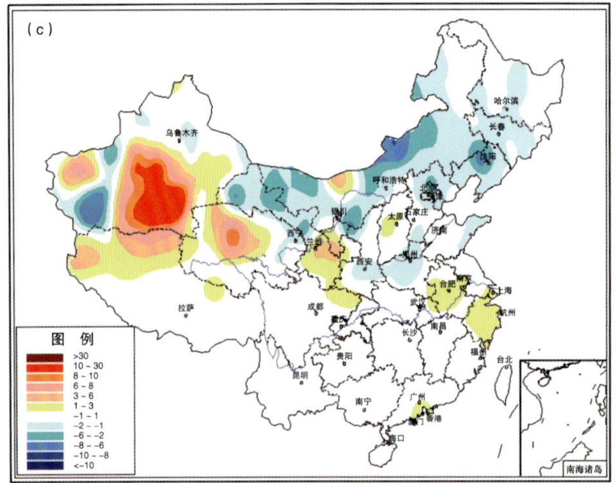

图 2.5.2 2010 年春季沙尘日数（a），与 1971—2000 年同期之差值（b）及与 2000—2009 年同期之差值（c）分布（单位：天）

Fig. 2.5.2 Distribution of the number of sand and dust (sand-blowing, sandstorm, strong sandstorm) days and anomalies over China in spring in 2010

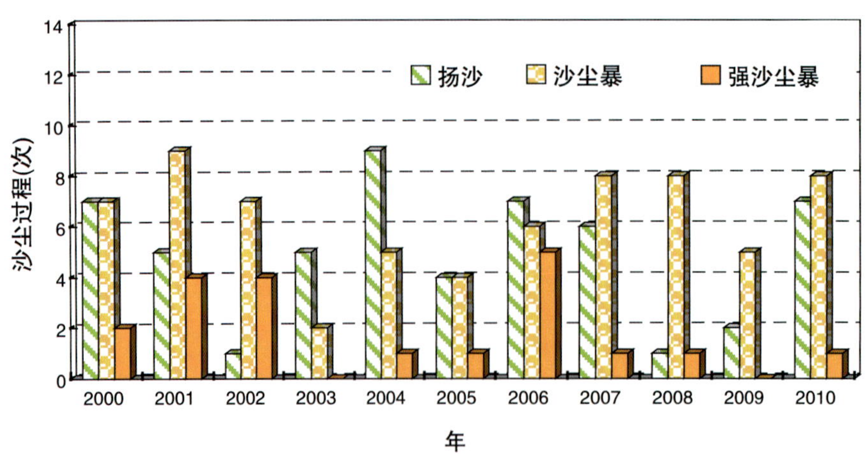

图 2.5.3 2000—2010 年春季中国沙尘天气过程（次）分布

Fig. 2.5.3 Number of sand and dust storm events over China in spring during 2000—2010

4 月 24—26 日的沙尘暴过程影响最重，南疆盆地、青海、甘肃中西部、内蒙古西部、宁夏北部、陕西等地出现了扬沙或浮尘，南疆盆地东部、青海西北部、甘肃中部、内蒙古西部的部分地区出现了沙尘暴或强沙尘暴。甘肃省嘉峪关、金昌、白银、庆阳等 9 市 39 个县（市、区）部分地区受灾人口 229 万人，死亡 2 人；农作物受灾面积 26.1 万公顷；直接经济损失 12 亿元。

2.6 低温冷冻害和雪灾

2.6.1 基本概况

从霜冻日数的年变化来看，我国霜冻日数（日最低气温≤2℃）呈现出明显的减少趋势，2010 年全国平均霜冻日数 144 天，较常年偏少 11 天，是 1994 年以来连续第 17 年少于常年值（图 2.6.1）。

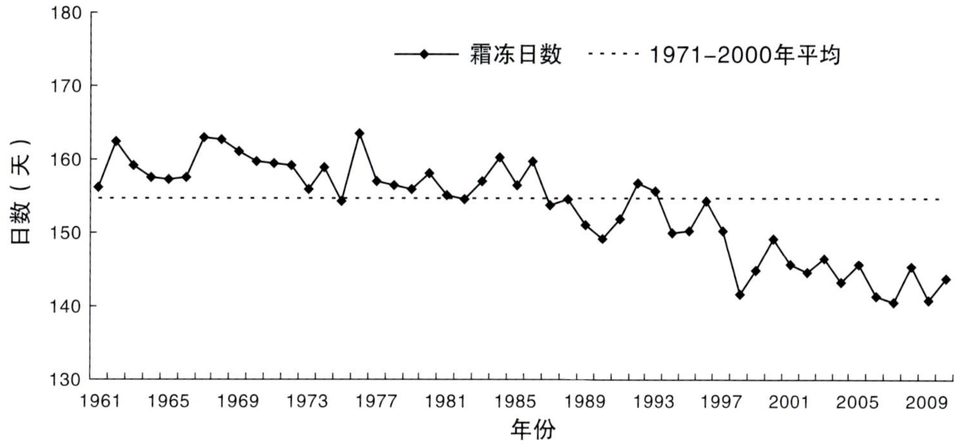

图 2.6.1 1961—2010 年全国平均霜冻日数历年变化

Fig. 2.6.1 Number of frost days over China during 1961—2010

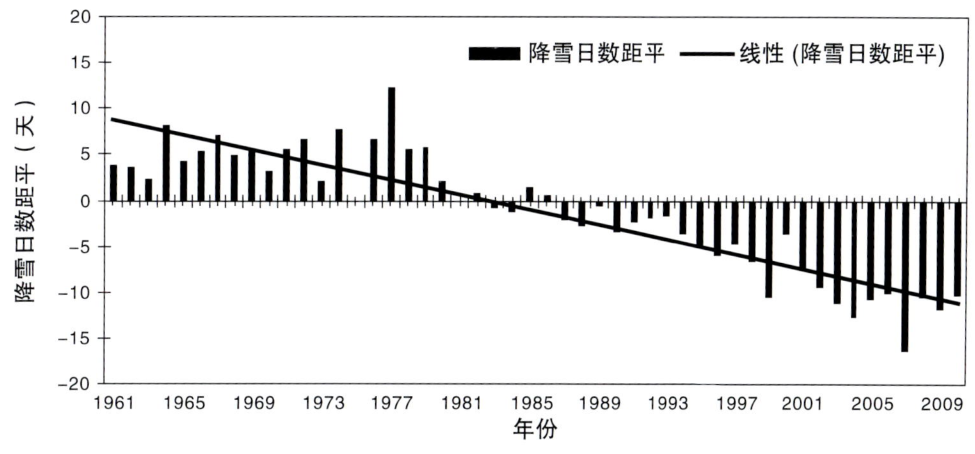

图 2.6.2 1961—2010 年全国平均降雪日数距平历年变化

Fig. 2.6.2 Anomalies of snowfall days over China during 1961—2010

2010 年全国平均降雪日数为 24 天，比常年偏少 10 天，也是 1994 年以来连续第 17 年少于常年值（图 2.6.2）。1961—2010 年，我国平均降雪日数呈显著的减少趋势，其线性变化趋势为－4 天/10 年。

2010年，全国因低温冷冻灾害和雪灾造成农作物受灾面积达412.1万公顷，占气象灾害受灾总面积的11%，其中绝收面积24.1万公顷，4000多万人次受灾，51人死亡，直接经济损失318.5亿元，占全年气象灾害总损失的6.0%。总的来看，全国低温冷冻灾害和雪灾面积低于2000年以来平均值，但死亡人数和直接经济损失为近10年受灾偏重年份之一。

2010年主要的低温冷冻害和雪灾事件有（表2.6.1）：年初，东北、华北发生近40年罕见冬春持续低温，新疆北部遭遇强降雪；春节期间，全国大部气温偏低，南方地区出现大范围低温雨雪；春季，雨雪多，降温强，范围广，灾害重；秋季，东北部分地区及内蒙古东部遭受雪灾；岁末冷空气活动多，气温下降明显。

表2.6.1 2010年全国主要低温冻害和雪灾事件简表

Table 2.6.1 Lists of major low-temperature, frost and snowstorm events over China in 2010

时间	影响地区	灾情概况
1月上旬和中旬后期	全国大部	1—6日和17—23日，全国大部遭受强寒潮天气袭击，局地降水强，降温幅度大，雨雪区域大。受其影响，新疆北部1月频现降雪，北部普降大到暴雪，局部降大暴雪。新疆、内蒙古、江西等15省（区、市）遭受低温冻害和雪灾，共造成700多万人受灾，24人死亡，直接经济损失近40亿元。
2月中旬	黄淮、江淮、江汉、江南、华南	大范围出现雨雪天气，气温明显偏低，部分地区出现暴雪。大范围低温雨雪天气对春运和春节期间人们的出行造成了不利影响。
3月	全国大部	1—3日，5—7日，13—16日和23—25日全国大部地区出现冷空气活动，北方地区出现降雪，南方地区明显降温，低温冷冻和雪灾造成的直接经济损失超过48亿元。
4月中旬	全国大部	全国大范围降温，东北、华北及新疆北部气温异常偏低。低温天气影响范围广、强度强、极端气温低、灾害重。低温造成1300多万人受灾，直接经济损失60亿元。
5月中旬	西北地区	新疆出现低温，多站日最低气温突破近10年同期极值。
10月下旬	全国大部	长江中下游及其以北地区普遍出现4℃以上的降温，东北、华北、黄淮、江淮、江汉、江南大部及内蒙古、四川东部、重庆、贵州、广西北部等地出现了8～15℃的降温，内蒙古部分地区降温在15 ℃以上。新疆大部、甘肃大部、青海北部和东部、宁夏、陕西中北部和山西中北部出现雨转雨夹雪和降雪。
11月	东北大部及内蒙古东部	7—14日东北大部及内蒙古东部出现降雪，部分地区出现大到暴雪；20—27日内蒙古部分地区遭受雪灾。
12月	全国大部	4次冷空气过程袭击我国大部地区，冷空气活动次数较常年同期（3次）偏多，受空气影响，北方大部地区的极端最低气温低于－10℃，其中东北北部及内蒙古东北部等地在－30℃以下，全国大部地区发生低温冻害和雪灾。

2.6.2 主要低温冻害和雪灾事件

1. 年初，东北、华北发生近40年罕见冬春持续低温，新疆北部遭遇强降雪

2009年11月至2010年4月，东北、华北发生近40年来罕见持续低温灾害。京津冀地区和东北三省平均气温分别为1971年以来历史同期最低值和次低值。1月1—6日和17—23日，我国大部地区遭受强寒潮天气袭击，局地降水强，降温幅度大，雨雪区域大。

新疆 1—3月，新疆北部受强寒潮天气影响频现降雪，区域平均降水量94.8毫米（较常年同

期偏多3倍)、平均降水日数36天(较常年同期偏多16.7天),均为历史同期最大值。1月上中旬,阿勒泰、塔城、富蕴等气象观测站日降雪量屡破当地1月日最大降雪量极值,新疆北部地区积雪深度普遍在25厘米以上,阿勒泰最大积雪深度达94厘米,富蕴达88厘米,吉木乃73厘米;哈巴河、吉木乃、布尔津、福海、阿勒泰、富蕴最大积雪深度均突破冬季历史极值。强降雪导致新疆全区165万人受灾,因灾死亡27人(含因雪崩死亡),直接经济损失7.7亿元。

内蒙古 1月初,内蒙古乌兰察布、锡林郭勒、巴彦淖尔、赤峰、通辽等5市(盟)部分地区遭受雪灾,受灾人口34.8万人,因灾死亡2人,直接经济损失近5亿元。

山东 受1月初强冷空气影响,渤海海冰发展迅速,过半海域被冰层覆盖。1月23日前后渤海全海域及辽东湾、渤海湾、莱州湾海冰面积均达2000年以来历史同期最大值,遭遇40年来最严重海冰灾害。渤海海域罕见海冰灾害对海洋运输、海上作业、重点基础设施和沿海部分地区人民群众生活等造成严重影响。海冰灾害造成10.8万人受灾,农作物(海洋渔业)受灾面积1.9万公顷,直接经济损失16.7亿元。

江西 1月上旬,江西南昌、宜春、九江等7市19个县(市、区)部分地区遭受低温冷冻和雪灾,187.7万人受灾,农作物受灾面积16.2万公顷,直接经济损失近4.2亿元。

甘肃 1月19日以来,甘肃张掖市山丹、肃南、民乐等6个县(区)部分地区遭受低温冷冻和雪灾,直接经济损失1.8亿元。

2. 春节期间,全国大部气温偏低,南方地区出现大范围低温雨雪

2月9—11日,我国西北地区及中东部地区出现大范围雨雪天气过程,雨雪范围广、局地降水强,黄淮南部、江淮、江南东北部降水量有20～50毫米,局部地区超过80毫米。12—18日,全国平均气温为−5.3℃,较常年同期(−2.2℃)明显偏低,为近22年来(自1989年以来)最低值,广东、广西部分站点平均气温为历史同期最低值。13—16日,南方地区出现一次大范围雨雪天气,江汉、江淮、江南北部等地出现中到大雪或雨夹雪天气。大范围低温雨雪天气对春运和春节期间人们的出行造成了不利影响。

江苏 2月10—16日,江苏出现大雪天气,局地出现暴雪,徐州、南通、连云港等7市22县(市、区)不同程度遭受低温冷冻和雪灾,受灾人口23.8万人,农作物受灾面积2.9万公顷,因灾直接经济损失16.2亿元。

安徽 2月中旬,安徽安庆、六安、滁州等6市17个县(市、区)部分地区遭受低温冷冻和雪灾46.4万人受灾,农作物受灾面积1.8万公顷,因灾直接经济损失2.8亿元。

3. 春季,雨雪多,气温低,降温强,范围广,灾害重

3月,我国先后出现了4次冷空气过程(1—3日,5—7日,13—16日和23—25日)。月内,江南南部、华南及新疆西南部、内蒙古中西部、甘肃中西部、云南东部、贵州大部、四川东南部等地最大降温幅度有12～16℃;其中,新疆西南部、福建西部、江西南部、广东大部、广西中东部、贵州南部等地达16℃以上。3月,我国东北中部、华北中东部及内蒙古中部和西部、山东中部、安徽北部、江苏大部、甘肃中西部、新疆北部等地降雪日数比常年同期偏多2～4天,局部地区偏多4天以上。低温冷冻和雪灾造成的直接经济损失超过48亿元;其中,山东、广东、河北、浙江、福建、新疆等地灾情较重。

山东 2月28日至3月9日,济南、青岛、淄博、东营、烟台、潍坊、泰安、威海、滨州9市42个县(市、区)117.1万人受灾,农作物受灾面积7.0万公顷,倒塌房屋140间,直接经济损失23亿元。

甘肃 3月1—7日,嘉峪关、白银、天水、武威、张掖、酒泉6市18个县(市、区)69.6

万人受灾，农作物受灾面积 4.6 万公顷，因灾死亡大牲畜 4300 余头，直接经济损失 1.7 亿元。

安徽 3 月 5—7 日，安庆、宣城 2 市 8 个县（市、区）53.7 万人受灾，农作物受灾面积 3.7 万公顷，倒塌房屋 70 余间，直接经济损失 1.4 亿元。

福建 3 月 5—7 日，三明、南平、龙岩 3 市 6 个县（市、区）受灾人口 27.7 万人，农作物受灾面积 2.8 万公顷，直接经济损失 3.1 亿元。

河北 受多次冷空气活动带来的雨雪影响，石家庄、邢台、保定、衡水 4 市 32 个县（市、区）部分地区遭受低温冷冻和雪灾，受灾人口 326.4 万人，农作物受灾面积 32.2 万公顷，直接经济损失 6.5 亿元。

浙江 3 月 5—7 日，金华、衢州、丽水 3 市 5 个县（区）37.1 万人受灾，农作物受灾面积 1.9 万公顷，倒塌房屋 50 余间，直接经济损失 3.4 亿元。

广东 3 月 5—7 日，梅州、潮州 2 市 8 个县（市、区）受灾人口 36.2 万人，农作物受灾面积 1.1 万公顷，直接经济损失 6.4 亿元。

新疆 3 月 10—15 日以来，塔城、伊犁、昌吉、巴州、和田等部分地区 26.1 万人受灾，紧急转移安置 1.4 万人，农作物受灾面积 0.3 万公顷，倒塌房屋 0.5 万间，损坏房屋 1.4 万间，因灾死亡大小牲畜 8000 头（只），直接经济损失 2.1 亿元。

4 月中旬，受冷空气影响，我国出现大范围降温天气，东部地区及西北东部和北部气温偏低，其中东北、华北及新疆北部气温异常偏低。此次低温天气具有影响范围广、强度强、极端气温低、灾害重等特点。降温幅度大，极端气温低：西北地区西部和东部、华北大部、黄淮、江淮、江汉、江南、华南以及内蒙古、贵州等地最大降温幅度一般有 8～16℃，内蒙古中部和西部降温在 16℃以上。北方大部地区极端最低气温在 0℃以下；东北及内蒙古、华北北部和西部、西北中部和北部等地低于－5℃，其中内蒙古北部和新疆东北部在－10℃以下。影响范围广，强度强：4 月中旬，我国东部及西北东部和北部平均气温较常年同期偏低 2～4℃，其中，东北、华北东部及内蒙古中东部和西部、新疆北部等地偏低 4℃以上。东北、华北地区 4 月中旬平均气温均为 1954 年以来同期最低值。灾害影响重：异常低温造成陕西、甘肃、河北、山西、山东、河南、安徽、湖北、重庆等 10 多个省（市）共 1300 多万人受灾，直接经济损失超过 60 亿元。其中陕西、甘肃、山西等省受灾较重。

甘肃 4 月 9—12 日，嘉峪关、白银、天水、张掖、平凉、酒泉、庆阳、定西、陇南、临夏 10 市（州）44 个县（市、区）受灾人口 584.9 万人，农作物受灾面积 48.2 万公顷，直接经济损失 18.1 亿元。

陕西 4 月 9—12 日，西安、铜川、宝鸡、咸阳、渭南、延安、汉中、安康、商洛 9 市 62 个县（市、区）部分地区遭受低温冷冻和雪灾灾害，受灾人口 501.8 万人，农作物受灾面积 55.9 万公顷，倒塌房屋 60 余间，直接经济损失 34.4 亿元。

山西 4 月 9—11 日，运城市 10 县（市、区）部分地区受灾人口 73.9 万人，农作物受灾面积 7.3 万公顷，直接经济损失 10.6 亿元。

山东 4 月 9—12 日，淄博、潍坊、临沂、德州、聊城、菏泽 6 市 12 个县（市、区）遭受低温冷冻和雪灾，受灾人口 55.6 万人，农作物受灾面积 5.4 万公顷，直接经济损失 4.2 亿元。

河南 4 月 9—12 日，三门峡、信阳 2 市 6 个县（市、区）受灾人口 27.2 万人，农作物受灾面积 4.5 万公顷，直接经济损失 2.5 亿元。

安徽 4 月 9—12 日，芜湖、安庆 2 市 4 个县（市、区）受灾人口 91.3 万人，农作物受灾面积 4.4 万公顷，直接经济损失 1.4 亿元。

黑龙江 4 月 12—13 日，黑龙江中东部地区出现了一次大到暴雪天气过程。受暴雪影响，哈尔滨火车站有45趟列车晚点，8趟列车停运，哈尔滨市多条高速公路封闭，1550个客运班车停发，390余条长途线路停运，受影响旅客达3.7万人次，是哈尔滨长途客运受雪灾影响最严重的一次，哈尔滨机场194架航班被取消，部分旅客滞留机场。

5月中旬西北部分地区遭受低温冷冻害和雪灾。5月13—16日，新疆大部出现降水、降温天气，全疆56站日最低气温突破近10年历史同期（5月中旬）极值，其中塔城等9站突破近20年历史同期极值，部分地区发生低温冻害。受灾人口26万人，农作物受灾面积8万公顷，直接经济损失5.8亿元。5月16—21日，甘肃遭受低温冷冻害和雪灾。最低气温降至零下，部分地区达到−4℃，局地积雪深度达20厘米。兰州、白银、武威、张掖、平凉、庆阳、定西、临夏8市（州）24个县（市、区）共218.2万人受灾，农作物受灾面积32.5万公顷，直接经济损失6.6亿元。5月18日，宁夏固原市泾源县遭受低温冷冻和雪灾，直接经济损失670余万元。

4. 秋季，东北部分地区及内蒙古东部遭受雪灾

10—11月，冷空气活动频繁。北方大部地区的极端最低气温低于0℃，其中东北北部及内蒙古东部、青海等地在−8℃以下，大部分地区发生霜冻。11月，东北及内蒙古东部降水量为27.1毫米，为1961年以来历史同期次多，部分地区遭受雪灾。

10月21—27日，长江中下游及其以北地区普遍出现4℃以上的降温，西北大部、东北、华北、黄淮、江淮、江汉、江南大部及内蒙古、四川东部、重庆、贵州、广西北部等地出现了8～15℃的降温，内蒙古部分地区降温在15 ℃以上。此次强冷空气具有势力强、影响范围广、大风降温剧烈、部分地区出现初雪、初霜冻等特点。受其影响，新疆大部、甘肃大部、青海北部和东部、宁夏、陕西中北部和山西中北部出现雨转雨夹雪和降雪。冷空气前锋过后，甘肃大部、宁夏、陕西北部、山西大部、河北和山东出现霜冻。

11月7—14日，受冷空气影响，东北大部及内蒙古东部出现降雪，部分地区出现大到暴雪，内蒙古2.5万人受灾，直接经济损失1.3亿元；黑龙江3.6万人受灾，农作物受灾面积0.6万公顷；降雪还对民航和公路交通造成较大影响。20—27日内蒙古兴安盟、锡林郭勒盟、通辽和赤峰等地部分地区先后遭受雪灾，据统计，受灾人口15.8万人，373.7万公顷草场和279.7万头（只）牲畜受灾，直接经济损失2.5亿元。

5. 岁末，冷空气活动多，气温下降明显

12月，相继有4次冷空气过程袭击我国：12月3—7日、9—16日、21—26日、28—31日。冷空气活动次数较常年同期（3次）偏多。受持续冷空气影响，12月北方大部地区的极端最低气温低于−10℃，其中东北北部及内蒙古东北部等地在−30℃以下，大部分地区发生低温冻害和雪灾。

12月，东北地区降水量为18.1毫米，为1961年以来历史同期最多，部分地区遭受雪灾。大风、剧烈降温和部分地区强降雪天气对农业、畜牧业、交通运输、城市供水供电供暖等造成不利影响。12月3日，新疆塔城日降雪量达26.2毫米，突破当地12月历史极值（1997年12月17日的25.3毫米）；12月11日，吉林桦甸日降雪量达16.6毫米，突破当地12月历史极值（1979年12月19日的16.5毫米）。12月10—16日，江苏、上海、安徽、浙江、福建、江西、湖南、湖北、贵州、云南、广西、广东等12省（区、市）区域平均降水量52.2毫米，是常年12月中旬降水量（8.8毫米）的6倍，为1961年以来同期最大值，其中9—16日，强降温降雪天气使得江西境内高速公路出现结冰，数条道路封闭，部分高速公路发生多起车祸，上海、杭州、南昌、长沙等机场出现延误，部分航班取消，造成旅客滞留。

浙江　12月10—16日，杭州、温州、绍兴、金华、衢州、台州、丽水7市40个县（市、区）

遭受低温冷冻和雪灾，受灾人口 343.7 万人，农作物受灾面积 28.1 万公顷，绝收 2.2 万公顷，直接经济损失 32.5 亿元。

江西 12 月 10—16 日，南昌、景德镇、九江、赣州、吉安、宜春、抚州、上饶 8 市 31 个县（市、区）因低温冷冻和雪灾 109.7 万人受灾，农作物受灾面积 7.1 万公顷，直接经济损失 5.9 亿元。

2.7 雾

2.7.1 基本概况

2010 年，中国中东部大部地区雾日一般在 10 天以上，其中辽宁东南部、内蒙古东北部局部、黑龙江西北部局部、山东西部、安徽南部、浙江西北部、江西大部、湖南大部、湖北南部、重庆中南部、四川东南部、贵州东部、云南南部、福建大部等地有 20～50 天，局部地区在 50 天以上（图 2.7.1）。

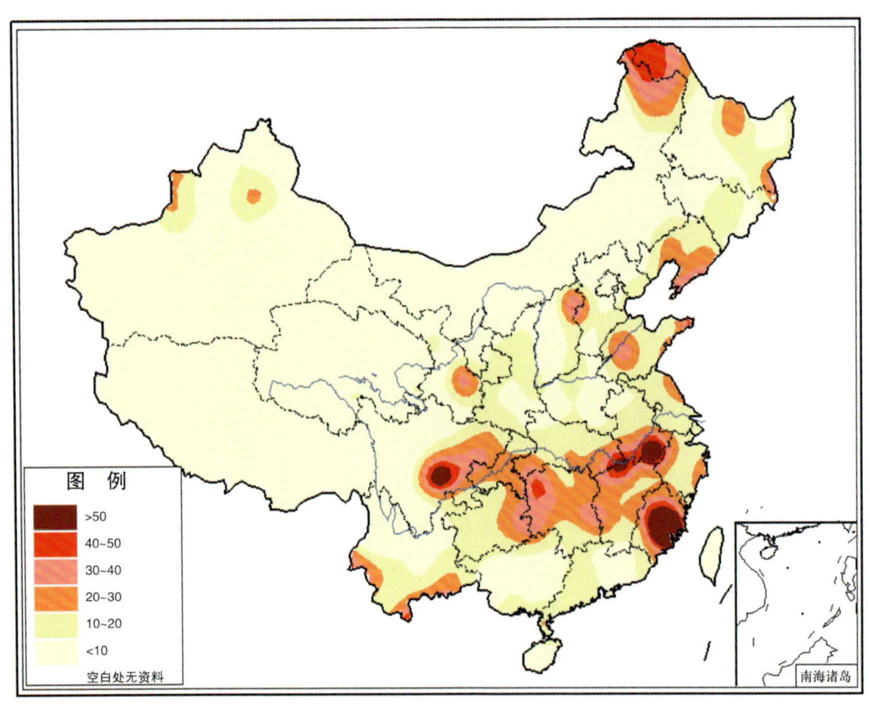

图 2.7.1 2010 年全国雾日数分布（天）

Fig. 2.7.1 Fog days over China in 2010

与常年相比 2010 年全国总体雾日数偏少，江南中东部、江汉西部、江淮大部、黄淮、华北南部以及吉林东部、陕西南部、四川东部、重庆、云南南部、贵州西部、福建等地雾日偏少 10～30 天，云南西南部偏少 30 天以上（图 2.7.2）。

1961—2010 年，全国平均年雾日呈显著的减少趋势（图 2.7.3）。从 20 世纪 60 年代到 80 年代，年雾日数处于比较稳定的状态，在 22 天左右。20 世纪 90 年代初开始，雾日数出现了明显的减少趋势，到 2005 年减少至最低。2010 年，全国平均年雾日为 12.9 天，较常年偏少 8.5 天，为近 50 年的第四小。1961—2010 年，年雾日数最大值出现在 1980 年，为 24.3 天；次大值出现在 1985 年，为 24.1 天；最小值出现在 2005 年，为 11.7 天。

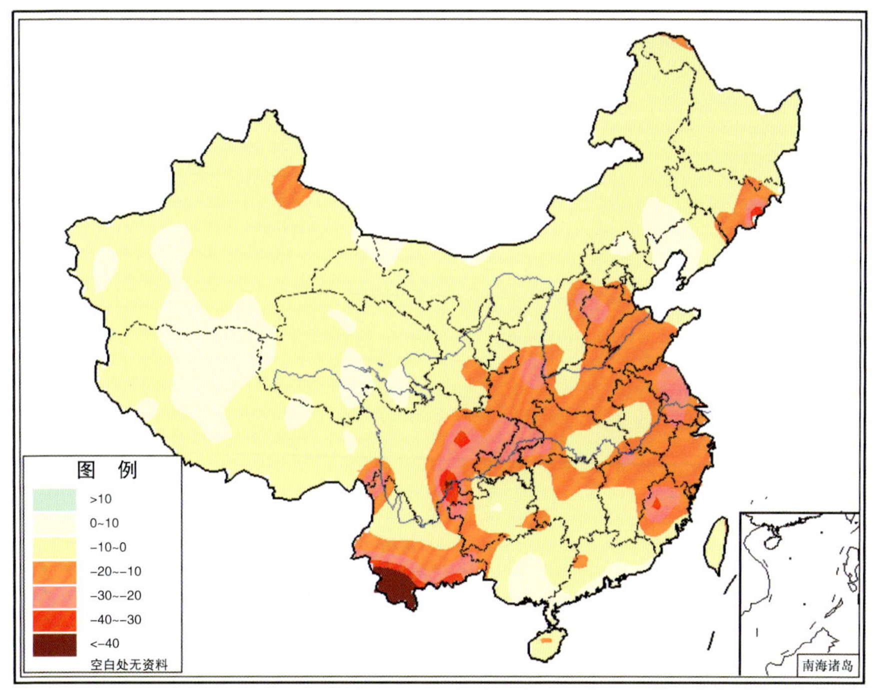

图 2.7.2　2010 年全国雾日数距平分布（天）

Fig. 2.7.2　Anomalies of fog days over China in 2010

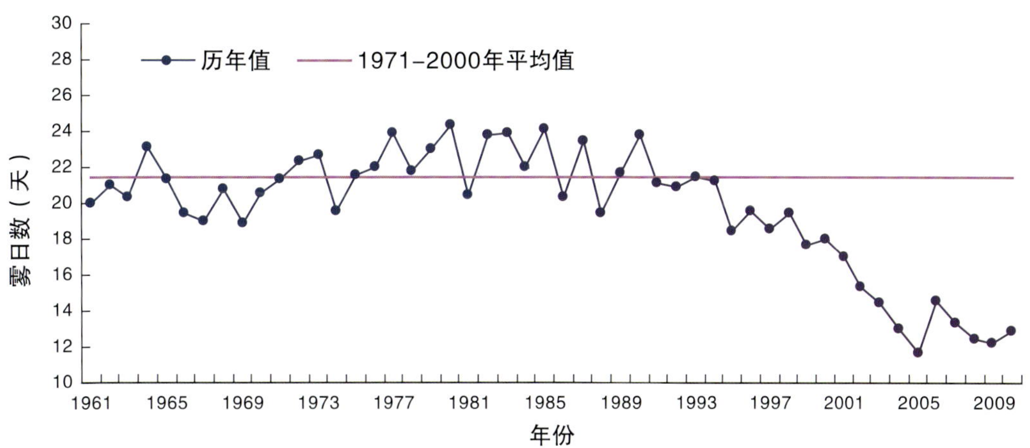

图 2.7.3　1961—2010 年全国平均年雾日数变化

Fig. 2.7.3　Fog days over China during 1961—2010

从各月雾日数分布可以看到（图 2.7.4），2010 年我国雾多发月份为 1 月、10 月、11 月和 12 月，5 月份最少。1 月、10 月、11 月和 12 月的总雾日数占全年的 40.5%。与常年同期相比，各月的雾日数均偏少，其中 3 月、8 月和 12 月偏少幅度较大。

表 2.7.1 2010 年全国主要雾事件简表

Table 2.7.1 List of major fog events over China in 2010

发生时间	发生地区	覆盖面积（万平方千米）
1 月 2 日	陕西南部、湖北中部和南部、安徽南部、四川东部局地、重庆南部、贵州北部、湖南西部和江西北部	10.8
1 月 3 日	四川东北部、重庆大部、陕西南部、湖北西部和中东部、安徽南部、贵州东部、湖南、江西北部、浙江西部和广西中西部	30.9
1 月 4 日	湖北南部和东部、湖南、安徽西南部、江西、闽浙粤局地山区	8.2
1 月 8 日	四川盆地中西部以及和盆地相接的西侧、南侧和北侧山区	11.6
1 月 17 日	河南中部和南部、湖北大部、安徽南部、江苏局部、浙江北部、江西大部、湖南东部以及福建东部地区	13.9
1 月 19 日	江西南部、福建大部、广东东南部和北部	5
1 月 25 日	湖北南部和西南部、湖南西部和北部	5.8
1 月 28 日	江苏南部、安徽南部、河南东南部、湖北大部以及四川东北部局部	14.5
1 月 31 日	山东中东部和南部局地、江苏、安徽东部以及黄海西部海域	10.2
2 月 8 日	陕西中南部、甘肃东部、山西和四川部分地区	8
2 月 23 日	辽宁南部、山东东部和南部、江苏大部、浙江北部、江西南部、福建西部、广东东部等地以及渤海、黄海、东海和南海北部的海域	67
2 月 24 日	山东东部和黄海海域	10.9
4 月 17 日	河北中部、天津、山东半岛南部、吉林中部、辽宁中西部、辽东半岛以及渤海部分海域	12.8
4 月 19 日	山西南部、河南中西部、陕西南部、湖北、重庆以及四川东部	23.4
4 月 20 日	吉林中部、辽宁中部、河北东北部以及渤海海域	7
6 月 3 日	黄海和渤海海域	9.5
10 月 3 日	陕西东南部局地、湖北西南部和东部、安徽南部、重庆南部、贵州东部和北部、湖南北部和江西西北部	15
10 月 5 日	东北地区中部和南部	5
10 月 9 日	河南西部和南部、陕西东南部、湖北西部和中部、安徽东部、江苏西部局地、湖南北部和江西西北部	9
10 月 19 日	甘肃东部、陕西中部、山西东部和南部、四川东部、重庆、湖北西北部、安徽北部、江苏北部，河北、山东	27.6
11 月 12 日	四川东部偏南地区、重庆中东部、湖北西南部和中部的局部地区、贵州中东部、湖南西部和东北部以及江西北部	10.1
11 月 18 日	河南南部、湖北大部、湖南北部、安徽局部、重庆局部	10
12 月 2 日	重庆南部、贵州东部、湖北中部和西南部、安徽南部、江苏西南部、湖南西部和中东部、江西大部、福建西部和南部、广西东部和广东北部	21
12 月 3 日	湖南东部、江西大部、安徽南部局地、浙江南部和福建中西部	5.6
12 月 18 日	浙江大部、安徽南部、湖北南部、江西西部和东部、福建西部、广东北部	11
12 月 27 日	湖北东南部、安徽南部、浙江中南部、湖南、江西、福建、广西东部局地、广东西部和东北部	11

注：表中的雾事件均为雾覆盖范围超过 5 万平方千米的雾过程。

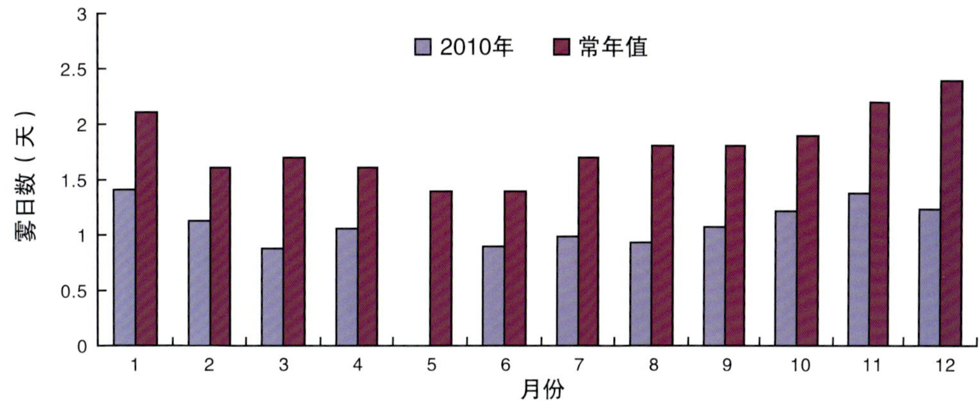

图 2.7.4　2010 年各月雾日数与常年同期雾日数对比

Fig. 2.7.4　Mean monthly fog days over China in 2010 vs average value during 1971—2000

从图 2.7.5 可以看到，福建、湖南、江西和安徽为 2010 年雾日数最多的四个省份，区域平均分别为 37 天、32 天、28 天和 27 天。而内蒙古、海南、山西、新疆、青海、北京、宁夏、西藏的雾日数较少，均在 5 天以下。2010 年，山西、云南和陕西的雾日数分别为 3.7 天、15 天和 12.7 天，均为 1961 年以来最小值；北京、河北、上海、江苏为次小值。并且，在 2010 年的不同季节，一些省（区、市）的雾日数也出现了近 50 年来的极值。

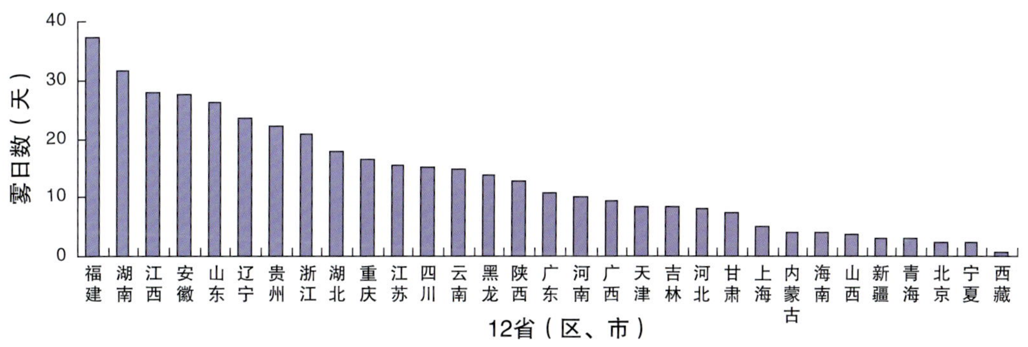

图 2.7.5　2010 年中国各省（区、市）年雾日数序列

Fig. 2.7.5　Series of days of annual fog in different provinces in 2010

2010 年我国雾天气主要发生在 1 月、2 月、10 月、11 月、12 月，其中 10 月、11 月、12 月出现的雾对交通运输产生了较大影响。据统计，2010 年全国因雾引发的交通事故共造成 120 多人死亡，死亡人数较 2009 年明显偏多。

2.7.2 主要雾灾事例

1. 1 月，江南大部、江淮南部、江汉以及四川盆地东部、云南南部、福建出现大雾天气

1 月 4 日，广西河池市都安县境内因雾发生一起特大车祸，导致 7 人死亡，至少 21 人受伤；受雾影响，18 日，安庆至合肥方向高速公路发生，30 余辆车连环追尾特大交通事故，造成 25 人伤亡；山东文登各路段共发生 58 起交通事故，造成 18 人伤亡；19 日，山西长治至太原高速公路因雾引发多起车辆追尾事故，共造成 9 人死亡，8 人重伤，20 人轻伤；25 日，成都机场因雾被迫关闭 4 个多小时，造成 111 个进出港航班延误，8 个进出港航班取消，4 个进港航班备降周边机场，1 万余名旅客滞留机场；27 日，云南安楚高速安宁新发段因雾发生 13 车追尾事故，致 1 死 36 伤；28 日，受雾影响，上海港全港包括吴淞、外高桥、洋山等在内的百余艘国际航行船舶取消出

入境（港）计划，武汉近30个航班延误，2000余名旅客滞留机场。

2. 2月，四川、山东、上海、北京、福建、江苏等地雾天气频繁

2月19日，四川成都遭遇雾袭击，双流国际机场关闭4个多小时，113个航班延误，4个航班取消，近万名旅客出行受到影响。22日，受雾影响，济南机场关闭3小时，数十个高速路临时关闭，济青高速淄博段发生30余辆车连环追尾。23日，上海浦东、虹桥两大机场200多航班因大雾延误，部分班次长途车停发，黄浦江18条轮渡线停航。25日，雾天气笼罩北京，首都国际机场因此取消航班9架次，出港航班延误133架次，同时部分高速公路采取封闭措施；安徽沿淮和江淮之间部分地区出现能见度低于500米的浓雾，近20个航班延误，千余位旅客受到影响。23—27日，因雾福建省泉州市4个航班被取消，67个航班延误；部分汽车晚点或延误。14日和31日，因雾江苏省南通市轮渡部分时段停航。

3. 4月，上海地区雾天频繁

4月，上海地区多次遭遇雾天气，给交通运输造成一定影响。1日，上海江面能见度最低不足200米，近百艘国际航行船舶出行受阻；5—6日，雾天致使洋山海区有111艘次船舶进出港受到影响；10—13日，雾使得上海300余艘国际航行船舶出入境（港）受阻；19—21日，100余艘国际航行船舶取消入出港、靠离泊计划。

4. 10月，我国中东部地区雾天气频繁

10月9日，湖北大部分地区出现雾，受其影响，在湖北潜江市渔阳路段247省道33千米处，一小车与货车相撞，造成2人死亡。同日，在江苏宁合高速往南京方向454.1千米处，一辆水泥槽罐车与一辆大客车因雾追尾相撞，造成17人死亡、6人重伤。16日，湖北武汉京港澳高速公路1140千米至1142千米突发团雾，导致7起汽车追尾事故，共造成至少8人死亡，23人受伤，车辆滞留近5个小时。

5. 11月，西南东部、江汉、江淮、江南大部及新疆北部、福建等地雾天气频繁

11月5日，沪昆高速公路江西樟树市境内出现团雾，导致7起汽车追尾事故，共造成19辆车严重损毁，19人死亡，16人受伤；同日，青银高速青岛辖段因大雾发生多起交通事故，近20辆车严重受损，多人受伤严重。19日，江苏盐徐高速建湖九龙口段因雾发生了5起交通事故，共有18辆车相撞，造成1人死亡；四川成都市双流国际机场因大雾关闭，大量航班和旅客滞留，12条高速公路被迫封闭或部分封闭。25日，长沙黄花机场20多个进出港航班延误。

6. 12月，江南大部、西南东部等地出现雾天气

12月1日，湖南省86个县市雾气弥漫，江永、冷水滩、衡东、衡山、新邵5县市能见度在50米以下，长沙黄花机场受影响的航班达77个。2日，受突发“团雾”影响，潭邵高速接连发生4起追尾事故，12台车辆受损，5人受伤，1人死亡。13日，四川成都绕城高速文家场至双流路段，能见度不足5米，导致接连发生52起追尾交通事故。17日，受雾影响，江苏南京市有10多个路段封闭。20日，雾造成湖南长沙黄花机场20多个航班延误，多条高速公路交通受到不同程度的影响。京港澳高速长潭段殷家坳路段1529千米处因雾发生多起车辆连环追尾的事故，其中一起事故造成2人死亡，5人受伤。21日，京港澳高速临长段突起能见度不足20米的团雾，造成多起车祸。据统计，事故路段约5千米，共发生车祸20起，造成2人死亡，多人受伤，44辆车受损。27日，受浓雾影响，湖南省衡南县松江镇因果村一辆运送20名小学生的三轮车整车坠入河中，造成14名学生死亡，6人受伤。

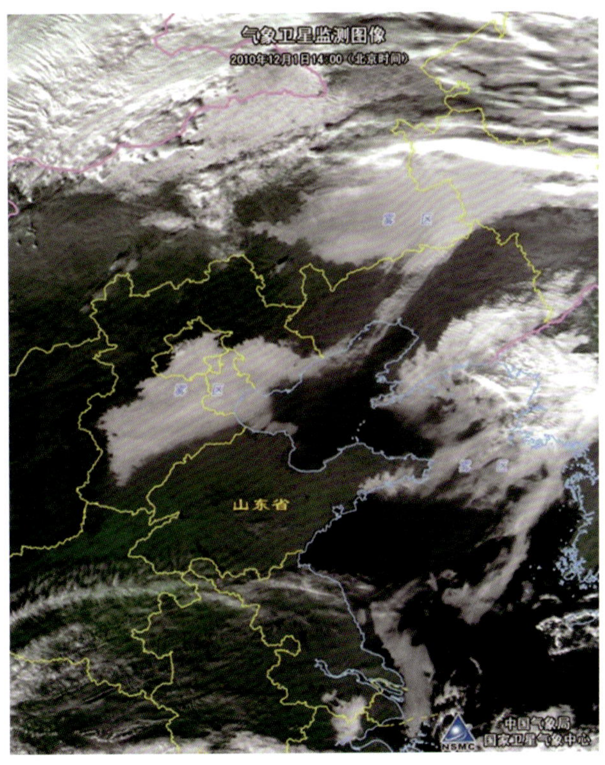

图 2.7.6　2010 年 12 月 1 日气象卫星雾监测图像

Fig. 2.7.6　Fog monitoring image by meteorological satellite on December 1, 2010

2.8 雷电

2.8.1 基本概况

据不完全统计，2010 年全国共发生雷电灾害 7515 起，其中造成火灾或爆炸 149 起，造成人身事故 362 起，导致 319 人死亡、261 人受伤。雷电灾害在全国造成大量电子设备、电力系统、建筑物受损，雷击造成建筑物损坏事件 587 起，办公和家用电子电器损坏事件 6263 起，损坏电子电器设备 24176 件，造成直接经济损失约 1.8 亿元，间接经济损失约 3.6 亿元。一次造成百万元以上直接经济损失的雷电灾害有 14 起。2010 年雷电造成的灾害事故主要集中在电力、通信和石化等行业，其中电力行业雷灾事故 744 起，通信行业 358 起，石化行业 122 起。

表 2.8.1　2003—2010 年全国雷电灾害

Table 2.8.1　Lightning stroke disasters over China from 2003 to 2010

年份	雷灾事故数	受伤人数	死亡人数	雷击死亡率	直接经济损失（亿元）	间接经济损失（亿元）
2010	7515	261	319	55%	1.82	3.58
2009	13481	310	371	54.5%	2.31	6.41
2008	8604	345	446	56.4%	2.24	6.21
2007	12967	718	827	53.5%	4.25	7.43
2006	19982	640	717	52.8%	3.84	0.96
2005	11026	690	646	48.4%	2.45	0.28
2004	8892	1059	770	42.1%	2.24	0.35
2003	7625	391	328	45.6%	1.76	0.34

从 2003—2010 年全国雷电灾害对比表（表 2.8.1）中可以看出，2010 年雷电灾害事故数是自 2003 年以来最少的一年，由雷灾造成的死亡和受伤人数也是这些年来最少的，但雷击死亡率却依旧较高，达到了约 55%。从雷灾造成的经济损失来看，直接经济损失是近年来相对较低，仅高于 2003 年的统计结果。而间接经济损失虽然较 2007、2008 和 2009 年明显减少，但仍远远高于 2006 年之前的统计结果。

2.8.2 雷电灾情空间分布

2010 年全国雷电灾情的空间分布如图 2.8.1 所示。其中上图和下图分别为年雷灾事故数过百和不足一百的省份按照事故数的排名。从统计结果可以看出，我国东部、南部沿海和中部省份是雷电灾害的多发区。2010 年全年雷灾事故数上百的省份共有 13 个，其中属于东部、南部沿海和中部的省份共有 8 个，浙江、广东和江苏分列前三位。从雷击死亡人数方面来看，全年雷击死亡超过 20 人的有江西、云南、广西、浙江和四川 5 个省（区）（图 2.8.2）。而在考虑人口权重（表 2.8.2）后，在雷灾事故率方面，浙江、北京、江苏和广东等经济较为发达的地区依旧排名靠前。从雷灾死亡率、受伤率、伤亡率和事故率等几个参数的全国平均值来看，相比 2009 年统计结果有明显的下降。

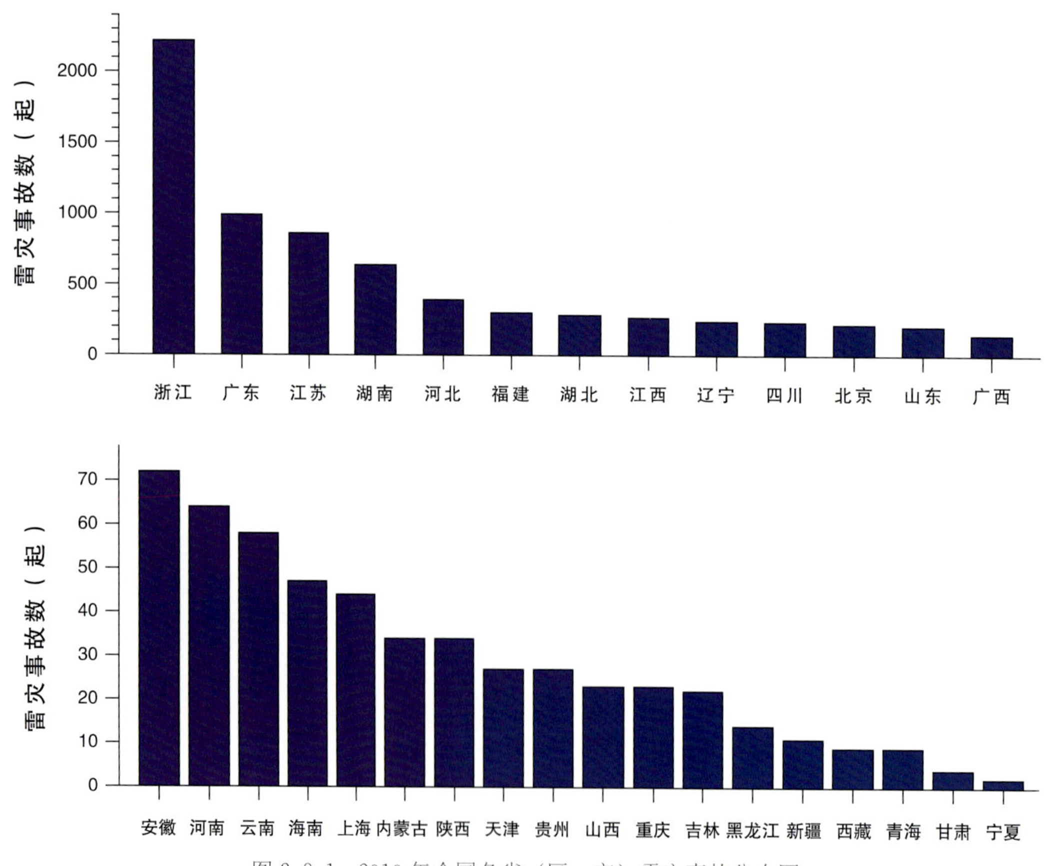

图 2.8.1 2010 年全国各省（区、市）雷灾事故分布图

Fig. 2.8.1 Number of lightning damage events for all provinces (autonomous regions, municipalities) over China in 2010

表 2.8.2 2010 年全国各省（区、市）每百万人口雷击死亡率、受伤率、伤亡率和雷灾事故发生率及其排序

Table 2 Rate per million people of lightning fatalities, injuries, casualties and damage reports, and their ranks for all provinces over China in 2010

省份	人口数*（百万）	雷击死亡		雷击受伤		雷击伤亡		总雷灾事故	
		死亡率	排序	受伤率	排序	伤亡率	排序	事故率	排序
北京	13.82	0.1	20	0.0	28	0.1	25	15.8	2
天津	10.01	0.0	30	0.0	29	0.0	30	2.7	15
河北	67.44	0.1	21	0.2	13	0.3	15	5.8	9
山西	32.97	0.1	27	0.0	30	0.1	29	0.7	26
内蒙古	23.76	0.3	12	0.0	23	0.3	19	1.4	19
辽宁	42.38	0.2	16	0.0	26	0.2	21	5.7	10
吉林	27.28	0.1	26	0.0	25	0.1	27	0.8	23
黑龙江	36.89	0.1	25	0.2	10	0.3	17	0.4	29
上海	16.74	0.2	17	0.1	21	0.2	20	2.6	16
江苏	74.38	0.2	14	0.1	17	0.4	14	11.5	3
浙江	46.77	0.5	7	0.4	5	0.9	5	47.4	1
安徽	59.86	0.1	23	0.2	11	0.3	16	1.2	21
福建	34.71	0.5	5	0.2	15	0.7	8	8.7	6
江西	41.4	0.8	2	0.4	7	1.2	4	6.4	7
山东	90.79	0.2	18	0.0	22	0.2	22	2.2	17
河南	92.56	0.1	22	0.0	27	0.2	24	0.7	27
湖北	60.28	0.3	9	0.2	12	0.5	12	4.7	11
湖南	64.4	0.3	10	0.2	9	0.5	10	9.9	5
广东	86.42	0.2	15	0.1	19	0.3	18	11.4	4
广西	44.89	0.5	6	0.4	6	0.9	6	3.3	13
海南	7.87	0.3	11	0.4	8	0.6	9	6.0	8
重庆	30.9	0.0	29	0.1	18	0.1	26	0.7	25
四川	83.29	0.3	13	0.2	14	0.4	13	2.8	14
贵州	35.25	0.3	8	0.2	16	0.5	11	0.8	24
云南	42.88	0.7	4	1.1	3	1.8	3	1.4	20
西藏	2.62	0.8	3	2.7	1	3.4	1	3.4	12
陕西	36.05	0.1	24	0.1	20	0.2	23	0.9	22
甘肃	25.62	0.0	28	0.0	24	0.1	28	0.2	31
青海	5.18	1.2	1	1.9	2	3.1	2	1.7	18
宁夏	5.62	0.0	31	0.0	31	0.0	31	0.4	30
新疆	19.25	0.2	19	0.7	4	0.8	7	0.6	28
全国	1262.28	0.3		0.3		0.6		5.2	

* 人口数来自于我国第五次全国人口普查。

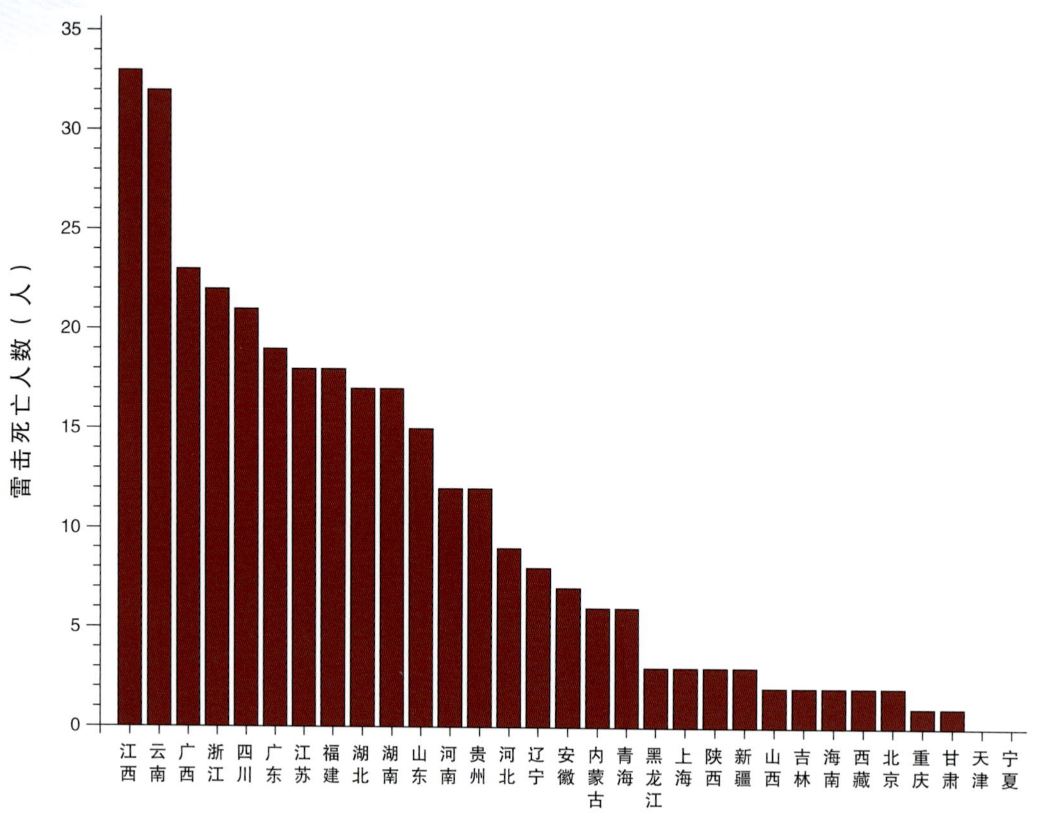

图 2.8.2　2010 年全国各省（区、市）雷击死亡人数分布图

Fig. 2.8.2　Number of lightning fatalities over China in 2010

2.8.3 雷电灾情时间分布

2010 年全国雷电灾情时间分布如图 2.8.3 所示。雷灾事故全年都有发生，从 2 月份就已经明显开始增多，但最主要集中发生的月份还是 7、8 两月。两月中的雷灾事故、死亡人数和受伤人数分别占全年的约 49％、55％和 54％。其中，又以 7 月份的各项统计数据值为最高。

2.8.4 2010 年较大雷电灾害事件

（1）5 月 4 日 06 时，河北省海兴县小山乡盐场遭雷击，死 1 人，伤 5 人，直接经济损失 20 万元。

（2）5 月 9 日，福建省永安市海峡科化永安分公司遭雷击，直接经济损失 110 万。

（3）5 月 12 日 17 时 05 分，云南省西双版纳州景洪市勐旺乡勐旺村委会半坡寨村民小组大方块水稻田发生雷击事件，导致正在田间劳动的 4 人受伤。

（4）5 月 27 日 16 时 50 分，广西壮族自治区柳州市柳北区石碑坪镇老枫村老枫屯，六名村民在村外木棚里躲雨时遭雷击，造成 2 人身亡、4 人受伤。

（5）6 月 2 日 11 时 26 分，青海省西宁市湟中县大才乡大磨石沟村 5 位村民在大磨石沟村南朔山挖药材躲避雷雨时遭雷击，造成 3 人死亡、1 人重伤、1 人轻伤。

（6）6 月 2 日 20 时，新疆维吾尔自治区克孜勒苏柯尔克孜自治州阿合奇县国营马场五队杰斯布拉克牧业点发生雷电灾害，致使当地一户牧民家帐篷遭受雷击，造成一名 7 岁女孩死亡，另外有 7 人不同程度受伤。

（7）6 月 17 日 17 时 40 分，四川省攀枝花市仁和区布德镇布德村金龟塘组村民在山上的果园看守房门口避雨时，遭受雷击，造成 2 死 2 伤。

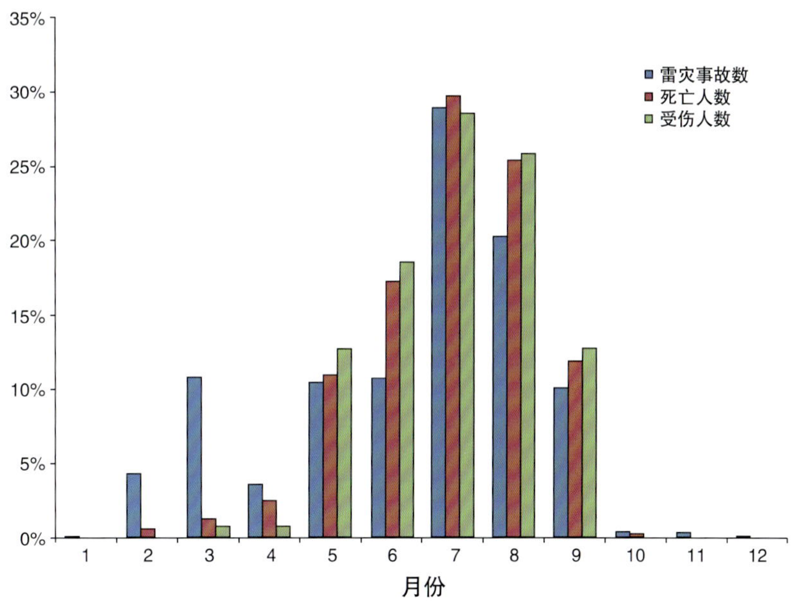

图 2.8.3　2010 年全国雷电灾害百分比月变化

Fig. 2.8.3　Monthly variations for percentage of lightning damage reports over China in 2010

(8) 6 月 19 日 19 时 30 分左右，湖南省娄底市娄星区小碧乡桐梓村大福砖厂遭雷击，在工棚休息的 6 人有 1 人死亡，4 人受轻微伤。

(9) 6 月 21 日 17 时，河北省保定市望都县贾村乡北柳絮村遭雷击，死 1 人，伤 4 人。

(10) 6 月 22 日 17 时 40 分，广东省乐昌市云岩镇人民政府及周边建筑物遭雷击，击坏计算机、电视机等设备多台，造成云岩镇停电 2 天，直接经济损失 100 万元。

(11) 6 月 23 日，山东省菏泽市定陶县山东天山丰耘生态肥业有限公司遭雷击，引起一处仓库火灾，整个仓库及储存原料全部烧毁，造成 1 人死亡，直接经济损失 200 万元。

(12) 6 月 25 日 19 时 20 分左右，新疆维吾尔自治区皮山县皮亚勒玛乡六大队发生一起因雷击造成人员伤亡的灾害。一村民在晒麦场准备用帆布覆盖麦子时，突遭雷电袭击，当场死亡，与其在一起劳动的 3 位家人不同程度地受伤。

(13) 7 月 1 日 18 时，青海省玉树藏族自治州玉树县上拉秀乡一户牧民帐篷遭到雷击，造成在此放学后躲雨的 4 名小学生受轻伤。

(14) 7 月 4 日 14 时，四川省甘孜州德格县打滚乡海拔 4100 米的呷拖村两户村民共计 8 人遭受雷击受伤。

(15) 7 月 7 日 17 时 30 分左右，湖南省隆回县六都寨镇信立村村民骑摩托车，经过六都寨镇牛尾村村道时，雷电将路面上空的一根高压线击断跌落并撞上摩托车，引发摩托车爆炸燃烧，4 人当场死亡。

(16) 7 月 12 日 18 时，浙江省宁波市鄞州镇姜山镇东光村，鄞州展达塑料厂、鄞州腾达塑料厂、鄞州益明五金厂遭受雷击，直接经济损失 104 万元．

(17) 7 月 13 日 16 时 40 分，云南省昆明市石林景区野外南天门景点附近，因雷击导致 2 名游客意外当场死亡，5 名游客受伤。

(18) 7 月 17 日 00 时 01 分至 10 时 22 分，四川省南充市顺庆区、嘉陵区、高坪区城乡均发生强雷暴天气，致使三区的移动通信基站、电力设施因雷击受损严重。据统计通信基站遭受雷击损坏而停止工作的有 19 个、电力变压器遭受雷击损坏 8 台、输电线路因雷击断线两处，直接经济损失超过 180 万元。

(19) 7 月 20 日 16 时，江西省九江市星子县苏家垱寺下湖堤发生雷击事故，2 人死亡，15 人受伤。

(20) 7 月 21 日 14 时 15 分左右，湖南省常德市汉寿县龙阳镇麻园坝村丰树组正在冒雨抢收早稻的村民遭雷击，1 人死亡，4 人受伤。

(21) 7 月 23 日 09 时 44 分左右，海南省保亭县城出现罕见强雷暴天气，致使闽庄园发生严重雷灾事故，直接经济损失约 822 万元。

(22) 7 月 23 日 19 时，四川省绵阳市三台县永民镇永红乡 2 村 3 队村民周某家因雷电经供水管进入室内，击中 3 楼出租屋内正在洗浴的 3 个外地民工，造成 1 人当场死亡，2 人受伤。

(23) 7 月 24 日 23 时，内蒙古自治区兴安盟乌兰浩特市罕山公园普惠寺大雄宝殿遭直击雷击起火，大雄宝殿完全被烧毁。直接经济损失 134 万元。

(24) 7 月 26 日 18 时，贵州省赫章县镇营竹村岩脚组的 5 个小孩在庙里避雨时遭雷击，造成 3 死 2 伤的雷击事故。

(25) 7 月 27 日 17 时 30 分左右，海南省五指山市出现大范围雷暴天气，致使市区发生 30 多起雷击事故，直接经济损失 109.9 万元。

(26) 8 月 2 日 19 时左右，宁夏回族自治区中卫市沙坡头区滨河镇北部香山机场遭受雷击，造成多套设备受损，直接经济损失 230 余万元。

(27) 8 月 5 日，安徽省天长市某中学球场遭雷击，10 人受伤。

(28) 8 月 6 日 17 时左右，四川省凉山州昭觉县波洛乡且拖村 5 位村民围在一起共用一把黑铁伞在小树林中避雨时遭雷击，致 5 人全部死亡。

(29) 8 月 15 日 07 时左右，江苏省扬州市高邮市临泽镇洋汊村 2 组，5 名在田间除秧草的村民遭受雷击，3 人当场死亡，2 人受伤。

(30) 8 月 16 日 16 时 30 分左右，浙江省余姚市三七镇石步村 5 名外来务工人员在大池墩水库附近溪道中游泳时遭遇雷击，造成死 2 人，3 人受伤。

(31) 8 月 16 日 21 时 00 分，浙江省金华市金东区塘雅竹村金东区塘雅竹村一袜厂遭雷击，击坏部分设备，并引发火灾，造成直接经济损失 165 万元。

(32) 8 月 20 日 14 时 30 分，山东省昌邑市柳疃镇华宝纺织厂遭雷击，造成工厂停工 2 天，直接经济损失 200 万元。

(33) 8 月 22 日 18 时 30 分左右，湖南省常德市鼎城区石门桥镇五家咀村的湖南华耀浆纸有限公司芦苇堆放仓库遭雷击，引发大火。直接经济损失 200 万元。

(34) 9 月 9 日 03 时，广东省顺德区乐从镇润嘉金属家具厂遭雷击，由于电线短路引致火灾，导致该厂全部产品和设备烧坏，直接经济损失 250 万元。

(35) 9 月 9 日 16 时 40 分，云南省普洱市景谷县分碧安乡芒景村 5 名小学生在放学后随家长回家途中，经小团山处在一棵大榕树下避雨时遭雷击，造成 1 人死亡，2 人重伤，4 人轻伤。

(36) 9 月 11 日 08 时，浙江省萧山区临浦镇中国电信集团公司浙江网络资产分公司临浦镇米罗村基站遭雷击，击坏设备一批，直接经济损失 200 万元。

(37) 9 月 28 日 17 时 45 分，云南省普洱市墨江县联珠镇会亮村村民在大树下避雨时遭到雷击，造成 3 人当场死亡，1 人重伤。

2.9 高温热浪

2010 年夏季（6—8 月），我国高温范围广、强度大，全国平均高温日数为 1961 年以来历史同期最多，黑龙江、内蒙古、甘肃三个北方省份夏季高温日数也位居历史同期第一。6 月下旬，东北大部出现大范围罕见的高温天气，多地日最高气温突破历史记录；7 月下旬至 8 月下旬，南方地区高温持续时间长、范围广。持续高温给当地人体健康、能源及农业生产等都造成了不利影响。

2.9.1 高温热浪概况

1. 高温强度

2010 年夏季，我国中东部大部以及新疆大部、内蒙古等地均出现日最高气温超过 35℃的高温天气，其中华北中南部、长江中下游大部及新疆、内蒙古、黑龙江等地极端最高气温达 38～48℃（图 2.9.1），特别是 45°N 以北的黑龙江北部及内蒙古东北部出现了超过 38℃的酷热天气，黑龙江呼玛、漠河极端最高气温分别达 40.5℃和 39.3℃。2010 年夏季，我国高温强度大，全国共有 168 站（约占总监测站数的 8%）极端最高气温突破了当地历史最高纪录（图 2.9.2），西北东部、华北北部、东北北部等地不少台站出现创纪录高温，其中黑龙江有 21 站创新高，为历史罕见。

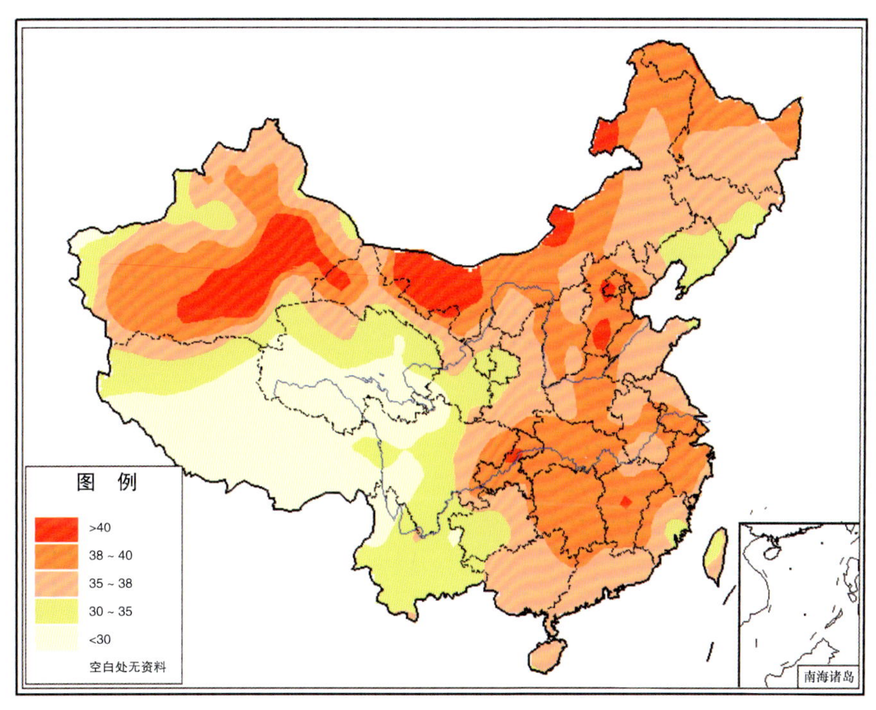

图 2.9.1 2010 年夏季全国极端最高气温分布图（℃）

Fig. 2.9.1 Distribution of extreme maximum temperatures in summer 2010 over China（℃）

2. 高温日数

2010 年夏季，全国平均高温日数 9.7 天，为 1961 年以来历史同期最多（图 2.9.3），黑龙江、内蒙古、甘肃和云南夏季高温日数也位居 1961 年以来历史同期第一，青海为第二。

从空间分布上看，2010 年夏季，华北中南部、黄淮大部、江淮、江汉、江南、华南大部以及重庆、贵州东部、新疆大部、内蒙古西部等地高温日数普遍有 10 天以上，其中浙江西部、江西大部、湖南东南部、福建西部、新疆东部等地有 30～60 天，局部超过 60 天（图 2.9.4）。与常年同期相比，除辽宁、新疆西部和西藏的部分地区外，全国大部地区夏季高温日数较常年偏多或接近常年，其中江苏南部、浙江北部、江西大部、湖南中南部、福建南部、海南北部、内蒙古西部、新疆东部等地偏多 10～15 天，江西中部等地偏多 15～30 天（图 2.9.5）。

从全国日最高气温>第 90 个百分位数的暖昼日数分布来看，2010 年夏季，黑龙江西北部、内

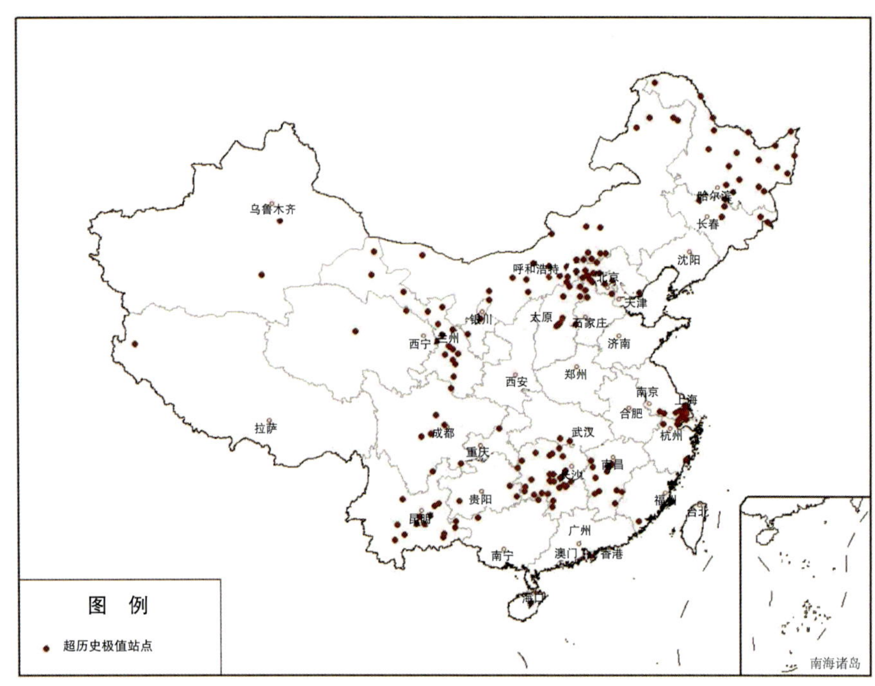

图 2.9.2　2010 年夏季全国极端最高气温超过历史记录的站点分布
Fig. 2.9.2　Stations with record maximum temperatures in summer 2010 over China

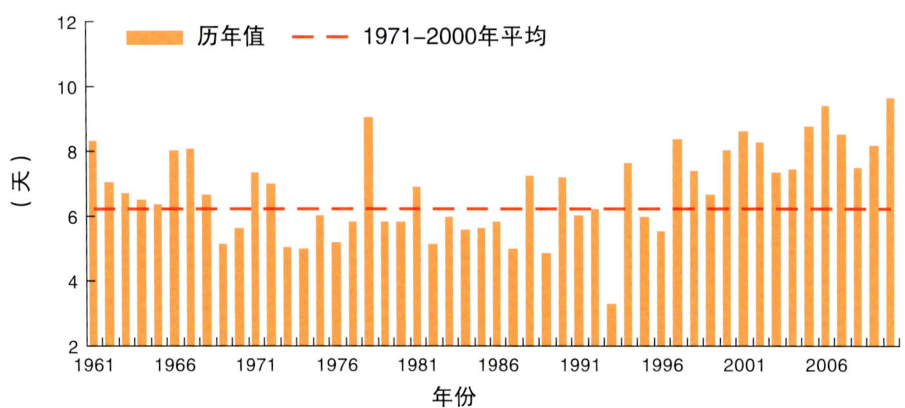

图 2.9.3　1961—2010 年全国平均夏季高温日数历年变化图（天）
Fig. 2.9.3　Annual mean hot days (daily maximum temperature ≥35℃) over China during 1961—2010

蒙古、山西北部、江苏大部、浙江北部、江西中部、四川西部、云南大部、甘肃中西部、青海、新疆东部、西藏中东部等地暖昼日数一般有 20 天以上，其中内蒙古局部、青海南部、西藏中部等地超过 30 天（图 2.9.6）。2010 年夏季全国平均暖昼日数为 1961 年以来仅次于 2006 年的第二多年份（图 2.9.7）。

2.9.2 主要高温事件及影响

2010 年夏季，我国主要的高温事件有：6 月份东北地区的反常高温天气、6 月底至 7 月上旬以及 7 月下旬后期至 8 月下旬前期我国中东部地区的大范围高温。

1. 东北初夏高温

6 月，向来凉爽的东北大部地区出现反常高温天气。6 月 9—11 日，黑龙江和吉林大部出现高温天气，两省 6 月上旬平均最高气温为有气象记录以来同期最高值。6 月 23—29 日，黑龙江、吉

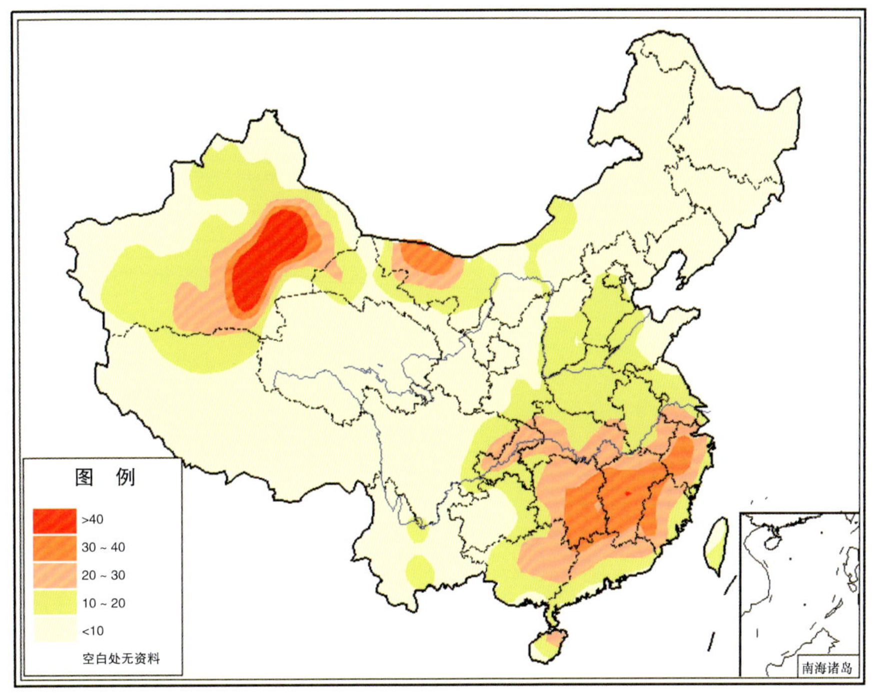

图 2.9.4　2010 年夏季全国高温日数分布图（天）
Fig. 2.9.4　Distribution of hot days (daily maximum temperature ≥35℃) in summer 2010 over China

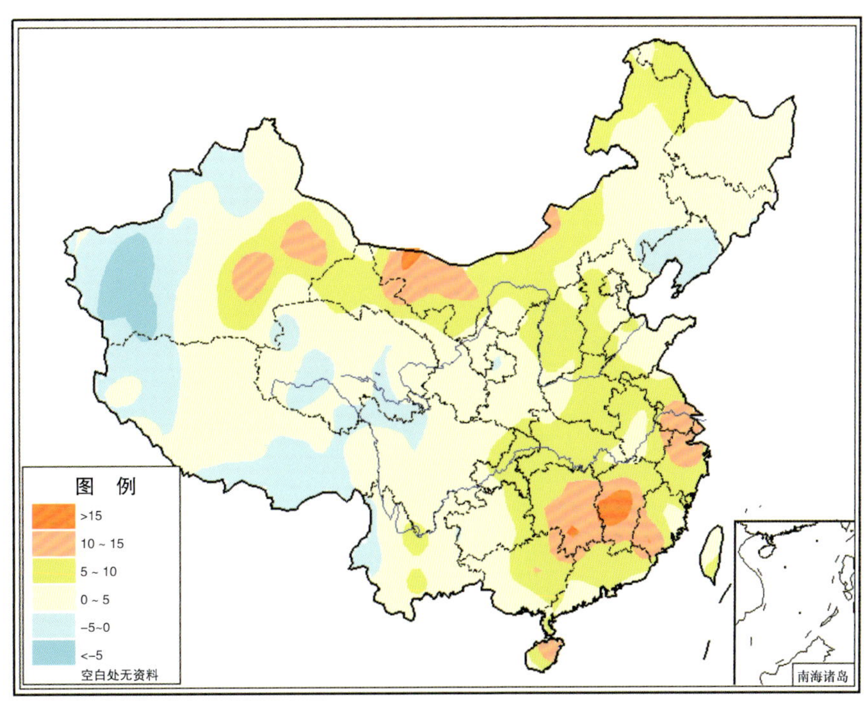

图 2.9.5　2010 年夏季全国高温日数距平分布图（天）
Fig. 2.9.5　Distribution of the anomalies of hot days (daily maximum temperature≥35℃) in summer 2010 over China

林和内蒙古再次出现大范围罕见高温天气。

黑龙江　呼玛（40.5℃）、加格达奇（39.7℃）、漠河（39.3℃）等 21 站日最高气温突破历史极值。受高温少雨影响，大兴安岭发生特大森林火灾，过火总面积达 1 万 3 千多公顷。

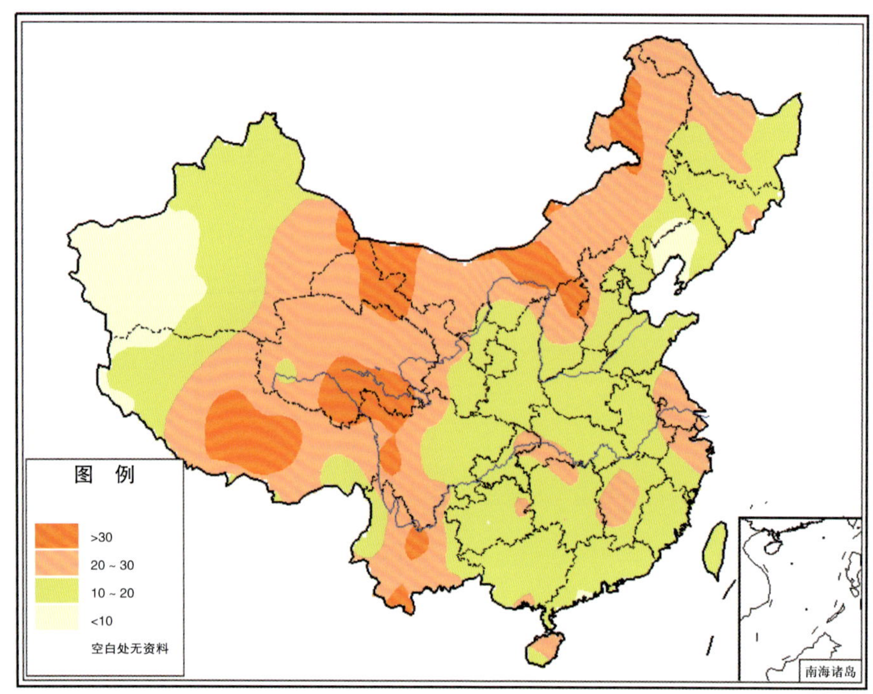

图 2.9.6　2010 年夏季全国暖昼日数分布图（天）

Fig. 2.9.6　Distribution of warm days (percentage of days when daily maximum temperature>90th percentile) in summer 2010 over China

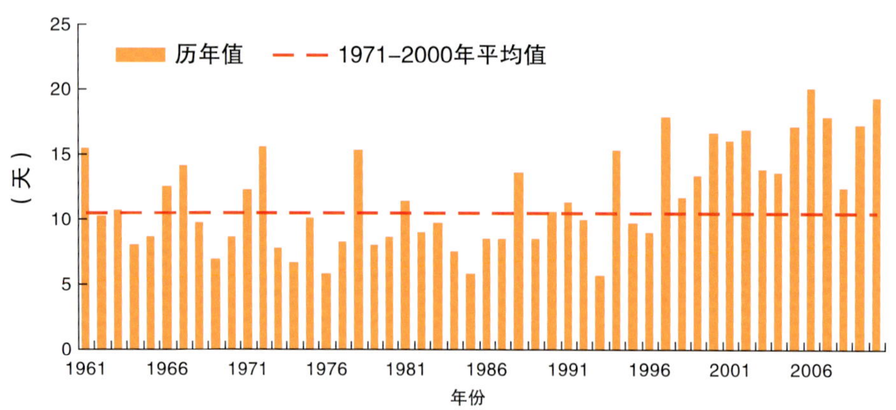

图 2.9.7　1961—2010 年全国平均夏季暖昼日数历年变化图（天）

Fig. 2.9.7　Time series of summer warm days (percentage of days when daily maximum temperature>90th percentile) during 1961—2010 over China

内蒙古　鄂伦春旗（40.5℃）、额尔古纳市（39.0℃）、根河（38.5℃）3 站日最高气温突破历史极值。

吉林　前郭（37.8℃）、汪清（37.8℃）、舒兰（37.0℃）、珲春（36.9℃）4 站日最高气温突破历史极值。

2. 中东部地区盛夏大范围高温

6 月底至 7 月上旬，华北中部和南部、黄淮、江淮、江汉、江南、华南先后出现大范围高温天气，江南、华南部分地区的高温天气一直持续至 7 月下旬前期。7 月中旬后期至 7 月底，西北大部、华北等地高温天气频繁。7 月下旬后期至 9 月初，南方地区高温持续时间长，强度大，范围广。7月27日至9月2日，皖苏沪浙赣湘渝7省（市）平均高温日数达15.6天，较常年同期偏多8天，为1961年以来历史同期第3多。江淮、江南、江汉、华南大部及四川东部、贵州东部、重庆等地的高温日数普遍有10天以上，其中浙江西部、江西大部、湖南中部有20～25天，局部地区超过25天。上述地区的高温日数普遍较常年同期偏多5～10天，江南西部在10天以上。南方高温区的最长连续高温日数也达5～10天，部分地区10天以上。

6—7月，华北、西北东部及内蒙古等地出现阶段性持续高温少雨天气，致使部分地区夏旱发展迅速。干旱少雨造成内蒙古大部分牧区出现了草原虫害，对牧草产量以及品质造成影响，牧业生产遭受损失。由于高温少雨，内蒙古、黑龙江等地的森林火灾也时有发生。

受盛夏高温天气影响，城市用水用电持续增长，造成全国多地电力负荷连创新高，对电力供应、电网运行安全有很大的影响。7—8月，华北、华东、华中、西北、南方等5个区域电网以及北京、天津、河北、江西、广东等20多个省级电网用电负荷均创出历史新高。

天津 高温天气主要集中在7月。持续闷热天气导致天津市7月29日突破千万千瓦的用电负荷历史纪录，并在11时33分和14时11分两创新高，7月30日更是高达1037万千瓦。

河北 6月21日，栾城、无极、藁城、新乐4站日最高气温超过40℃。因持续高温闷热导致中暑、感冒、心脑血管等疾病病人明显增多，有4人中暑死亡。

河南 高温中暑死亡2人。

宁夏 6月22日银川市城市供水量达28.78万立方米，突破历史最高纪录，比2009年最高日供水量高出近1万立方米；6月25日宁夏日用电量达到17254万千瓦，同比增加4096万千瓦，创历史新高。

江苏 高温中暑死亡10人。

江西 8月3—5日连续三天出现40℃以上的高温，且有8个县市突破历史极值，8月2—5日江西电网用电负荷连续四天创历史新高。

上海 8月中旬有7站出现39℃以上的高温，其中浦东新区和徐家汇极端最高气温分别达40.5℃和40.0℃。

2.10 酸雨

2.10.1 基本概况

2010年我国酸雨特征如下：与往年相比，2010年我国酸雨区的范围基本保持不变，重度酸雨区的范围有所减少；华北、江南和华南地区部分站点的酸雨、强酸雨频率略有降低。

1. 全国降水年平均pH值分布

图2.10.1是我国2010年降水年平均pH值的分布状况。我国酸雨区（年平均降水pH低于5.6）主要覆盖华南、华中、华东和华北大部，西南地区东部以及东北、内蒙古和新疆的部分地区，其中浙江东部、江西大部、湖南东部、广西中部、重庆南部以及河南、河北、山西和北京的局部地区的年平均降水pH值低于4.5，为重酸雨区。西藏、青海、宁夏和甘肃、新疆、内蒙古大部为非酸雨区。与往年相比，我国酸雨区范围基本保持不变，华北、江南和华南部分地区站点的酸雨、强酸雨频率略有降低。

取近四年有连续观测的294个酸雨站数据进行统计（下同），发现2010年年平均降水pH值达到强酸雨程度的站数为近4年的最低值，年平均降水pH值达弱酸雨程度的站数也较2009年有所降低，非酸雨站点数为近4年的最高值（见表2.10.1）。

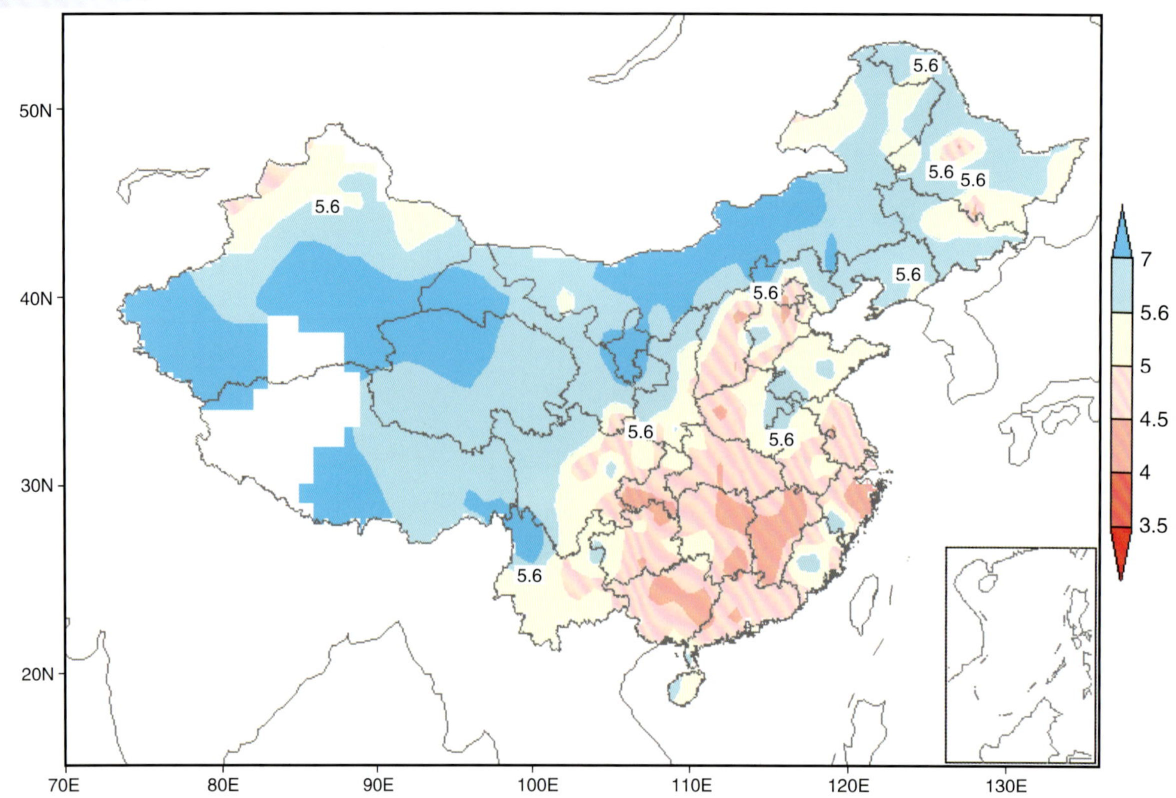

图 2.10.1 2010 年全国 337 个酸雨站年平均降水 pH 值分布图

Fig2.10.1 Annual weighted average pH distribution at 337 acid rain stations in 2010

表 2.10.1 2007—2010 年不同等级年平均降水 pH 值的台站数

Table 2.10.1 Station number of different annual weighted average precipitation PH values

pH 值	pH<4.5	4.5≤pH<5.6	pH≥5.6
2007 台站数（个）	85	132	77
2008 台站数（个）	91	121	82
2009 台站数（个）	81	167	86
2010 台站数（个）	50	144	100

2. 全国酸雨出现频率分布

图 2.10.2 是我国 2010 年 337 个酸雨监测站的酸雨年出现频率分布状况，由该图可见，2010 年我国酸雨发生频率大于 80%的区域主要位于江西大部、湖南东部、广东北部以及广西、重庆和浙江的部分地区。綦江、荣昌、忠县、建始、潼南和信阳站的酸雨频率达 100%，长沙、景德镇、庐山和衡山等 16 个站的酸雨频率也在 95%以上。

2010 年 294 个国家级酸雨站的年酸雨出现频率在 50%以上的站点数为 2007 年以来的最小值，其中酸雨频率高于 80%的站点数由 2007 年的 69 个降低为 2010 年的 54 个（见表 2.10.2）。

2010 年我国强酸雨频率较高的站点仍然是重庆綦江站，高达 91%。全年没有强酸雨出现的站点主要位于青海、宁夏、西藏、内蒙古、新疆大部和山东、河南、辽宁、陕西、云南和四川的局部地区。

兰州、石家庄、呼和浩特、沈阳、西宁、拉萨和乌鲁木齐等站全年无酸雨发生，其中甘肃敦煌和新疆和田站自 1993 年有酸雨观测记录以来均无酸雨发生。

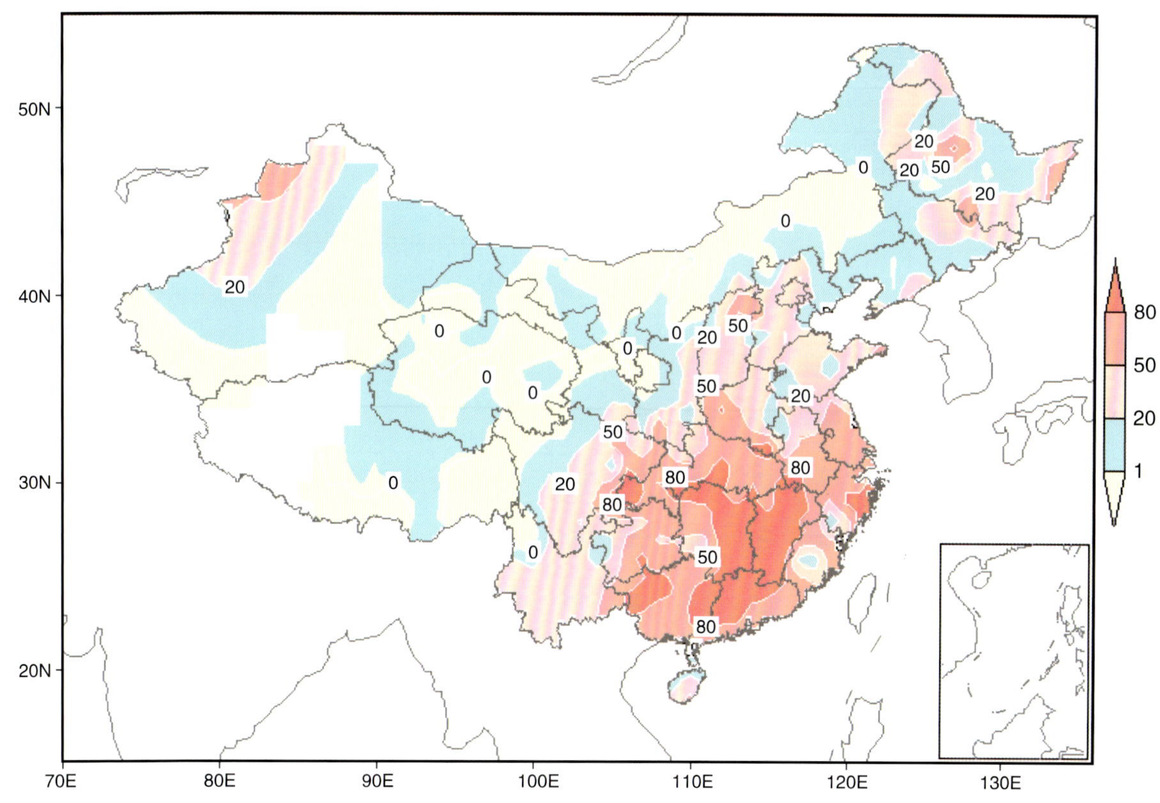

图 2.10.2 2010 年全国 337 个酸雨站年酸雨出现频率分布图

Fig 2.10.2 Acid rain frequency distribution at 337 acid rain stations in 2010

表 2.10.2 2007—2010 年年酸雨出现不同频率等级的台站数

Table 2.10.2 Station number of different acid rain frequency levels during 2007—2010

酸雨频率（F）%	F=0	0< F≤20	20< F≤50	50< F≤80	80< F≤100
2007 台站数（个）	32	55	55	83	69
2008 台站数（个）	35	47	61	83	68
2009 台站数（个）	39	49	61	74	71
2010 台站数（个）	42	59	72	67	54

3. 2010 年中国区域酸雨特点

2010 年我国区域性酸雨的特点如下：

1）与往年相比，2010 年我国酸雨区的范围基本保持不变，而且重度酸雨区（pH 值小于 4.5）的范围有所减少。重度酸雨区主要位于长江中下游及其以南地区，北方地区仅河南、山西、河北和北京等地区部分站点的年平均降水 pH 值小于 4.5。长江中下游及其以南地区的重度酸雨区范围较 2009 年也有减小，其中湖北、贵州和广西等地的重度酸雨区范围缩小较为明显。

2）2008 年以来，酸雨频率大于 50%的区域和强酸雨频率大于 20%的区域范围也逐年减小，至 2010 年主要位于长江中下游及其以南地区。北京、山西、河南和河北等地区近三年酸雨、强酸雨频率呈逐年递减的趋势，四地区其年平均降水 pH 值呈上升趋势（图 2.10.3）。

2.10.2 2010 年我国暴雨频发或是酸雨强度减弱的原因之一

2010 年我国南方及东北地区平均年降水量及四季降水量均比常年同期偏多，降水过程频繁，降水强度大，全国暴雨日数为 1961 年以来第三多。2010 年 3 月，江南出现历史罕见早汛；5 月至

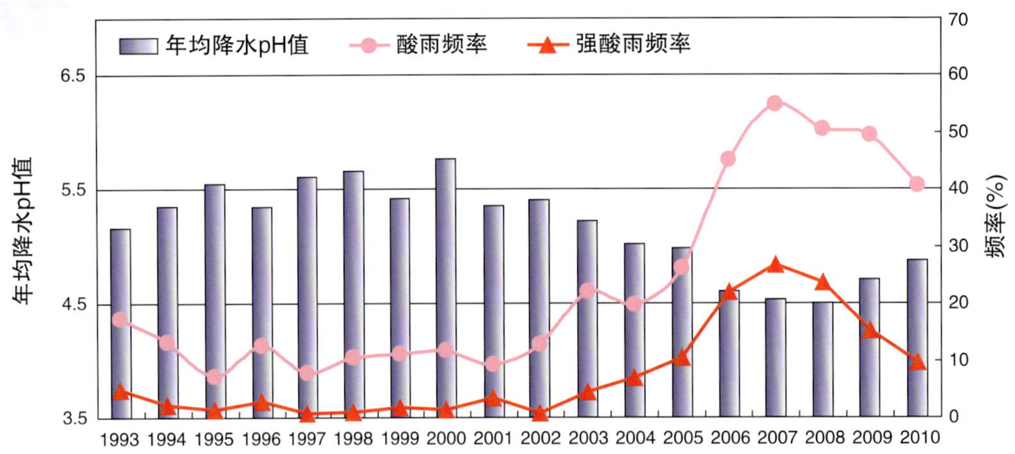

图 2.10.3　1993—2010 年北京、山西、河北和河南逐年年均降水 pH 值、酸雨频率和强酸雨频率逐年变化

Fig 2.10.3　Annual weighted average pH and acid rain frequency for Beijing, Shanxi, Hebei and Henan provinces during 1993—2010

7 月我国南方共出现 14 次强降雨天气过程，过程雨量大；7 月中旬至 8 月下旬，北方出现严重暴雨洪涝。研究表明，特大暴雨的稀释和冲刷作用会降低酸雨发生的频率。

根据广东、广西、福建、江西、湖南、湖北和浙江 2007—2010 年 5—7 月份有连续观测记录的 84 个酸雨站的数据进行统计分析（表 2.10.3），发现 2010 年平均降水量是近 4 年来最高，达 693.1 毫米，同时也是雨量加权平均 pH 值最高、酸雨频率与强酸雨频率最低的年份。2010 年电导率为 34.4 微西门子/厘米，也是近 4 年来的同期最低值，表明降水中的离子成分较低。同样，对 2010 年其余几次强降水过程进行统计分析也可以发现类似的特征，表明 2010 年暴雨频发雨量增加或是酸雨强度减弱的原因之一。

表 2.10.3　2007—2010 年 5—7 月广东、广西、福建、江西、湖南、湖北和浙江降水 pH 值、酸雨频率、强酸雨频率、电导率和平均降水量

Table 2.10.3　Annual weighted average pH, acid rain frequency, conductivity and average rainfall for Guangdong, Guangxi, Fujian, Jiangxi, Hunan, Hubei and Zhejiang provinces during 2007—2010

年	pH 均值	酸雨频率（%）	强酸雨频率（%）	电导率	平均降水量（mm）
2007	4.65	66.9	24.4	38.0	421.4
2008	4.67	69.1	24.1	38.1	595.0
2009	4.66	68.0	24.7	35.8	501.3
2010	4.72	67.3	20.3	34.4	693.1

2.11 农业气象灾害

2.11.1 基本概况

2010 年全国农业气象灾害主要特点为：局地性暴雨洪涝灾害突出、损失较重；主要农区农业干旱发生范围小、影响轻，但西南地区发生严重的秋冬春连旱；东北、长江流域及其以南大部地区出现阶段性阴雨寡照天气；冬春季低温冷冻害发生较为频繁；夏季南方地区高温热害持续时间长、强度偏强；台风登陆偏晚，影响范围较小；大风、冰雹、干热风、病虫害等对农业生产影响总体较轻。

2.11.2 主要农业气象灾害事例

1. 暴雨洪涝

2010年春、夏季，我国中东部大部农区均有暴雨天气出现，与常年相比，虽未发生大范围、流域性洪涝灾害，但局地洪涝灾害对农业生产影响较重。其中，西南地区北部、东北地区中南部等地部分地区暴雨多发、频发，洪涝灾害主要发生在东北地区中南部、西北地区东部、江汉、江南中部、华南西部、四川盆地等地。

（1）东北、长江中下游及其以南地区春、夏季暴雨洪涝灾害频发，农业生产受到一定影响

江淮、江南3月降水过程频繁，导致江西、浙江等地出现历史罕见早汛。南方大部地区5—7月出现14次强降水过程，且累计雨量大、致灾程度重。特别是5—6月，江南、华南频繁出现强降水天气，江西、湖南、广东、广西、福建等省（区）部分地区遭受严重洪涝灾害。早稻抽穗扬花期间出现“雨洗禾花”危害，导致结实率降低、空秕粒增多，产量下降。其中江西6月14—25日暴雨洪涝造成早稻绝收面积达8.8万公顷、减产50余万吨（图2.11.1）；广西6月农作物受灾面积达10.8万公顷，种植业直接经济损失5.4亿元；湖南6月18—20日的暴雨洪涝导致全省农作物受灾面积近30万公顷。

7月上中旬，长江流域强降水频繁。暴雨洪涝造成安徽农作物受灾面积50.2万公顷，其中绝收面积7万公顷，农业经济损失25.9亿元；四川7月14—19日的暴雨导致农作物受灾面积超过50万公顷，绝收14万多公顷（图2.11.2）。

7月中旬至8月下旬，东北地区中南部、西北地区东南部、华北、黄淮、西南地区东部等地暴雨过程频繁、累计雨量大，且强降水区域集中、影响范围广。吉林、陕西、青海和四川暴雨日数为1961年以来历史同期最多，辽宁次多，致使这些省的大部地区出现较严重洪涝灾害，低洼田块和泄洪区农田被淹、被毁。部分地区作物受暴雨、大风影响而发生倒伏。处于开花授粉阶段的玉米、大豆等作物受暴雨冲刷，结实率受到较大影响。强降水导致部分农田发生较严重渍涝灾害，玉米、大豆等旱地作物根系缺氧、茎叶早衰，棉花蕾铃脱落、伏桃减少。据统计，暴雨洪涝导致吉林粮食作物受灾面积56.4万公顷；辽宁农作物受灾面积57.1万公顷。

（2）海南中东部秋季暴雨洪涝严重，对农业和养殖业影响较大

图2.11.1 2010年6月14—25日暴雨洪涝导致江西余干县早稻被淹（江西省气象局提供）

Fig. 2.11.1 Storms and floods leading to flooded early rice in Yugan of Jiangxi Province

图2.11.2 2010年7月14—19日暴雨洪涝导致四川遂宁市玉米绝收（四川省气象局提供）

Fig. 2.11.2 Storms and floods leading to corn without yield in Suining of Sichuan Province

海南 9 月 30 日—10 月 8 日、10 月 12—18 日出现两次强降水天气过程，两次降水过程持续时间长、累计雨量大、暴雨日数多，对农业和养殖业影响较大。其中 10 月上旬为历史罕见的持续性暴雨过程，导致中东部地区出现严重洪涝灾害，部分农田被淹，其中椒类作物和瓜类作物受淹严重。由于浸泡时间偏长，低洼地区基本毁苗；晚稻籽粒灌浆、成熟收晒，橡胶产胶，热带水果和蔬菜生产及水产养殖受到较大损失。据统计，共造成海南省 20.2 万公顷农作物受灾。

（3）新疆春季发生融雪型、混合型洪涝灾害，农作物受灾严重

2010 年春季，新疆因积雪多、气温回升和降水天气导致融雪型、混合型洪水频发。其中，阿勒泰、塔城、伊犁、博尔塔拉蒙古自治州、巴音郭楞蒙古自治州、克孜勒苏柯尔克孜自治州、喀什、和田等 8 地区（州）29 县（市）农作物受灾面积 3.3 万公顷，损坏大棚 3201 座，农业经济损失达 1 亿元。

2. 农业干旱

2010 年，我国西南地区发生严重秋冬春连旱；其余农区干旱发生范围较小，总体影响偏轻。

（1）西南地区中南部严重秋冬春连旱，造成夏收粮油作物大幅减产，并导致春播推迟

2009 年 9 月至 2010 年 3 月中旬，西南地区大部降水持续偏少、气温偏高。云南、贵州、四川南部、广西西北部等地出现有气象记录以来最为严重的秋冬春连旱，导致冬小麦、油菜、蚕豆等作物播期推迟，弱苗比例增大，部分地区冬小麦无法正常抽穗、灌浆，油菜干枯死亡（图 2.11.3 左），产量大幅减少。其中，云南夏粮减产 44%，贵州减产 26%。据统计，云南、贵州、四川等地农作物受灾面积达 660 万公顷，部分农户不得不将因旱绝收的小麦提前收割用作青饲料（图 2.11.3 右）。持续干旱也使春播推迟，玉米、马铃薯播种困难，一季稻、烤烟缺水栽插，部分地区不得不改种其他旱地作物，直接影响秋粮收益。长期受旱还导致云南部分地区甘蔗、咖啡品质下降；春茶发芽晚、收获期推迟；蔬菜叶片干枯。据统计，云南水果、茶叶、蚕桑、橡胶、咖啡五类经济林果受灾 98.8 万公顷，占总面积的 81.8%，减产严重。此外，持续干旱导致牧草长势差，植被生长受到明显限制，贵州喀斯特地貌区治理石漠化种植的金银花和花椒树出现枯死现象，旱区植被生态质量较常年同期显著下降。

（2）华北、黄淮等地阶段性夏旱影响夏播质量和春播作物生长发育

6 月中旬至 7 月上旬，西北地区东部、华北西部、黄淮西部等地降水偏少、气温偏高，导致部分地区出现旱象。河北西部、山西、陕西北部部分地区旱情较重，夏玉米播种出苗困难，部分春

图 2.11.3　云贵因旱枯死的油菜（左）和绝收的小麦（右）（国家气象中心提供）

Fig. 2.11.3　Rape dead (left) and wheat only as fodder without yield (right) by drought in Yunnan and Guizhou

玉米遭受了严重的“卡脖旱”，棉花等春播作物生长也受到影响。至7月底山西农作物受旱面积达94.6万公顷，约占全省耕地面积的30%，其中重旱面积19.3万公顷。

(3) 华北、黄淮、江淮北部秋冬旱影响冬小麦、油菜正常生长和越冬

华北、黄淮、江淮北部10—12月降水量不足50毫米，土壤表墒持续下降，出现不同程度旱情，山东南部、安徽北部、江苏北部等地部分灌溉条件较差或未进行灌溉地区的麦田旱情较重，造成冬小麦苗小、苗弱，叶片偏细，次生根发育不全、分蘖少，部分麦田出现缺苗断垄现象，严重田块甚至干枯死苗。另外，江淮北部部分移栽油菜苗情偏差、直播油菜出苗不齐。据统计，截至12月底，安徽农作物因旱受灾面积66.3万公顷；江苏农作物受灾面积41.5万公顷，其中绝收面积1.5万公顷；山东农作物受灾面积77万公顷。

3. 低温阴雨

2010年低温阴雨过程主要有：春季，东北地区低温多雨；冬季至初夏，长江流域及其以南大部地区阶段性低温、阴雨寡照；秋季，中东部大部地区出现阶段性低温、阴雨寡照。

(1) 东北地区春季低温多雨导致土壤解冻缓慢、春耕春种推迟

春季，东北地区气温持续偏低，特别是4月份气温偏低2～4℃，导致土壤解冻缓慢。加之降水异常偏多，中东部地区土壤过湿，春播整地受到较大影响。春玉米和大豆播种期较常年偏晚7～18天，其中辽宁中部和北部部分地区的春玉米播种偏晚23～25天。同时，低温寡照天气也导致部分地区春玉米出苗不齐，一季稻幼苗生长缓慢、长势偏弱。

(2) 长江流域及其以南大部地区冬季至初夏阶段性低温、阴雨寡照突出，导致油菜、早稻减产

2009年12月初至2010年2月中旬，长江中下游地区出现大范围持续阴雨天气，大部地区降水量较常年同期偏多5成～1倍，雨日达20～30天，湘、赣、浙部分地区雨日高达40～52天，持续阴雨寡照导致部分农田出现渍害。5—6月长江流域及其以南大部地区多阴雨天气，阴雨日数为35～50天，部分农田出现渍涝，加之气温偏低、光照不足，影响了油菜的成熟收晒、早稻分蘖生长、幼穗分化和抽穗扬花，造成减产；阴雨寡照也导致四川东部和贵州中东部一季稻分蘖减少，玉米生长量不足、秃尖长度大，影响产量形成。此外，4月11—15日，江南大部和华南北部出现了3～5天日平均气温≤12℃的低温天气，造成江西、浙江、广西北部等地部分早稻出现“烂种烂秧”现象。5月11—22日，湖北、湖南稻区出现7～11天日平均气温低于20℃的“五月寒”天气，造成早稻僵苗迟发，分蘖少，长势偏差。

(3) 秋季阶段性低温、阴雨寡照使秋收作物发育期普遍推迟，秋种进度亦受到影响

西北地区东南部、华北和黄淮大部9月前半月出现了阶段性低温、阴雨寡照天气，致使玉米等作物灌浆速度减缓，出现贪青晚熟现象，成熟收获期推迟一周左右。江淮南部、江汉大部、江南和华南大部9—10月降水日数为25～35天，江南西北部、西南地区中南部达35～45天，导致棉花根系受损、蕾铃脱落、产量和品质下降，一季稻、玉米、大豆等作物成熟收晒进度也有所推迟。阴雨天气还导致部分农田土壤持续过湿，不利于冬小麦适时播种出苗和油菜移栽活棵。另外，9月下旬湖南中南部、江西北部、苏皖南部、湖北南部等地晚稻区出现了3～6天日平均气温≤22℃、日最低气温低于17℃的轻至中度“寒露风”天气，导致部分仍处于抽穗扬花期的晚稻授粉不良、空壳率增加。

4. 低温冷冻害与雪灾

(1) 新疆北部冬季降雪天气频繁，积雪深，牧业和设施农业受损较重

2009年12月22—23日、2010年1月1—8日、15—18日新疆北部普降大到暴雪，阿勒泰等地降雪量突破历史极值。强降雪导致新疆北部遭受低温冷冻和雪灾，牲畜死伤10.6万头（只），

371 万头（只）大小牲畜觅食困难，受损棚圈及蔬菜大棚 1.2 万座（间）；果树、林木受灾 1 千余公顷；直接经济损失近 8.6 亿元。

（2）春季冷空气活动频繁，多次出现阶段性低温寒潮天气，农业生产遭受损失

3 月，我国先后出现 4 次冷空气过程，部分地区降温和降雪。其中 3 月上旬我国中东部大部地区及新疆东部和北部等地气温较常年同期偏低，造成北方大部冬小麦返青期延迟。4 月中旬低温影响范围广、强度强、极端气温低，西北地区西部和东部、华北大部、黄淮、江淮、江汉、江南、华南以及贵州等地均出现大幅降温；5 月中旬，新疆、甘肃、宁夏等地部分地区又相继遭受低温冻害和雪灾。频繁的低温天气使北方部分棉花、春玉米等春播作物遭受冻害；已拔节孕穗的冬小麦出现“白穗”、“哑巴穗”现象，影响穗粒数；果树、设施农业、养殖业、棉花地膜及葡萄瓜果等经济作物也受损严重；桃杏等经济林果座果率降低。南方部分长势偏弱的油菜、冬小麦遭受冻害，局部地区冬小麦幼穗冻伤、冻死，油菜出现花蕾脱落、薹茎开裂弯曲等现象，影响产量形成。

（3）新疆、内蒙古、东北地区等地 11 月出现强降雪天气，影响设施农业和畜牧业生产

新疆北部、内蒙古东北部、东北地区中北部 11 月出现强降雪天气，最大积雪深度为 15～25 厘米，局部地区达 30 厘米以上，内蒙古和黑龙江部分地区畜牧业和设施农业遭受雪灾。其中内蒙古草场受灾面积 373.7 万公顷，受灾牲畜 279.7 万头（只），直接经济损失 2.5 亿元。黑龙江农作物受灾面积 5700 公顷。

5. 高温热害

（1）北方初夏高温影响作物生长发育

6 月至 7 月上旬，东北、华北及内蒙古等地持续高温天气，黑龙江、吉林 6 月高温日数均为 1961 年以来历史同期最多。黑龙江西南部、吉林西部和辽宁西北部、山西、河南西北部土壤墒情下降迅速，出现不同程度的旱情，不利于夏玉米、夏大豆的播种出苗以及春玉米拔节。

（2）南方盛夏出现大范围高温天气，秋收作物生长和产量形成受到一定影响

江南和华南大部 7 月 1—27 日出现阶段性高温天气，江西中南部和福建大部日最高气温≥35℃的天数达 12～20 天，湖南、江西、广东、广西、福建等（区）省部分早稻出现“高温逼熟”现象，导致千粒重下降、品质降低。7 月 28 日至 8 月 27 日，江淮、江汉、江南、华南北部、西南地区东部等地出现持续高温天气，大部地区日最高气温≥35℃日数比 2009 年同期多 8～15 天，重庆、湖北和安徽沿江地区、江南大部极端最高气温达 39～41℃。高温天气持续时间长、影响范围广、发生强度强，致使一季稻花粉活力下降、空壳率增加、粒重降低，玉米授粉受阻，大豆花荚脱落、鼓粒不充分，棉花蕾铃脱落、纤维品质降低，晚稻分蘖数明显减少。实地调查显示，高温导致局部地区一季稻灌浆时间缩短，稻穗偏轻，提前进入黄熟期（图 2.11.4 左），部分棉花叶片和花铃脱落增多（图 2.11.4 右）。此外，高温使部分地区烟叶萎蔫，影响正常成熟及品质；使蟹塘水温升高，加快藻类繁殖，池塘水质下降，影响螃蟹养殖。

6. 热带气旋

2010 年共有 7 个热带气旋“康森”、“灿都”、“南川”、“狮子山”、“莫兰蒂”、“凡亚比”、“鲇鱼”先后登陆我国，总体登陆偏晚，影响范围较小，受灾程度相对偏轻。其中第 11 号超强台风“凡亚比”为今年影响我国最强的台风，给广西、广东和福建沿海地区带来强风暴雨，导致部分高秆农作物、果树倒伏或机械损伤，部分地区出现严重洪涝，农田和鱼塘受淹，对农作物生长发育和水产养殖造成较大影响，广东农作物受灾面积 4.8 万公顷、福建 4.6 万公顷、广西 4600 公顷。此外，台风“康森”、“灿都”使华南农业生产和渔业也遭受一定损失，海南省农作物受灾面积 1 万公顷；广东省农作物受灾面积 5.7 万公顷，广西农作物受灾面积 8.3 万公顷。台风“鲇鱼”带

图 2.11.4 2010 年 8 月 15 日高温导致一季稻提前黄熟（安徽繁昌，左）、棉田花铃脱落（安徽和县，右）（安徽省气象局提供）

Fig. 2.11.4 High temperature leading to rice early mature (Fanchang, Anhui, left), cotton drop on August 15, 2010 (Hexian, Anhui, right)

来的风雨使福建、广东两省农作物受灾面积 3.7 万公顷。

7. 干热风、大风和雹灾

2010 年，干热风、大风和冰雹灾害对农业影响总体较轻。河南、山东、河北中南部、山西运城等地 5 月下旬出现了 1～5 天轻至中度干热风天气，由于持续时间较短，加之麦区土壤墒情良好，对冬小麦正常灌浆影响不大。

新疆阿克苏、喀什等地 5—6 月出现冰雹灾害，导致部分棉田受灾；5 月 27—30 日甘肃、宁夏、河北、山东等地的冰雹灾害使农作物受灾面积超过 10 万公顷，牲畜圈舍不同程度受损。6 月 17—19 日，山东济南、济宁、泰安等地遭受冰雹袭击，农作物受灾面积 8.4 万公顷。8 月上旬的风雹灾害使湖北农作物受灾面积 26.5 万公顷。8 月 31 日至 9 月 6 日，甘肃兰州、白银、天水、武威、平凉等 10 市（州）49 个县（区）因风雹灾害造成农作物受灾面积 8 万公顷，直接经济损失 7.2 亿元。9 月上旬的风雹灾害使江苏泰州、宿迁、盐城、南通、连云港 5 市 10 个县（区）农作物受灾面积 4.6 万公顷，直接经济损失 3.8 亿元；安徽蚌埠、滁州、巢湖、六安 4 市 12 个县（区）农作物受灾面积 5.3 万公顷，直接经济损失 2.7 亿元。9 月 21 日，湖南益阳、张家界、常德 3 市 8 个县（区）出现风雹灾害，使农作物受灾面积 3.9 万公顷，直接经济损失 1.4 亿元。

2.12 森林草原火灾

2.12.1 基本概况

2009 年 9 月至 2010 年 2 月我国西南地区发生大范围秋冬连旱，造成火险等级持续偏高。1 月和 2 月份两个月西南地区发生了多起森林和草原火灾，特别是云南、贵州、四川等省，火点数较 2003 年以来同期平均值偏高一倍以上。

2010 年全年气象卫星遥感林火分布主要特点为，春季主要集中在西南、华南、江南的云南、贵州、广西、广东、四川、湖北、湖南、江西、福建、西藏等省（区）；夏秋季主要集中在北方的内蒙古、黑龙江及南方的广东、福建、广西等省（区）。2010 年期间较大森林火灾事件主要为 1 月底四川省凉山州盐源县洼里乡与木里县三桷桠乡交界处五尔湾森林火灾；6 月下旬大兴安岭林区呼中林场森林火灾等。草原火灾为 12 月 5 日四川省甘孜州道孚县草原火灾。

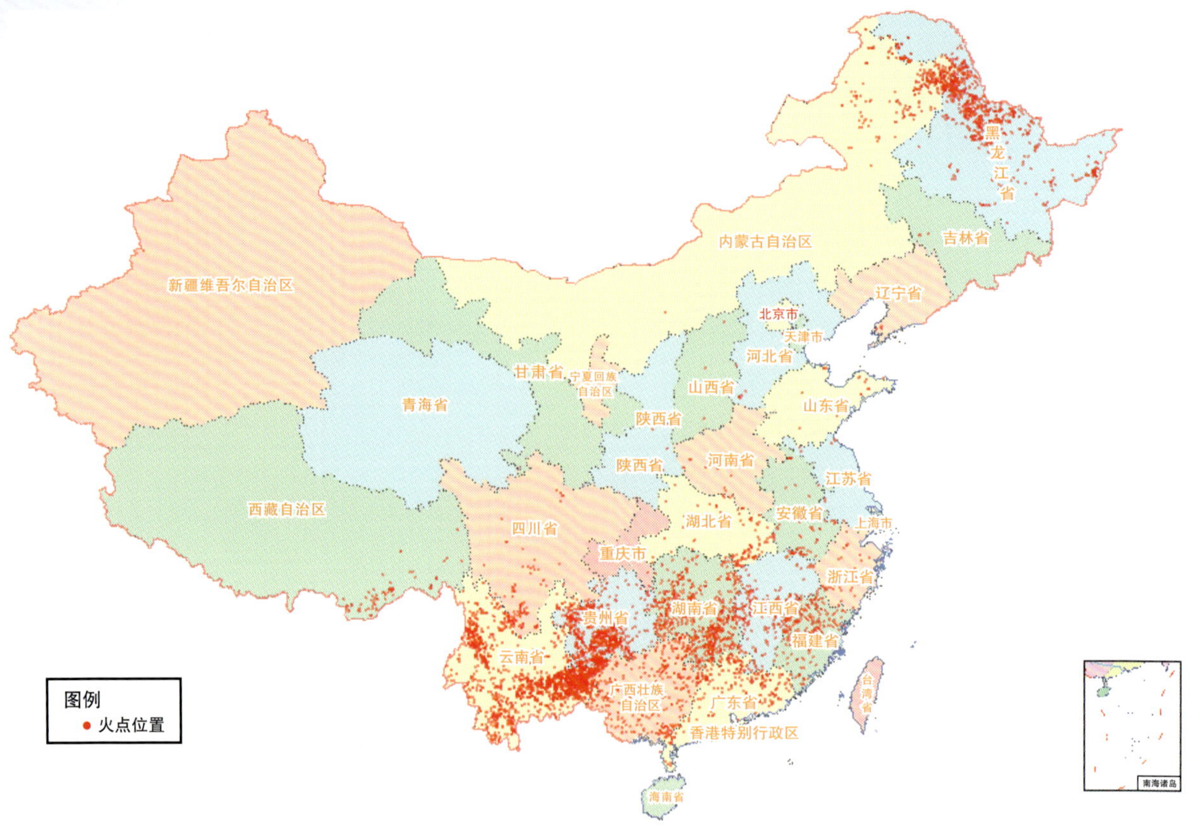

图 2.12.1　2010 年卫星监测全国林地火点分布示意图

Fig. 2.12.1　Sketch of forest fire spots monitored by meteorological satellite in 2010

图 2.12.1 和图 2.12.2 分别显示以行政区划划分的 2010 年卫星遥感全国森林火点分布和草场火点分布。

表 2.12.1 列出 2010 年气象卫星监测的我国林火分布统计数据，表 2.12.2 列出 2010 年气象卫星监测的我国草原火分布统计数据。

表 2.12.1　2010 年气象卫星监测我国林区火点分省统计

Table 2.12.1　Monthly forest fire spot numbers monitored by meteorological satellite in 2010

	发生于林地火点数统计												
	1 月	2 月	3 月	4 月	5 月	6 月	7 月	8 月	9 月	10 月	11 月	12 月	总计
安徽省	9	30	3	0	0	10	0	0	0	0	8	10	70
北京市	0	0	0	0	0	0	0	0	0	0	0	0	0
福建省	69	33	27	0	1	0	0	0	0	0	23	155	308
甘肃省	0	0	0	0	0	0	0	0	0	0	0	0	0
广东省	15	19	55	0	7	0	0	0	0	5	31	142	274
广西壮族自治区	48	367	210	2	3	1	0	0	0	19	36	39	725
贵州省	31	616	223	1	0	0	0	0	0	2	0	3	876
河北省	1	1	0	0	0	1	0	0	0	0	1	3	7
河南省	0	1	6	0	0	1	0	0	0	0	1	1	10
黑龙江省	0	0	0	8	3	43	22	3	3	683	76	0	841
湖北省	5	44	47	6	0	3	0	0	0	0	3	5	113
湖南省	28	295	208	4	1	0	1	0	0	5	46	128	716
吉林省	0	0	0	0	0	0	0	0	0	3	0	0	3

发生于林地火点数统计													
江苏省	0	0	0	0	0	5	0	0	0	0	0	2	7
江西省	17	67	57	1	0	0	0	0	1	2	29	70	244
辽宁省	0	0	0	1	0	3	0	0	0	0	0	0	4
内蒙古自治区	0	0	2	40	3	34	1	0	13	126	45	0	264
山东省	0	2	4	7	0	1	0	0	0	0	1	3	18
山西省	0	2	1	1	0	0	0	0	0	0	0	1	5
陕西省	0	0	6	0	0	0	0	0	0	0	1	1	8
四川省	56	45	9	1	2	0	0	0	0	0	1	2	116
西藏自治区	13	21	23	5	10	0	0	0	0	0	0	3	75
新疆维吾尔自治区	0	0	0	1	0	0	0	0	0	0	0	0	1
云南省	279	900	341	97	50	36	0	0	0	4	0	3	1710
浙江省	5	7	7	2	0	5	0	1	0	0	3	3	33
重庆市	0	0	1	0	0	0	0	0	0	0	0	0	1

表 2.12.2　2010 年气象卫星监测我国草原火点分省统计表

Table 2.12.2　Monthly grassland fire spot numbers monitored by meteorological satellite in 2010

	发生于草地火点数统计												
	1月	2月	3月	4月	5月	6月	7月	8月	9月	10月	11月	12月	总计
安徽省	0	0	0	0	0	0	0	0	0	0	1	2	3
北京市	0	0	0	0	0	0	0	0	0	0	0	1	1
福建省	0	2	1	0	0	0	0	0	0	0	0	6	9
甘肃省	3	3	2	0	0	1	0	0	0	1	1	3	14
广东省	2	10	26	0	2	0	0	0	0	2	17	39	98
广西壮族自治区	24	125	82	2	1	0	0	0	0	1	12	8	255
贵州省	11	230	86	1	0	0	0	0	0	0	1	1	330
河北省	1	0	4	6	1	0	0	1	0	4	8	8	33
河南省	0	1	0	0	0	4	0	0	0	0	0	2	7
黑龙江省	0	0	9	27	3	7	1	1	1	479	77	0	605
湖北省	0	2	6	1	0	1	0	0	0	0	0	0	10
湖南省	7	56	36	5	0	0	0	0	0	1	14	18	137
吉林省	0	0	14	20	0	0	0	0	0	44	5	0	83
江苏省	0	0	0	0	0	1	0	0	0	0	0	0	1
江西省	12	31	23	0	0	0	0	0	0	0	10	26	102
辽宁省	0	1	2	0	0	0	0	0	0	0	0	0	3
内蒙古自治区	4	2	4	44	14	10	6	1	19	95	64	4	267
青海省	0	2	0	0	0	0	0	0	0	0	1	1	4
山东省	0	1	0	1	0	0	0	0	0	0	0	2	4
山西省	1	0	0	3	1	0	0	0	0	0	8	9	22
宁夏回族自治区	0	0	0	0	0	3	0	0	0	0	0	0	3
陕西省	1	1	0	0	0	1	0	0	0	0	2	0	5
四川省	20	41	3	1	0	0	0	0	0	1	0	4	70
西藏自治区	0	3	1	19	0	0	0	0	0	0	0	1	24
新疆维吾尔自治区	0	0	0	0	0	0	0	3	0	0	1	0	4
云南省	69	366	120	31	12	4	0	0	0	2	0	0	604
浙江省	0	1	0	0	0	3	0	2	0	0	0	2	8
天津市	0	0	0	0	0	0	0	0	0	0	0	1	1

注：火点即卫星监测到的一处火区，各火点范围根据火区大小而有所不同，即各火点所含像元数随火区大小而异

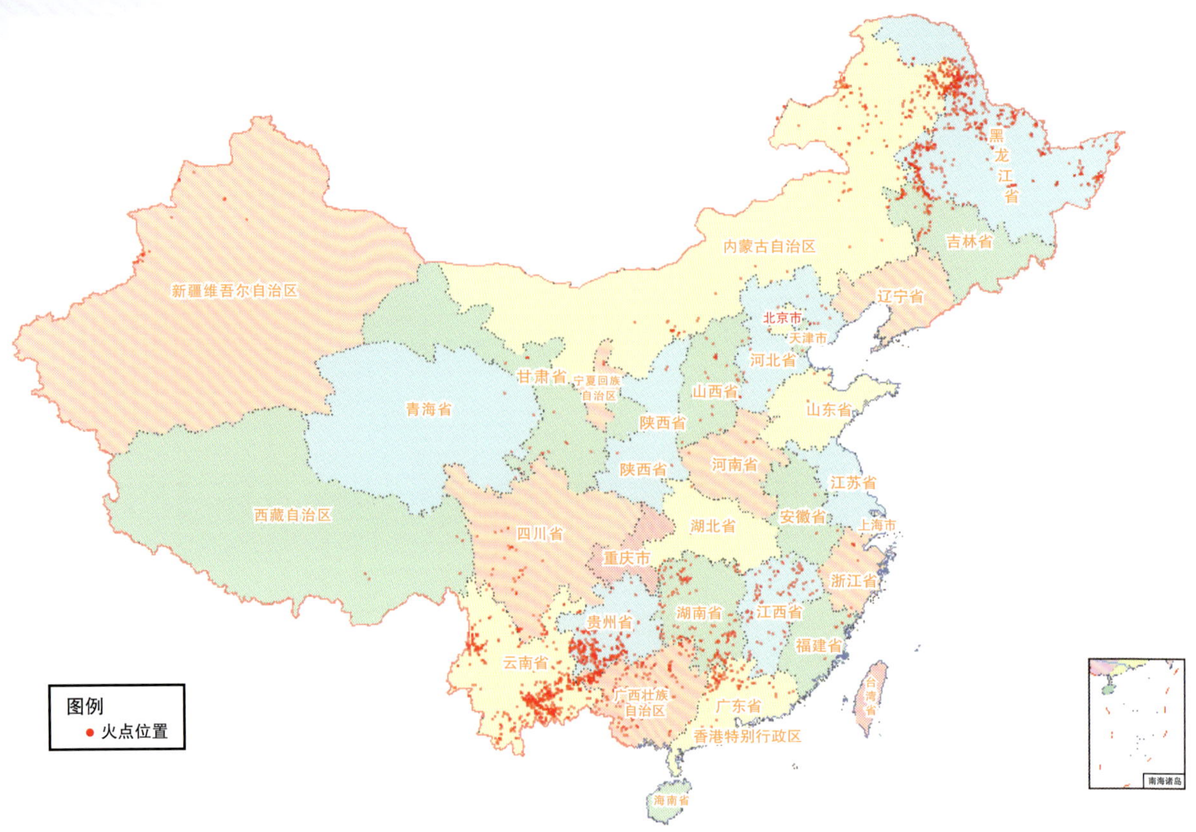

图 2.12.2 2010 年卫星监测全国草场火点分布示意图

Fig. 2.12.2 Sketch of grassland fire spots monitored by meteorological satellite in 2010

2.12.2 主要森林、草原火灾事件

1. 6 月下旬大兴安岭林区呼中林场发生的森林火灾

6 月 26 日下午，在鄂伦春旗北部伊山林场与黑龙江省交界处发生森林火灾，最初由黑龙江呼中林场森林火灾蔓延所致。6 月 27 日上午，金河林业局施业区也发生森林火灾。由于当地正经历异常高温天气，给扑火带来不利影响。扑救人员总兵力约 12000 人，至 7 月 1 日大火被扑灭。

2. 12 月 5 日四川省甘孜州道孚县草原火灾

12 月 5 日中午，四川省甘孜州道孚县发生草原火灾，火场过火面积约 500 亩。当地立即组织干部群众上山扑救。下午 3 点 10 分左右，正在处理余火时，突起大风，部分扑救人员遇难。其中包括 15 名战士，6 名群众，2 名林业职工。

2.13 病虫害

2.13.1 基本概况

2010 年全国农业病虫害总体为中等偏重发生年份。其中，虫害重于病害，水稻和小麦病虫害发生较为严重（图 2.13.1、图 2.13.2）。受春夏季频繁降水的影响，稻飞虱、稻纵卷叶螟及水稻黑条矮缩病等水稻重大病虫害发生面积 1.1 亿公顷次，发生程度总体重于 2009 年。西南地区秋冬春连旱，小麦条锈病越冬繁殖和春季扩散流行受到遏制；中东部冬麦区冬季至 4 月降温寒潮天气多，气温回升缓慢，小麦病虫害前期发生总体较轻，但进入 5 月，随气温回升和冬小麦进入抽穗灌浆期，小麦穗期蚜虫、赤霉病等病虫害发生发展较为迅速。2010 年小麦病虫害发生面积 6800 万公顷次，为 2001 年以来第四个重发年份。玉米和棉花病虫害为中等程度发生，发生面积分别为 6700 万公顷次和 2300 万公顷次，虫害均重于病害。北方农牧交错区草原蝗虫偏重发生，发生程度与 2009 年基本持平。

2.13.2 主要病虫害事例

1. 稻飞虱、稻纵卷叶螟及水稻黑条矮缩病等水稻重大病虫害偏重发生

2010 年春夏季南方稻区降水过程频繁，降水量大，其中 5—7 月南方地区共出现 14 轮强降水天气过程。长江流域累计降水量 567.7 毫米，较常年同期（517.8 毫米）偏多 9.6%。受春夏季频繁降水的影响，南方稻区稻飞虱和稻纵卷叶螟等“两迁”害虫呈现发生时间早、迁入峰次频繁和灯下虫量高三大特点。

2010 年春季，华南、西南中南部和江南南部稻区稻飞虱迁入明显早于和重于 2009 年，上述地区稻飞虱灯下始见期普遍比 2009 年提前 5～10 天。云南南部边境沿县和福建永定等地分别提前 15～20 天和 30 天；华南和西南地区南部稻区累计出现 3～5 次明显迁入高峰，云南南部局部超过 10 次。5 月下旬至 6 月上旬为华南、西南中南部和江南南部稻区稻飞虱大量迁入高峰期，局部地区高峰日单灯诱虫 1～1.5 万头，田间百丛虫量超过 1 万头，田间虫量为 2009 年同期的 1.5 至 2 倍，个别田块出现“落塘”。7 月上旬至 8 月上旬，华南、江南南部和西南中南部稻飞虱灯下诱虫量有所减少，迁入高峰北移至江南北部和长江流域稻区。江苏、安徽、浙江、上海多地出现万头以上迁入高峰，比 2009 年同期增加 5～10 倍，局部达历史最高水平；江南北部稻田百丛虫量普遍为 1000～2000 头，部分地区超过 3000 头大发生指标；长江中下游稻田百丛虫量普遍为 400～700 头，高于 2009 年同期。经防治，8 月中下旬南方稻区稻飞虱迁移相对平稳，各地灯下虫量持续趋稳，突增现象仅局限在个别地区。9 月中下旬江南和华南晚稻区出现稻飞虱回迁峰，单灯周累计诱虫一般 600～1000 头，福建局部日单灯诱虫超过 3000 头。

2010 年稻纵卷叶螟发生程度前期较重，后期有所减轻。5 月末至 6 月，稻纵卷叶螟持续大量迁入华南、江南南部和西南地区东部，其中 6 月中下旬华南中南部亩蛾量达 1000～3000 头，局部高达万头，亩幼虫量达 6000～8000 头。防治后卷叶率控制在 3%以下，亩卵量一般 0.8 万～1.2 万粒。7 月上旬，南方稻区稻纵卷叶螟亩蛾量出现“北增南减”变化趋势。7 月中旬至 8 月上旬江南和长江中下游稻区田间蛾峰不断，持续 3 周亩蛾量维持在 500～1000 头，湖南、安徽、浙江局部超过 2000 头；长江中下游亩幼虫（卵）量达 1.1 万～2.2 万头（粒），比 2009 年同期增加 20%～30%，发生程度明显重于 2009 年同期。9 月中下旬稻纵卷叶螟逐步向南迁移，江南和华南晚稻区维持亩蛾量 500～1000 头的成虫高峰；受台风“凡亚比”影响，华南晚稻区田间蛾峰突增，大部亩蛾量在 1000 头以上，广东局部超过 8000 头。

水稻黑条矮缩病是以白背飞虱为主要传毒介体的一种水稻病毒病。近年来，该病害在越南和我国南方稻区发生面积迅速扩大、危害程度明显加重。2010 年南方稻区稻飞虱发生期偏早、迁入数量大、迁入峰次多，病株与白背飞虱带毒现象较为普遍。8 月上旬，华南和江南中晚稻区水稻黑条矮缩病流行蔓延态势显现，117 个县见病，局部重发田块病丛率超过 30%。8 月中旬水稻黑条矮缩病见病面积急剧增加，见病范围扩展至 202 个县，局部重发田块病株率超过 50%。至 9 月末华南和江南晚稻区的南方水稻黑条矮缩病流行显症逐步趋稳，累计发生 100.3 万公顷。

2. 进入 5 月后小麦蚜虫、赤霉病等发生发展迅速，小麦病虫害总体偏重

2010 年冬季至 4 月，我国中东部冬麦区多降温寒潮天气，气温回升缓慢，冬小麦生育期偏晚、小麦病虫害发生期推迟。此外，西南地区由于受秋冬春持续干旱的影响，小麦条锈病越冬繁殖和

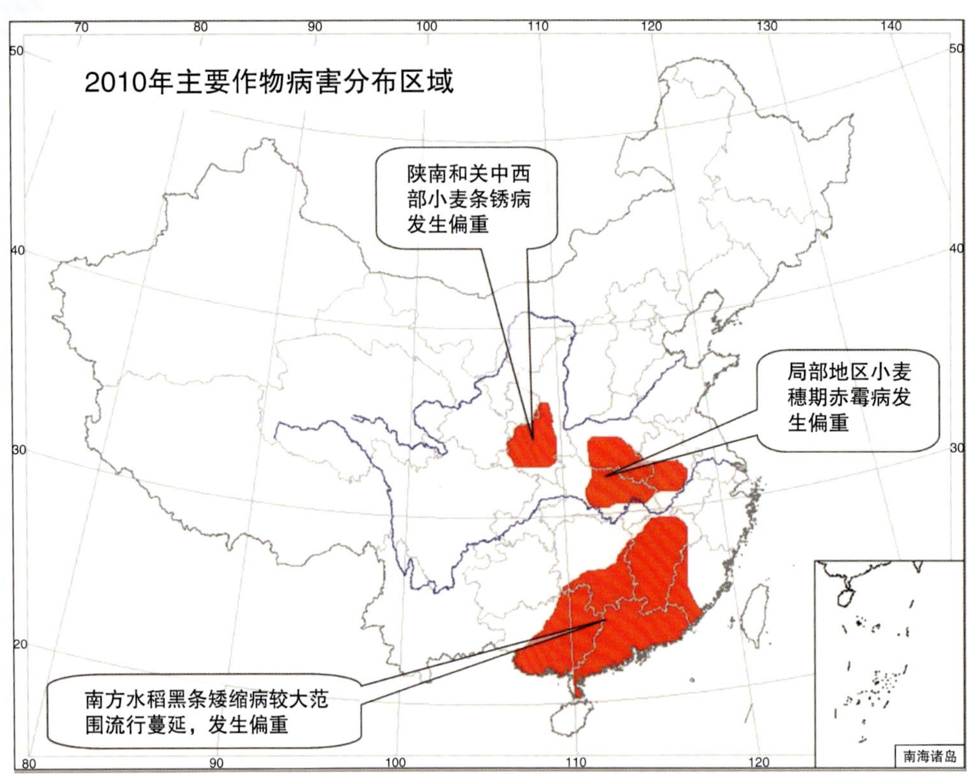

图 2.13.1 2010 年主要作物病害分布区域

Fig. 2.13.1 Main crop diseases and distribution regions in China in 2010

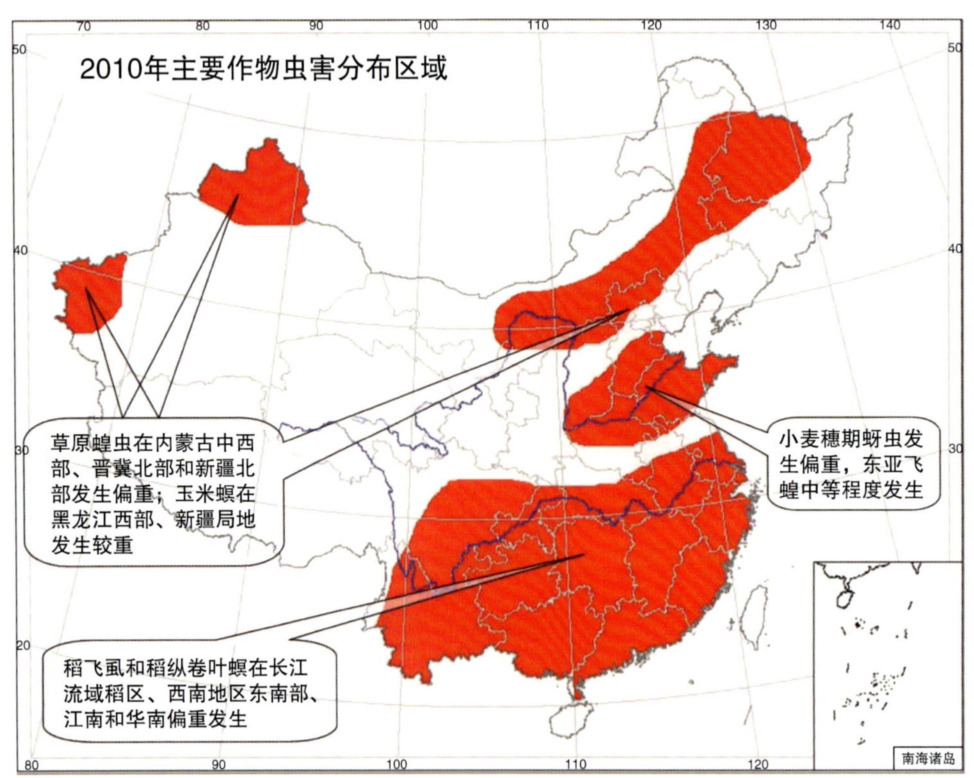

图 2.13.2 2010 年主要农业虫害分布区域

Fig. 2.13.2 Regional distribution of main agricultural insects and distribution regions in China in 2010

春季扩散流行受到遏制。截至4月22日，小麦病虫害发生面积和程度均低2009年和常年同期。小麦条锈病、白粉病、纹枯病、赤霉病、蚜虫、吸浆虫、麦蜘蛛7类重大病虫害累计发生面积1653.3万公顷次，比2009年同期少109.7万公顷次。其中小麦条锈病发生面积小、病情轻，发生面积为2009年同期的四分之一，为2001年连续重发以来春季病情发生较轻的年份。

5月，随气温稳定回升和冬小麦进入抽穗灌浆期，小麦穗期蚜虫、赤霉病等病虫害发生发展较为迅速，至6月上旬累计发生面积分别为1186.5万公顷和91.3万公顷。小麦穗期蚜虫主要发生在华北黄淮等地，山西省麦穗蚜发生面积34.7万公顷；山东泰安、聊城、菏泽等地百株蚜量高达5000～15000头以上。湖北省小麦穗期降水较多，仙桃、黄石、襄樊小麦赤霉病平均病穗率分别为21.8%、8.9%、8.9%。虽然4月之前小麦病虫害发生较轻，但从小麦生育关键期的病虫害发生及其对小麦的影响看，2009年小麦病虫害总体仍属偏重发生年。

3. 北方农牧交错区草原蝗虫总体偏重发生，发生程度与2009年基本持平

2010年全国蝗虫发生面积约600万公顷次，总体为中等发生。其中东亚飞蝗夏蝗发生面积82.7万公顷，发生程度轻于去年，环渤海湾沿海、华北湖库和黄河中下游滩区中等发生，辽宁、山西、江苏、安徽、海南和广西等省（区）偏轻发生；秋蝗发生面积65.9万公顷，黄淮海地区中等发生，发生程度与近年持平。

北方农牧交错区草原蝗虫发生面积500万公顷次，程度与2009年基本持平，属偏重发生年份。主要在内蒙古中西部、山西北部、河北北部和中部、新疆北部，黑龙江西部等局部地区出现高密度蝗蝻点片。西藏飞蝗和亚洲飞蝗分别为7.5万公顷和8.3万公顷。截至9月1日，全国草地螟成虫累计发生面积100.8万公顷，虫情稳定，主要发生在牧区，未对农作物造成大的危害。

4. 玉米虫害重于病害，总体为中等程度发生

2010年玉米病虫害发生面积6700万公顷次，偏重发生的有玉米螟、玉米叶螨、大（小）斑病等。截至8月25日，全国玉米螟累计发生面积1656.1万公顷次，略低于去年同期。其中，一代幼虫累计发生793.3万公顷次，在东北北部中等至偏重发生，黑龙江平均被害株率和百株虫量分别达27%和123头；二代幼虫累计发生557.9万公顷次，新疆喀什发生较重，百株虫量最高达到450头；三代幼虫累计发生144.1万公顷次，发生程度较轻。玉米大（小）斑病在东北、华北、黄淮、西南和西北各玉米主产区普遍发生，发生面积为280.2万公顷次，发生程度明显重于去年同期。

5. 棉花病虫害总体为中等程度发生

2010年棉花病虫害发生2300万公顷次，虫害重于病害。偏重发生的有棉花铃期和苗期病害、棉盲蝽等。其中，新疆棉花病虫害总体为中度发生，较2009年和历年轻；其中棉花病害发生面积20.5万公顷次，虫害发生面积129.2万公顷次，棉蚜、棉叶螨在局部地区偏重发生，发生面积151.1万公顷次，较2009年少3.3%。

第三章 每月气象灾害事记

3.1 1月主要气候特点及气象灾害

3.1.1 主要气候特点

1月，全国平均气温较常年同期偏高，全国平均降水量较常年偏多。月内，全国大部遭受两次强寒潮天气袭击；西南地区气象干旱持续发展；中东部地区出现雾天气，部分地区交通受到严重影响。

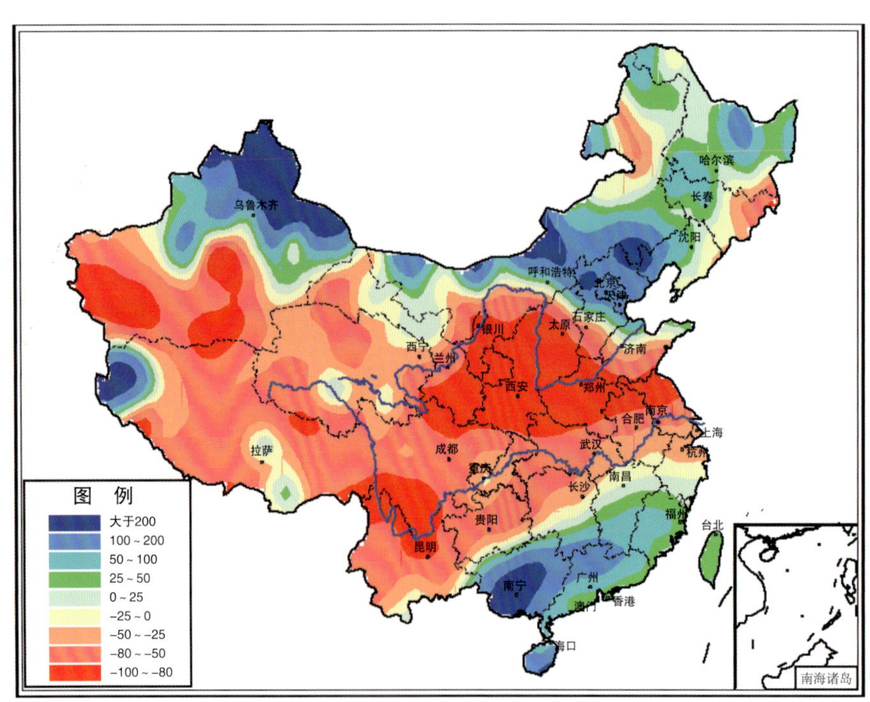

图 3.1.1 2010 年 1 月全国降水量距平百分率分布图（%）

Fig. 3.1.1 Precipitation anomalies over China in January 2010（%）

1月降水量与常年同期相比，江南南部、华南、华北东北部及辽宁西部、吉林西部、黑龙江西南部和东北部、内蒙古中东部、新疆北部等地偏多3成至2倍，其中新疆、广西等地的部分地区偏多2倍以上；西南、西北大部、华北西南部、黄淮大部、江汉、江淮及湖南北部、新疆南部等地偏少3成以上；全国其余地区接近常年（见图3.1.1）。

1月平均气温与常年同期相比，华北东北部及内蒙古中东部、辽宁西部等地偏低1～2℃，局部地区偏低2～4℃；西北、西南、江汉大部、江南、华南及山西西部、内蒙古西南部等地偏高

1℃以上，其中，西北大部及西藏北部、四川中部、云南东部、贵州大部、广西西部等地偏高 2～4℃；全国其余地区接近常年同期（图 3.1.2）。

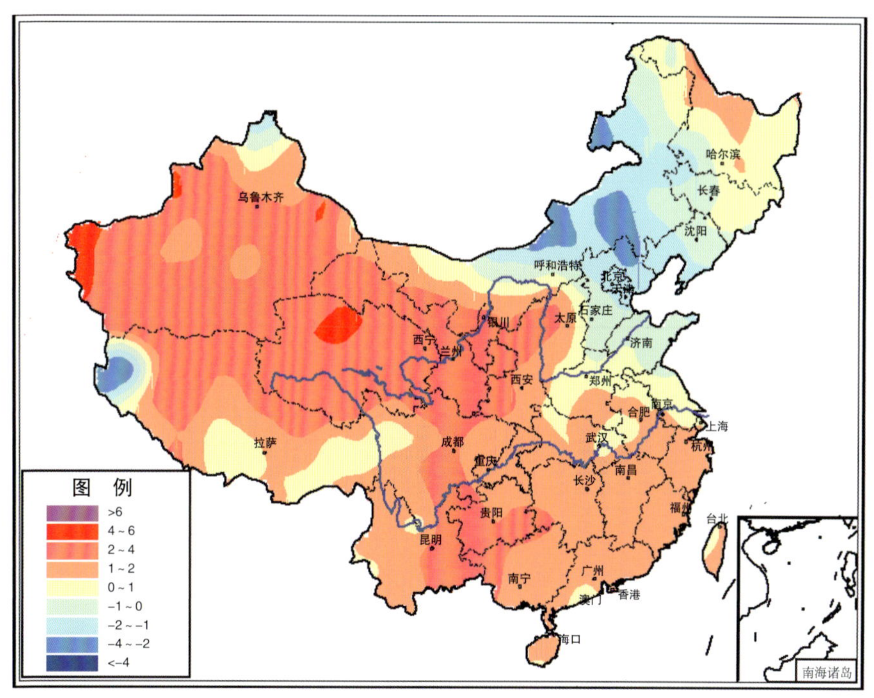

图 3.1.2　2010 年 1 月全国平均气温距平分布图（℃）

Fig. 3.1.2　Mean temperature anomalies over China in January 2010（℃）

3.1.2 主要气象灾害事记

1 月，全国大部遭受两次强寒潮天气袭击。1—6 日，我国大部地区遭受强寒潮天气袭击；17—23 日，我国大部地区再次遭受强寒潮天气袭击。受这两次强寒潮影响，新疆、内蒙古、江西、湖北、甘肃、河北、北京、天津、山西、山东、湖南、四川、云南、福建、陕西等地遭受低温冻害和雪灾，共造成 700 多万人受灾，24 人死亡，直接经济损失近 40 亿元。

自 2009 年秋季以来，云南、西藏中东部、四川南部、贵州西部等地降水持续偏少，气温偏高。与常年同期相比，上述地区降水量普遍偏少 3～5 成，部分地区偏少 5 成以上，气温偏高 1℃以上。温高雨少导致上述地区气象干旱持续发展。气象干旱监测显示，云南、四川南部、贵州西部等地存在中度以上气象干旱，其中云南北部、四川南部、贵州西部等地达到重旱。

月内，我国中东部大部地区出现雾天气，其中江南大部、江淮南部、江汉、四川盆地东部以及云南南部、福建等地雾日在 3 天以上，局部达 5～6 天。雾天气给部分地区的交通带来了严重影响。

3.2 2 月主要气候特点及气象灾害

3.2.1 主要气候特点

2 月，全国平均气温较常年同期偏高，全国平均降水量接近常年同期。月内，云南、贵州等地气象干旱持续发展；春节前夕，西北及中东部地区出现大范围雨雪天气；春节期间，南方地区出现大范围低温雨雪天气，全国大部地区气温明显偏低；下旬东北地区出现雨雪冰冻灾害；江西、湖北部分地区遭受冰雹灾害；雾天气影响我国中东部部分地区。

2 月降水量与常年同期相比，东北、西北地区西部和北部、黄淮东南部、江淮、江南东部、华南东部沿海以及西藏西部、内蒙古西部和东北部等地一般偏多 3 成至 1 倍，其中东北大部以及内蒙古东北部和西部、甘肃西北部、新疆大部、西藏西北部、浙江大部、江苏南部等地偏多 1 倍以上；西南大部、华南西部、江南西部、华北北部以及青海中南部、甘肃南部、内蒙古中部等地一般偏少 3～8 成，部分地区偏少 8 成以上；全国其余地区接近常年（图 3.2.1）。

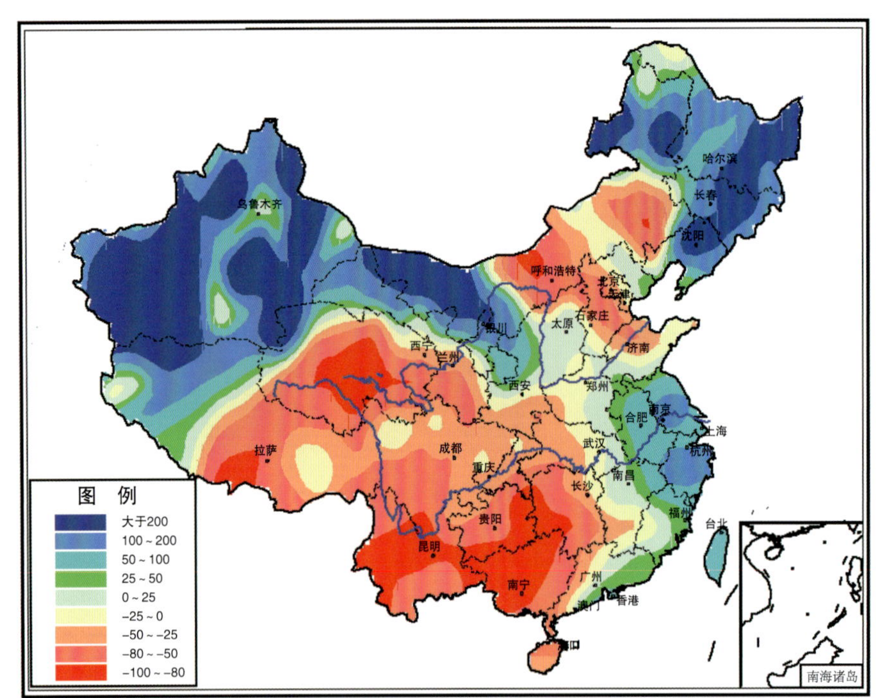

图 3.2.1　2010 年 2 月全国降水量距平百分率分布图（%）

Fig. 3.2.1　Precipitation anomalies over China in February 2010 (%)

2 月平均气温与常年同期相比，西北大部、华北西部、西南大部、华南、江南、江淮、黄淮中南部等地偏高 1～4℃，西南局部地区偏高 4℃以上；东北大部及内蒙古东部、新疆北部偏低 1～4℃，局部地区偏低 4℃以上；全国其余地区接近常年（图 3.2.2）。

3.2.2 主要气象灾害事记

2 月，西南大部降水量不足 10 毫米；云南东部、贵州西部气温偏高 2～4℃。温高雨少导致云南、贵州、广西西北部、四川南部出现中等以上气象干旱，局部达重旱等级。干旱导致土壤缺墒，江河塘库蓄水不足，对人畜饮水、春播以及作物生长影响较大。云南、贵州、广西、四川 4 省（区）有 4112 万人受灾，1546.5 万人、953.2 万头大牲畜饮水困难，农作物受灾面积 303.4 万公顷，直接经济损失达 131.6 亿元。

2 月 9—11 日，我国西北地区及中东部地区出现大范围雨雪天气过程，局地降水强。雨雪天气使华北、华东、西北部分地区春运受到严重影响。2 月 13—16 日，我国南方出现一次大范围雨雪天气，江汉、江淮、江南北部等地出现中到大雪或雨夹雪天气，江苏、安徽、浙江的局部地区出现暴雪；贵州 36 个县（市）出现较大范围冻雨天气。2 月 24—25 日，东北大部出现降雪、雨夹雪天气，其中辽宁中部、北部和吉林东南部出现冻雨。雨雪冰冻天气给公路、铁路、航空和电力等带来较大影响。

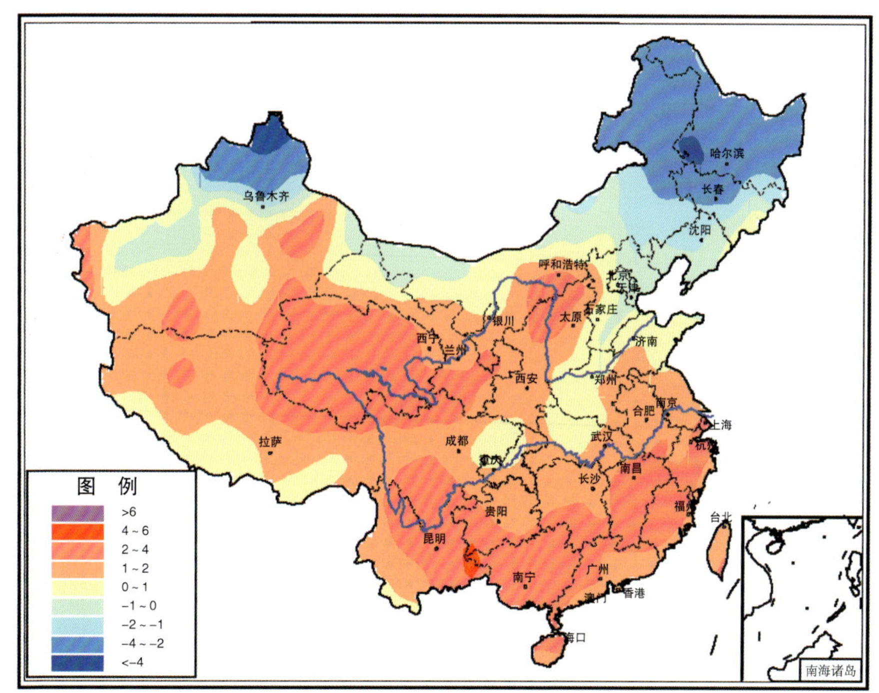

图 3.2.2 2010 年 2 月全国平均气温距平分布图（℃）

Fig. 3.2.2 Mean temperature anomalies over China in February 2010（℃）

2 月 9 日，江西上饶、吉安、景德镇、九江 4 市遭受风雹灾害，28.2 万人受灾，农作物受灾面积 1.2 万公顷，直接经济损失 1.4 亿元。24—26 日，湖北黄冈、黄石、鄂州、咸宁 4 市有 7 县（市、区）遭受风雹灾害，受灾人口 23.3 万人，死亡 1 人，直接经济损失 3000 万元。25 日，江西景德镇、九江、鹰潭、赣州、宜春、吉安、抚州、上饶 8 市有 27 个县（市、区）遭受风雹灾害，受灾人口 75.4 万人，直接经济损失 2.3 亿元。

月内，中东部地区出现雾天气，雾日一般有 2～8 天，福建、云南局部地区在 8 天以上。2 月 19 日，四川成都遭雾袭击，双流国际机场关闭 4 个多小时，113 个航班延误，4 个航班取消，近万名旅客出行受到影响。2 月 25 日，北京首都国际机场因雾取消航班 9 架次，延误出港航班 133 架次，同时部分高速公路采取封闭措施。

3.3 3 月主要气候特点及气象灾害

3.3.1 主要气候特点

3 月，全国平均气温接近常年同期，全国平均降水量较常年同期偏多。月内，云南、贵州、广西、四川南部等地气象干旱严重；我国出现 7 次沙尘天气过程；低温冷冻和雪灾多发；江淮和江南降水多、春汛早；9 省（区）局地遭受风雹灾害。

3 月降水量与常年同期相比，西北地区西部、东北大部、华北大部、黄淮东部、江淮、江南东北部及内蒙古中东部、西藏西北部和东南部、四川西部等地偏多 3 成至 2 倍，部分地区偏多 2 倍以上；华南及贵州西部和南部、云南北部和东部、川西高原南部、西藏东北部、青海东部和南部、宁夏、内蒙古东北部、黑龙江西北部等地偏少 3～8 成，其中海南、广东西南部、广西中西部等地偏少 8 成以上；全国其余地区接近常年（图 3.3.1）。

3 月平均气温与常年同期相比，东北及内蒙古大部、河北、山东大部、新疆北部等地普遍偏

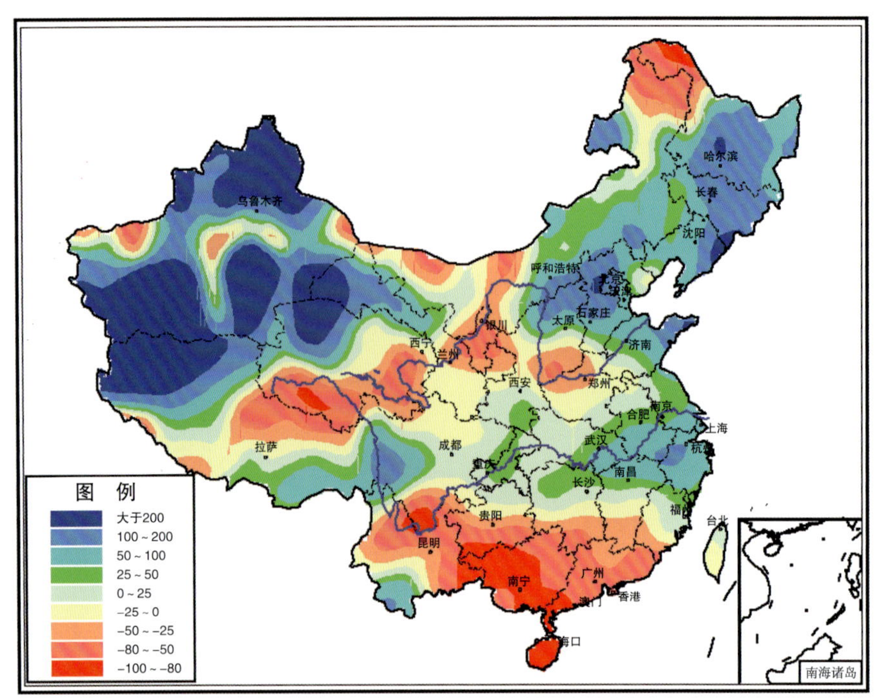

图 3.3.1　2010 年 3 月全国降水量距平百分率分布图（%）

Fig. 3.3.1　Precipitation anomalies over China in March 2010（%）

低 1～4℃，部分地区偏低 4℃以上；华南大部、江南大部、西南大部及青海、新疆南部等地偏高 1～4℃，局地偏高 4℃以上；全国其余地区接近常年（图 3.3.2）。

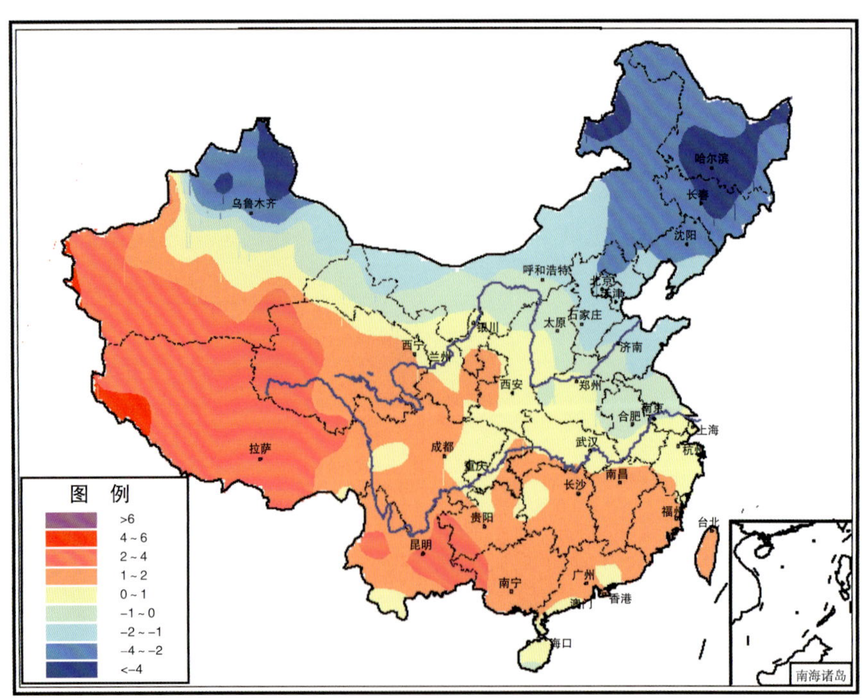

图 3.3.2　2010 年 3 月全国平均气温距平分布图（℃）

Fig. 3.3.2　Mean temperature anomalies over China in March 2010（℃）

3.3.2 主要气象灾害事记

3月，云南、贵州、广西、广东、海南、川西高原、西藏、青海、宁夏等地存在中度以上气象干旱，其中云南东部、贵州西南部、广西西北部、广东西南部、西藏北部、青海南部的部分地区存在重度气象干旱，局地达特旱。干旱造成滇、黔、川、渝、桂、甘、青、冀、鄂、湘、粤等地8000多万人受灾，直接经济损失超过300亿元；其中，滇、黔、川、桂自2009年9月受干旱影响，灾情最为严重，直接经济损失280多亿元。

3月，我国共出现7次沙尘天气过程，次数比近十年同期偏多，发生时段较为集中。11日，我国出现本年首次沙尘天气过程，发生时间比常年偏晚。19—22日的强沙尘暴过程，影响范围最广，不仅对新疆南疆盆地、青海北部、甘肃中西部、内蒙古中西部、宁夏、陕西北部、华北、黄淮等北方地区造成了影响，还蔓延至江淮、江汉等地，并对台湾造成了影响，累计影响了我国21个省（区、市）。

3月1—3日，5—7日，13—16日和23—25日，我国先后出现了4次冷空气过程，造成部分地区降温和降雪。低温冷冻和雪灾造成的直接经济损失超过48亿元，其中山东、广东、河北、浙江、福建、新疆等地灾情较重。

3月，江淮、江南降水过程频繁。月初，强降雨导致江西、浙江等地出现历史罕见早汛。暴雨洪涝共造成皖、赣、浙、鄂、湘、闽等省200多万人受灾，4人死亡，直接经济损失超过16亿元。

3月，闽、粤、湘、冀、豫、鲁、陕、甘、内蒙古9省（区）的局地遭受大风冰雹灾害，其中福建、陕西、湖南局地受灾较重。

3.4 4月主要气候特点及气象灾害

3.4.1 主要气候特点

4月，全国平均气温较常年同期偏低，全国平均降水量较常年同期偏多。4月中旬我国出现异常低温天气，影响范围广、灾害重；江西、湖南、湖北、广西等地出现强降水；4月，我国共出现5次沙尘天气过程；湖北、贵州、云南、陕西等地遭受风雹灾害。

4月降水量与常年同期相比，东北大部、华北西北部、西北东北部和中西部部分地区、黄淮南部、江淮、江南南部以及广西东北部和南部、广东西南部、海南南部、西藏东南部、云南中西部、内蒙古中东部等地一般偏多3成至1倍，其中吉林中部、内蒙古中部、青海西北部、新疆东南部、西藏东南部等地偏多1倍以上；华北东南部及黑龙江西北部、西藏中部、青海南部和东部、新疆西南部、贵州中部等地一般偏少3～8成，部分地区偏少8成以上；全国其余地区接近常年（图3.4.1）。

4月平均气温与常年同期相比，西藏大部、青海西南部、云南中部等地偏高1～4℃；全国其余地区偏低或接近常年，其中东北、华北、西北东部和北部、黄淮、江淮、江汉、江南、华南及贵州大部、四川东部等地偏低1～4℃，局部地区偏低4℃以上（图3.4.2）。

3.4.2 主要气象灾害事记

4月中旬，受冷空气影响，我国出现大范围降温天气，东部地区及西北东部和北部气温偏低，其中东北、华北及新疆北部气温异常偏低。此次低温天气具有影响范围广、强度强、极端气温低、灾害重等特点。异常低温造成陕西、甘肃、河北、山西、山东、河南、安徽、湖北、重庆等10多个省（市）共1300多万人受灾，直接经济损失超过60亿元。其中，陕西、甘肃、山西等省受灾较重。

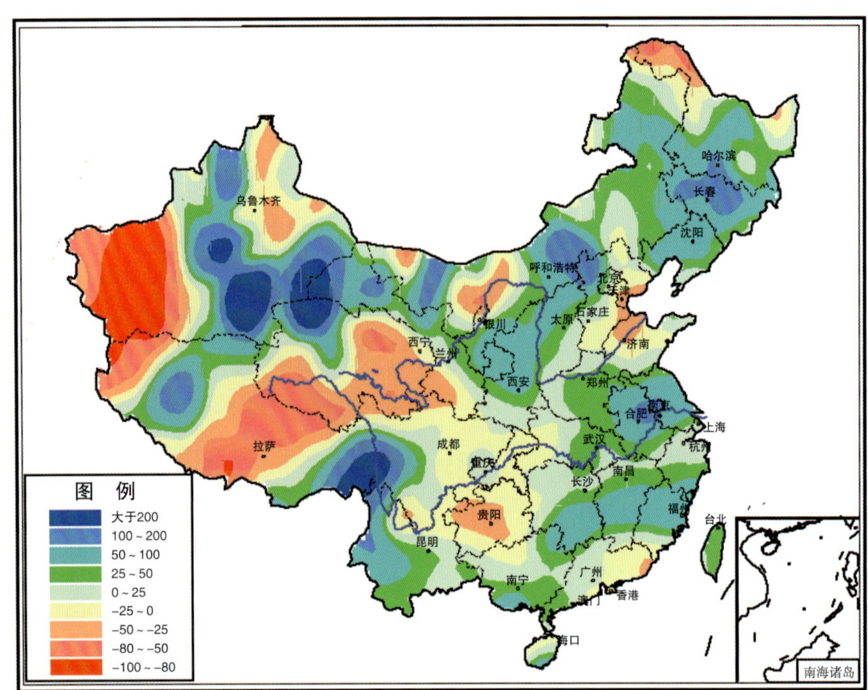

图 3.4.1　2010 年 4 月全国降水量距平百分率分布图（%）

Fig. 3.4.1　Precipitation anomalies over China in April 2010（%）

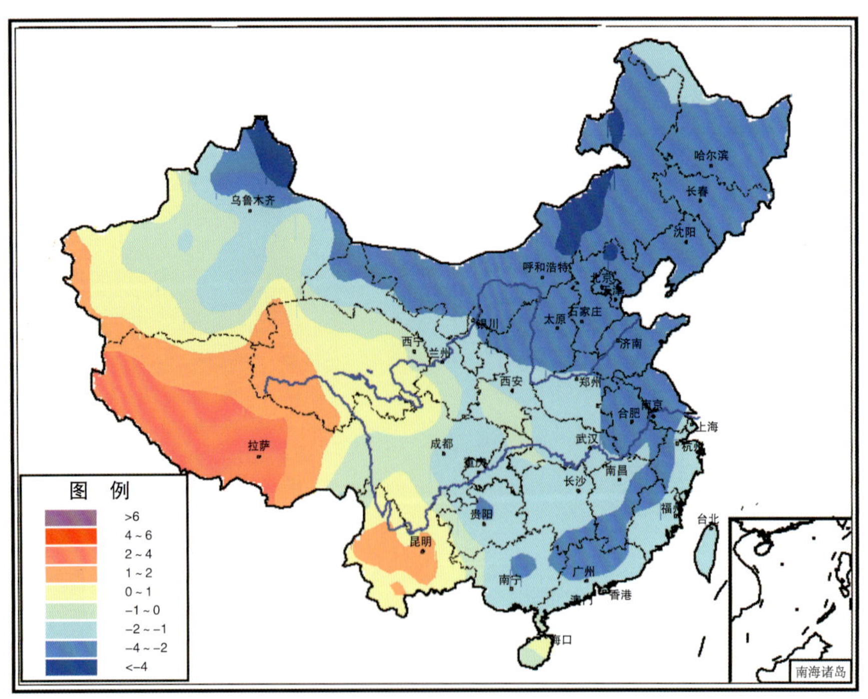

图 3.4.2　2010 年 4 月全国平均气温距平分布图（℃）

Fig. 3.4.2　Mean temperature anomalies over China in April 2010（℃）

4 月 10—14 日，湖南、江西、福建、浙江等地先后出现强降水天气。广西东北部、江西东部部分地区降水量超过 100 毫米，湖南耒阳、常宁 21 日降水量分别为 113.8 毫米、92 毫米，均创建站以来4月中下旬日降水量最高值。强降水引发洪涝灾害，导致江西、湖南、湖北、广西等地350多万人受灾，死亡15人，农作物受灾面积23万公顷，直接经济损失8亿元。湘江、漓江出现超警戒水位洪水。4月底，新疆阿勒泰、塔城、伊犁地区部分县（市）发生融雪性洪水灾害，受灾人口近1.7万人，死亡1人。

4月，我国出现5次沙尘天气过程，其中沙尘暴3次，扬沙2次，沙尘天气过程次数接近2000—2009年同期平均值。其中，4月24—26日的沙尘暴过程影响最重，南疆盆地、青海、甘肃中西部、内蒙古西部、宁夏北部、陕西等地出现了扬沙或浮尘，南疆盆地东部、青海西北部、甘肃中部、内蒙古西部的部分地区出现了沙尘暴或强沙尘暴。甘肃民勤24日19时能见度不到1米，瞬间极大风速达到28米/秒，是当地17年来最强的沙尘暴。甘肃全省有39个县（市、区）229万人受灾，死亡2人；农作物受灾面积26.1万公顷；直接经济损失12亿元。

4月，湖北、贵州、云南、陕西、甘肃等地遭受风雹灾害，局地受灾严重。

3.5 5月主要气候特点及气象灾害

3.5.1 主要气候特点

5月，全国平均气温较常年同期偏高，全国平均降水量较常年同期偏多。月内，南方地区出现6次大范围强降水过程，广东、湖南、江西等省发生洪涝；下旬，西南和西北旱区出现明显降水，对缓解旱情十分有利；重庆、黑龙江、福建、山东、安徽等地风雹灾害较重；中旬西北部分地区遭受低温冷冻害和雪灾；月内北方出现3次沙尘天气过程。

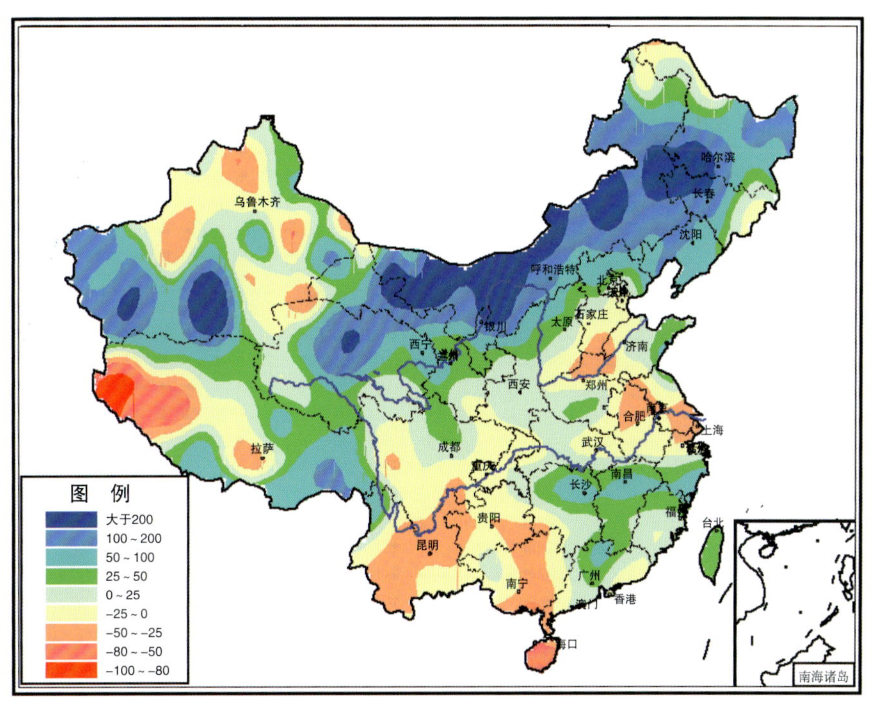

图3.5.1 2010年5月全国降水量距平百分率分布图（%）

Fig. 3.5.1 Precipitation anomalies over China in May 2010（%）

月降水量与常年同期相比，东北大部、华北北部及内蒙古、陕西北部、宁夏、甘肃大部、青海大部、新疆西南部、西藏东部、浙江南部、江西、湖南北部、广东中北部、福建北部等地一般偏多3成至1倍，部分地区偏多1倍以上；西藏西部、河南北部、安徽东北部、江苏东南部、云南大部、贵州西部、广西中部、海南等地一般偏少 3～8 成；全国其余大部地区接近常年（图 3.5.1）。

5 月平均气温与常年同期相比，除新疆部分地区偏低 1～2℃外，全国大部地区接近常年或偏高，其中黑龙江大部、吉林东部、内蒙古东北部、河北中部、山东中北部、四川西部、云南大部、贵州西部、西藏西部和中部、青海南部等地偏高 1～4℃（图 3.5.2）。

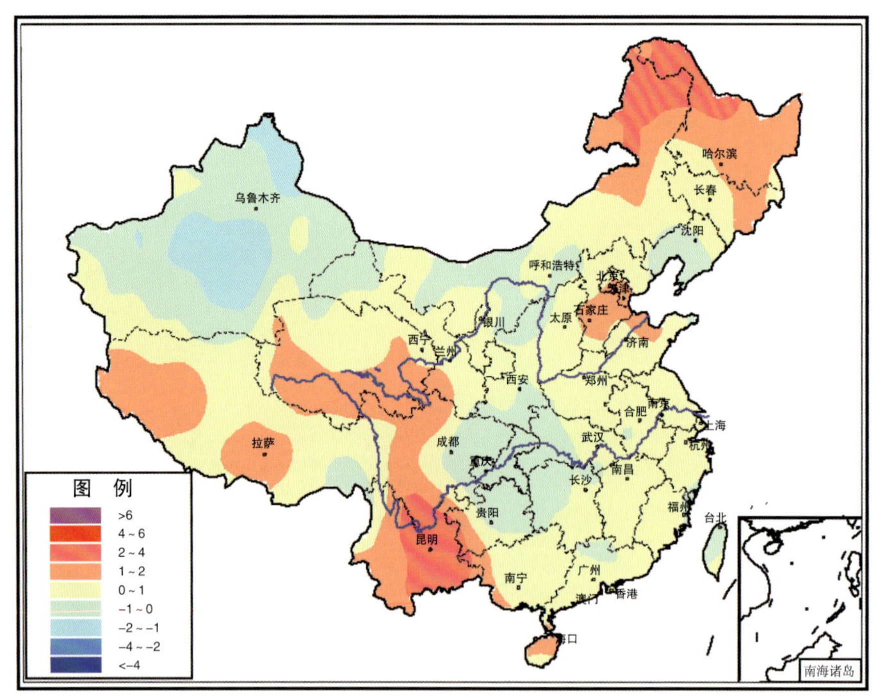

图 3.5.2　2010 年 5 月全国平均气温距平分布图（℃）

Fig. 3.5.2　Mean temperature anomalies over China in May 2010（℃）

3.5.2 主要气象灾害事记

月内，南方地区出现 6 次大范围强降水天气过程，发生时间大致在 5 月 5—7 日、8—10 日、12—14 日、16—19 日、20—23 日、26—31 日。这 6 次强降水过程具有影响范围广、过程雨量大、局部降雨强度强、灾害重等特点。强降水导致江南、华南部分地区发生洪涝灾害，湘江、赣江、闽江、北江、桂江等 50 多条中小河流一度发生超警洪水，其中北江支流滃江发生 1964 年以来的最大洪水，广州市区内涝严重。据 5 月底不完全统计，广东、福建、广西、江西、湖南、湖北 6 省（区）共有 1821.9 万人受灾，死亡 66 人；农作物受灾面积 81.1 万公顷；直接经济损失 105.3 亿元。其中，广东、湖南、江西受灾较重。

5 月份全国有 22 个省（区、市）先后遭受雷雨大风、冰雹或龙卷风袭击，其中重庆、黑龙江、福建、山东、安徽等省（市）局部受灾较重。

5 月 13—16 日，新疆大部出现降水、降温天气，全疆 56 站日最低气温突破近 10 年历史同期（5 月中旬）极值，其中塔城等 9 站突破近 20 年历史同期极值，部分地区发生低温冻害。全区受灾人口 26 万人，农作物受灾面积 8 万公顷，直接经济损失 5.8 亿元。5 月 16—21 日，甘肃遭受低温冷冻害和雪灾。最低气温降至零下，部分地区达到−4℃，局地积雪深度达 20 厘米。兰州、白银、武威、张掖、平凉、庆阳、定西、临夏 8 市（州）24 个县（市、区）共 218.2 万人受灾，农作物受灾面积 32.5 万公顷，直接经济损失 6.6 亿元。5 月 18 日，宁夏固原市泾源县遭受低温冷冻和雪灾，直接经济损失670余万元。

3.6 6月主要气候特点及气象灾害

3.6.1 主要气候特点

6月，全国平均气温较常年同期偏高，为历史同期第三高，全国平均降水量降水接近常年同期。月内，我国南方地区出现持续强降水过程，江西、湖南、福建等省部分地区遭受严重洪涝灾害；东北、华北部分地区旱象露头并发展；河北、辽宁、山东、江苏等地遭受风雹灾害；东北、新疆部分地区出现罕见高温天气。

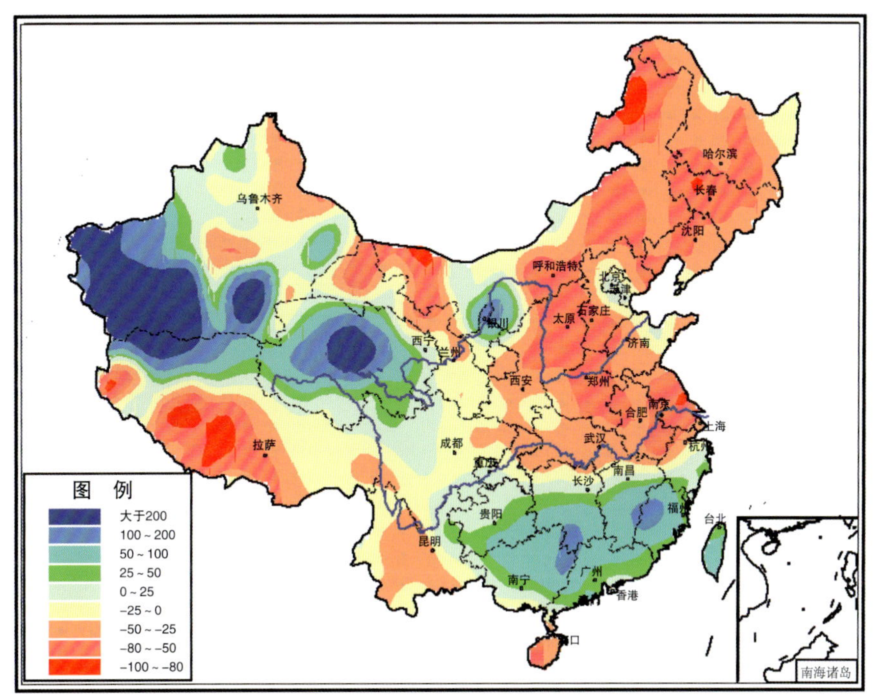

图3.6.1 2010年6月全国降水量距平百分率分布图（%）
Fig. 3.6.1 Precipitation anomalies over China in June 2010（%）

月降水量与常年同期相比，东北大部、华北大部、黄淮大部、江淮、江汉大部、江南东北部及陕西大部、内蒙古大部、西藏中南部、云南中部、海南等地偏少3～8成；江南南部、华南大部、西北中西部偏南地区及贵州南部、宁夏北部等地偏多3成至1倍，部分地区偏多1倍以上；全国其余大部地区接近常年（图3.6.1）。

6月平均气温与常年同期相比，东北大部、华北西北部、西北地区北部及内蒙古大部、西藏中部偏高1～4℃，其中黑龙江、内蒙古东北部偏高达4～6℃；江南南部、华南北部、西南地区东北部及南疆西部等地偏低1～2℃；全国其余大部地区接近常年（图3.6.2）。

3.6.2 主要气象灾害事记

月内，南方出现持续强降水过程。5月31日至6月2日，华南中西部、西南东部出现强降水，其中广西中部和东部、广东西部和北部、贵州东南部降暴雨，两广局部降大暴雨。广西部分地区遭受洪涝灾害，来宾市区多处被淹，部分学校停课，湘桂铁路一度中断。6月7—9日，江淮西部、江汉、江南、华南出现强降水，其中湖北中东部、湖南中西部、江西北部、安徽中南部、广东中

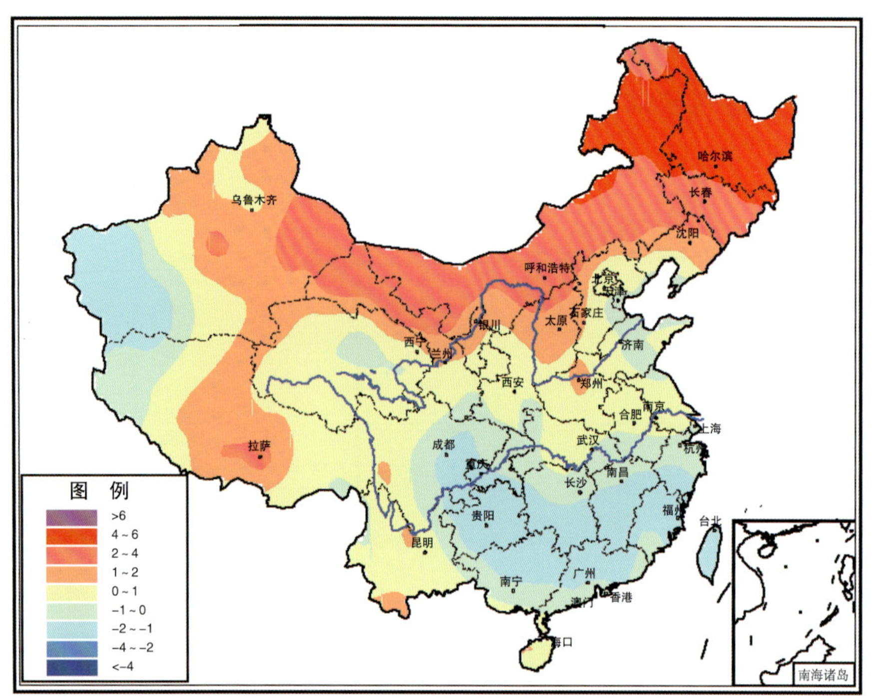

图 3.6.2　2010 年 6 月全国平均气温距平分布图（℃）
Fig. 3.6.2　Mean temperature anomalies over China in June 2010（℃）

西部降暴雨，局部降大暴雨。6 月 13—18 日、19—22 日，江南、华南又出现持续强降水，其中福建中北部、广东北部和东部、广西东部和北部、江西大部、湖南北部和东部、浙江中部降暴雨，江西中北部、福建西北部、湖南北部、广西北部等地出现大暴雨或特大暴雨。强降水造成江西、福建、湖南等南方 10 省（区、市）共有 200 人死亡，123 人失踪，直接经济损失 433 亿元，其中江西、福建、湖南等省受灾严重。6 月 23—27 日，江南、华南及云南、贵州等地出现强降水，云南、广东等省部分地区发生洪涝灾害。

月内，华北西部和南部、大兴安岭北部及黑龙江东南部、吉林西部、内蒙古中东部偏南地区、陕北东部、西藏中部、云南中北部、江苏中南部、海南西北部等地高温少雨，存在中到重度气象干旱。

6 月份全国有 20 多个省（区、市）先后遭受雷雨大风、冰雹或龙卷风袭击，其中河北、辽宁、山东、江苏等省局部受灾较重。

6 月，我国东北中北部、华北大部、黄淮、江淮、江汉及新疆、内蒙古等地均出现 35℃以上的高温天气，黑龙江西北部、内蒙古东北部和西部、新疆东部等地极端最高气温超过 38℃。与常年同期相比，黑龙江大部、吉林西北部、内蒙古东北部和西部、山西南部、河南北部、新疆东部及海南等地高温日数偏多 3～5 天，黑龙江、内蒙古局部偏多 5～8 天。黑龙江、吉林 6 月平均高温日数分别为 4.6 天和 2.1 天，均为历史同期最多值。

3.7 7 月主要气候特点及气象灾害

3.7.1 主要气候特点

7 月，全国平均降水量较常年同期略偏多；全国平均气温较常年同期偏高。月内，长江中下游、四川盆地以及西北东南部、黄淮、东北等地的部分地区发生暴雨洪涝；台风“康森”和“灿都”登陆我国；东北、西北东南部等地气象干旱缓和，华北及内蒙古等地气象干旱持续；吉林、江西、内蒙古等地发生风雹灾害；华南、江南、江汉、黄淮、华北、西北等地出现持续高温天气。

月降水量与常年同期相比，长江中下游以及四川东部、陕西中部和南部、河南西部和南部、青海西部、南疆西部、黑龙江东部和西北部、吉林中部和东部、辽宁中北部等地偏多 3 成至 1 倍，部分地区偏多 1 倍以上；华南东部和北部、江南西南部、华北大部及内蒙古大部、甘肃中部和西北部、新疆中南部和东北部等地偏少 3～8 成，部分地区偏少 8 成以上；全国其余大部地区接近常年同期（图 3.7.1）。

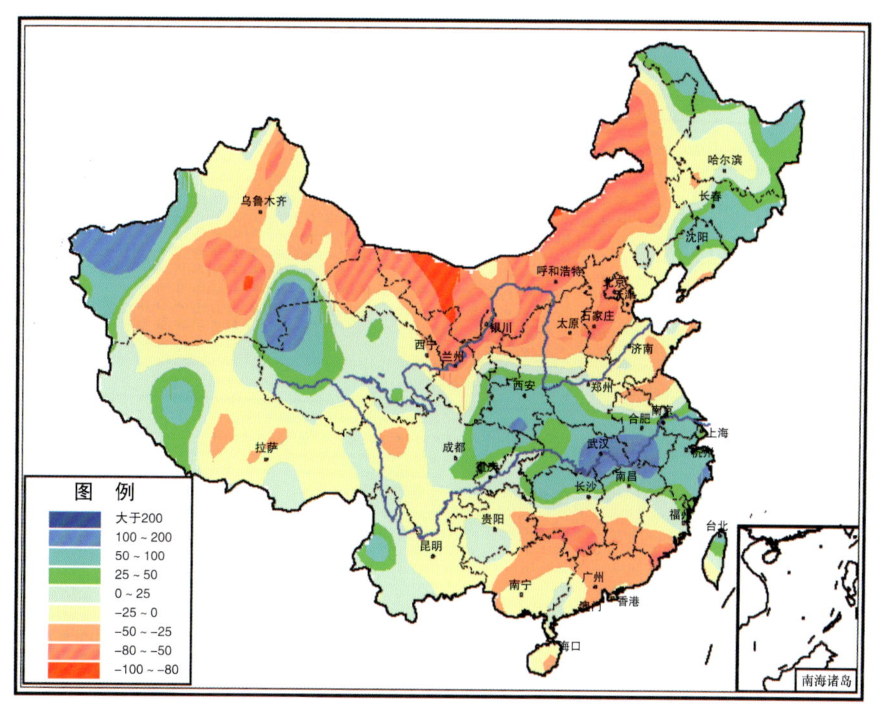

图 3.7.1　2010 年 7 月全国降水量距平百分率分布图（%）
Fig. 3.7.1　Precipitation anomalies over China in July 2010 (%)

月平均气温与常年同期相比，全国大部地区偏高或接近常年，其中西南大部、华南西部、江南西南部、黄淮东部、华北大部、西北大部及内蒙古等地偏高 1℃以上，河北西北部、山西北部、内蒙古中部和西部、新疆东部、甘肃河西地区、青海、西藏中北部、四川西北部等地偏高 2～4℃（图 3.7.2）。

3.7.2 主要气象灾害事记

7 月 8—16 日长江流域出现入汛以来最强一次降雨过程，影响到西南地区和长江中下游地区 10 个省（市）；7 月 15—26 日，四川盆地、西北东南部、黄淮、华北东部、东北中南部等地相继出现大到暴雨，多地日降雨量突破历史极值。部分省（市）遭受暴雨洪涝及滑坡、泥石流灾害，其中湖北、湖南、江西、重庆、四川、陕西、河南、辽宁等省（市）的部分地区受灾较为严重。

7 月，有 2 个台风登陆我国，较常年同期（2.7 个）略偏少，其中“康森”是本年第一个登陆我国的台风，登陆时间较常年（6 月 29 日）偏晚 17 天。“灿都”是本年第二个登陆我国的台风，具有在近海快速加强、路径曲折、风雨猛烈等特点。尽管“灿都”造成较严重灾害，但其带来的降水对缓解海南和雷州半岛的旱情十分有利。

7 月，东北大部、西北东南部、江淮及西藏等旱区出现明显降水，气象干旱得到缓和，但华北大部及内蒙古等地持续温高雨少，气象干旱持续或发展。山西、河北、内蒙古等地部分地区农

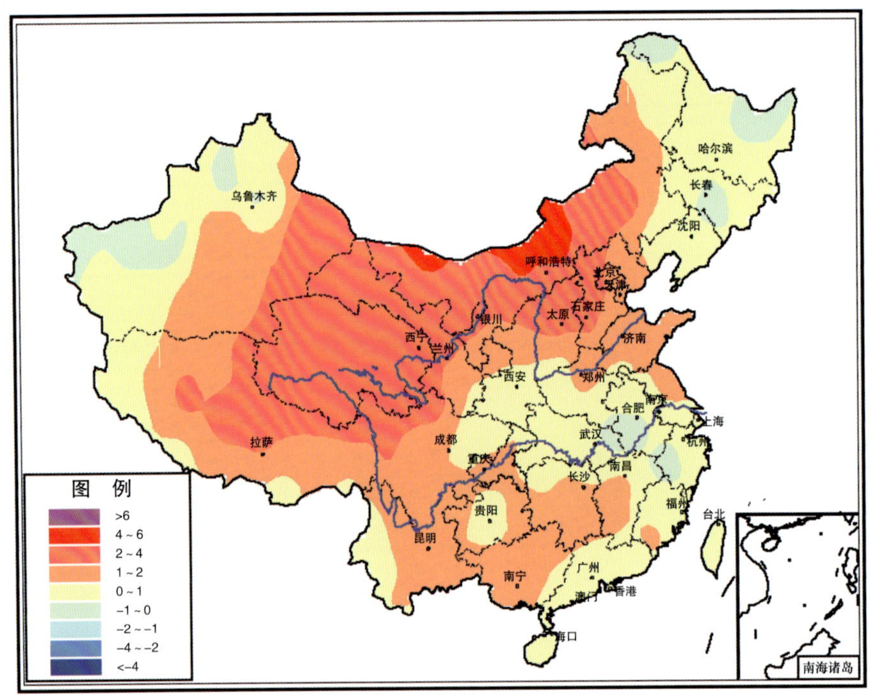

图 3.7.2　2010 年 7 月全国平均气温距平分布图（℃）

Fig. 3.7.2　Mean air temperature anomalies over China in July 2010（℃）

作物生长和人畜饮水受到一定影响。

月内，我国出现两次大范围的高温天气过程。7 月 1—8 日，高温天气出现在华南、江南、江汉、黄淮、华北及新疆、内蒙古等地，全国连续 6 天最高气温≥35℃的站数超过 100 站；7 月 18—29 日，高温出现在华北、西北、江南、四川盆地东部及内蒙古等地，新疆、甘肃、内蒙古、青海等省（区）部分站点极端最高气温突破 7 月历史极值。

7 月，全国有 16 个省（区、市）遭受风雹灾害，其中吉林、江西、内蒙古、山西、安徽等地受灾较重。

3.8 8 月主要气候特点及气象灾害

3.8.1 主要气候特点

8 月，全国平均降水量较常年同期偏多；全国平均气温较常年同期偏高。月内，北方及西部地区降水频繁、次生灾害重；南方地区出现大范围高温天气；华北、西北东部气象干旱缓解，内蒙古东部、甘肃中部、云南中部等地气象干旱持续或发展；山东、吉林、湖北、江西、湖南等地发生风雹灾害。

月降水量与常年同期相比，东北中南部、华北中南部、黄淮北部及陕西大部、湖北西北部、重庆北部、四川中北部、青海南部、西藏西部、新疆西南部、海南等地偏多 3 成至 1 倍；华南大部及湖南南部、江西南部、浙江东部、内蒙古大部、甘肃中西部、新疆中部等地偏少 3～8 成，其中内蒙古西部、甘肃西北部等地的部分地区偏少 8 成以上；全国其余大部接近常年（图 3.8.1）。

月平均气温与常年同期相比，全国大部地区气温接近常年或偏高，其中黄淮南部、江淮、江南、华南东部、西北中西部、西南西部及贵州东部、云南东北部等地偏高 1～2℃，江苏南部、浙江北部、上海、青海大部、新疆西南部和西藏中北部等地偏高 2～4℃（图 3.8.2）。

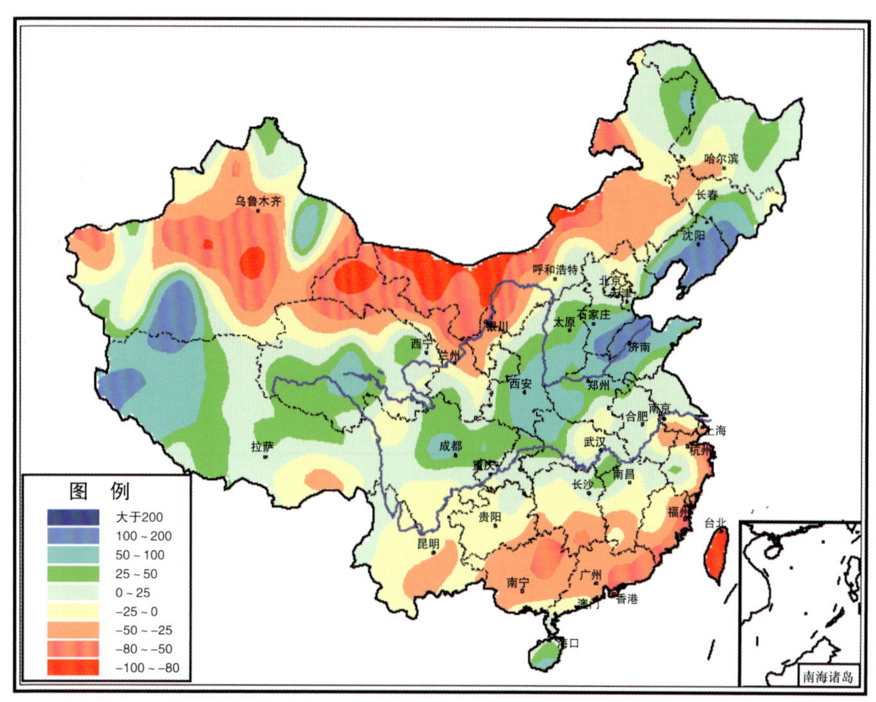

图 3.8.1　2010 年 8 月全国降水量距平百分率分布图（%）

Fig. 3.8.1　Precipitation anomalies over China in August 2008（%）

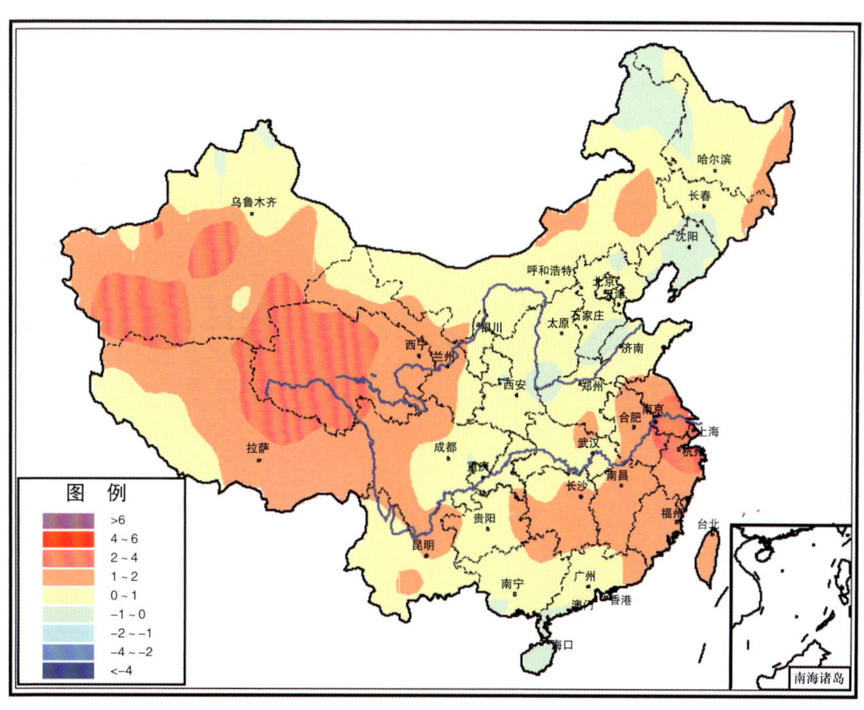

图 3.8.2　2010 年 8 月全国平均气温距平分布图（℃）

Fig. 3.8.2　Mean air temperature anomalies over China in August 2010（℃）

3.8.2 主要气象灾害事记

8 月份，我国北方和西部地区连遭 5 轮暴雨袭击，具有暴雨过程频繁、累积雨量大、降水极端性强、强降水区域集中、影响范围广、次生灾害重等特点。强降雨导致汉江、辽河、渭河、岷江、沱江、涪江、嘉陵江、第二松花江、鸭绿江等干流及支流超警戒水位，出现严重汛情。另外，强降雨还造成甘肃、云南等地发生特大泥石流、山体滑坡灾害，造成严重人员伤亡和财产损失。其中，8月8日甘肃省舟曲县发生新中国成立以来最严重泥石流灾害，共造成1700多人死亡。

8月1—26日，我国出现大范围高温天气。长江中下游及华南平均高温日数为10.6天，较常年同期（4.6天）偏多6天，为1961年以来同期次多；长江中下游平均最高气温为34.2℃，较常年同期（32.0℃）偏高2.2℃，为1961年以来同期次高。高温天气具有日数多、强度大、极端性强等特点。

8月，华北、西北东部等地降水量普遍有100～300毫米，较常年同期偏多3成至1倍，华北、西北东部气象干旱缓解；而内蒙古东部和甘肃中部降水量不足50毫米，气象干旱持续；云南中部降水量较常年同期偏少，气象干旱有所发展。

8月份，全国有18个省（区、市）遭受风雹灾害，其中山东、吉林、湖北、江西、湖南等地受灾较重。

3.9 9月主要气候特点及气象灾害

3.9.1 主要气候特点

9月，全国平均降水量较常年同期偏多；全国平均气温较常年同期偏高。月内，热带风暴“狮子山”、台风“莫兰蒂”和超强台风“凡亚比”登陆我国；冷空气活动较频繁，温度降幅大，但影响小；东北中部及内蒙古东北部气象干旱持续，南方地区气象干旱缓和；山东、江苏、四川等地遭受暴雨洪涝；安徽、江苏、河南等地发生风雹灾害。

月降水量与常年同期相比，西北西部的大部地区、华北大部、黄淮大部、江淮、江南中部和西部、华南大部及内蒙古中部和西部、西藏西部等地偏多3成至1倍，其中新疆南部、甘肃北部、青海西北部、内蒙古西部、西藏西北部等地偏多2倍以上；东北大部及内蒙古东北部、新疆北部等地偏少3～8成，部分地区偏少8成以上；全国其余大部接近常年（图3.9.1）。

月平均气温与常年同期相比，全国大部地区气温接近常年或偏高，其中东北大部、西北中部和东部、江淮东部、江汉、江南大部、西南大部及内蒙古中部和东部、新疆北部等地偏高1～2℃，部分地区偏高2℃以上。（图3.9.2）。

3.9.2 主要气象灾害事记

9月，共有3个热带气旋在我国登陆，登陆个数比常年同期（平均1.6个）偏多。其中台风“凡亚比”影响最大，其带来的大风和强降雨给广东、福建和台湾等地交通运输、农业生产、通讯电力、群众生活等带来不同程度的影响，其中广东、台湾受灾严重。

9月，共有3次明显冷空气过程影响我国，温度降幅大，但影响小。其中，4—7日的冷空气过程基本未造成影响；14—17日的冷空气过程降温幅度较大，对黑龙江的贪青晚熟作物正常成熟产生不利影响；20—23日，内蒙古中东部、河北北部、山西北部局部地区、黑龙江、吉林大部、辽宁北部、青海南部的最低气温达到2℃以下，部分地区出现了霜冻，而江南大部、江汉晚稻区出现轻到中度寒露风，但总体而言影响不大。

月内，内蒙古东北部、黑龙江西部、吉林大部降水量在50毫米以下，较常年同期偏少5～8成，同时气温偏高，导致上述地区气象干旱持续。而华南及云南降水量普遍有100～200毫米，部分地区200毫米以上，接近常年同期或偏多，气象干旱缓和。

9月份，全国有19个省（区、市）发生暴雨洪涝，其中山东、江苏、河南、四川、安徽等地受灾较重。

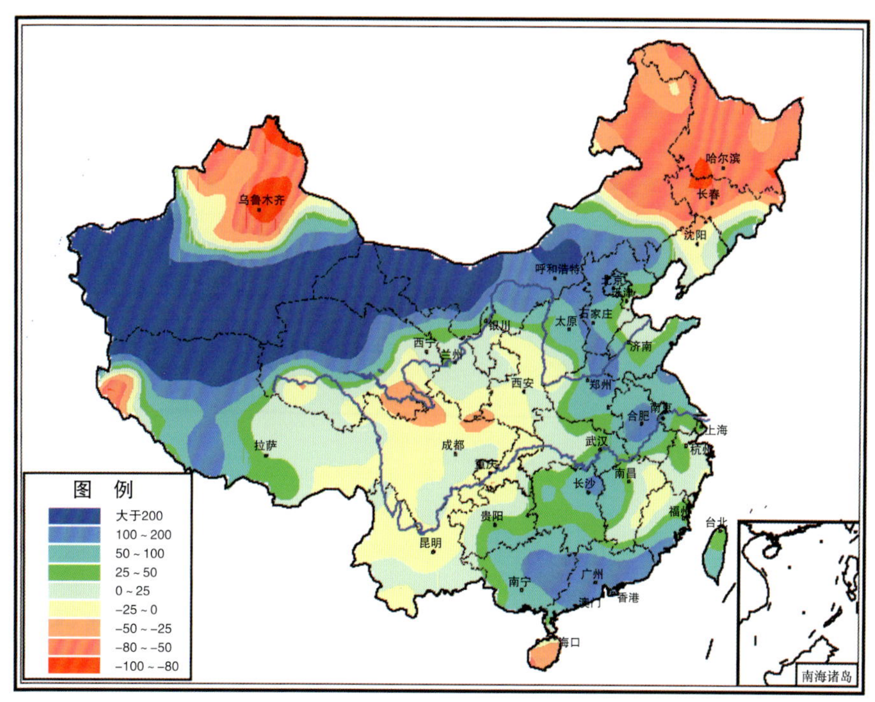

图 3.9.1　2010 年 9 月全国降水量距平百分率分布图（%）
Fig. 3.9.1　Precipitation anomalies over China in September 2010（%）

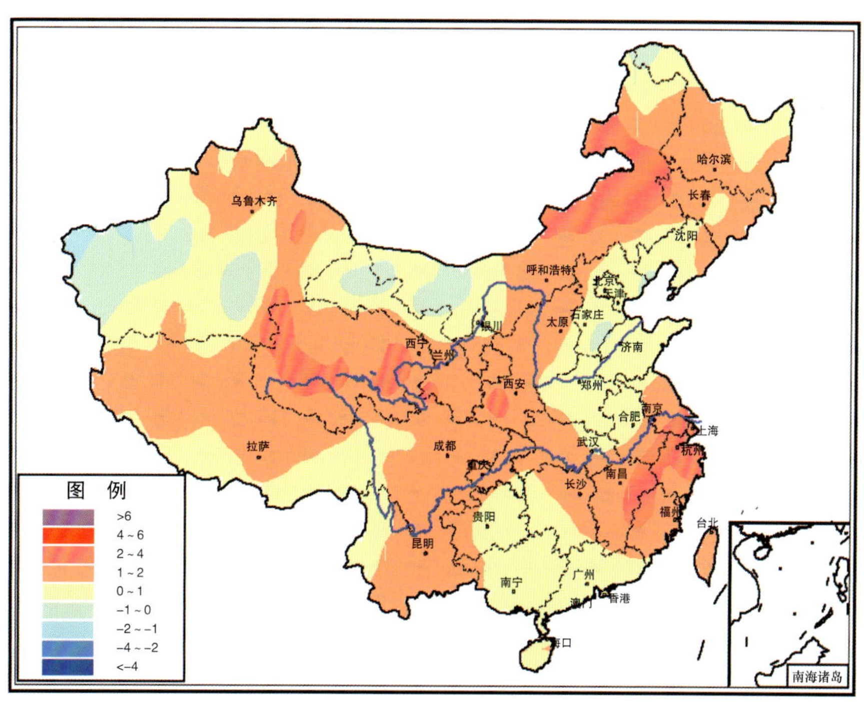

图 3.9.2　2010 年 9 月全国平均气温距平分布图（℃）
Fig. 3.9.2　Mean air temperature anomalies over China in September 2010（℃）

9 月份，全国有 10 个省（区、市）遭受风雹灾害，其中安徽、江苏、河南、甘肃、陕西、湖南等地受灾较重。

3.10 10 月主要气候特点及气象灾害

3.10.1 主要气候特点

10 月，全国平均降水量较常年同期偏多；全国平均气温较常年同期偏高。月内，台风“鲇鱼”登陆我国福建；海南遭受暴雨洪涝灾害；我国遭受 3 次冷空气袭击；我国中东部发生大雾天气；山东、甘肃、贵州、宁夏等地发生风雹灾害。

月降水量与常年同期相比，西北大部、东北中部和西南部、华北北部、江南北部、西南西北部和南部以及福建东南部、海南等地偏多 3 成至 1 倍，其中新疆大部、甘肃西部、青海北部、西藏西北部和东南部局部、海南大部、内蒙古东南部和西部、辽宁西部等地偏多 1 倍以上；东北北部、华北南部、黄淮、江淮、江南西南部、华南大部及内蒙古东北部、西藏中部等地偏少 3～8 成，部分地区偏少 8 成以上（图 3.10.1）。

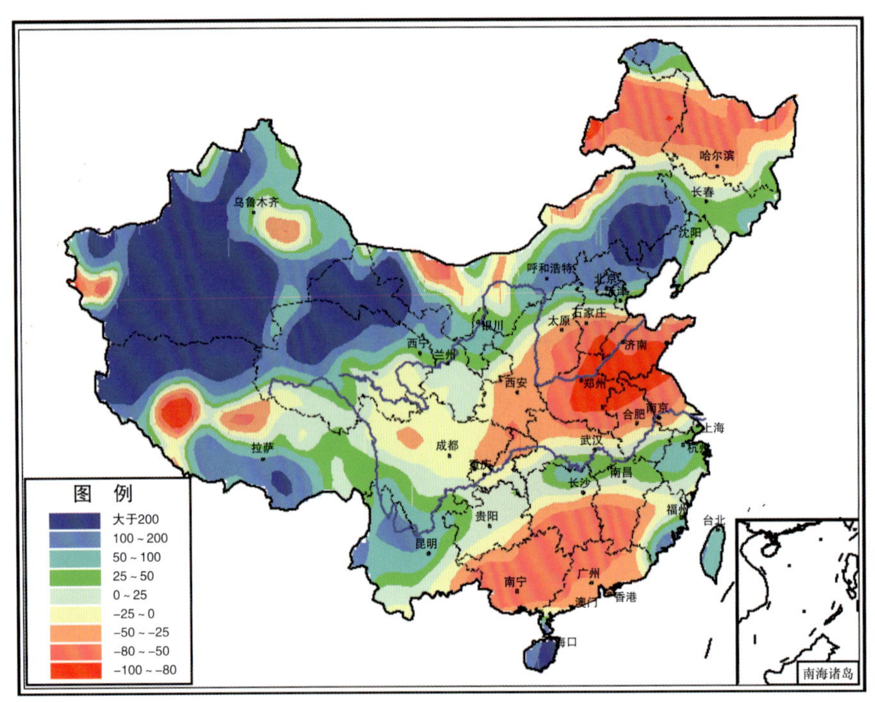

图 3.10.1　2010 年 10 月全国降水量距平百分率分布图（%）

Fig. 3.10.1　Precipitation anomalies over China in October 2010（%）

月平均气温与常年同期相比，全国大部地区气温接近常年同期或偏高，其中西北地区西部以及内蒙古中西部、西藏西部等地偏高 1～2℃，部分地区偏高 2～4℃（图 3.10.2）。

3.10.2 主要气象灾害事记

1013 号台风“鲇鱼”于 10 月 23 日在福建省漳浦县沿海登陆，登陆时中心附近最大风力有 13 级（38 米/秒），中心气压为 970 百帕。台风“鲇鱼”给福建、广东两省造成较大损失。

10 月上中旬，海南出现两次强降水过程，具有累计雨量多、降雨过程持续时间长、暴雨日数多、降水极端性强、灾害影响重等特点。强降水导致海南南渡江、万泉河的一些河段及小南平水库、牛路岭水库等水位接近或超过警戒水位，多个县（市）出现严重内涝，造成较大经济损失。

10 月，共有 3 次冷空气影响我国。其中 10 月 21—27 日冷空气过程是入秋以来最强的一次，

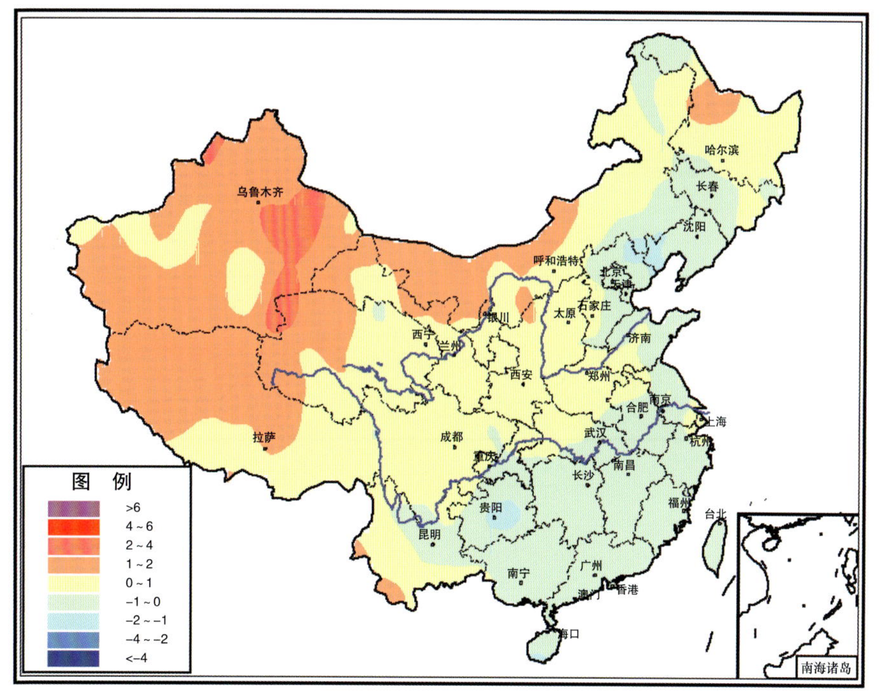

图 3.10.2　2010 年 10 月全国平均气温距平分布图（℃）

Fig. 3.10.2　Mean air temperature anomalies over China in October 2010（℃）

具有势力强、影响范围广、大风降温剧烈的特点，部分地区出现初雪、初霜冻。受其影响，西北大部、东北、华北、黄淮、江淮、江汉、江南大部及内蒙古、四川东部、重庆、贵州、广西北部等地出现了 8～15℃的降温，内蒙古部分地区降温在 15℃以上。

10 月，我国中东部大部地区发生了雾天气。其中西南地区东部、江南中西部、江淮、江汉、黄淮等地雾日达 15～20 天，四川、重庆、安徽、河南、江苏等地部分地区超过 20 天。

10 月，全国有 4 个省（区）遭受风雹灾害，山东、甘肃等省局地受灾较重。

3.11 11 月主要气候特点及气象灾害

3.11.1 主要气候特点

11 月，全国平均降水量较常年同期偏少；全国平均气温较常年同期偏高。月内，冷空气活动频繁，东北及内蒙古东部遭受雪灾；黄淮、华北等地气象干旱发展；湘鄂川渝黔等地的部分地区多大雾天气；内蒙古中西部遭受沙尘暴袭击；山东、重庆遭受风雹灾害。

月降水量与常年同期相比，西北地区中部和东部、华北、黄淮、江淮、江汉、江南、华南大部以及云南大部、贵州西部、西藏南部、内蒙古中部和西部等地偏少 3 成以上，其中华北大部、黄淮大部、江淮及广西东南部、广东北部、江西南部、云南西南部等地偏少 8 成以上；东北大部及内蒙古东部、新疆中部、西藏西部、四川西部等地偏多 3 成至 2 倍，部分地区偏多 2 倍以上；全国其余地区接近常年（图 3.11.1）。

月平均气温与常年同期相比，全国大部地区接近常年或偏高，其中华北大部、黄淮、江淮大部、江汉大部、江南北部及黑龙江大部、辽宁西部、内蒙古大部、陕西北部、宁夏、甘肃西部和东北部、青海西南部、新疆大部、西藏等地偏高 1～2℃，其中河南大部、黑龙江西北部、内蒙古西部和东北部、甘肃西北部、新疆北部和西南部、西藏中部和西南部等地偏高 2～4℃（图 3.11.2）。

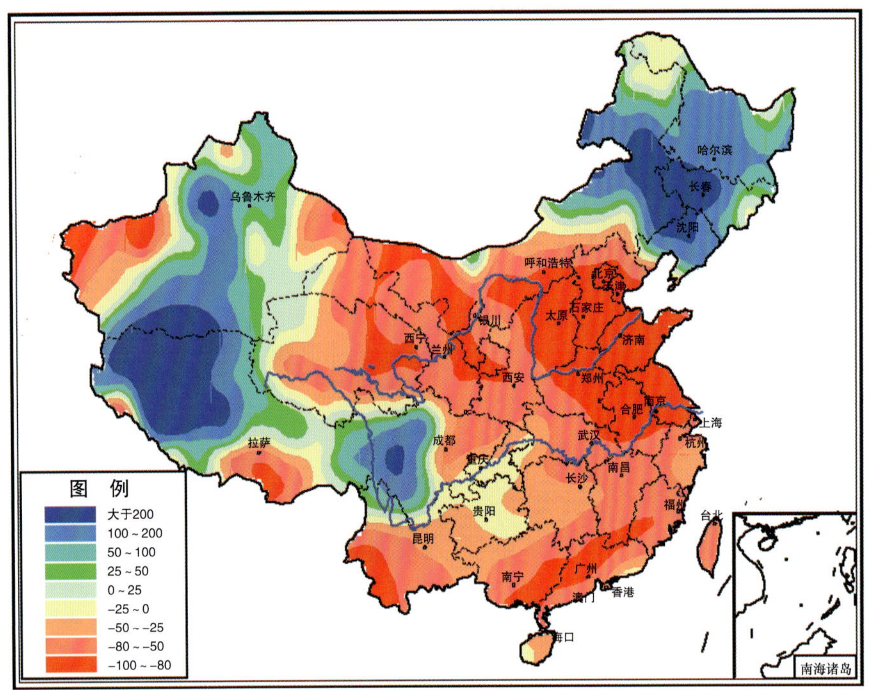

图 3.11.1 2010 年 11 月全国降水量距平百分率分布图（%）

Fig. 3.11.1 Precipitation anomalies over China in November 2010（%）

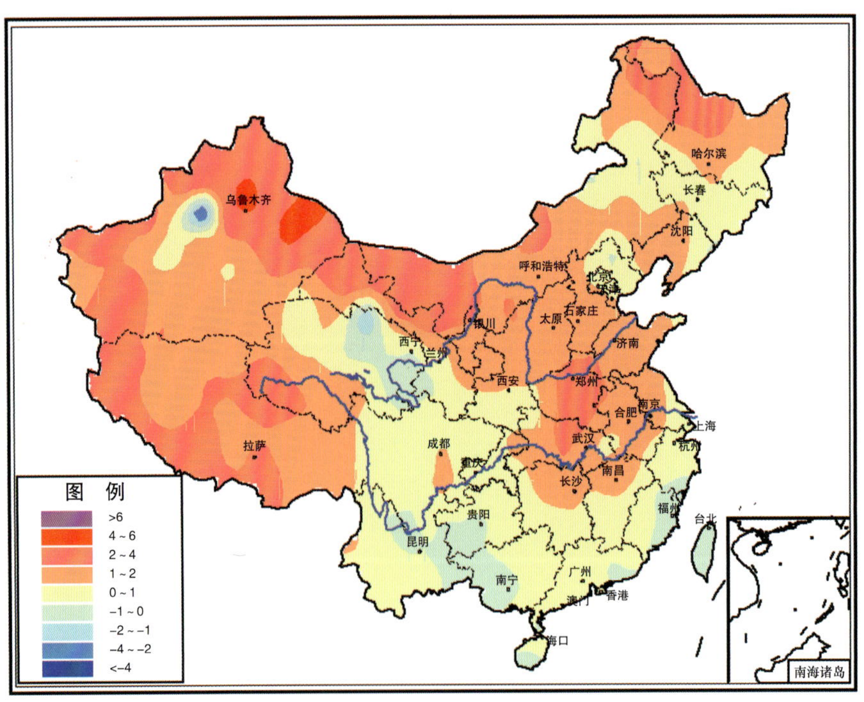

图 3.11.2 2010 年 11 月全国平均气温距平分布图（℃）

Fig. 3.11.2 Mean air temperature anomalies over China in November 2010（℃）

3.11.2 主要气象灾害事记

月内，共有 6 次冷空气过程影响我国，其中有 3 次影响范围较大：分别出现在 5—9 日，11—15 日，19—23 日，过程降温幅度一般有 4～12℃。11 月，东北及内蒙古东部降水量为 27.1 毫米，为1961年以来历史同期次多。7—14日，受冷空气影响，东北大部及内蒙古东部出现降雪，部分地区出现大到暴雪，对民航、公路交通、畜牧业造成了一定影响。

11月，华北大部、黄淮大部、江淮等地降水量比常年同期偏少8成以上，黄淮、华北等地的气象干旱露头或持续发展。10月1日至11月30日，山东省降水量仅9.2毫米，较常年同期（59.5毫米）偏少84.6%，为1961年以来历史同期次少，全省小麦干旱面积140万公顷，其中重旱占总干旱面积的1/3多。另外，江苏、安徽11月的降水量均为1961年以来历史同期第4少，江苏宿迁、徐州、连云港以及安徽宿州农作物受灾面积达50多万公顷，直接经济损失5亿元。

11月，西南东部、江汉、江淮、江南大部、东北局部及新疆北部、福建等地雾日一般有1～5天，其中四川东部、重庆中部、湖南西部、贵州东部、云南西部、湖北东南部、福建中部等地有5～7天。与常年同期相比，贵州东部、湖南西北部、湖北东南部等地雾日偏多1～3天。受大雾天气影响，17日，江苏南京市有10多个路段封闭；19日，四川成都市双流国际机场关闭，大量航班和旅客滞留，12条高速公路被迫封闭或部分封闭。

11月10—11日，内蒙古中西部的局地出现了沙尘暴，受其影响，内蒙古阿拉善盟、巴彦淖尔市、乌海市、鄂尔多斯市最大瞬时风速在17～27米/秒，海力素和头道湖最低气温降幅达10.2℃。大风造成电力线路短时跳闸断电，部分树木被刮倒、广告牌被吹掉、温棚被刮坏。

11月，全国有2个省（市）遭受风雹灾害。10日，重庆市奉节县遭受风雹灾害，农作物受灾面积700公顷。11日，山东省烟台市长岛县遭受风雹袭击，直接经济损失达1300万元。

3.12 12月主要气候特点及气象灾害

3.12.1 主要气候特点

12月，全国平均降水量较常年同期偏多；全国平均气温较常年同期略偏高。月内，4次冷空气袭击我国；华北、黄淮等地气象干旱发展；川渝黔湘闽等地的部分地区多大雾天气。

月降水量与常年同期相比，东北大部、江南大部、华南北部和西部、西南地区东南部及内蒙古东北部和西部、新疆北部和东部、甘肃河西地区、青海西北部等地偏多3成至2倍，部分地区偏多2倍以上；华北、黄淮、江汉大部及辽宁西部、陕西、青海南部、西藏大部、新疆南部、海南等地偏少3～8成，部分地区偏少8成以上；全国其余大部地区接近常年（图3.12.1）。

月平均气温与常年同期相比，除了东北大部及内蒙古东部、青海部分地区偏低1～4℃外，全国其余大部地区接近常年或偏高，其中华北西部、黄淮中西部、江淮大部、江汉大部、江南东北部和西北部以及云南大部、陕西中北部、宁夏北部、新疆西南部、西藏西部等地偏高1～4℃（图3.12.2）。

3.12.2 主要气象灾害事记

12月，有4次冷空气袭击我国，分别出现在3—7日、9—16日、21—26日、28—31日。受冷空气影响，北方大部地区的极端最低气温低于－10℃，其中东北北部及内蒙古东北部等地在－30℃以下。与常年同期相比，冷空气活动次数偏多，且影响范围广、强度大、影响重。大风、剧烈降温和部分地区强降雪天气对农业、畜牧业、交通运输、城市供水供电供暖等造成不利影响。

12月，我国华北、黄淮、江淮以及陕西等地降水量比常年同期明显偏少，同时气温普遍比常年同期偏高，导致气象干旱持续发展。10月1日至12月31日，山东省平均降水量仅13.2毫米，较常年同期（69.9毫米）偏少81.1%，为1961年以来历史同期次少。11月底，华北西南部、黄淮及陕西东北部等地存在中到重度气象干旱，河南中部有特旱。

12月，江南大部、西南东部等地雾日一般有2～6天，其中四川东南部、重庆西南部、贵州东

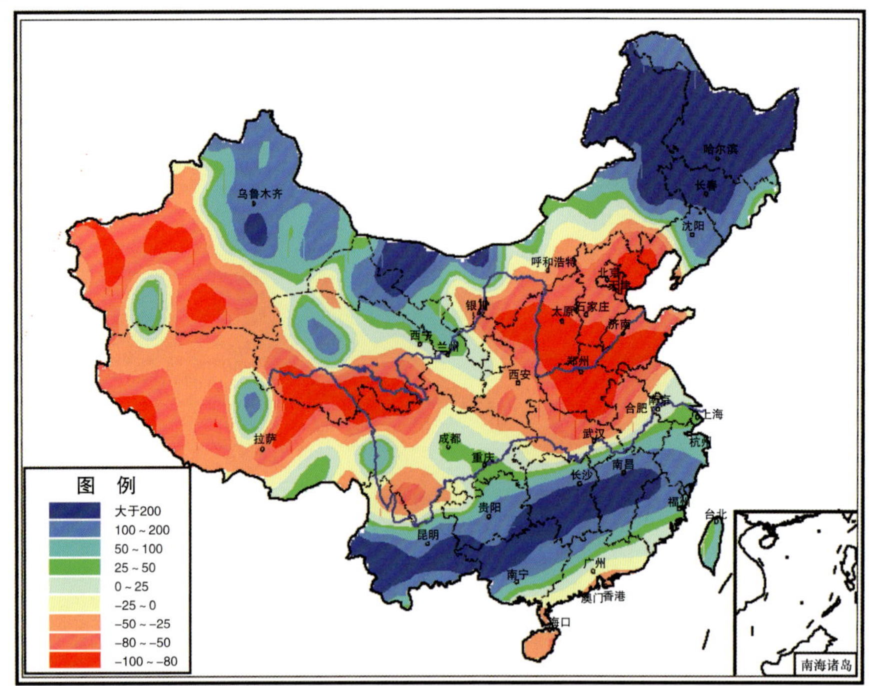

图 3.12.1　2010 年 12 月全国降水量距平百分率分布图（%）

Fig. 3.12.1　Precipitation anomalies over China in December 2010（%）

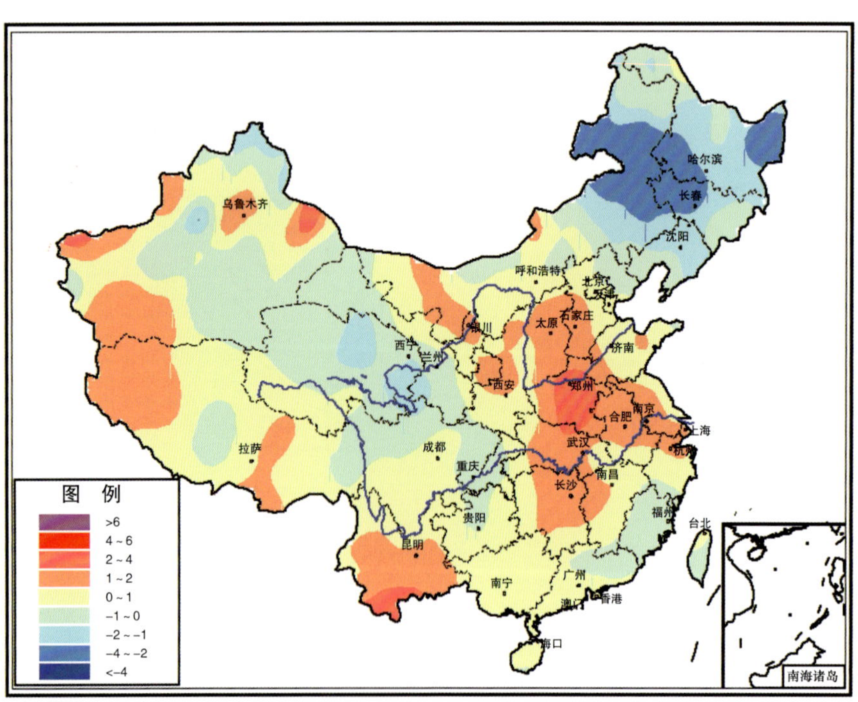

图 3.12.2　2010 年 12 月全国平均气温距平分布图（℃）

Fig. 3.12.2　Mean air temperature anomalies over China in December 2010（℃）

部、湖南西部、福建中部等地达 6～8 天。与常年同期相比，江南南部、华南中部雾日偏多，其中贵州东部、湖南西部等地偏多 2～3 天。

第四章　分省气象灾害概述

4.1 北京市主要气象灾害概述

4.1.1 主要气候特点及重大气候事件

2010 年北京市主要天气气候特点是：平原地区年平均气温为 11.8℃，比常年偏低 0.2℃（图 4.1.1），是自 1992 年以来首次低于气候值；年降水量为 480.8 毫米，比常年（584.6 毫米）偏少 18%（图 4.1.2）。年内，2009/2010 冬季气温偏低，降水偏多；春季气温偏低，降水偏多，3、4 月份气温持续偏低，尤其 4 月中下旬，受强冷空气影响，北京市气温持续异常偏低，平原地区平均气温比常年同期偏低 4.5℃，创 1961 年以来同期最低值；夏季气温偏高，降水偏少；秋季气温接近常年，降水偏多。

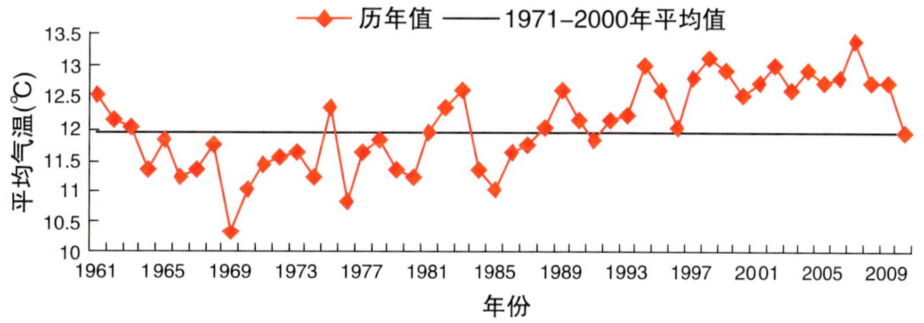

图 4.1.1　1961—2010 年北京市年平均气温变化曲线图

Fig. 4.1.1　Annual mean temperature in Beijing during 1961—2010

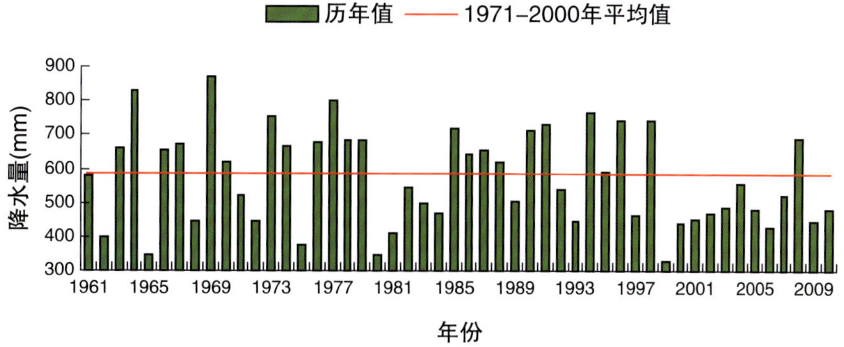

图 4.1.2　1961—2010 年北京市年降水量变化直方图

Fig. 4.1.2　Annual precipitation in Beijing during 1961—2010

2010 年北京市主要的天气气候事件有高温天气、局地性暴雨、大风冰雹、低温、强降雪、干旱和雷暴。2010 年北京市因气象灾害造成农作物受灾面积 0.4 万公顷，受灾人口 11.5 万人，死亡 2 人，直接经济损失 2.1 亿元。总的来看，属气象灾害偏轻年份。

4.1.2 主要气象灾害及影响

1. 雪灾和低温冷冻害

2010 年初，受强冷空气影响，北京市连续大雪，造成严重雪灾和低温冷冻灾害，有七个区县灾害比较严重，致使果树大面积冻伤、冻死，造成蔬菜大棚、果品大棚和养殖大棚受损、倒塌。大兴区遭受冷冻灾害较重，涉及七个镇 65 个自然村，其中采育镇东庄村、凤河营村等村的桃树和杏树大面积冻死、冻伤，面积达 220 公顷，5 至 7 年树龄的果树约 47 公顷全部死亡，直接经济损失 210 万元。

2. 局地强对流

2010 年北京市大风、冰雹等局地强对流天气频发，共造成受灾人口 10436 人，受害面积 585 公顷，经济损失 1290 万元。其中，6 月 19 日，密云县发生风雹灾害，暴雨夹杂大风，农作物损失严重，玉米大面积倒伏，蔬菜大棚严重受损，高岭屯村至瑶亭村之间 800 米间有 80 多棵大树连根拔起倒地，受灾人口达 4280 人，死亡 1 人，受灾面积 200 公顷。

2010 年北京市发生雷电灾害 50 起，造成了 1 人死亡，直接经济损失约 206 万元。

图 4.1.3　2010 年 6 月 19 日下午大风造成密云大树倒伏
（北京市气象局提供）
Fig. 4.1.3　Trees blown down by gale in Miyun County on June 19, 2010

3. 暴雨洪涝

2010 年北京共出现了 8 次局地暴雨和 1 次全市大到暴雨。造成 7000 人受灾，农作物受灾面积 1000 公顷，损坏房屋 1000 万间，直接经济损失 1000 万元。

4. 干旱

2010 年汛期北京地区降水量比常年同期偏少 4 成，部分区县出现严重旱情，其中密云县西田各庄镇出现严重旱灾，秧苗大面积枯死，受灾人口 9000 人。

4.1.3 气象减灾服务简介

2010 年北京市气象局针对年初降雪、低温、汛期雷电、冰雹以及短时强降水、秋季雾霾等关键天气，及时向决策部门、城市运行有关部门、社会公众等发布预报预警产品，加强与应急指挥部门会商和应急联动，向其提供临近落区预警产品、实况信息等，年内共发布灾害性天气预警信号 71 次，提供各种决策服务产品共 2319 期。在抗旱气象服务中加强墒情、旱情监测，提供滚动的旱情跟踪监测分析及天气趋势预报，及时组织人工影响天气作业，缓解夏季旱情。

4.2 天津市主要气象灾害概述

4.2.1 主要气候特点及重大气候事件

2010年，天津市年平均气温12.2℃，与常年值持平（图4.2.1），平均年降水量较常年偏少约2成。冬季和春季气温偏低，夏季和秋季偏高；冬季降水偏多，春季和夏季偏少，秋季接近常年。

2010年主要出现了暴雪、低温、暴雨、高温、大雾、大风和沙尘等灾害性天气气候事件。1月初的暴雪和极端低温天气对农业生产造成严重影响，并严重阻碍了公路交通和航空运输。6月17日和7月19日的强对流天气，造成一些房屋受损，并对城市公路交通造成影响。7月上旬和下旬出现的高温天气给城市供电带来巨大压力。秋冬季节大雾频发，对公路交通、航空运输和港口航运产生不利影响。总体来看，2010年天津市气象灾害较轻，所造成的经济损失较2009年明显减少。

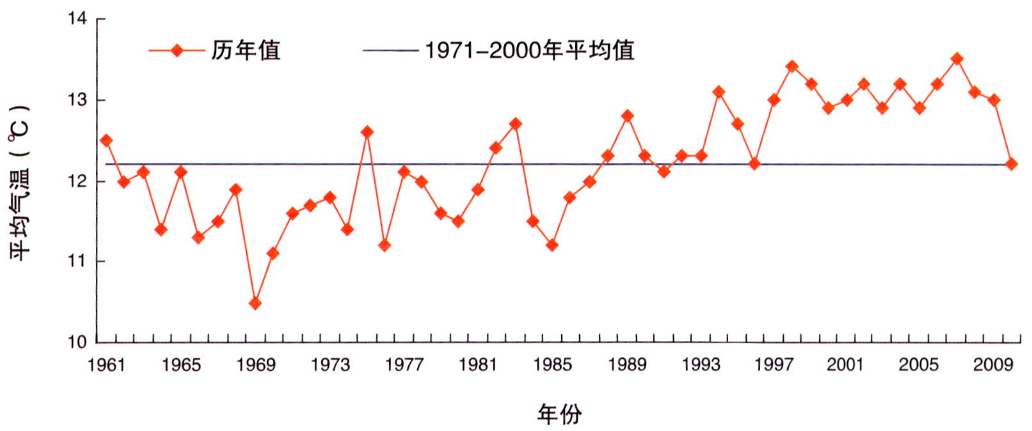

图4.2.1　1961—2010年天津年平均气温变化图

Fig. 4.2.1　Annual mean temperature in Tianjin during 1961—2010

4.2.2 主要气象灾害及影响

1. 暴雪

1月2—4日，天津市普降大到暴雪，全市平均降雪量10毫米，积雪8.1～26.3厘米。1月3日，汉沽等地部分农业棚室被积雪压垮坍塌受损。3日当天，市内高速公路发生交通事故近30起，天津滨海国际机场关闭至16点，有50多个航班被取消。

2. 低温冻害

1月4—7日，武清、汉沽、宁河等多站次刷新低温观测记录。其中，5日和6日汉沽最低气温连续两次突破历史最低纪录，6日达−22.5℃。低温冻害导致汉沽、西青、武清和静海等地共3.3万公顷农田受灾，造成农业经济损失约5148万元。

3. 暴雨洪涝

6月17日，天津出现强降水，武清、静海、津南和塘沽降暴雨（图4.2.2）。东丽近300间房屋受损，造成家庭财产损失23万余元。7月19日天津出现强降水，大港、塘沽、宁河和汉沽降暴雨。蓟县罗庄子镇花果峪村发生山体滑坡，约370立方米山石滑落，造成马平公路东段交通中断10余小时。8月18—22日，天津出现大范围持续降水。19日宝坻暴雨，21日大港和宁河暴雨，塘沽大暴雨。

4. 高温

2010年天津35℃以上高温有4～14天，且集中出现在7月。7月3—6日，全市平均最高气温连续4天超过35℃。7月22—31日，全市平均最高气温连续9天超过33.5℃，加之相对湿度高达70%左右，异常闷热。高温闷热使得天津电网连续“高烧”，29日，用电负荷在一天内两次突破千万千瓦，30日更是高达1037万千瓦。

图4.2.2　2010年6月17日强对流天气造成道路积水（天津市气象局提供）

Fig 4.2.2　The road watering caused by strong convection weation on June 17, 2010

4.2.3 气象减灾服务简介

针对2010年1月2—4日的强降雪天气，天津市气象台提前36个小时做出了预报，发布各类服务产品16期，发布预警信息和温馨提示11条，服务超过1303万人次。全市各气象部门均坚守职责，因预报准确、服务及时，得到了公众、市委、市政府的广泛肯定和赞扬。针对6月17日、7月19日和8月18—22日的强降水过程，以及7月初和月末的高温天气，均及时发布了各类预报和预警信息，气象信息通过专报、网络、电视、广播、报纸和短信等多种渠道服务于政府、公众和专业用户。

4.3 河北省主要气象灾害概述

4.3.1 主要气候特点及重大气候事件

2010年，河北省年平均气温为11.6℃，比常年偏高0.1℃（图4.3.1），为1997年以来气温最低的一年；年内气温起伏较大，冬春气温持续偏低，春季出现罕见低温，夏、秋季气温偏高，部分地区极端高温突破历史极值。全省年降水量为493.9毫米，较常年偏少27.2毫米（约5.2%）（图4.3.2）；年内降水量时空分布不均，主汛期降水推迟，夏季降水偏少，春、秋季降水略偏多，秋末开始持续干旱。2010年河北省先后经历了多种气象灾害，低温、干旱、高温、寒潮灾害较常年偏重；大雾、连阴雨、大风灾害接近常年；沙尘、暴雨、雷暴、风雹等灾害与常年相比较轻，但局部受灾较重。气象灾害发生的频率和损失程度接近20世纪90年代以来的平均水平，但低于2009年的损失程度，属于中等偏轻年份。全年因灾造成农作物受灾面积152.8万公顷，绝收面积18.8万公顷；受灾人口2280.5万人次，死亡20人；直接经济损失97.5亿元。

4.3.2 主要气象灾害及影响

1. 干旱

2010年，河北省以阶段性干旱为主，年内主要出现了夏旱及秋冬连旱。全省受灾人口910.2万人，农作物受灾面积59.6万公顷，其中绝收13.7万公顷；因灾造成67.6万人和15.1万头大牲畜出现临时性饮水困难，直接经济损失35.5亿元。西部太行山区大部和张家口坝上地区受灾较重。

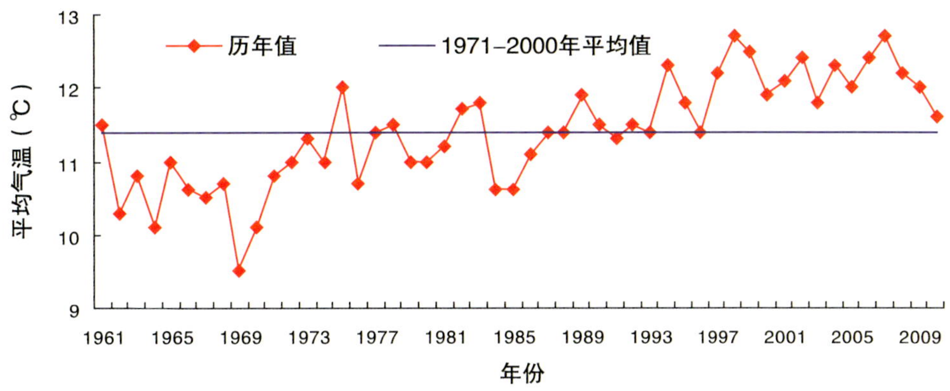

图 4.3.1　1961—2010 年河北年平均气温变化图

Fig. 4.3.1　Annual mean temperature in Hebei during 1961—2010

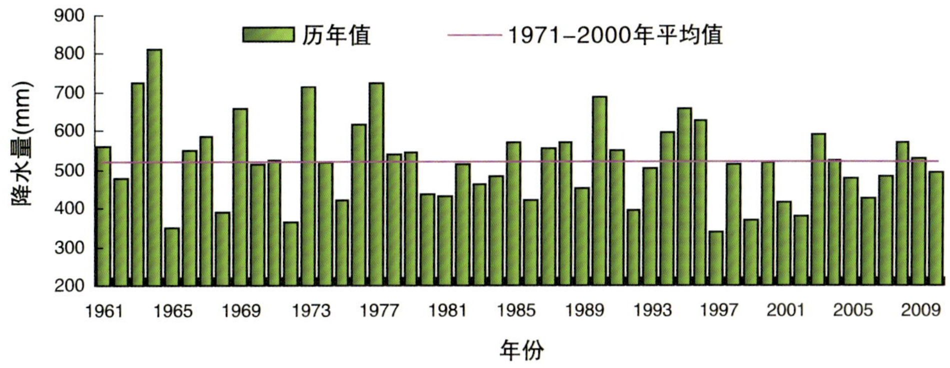

图 4.3.2　1961—2010 年河北年降水量变化图

Fig. 4.3.2　Annual precipitation in Hebei during 1961—2010

2. 暴雨洪涝

2010 年，河北省因暴雨洪涝导致 4 人死亡，277.5 万人受灾，农作物受灾面积 28.5 万公顷，绝收 1.4 万公顷；倒塌损坏房屋 1.7 万间；直接经济损失 18.4 亿元。

3. 局地强对流

2010 年，河北省因大风、冰雹、雷雨等强对流天气共造成 12 人死亡，19 人受伤，466.3 万人受灾；农作物受灾面积 23.6 万公顷，绝收 1 万公顷；直接经济损失 19.1 亿元。

2010 年河北省共发生雷灾事故 479 起，造成 9 人死亡，16 人受伤，引起的爆炸火灾 4 起，损伤建筑物 11 起，直接经济损失 488 万元。

图 4.3.3　2010 年 7 月 9—11 日强降雨导致迁安县杨店子镇大片农田积水（迁安县气象局提供）

Fig. 4.3.3　Heavy precipitation leading to lots of fields watered from July 9 to 11 in 2010

4. 低温冻害

2010 年 1 月上中旬河北出现历史罕见的低温天气，最低气温低于 −10℃，使刚刚返青的麦苗遭受冻害。全省 626.5 万人受灾，农作物受灾面积 41.1 万公顷，绝收 2.7 万公顷，因灾造成直接经济损失 24.5 亿元。石家庄、保定、邯郸、衡水等市受灾较重。

5. 高温

2010 年 7 月 22—31 日，河北省出现持续高温天气，持续时间长达 10 天。受高温闷热天气影响，7 月 29 日，河北省南部 6 市第 3 次限电，限电 50 万千瓦。持续高温闷热使中暑患者增多，7 月 31 日，井陉、平山和石家庄市区因高温中暑死亡 4 人。

4.3.3 气象减灾服务简介

2010 年，河北省气象台向省委省政府主要领导及有关部门发布各种决策气象服务材料 640 余期，省委省政府主要领导和相关部门对服务材料的批示、引用、表扬达 32 人次。针对 8 月 4—5 日河北省强降雨天气过程，省气象局启动了气象灾害应急预案Ⅲ级应急响应，于 8 月 2 日、3 日两次向省委省政府主要领导和相关部门发布“重要气象专报”，8 月 4—5 日向省委省政府、省防汛办和相关部门共发布“气象信息快报”共 12 期。省人影办提前发出预警，积极开展人工增雨作业，8 月 3—5 日，有 8 个市开展了人工增雨作业，作业效果明显，作业区和影响区降雨量显著增加。

4.4 山西省主要气象灾害概述

4.4.1 主要气候特点及重大气候事件

2010 年，山西省年平均降水量为 438.8 毫米，较常年偏少 39.8 毫米。春季，山西省平均降水量为 77.9 毫米，较常年偏多 1.9 毫米；冬、夏和秋季降水量均偏少。全省年平均气温为 10.1℃，较常年偏高 0.7℃，已连续 14 年高于常年值（图 4.4.1）。

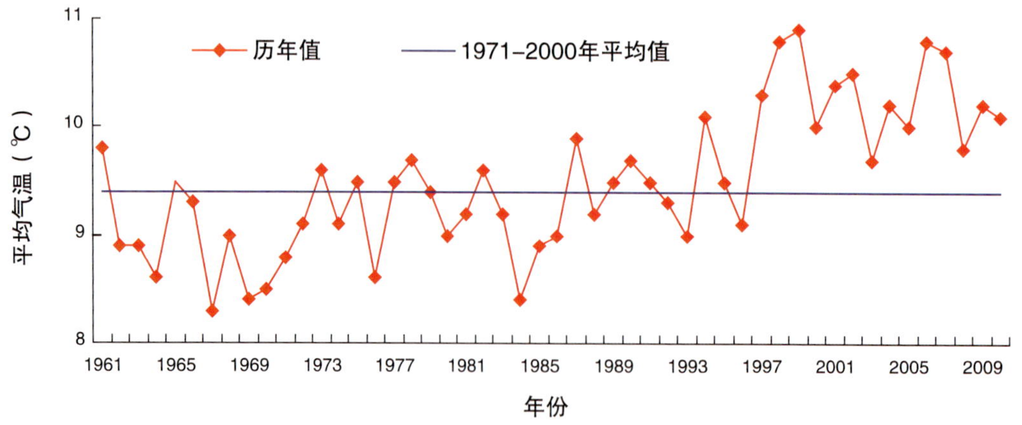

图 4.4.1 1961—2010 年山西年平均气温变化图
Fig. 4.4.1 Annual mean temperature in Shanxi during 1961—2010

2010 年山西省主要气象灾害及气候事件有干旱、强降雪、暴雨、冰雹、连阴雨、大风、寒潮、低温冷冻害、高温等，灾害性天气给工农业生产及人民生活造成了一定的影响，其中低温冷冻害、干旱、暴雨、冰雹、大风等造成的影响较为严重。全年因气象灾害造成农作物受灾面积 139.6 万公顷，绝收面积 17.7 万公顷，受灾人口 1327.1 万人次，死亡 4 人，倒塌房屋 1.5 万间，损坏房屋 5.5 万间，直接经济损失 122 亿元。

4.4.2 主要气象灾害及影响

1. 低温冷冻害和雪灾

2010年山西省因雪灾和低温冷冻害造成374.2万人受灾，损坏房屋0.3万间，农作物受灾面积37.9万公顷，绝收面积5.9万公顷，直接经济损失60亿元。

2010年4月，山西省气温偏低明显。全省4月平均气温为8.8℃，较常年偏低2.7℃，为1971年以来最低值。其中4月中旬偏低3.2℃，下旬偏低4.7℃。全省各地气温普遍偏低，中北部大部气温偏低3℃以上，运城市和临汾市的中南部偏低2℃以内。有83站气温之低排在历史前三位，其中51站排在历史第一位。

2. 干旱

2010年山西省因旱造成587.5万人受灾，64万人饮水困难，农作物受灾面积72.8万公顷，绝收面积10.6万公顷，直接经济损失25.2亿元。

由于山西省6、7月大部分地区降水量偏少加之气温持续偏高，致使部分地区发生严重干旱。其中太原市娄烦、阳曲、清徐表层土壤出现了4～10厘米的干土层。

图4.4.2 2010年4月14日万荣县果树受冻（万荣县气象局提供）
Fig. 4.4.2 The frosted fruit tree in Wanrong County of Shanxi Province on April 14, 2010

3. 暴雨洪涝

2010年，山西省因暴雨洪涝造成223万人受灾，死亡2人，倒塌房屋1.4万间，损坏房屋4.6万间，农作物受灾面积20.9万公顷，绝收面积1万公顷，直接经济损失19.7亿元。

4. 局地强对流

2010年，山西省局地强对流天气共造成8万公顷农作物受灾，其中绝收面积0.2万公顷，受灾人口142.4万人，倒塌房屋0.1万间，损坏房屋0.6万间，直接经济损失17.1亿元。尤其夏季，频繁出现的局地大风、冰雹等灾害性天气，给工农业生产及人民生活财产等造成较大损失。

4.4.3 气象减灾服务简介

2010年，山西省气象局对各类重大天气气候事件，采取了及时预警、密切跟踪的方式，制作发布各类服务材料，并及时通过传真、函送等方式报省委、省政府领导，还通过报纸、电台、电视、手机短信、传真等及时向社会公众、专业服务单位发布。另外还针对农事生产活动，提供了专题服务材料。2010年山西省气象局共向社会和政府部门提供决策服务材料579期，其中得到省委省政府领导批示29次，发布各类气象灾害预警信息77期，提供天气快报183期，专题气象预报168期，重大突发事件报告22篇，多次召开新闻发布会，为山西省防灾减灾工作作出了重要贡献。

4.5 内蒙古自治区主要气象灾害概述

4.5.1 主要气候特点及重大气候事件

2010年，内蒙古年平均气温4.4℃，较常年偏低0.7℃，比去年偏低1.6℃（图4.5.1）；年降水量329.0毫米，较常年偏多28.0毫米，比去年偏多83.0毫米。年初部分地区发生雪灾，对当地牧业生产和交通运输产生不利影响。春季大部地区气温偏低，农作物播种期有所延迟。夏季河套灌区的干热风，通辽市北部、赤峰市北部及阴山以北地区的干旱对农业生产造成不利影响；局地暴雨洪涝、雷雨、大风、冰雹等灾害频发导致人员和财产损失。全年因气象灾害及其引发的次生灾害造成889.3万人受灾，死亡26人；农作物受灾面积203.3万公顷，其中61.6万公顷绝收；倒塌房屋1.0万间，死亡大牲畜4.7万头（只）；直接经济损失138.2亿元。2010年总体上看农牧业属正常年景。

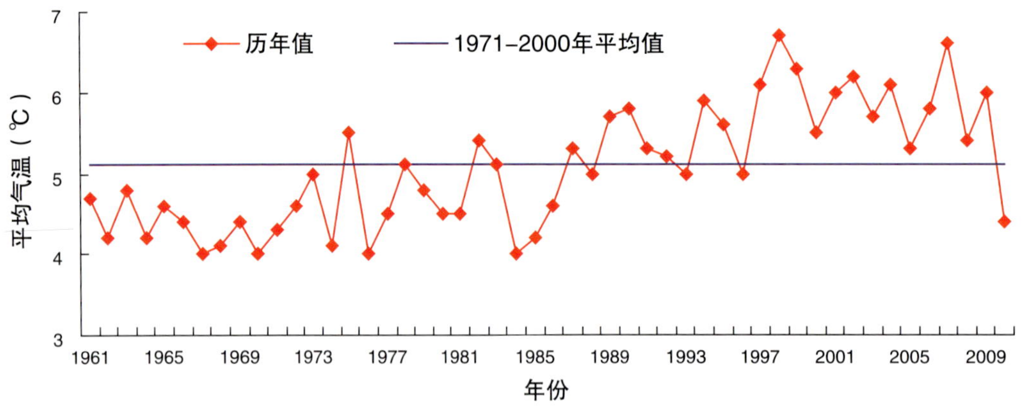

图4.5.1　1961—2010年内蒙古年平均气温变化图

Fig. 4.5.1　Annual mean temperature in Inner Mongolia during 1961—2010

4.5.2　主要气象灾害及影响

1. 干旱

内蒙古12个盟（市）均有不同程度干旱发生，以夏旱为主。2010年6月至7月，内蒙古巴彦淖尔市乌拉特后旗降水持续偏少，气温偏高，不少草场牧草返青后又枯死，发生旱灾。截止7月底，全旗5个苏木镇40个嘎查村受灾，受灾人口1.1万人，受灾草场169.3万公顷，受灾牲畜45万头（只），重灾人口3100人，重灾牲畜17万头（只），饮水困难人口2000人，饮水困难牲畜17万头（只），造成直接经济损失460万元。

2. 暴雨洪涝

2010年7月27—28日，内蒙古赤峰市翁牛特旗境内出现强降水，造成部分地区河水暴涨，山洪暴发。共有五个乡镇的77个行政村不同程度受灾，受灾人口6.3万人，紧急转移安置1032人；农作物受灾面积达1.1万公顷；倒塌房屋489间，死亡牲畜62头；135眼机电井充淤，439眼饮水井充淤。造成直接经济损失1.8亿元。

3. 局地强对流

内蒙古12个盟（市）均有风雹雷电等灾害发生，106.6万人受灾，因灾死亡11人，农作物受灾26.8万公顷，绝收6.4万公顷，直接经济损失19.6亿元。其中雷电灾害造成6人死亡。

2010 年 7 月 18 日内蒙古通辽市科尔沁左翼中旗出现分布不均的雷阵雨和冰雹天气，持续 15 分钟左右，降水量达 20 毫米以上，冰雹最大直径 45 毫米。全旗有 7.8 万人受灾，损坏房屋 600 间，农作物受灾面积 5.1 万公顷，绝收面积 1.7 万公顷，农业经济损失 2.5 亿元。

4. 低温冷冻害和雪灾

1 月 3—7 日，内蒙古乌兰察布市、锡林郭勒盟、巴彦淖尔市、赤峰市和通辽市相继发生暴风雪天气。最大降雪量达 6 毫米，最大风力达 9 级，最低气温达零下 30℃，大部分地区积雪深度为 13～23 厘米，最大积雪深度达 1 米。雪灾导致 40 万人受灾，2 人死亡；223.3 万头（只）牲畜受灾，死亡 4.3 万头（只）；12 趟旅客列车、54 列货物列车运行受阻，哈尔滨至包头的 1814 次旅客列车在集通线大东沟至三介海子间的路堑地段被雪埋和挤压，无法运行，1400 多名旅客被困车上；38 条国省干线公路运行困难，部分公路运行中断，直接经济损失达 5.3 亿元（图 4.5.2）。

5. 病虫害

内蒙古 7 个盟（市）发生病虫害，受灾 36.2 万人，农作物受灾 11.9 万公顷，绝收 2.6 万公顷，直接经济损失 8.3 亿元。

4.5.3 气象减灾服务简介

2010 年内蒙古气象部门面向民生、面向生产、面向决策，全力做好气象服务，圆满完成了各项服务任务。为抗击雪灾，抗旱防汛，农牧业生产，生态建设和重大社会活动等提供了积极主动、及时有效的气象保障服务。全年启动应急响应 3 次，发布各类气象灾害预警信号 797 次，为内蒙古各级党委政府提供决策气象服务产品 5445 期，在内蒙古社会经济发展和防灾减灾中发挥了不可替代的重要作用，受到自治区党政领导充分肯定和社会各界普遍赞誉。

图 4.5.2　2010 年 1 月 3 日大雪导致 1814 次旅客列车受阻
（乌兰察布市气象局提供）
Fig. 4.5.2　Heavy snow hindered Train 1814 on January 3, 2010

4.6 辽宁省主要气象灾害概述

4.6.1 主要气候特点及重大气候事件

2010 年，辽宁省年平均降水量 1003.0 毫米，比常年偏多 51%，为 1951 年以来降水最多的一年（图 4.6.1）；年平均气温 7.8℃，比常年偏低 0.5℃；年日照时数为 2320 小时，比常年偏少 258 小时，为 1951 年以来历史最少值。1—5 月全省平均降水量为 1951 年以来历史同期最多值；春季平均气温比常年偏低 1.8℃，为 1951 年以来同期第三低值，持续低温多雨造成大部地区农田播种明显延迟；夏季暴雨频发，灾情严重，其中 8 月降水量为 1951 年以来同期次多值。

2010 年辽宁省遭受的主要气象灾害有：暴雨、局地强对流、干旱等。全年因气象灾害造成 631.3 万人受灾，死亡 25 人，农作物受灾面积约 75.7 万公顷，绝收面积 12.1 万公顷，直接经济损失约 169 亿元。总体来讲，2010 年为气象灾害偏重年份。

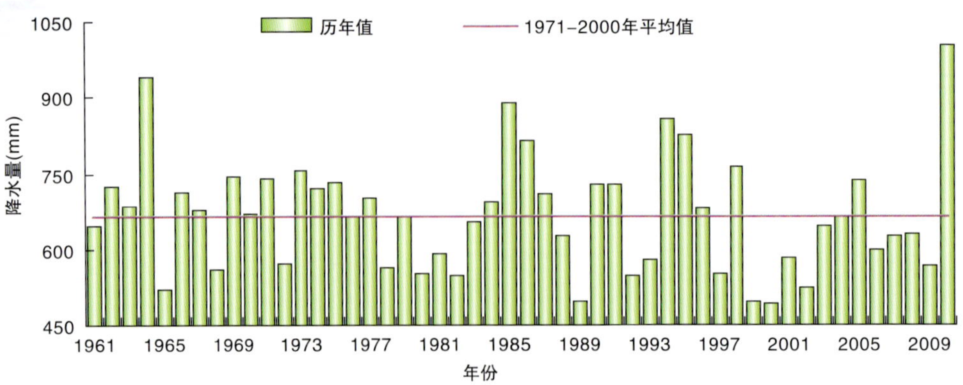

图 4.6.1　1961—2010 年辽宁省年降水量变化曲线图

Fig. 4.6.1　Annual precipitation in Liaoning during 1961—2010

4.6.2 主要气象灾害及影响

1. 暴雨洪涝

2010 年辽宁省暴雨洪涝灾害频繁，主要发生在 7—8 月，共出现 6 次强降水过程，分别为 7 月 19—22 日、7 月 30 日至 8 月 1 日、8 月 4—6 日、8 月 7—10 日、8 月 19—23 日、8 月 26—29 日。刷新了主汛期历时最长、结束最晚纪录。全年暴雨洪涝共造成 561.9 万人受灾，农作物受灾面积 70.8 万公顷，经济损失 163.4 亿元。7 月 19—22 日，全省 61 个县级以上气象站平均降水量为 109.0 毫米，为 1951 年以来同期第二多值；最大降水量 387.0 毫米，出现在铁岭；20 个观测站出现大于 100 毫米以上的降水，5 个观测站出现大于 250 毫米以上的降水，9 个观测站的日降水量为 1951 年以来同期最大值；铁岭、盘锦、沈阳、锦州、鞍山、本溪、阜新、抚顺、朝阳 9 个地市不同程度受灾，铁岭县胜利河阿吉段回水堤坝决口两处（图 4.6.2）。

2. 局地强对流

2010 年，辽宁省因雷雨、大风、冰雹等强对流天气造成 20.3 万人受灾，农作物受灾面积约 3.1 万公顷，绝收 0.6 万公顷，直接经济损失约 2.7 亿元。7 月 27 日，彰武县 2 个村遭受龙卷风袭击，树木被风刮断或连根拔起 102 棵，玉米倒伏面积 333.3 公顷，绝收 66.6 公顷（图 4.6.3）。

图 4.6.2　2010 年 7 月 20 日铁岭县暴雨成灾（辽宁省气象局提供）

Fig. 4.6.2　Heavy rain in Tieling on July 20, 2010

3. 低温冷冻害和雪灾

2010 年辽宁省低温冷冻害和雪灾共造成直接经济损失 0.2 亿元。2 月 23—25 日辽宁省出现大范围雨雪天气，路面和电线上产生了结冰现象，造成多条高速公路封闭；辽宁管内电网有 4 条 550 千伏线路跳线，19 条 220 千伏线路跳线；铁路接触网严重结冰，部分旅客列车包括 4 趟动车组列车受阻晚点；多架航班不能正常起降。

4.6.3 气象减灾服务简介

2010年汛期，辽宁遭受历史罕见的6轮强降雨过程，主汛期降水量居1951年以来同期第二位，刷新主汛期历时最长和结束最晚纪录。辽宁省气象局在省领导主持召开的防汛工作会议上汇报天气形势48次，向省委、省政府及有关部门报送《重要气象报告》12期，启动重大气象灾害应急响应8次；发布暴雨预警信号311次，其中红色预警信号43次；与省国土资源厅联合发布地质灾害预警168次，其中4级预警52次。省广播电视台及时插播气象灾害预警信息和地质灾害预警信息。省通信管理局首次以手机短信形式将暴雨预报和预警信息向全省公众发布。气象服务为全省“大汛大水无大灾”作出了重要贡献，省长陈政高评价：“气象预报服务准确及时”。

图4.6.3　2010年7月27日辽宁省彰武县树木被龙卷风刮倒（辽宁省气象局提供）

Fig. 4.6.3　Trees blown down by tornado in Zhangwu County of Liaoning Province on July 27, 2010

4.7 吉林省主要气象灾害概述

4.7.1 主要气候特点及重大气候事件

2010年吉林省年平均气温为4.8℃，比常年偏低0.3℃（图4.7.1）。年降水量为810.7毫米，比常年偏多34%，为1961年以来历史最多（图4.7.2）。年内主要气候特点是：春季气温偏低，降水偏多，3—4月受强冷空气影响，吉林省出现历史罕见的持续低温阴雨天气，导致作物播种期推迟，作物发育期普遍偏晚；汛期气温偏高，降水偏多，初夏降水偏少，盛夏降水偏多，出现罕见的大旱大涝和旱涝急转；秋季气温略高，降水接近常年，初霜略早，对贪青晚熟作物有一定的影响。

2010年吉林省主要气象灾害为暴雨洪涝和干旱，此外还发生了雪灾、风雹、雷击等气象灾害。2010年，气象灾害造成吉林省779.6万人受灾，死亡113人；农作物总受灾面积89.5万公顷，其中绝收面积23.3万公顷；直接经济损失523.7亿元。2010年，吉林省气象灾害损失为近十年最重。

4.7.2 主要气象灾害及影响

1. 暴雨洪涝

2010年的强降雨集中期出现在盛夏的7月20日至8月14日，吉林省平均降雨量达248.1毫米，较常年同期多78%，突破历史极值。7月20—28日全省平均降雨量为128毫米，较常年同期多168%，突破历史极值，中南部地区的多个县市（区）以及多条流域降雨量均突破历史极值。期间出现明显降雨过程7次，有6次落区在中南部和东部。此间出现暴雨63县市（次），大暴雨14县市（次），暴雨大暴雨次数突破历史极值（图4.7.3）。7月27—28日降雨过程中莲花山1小时

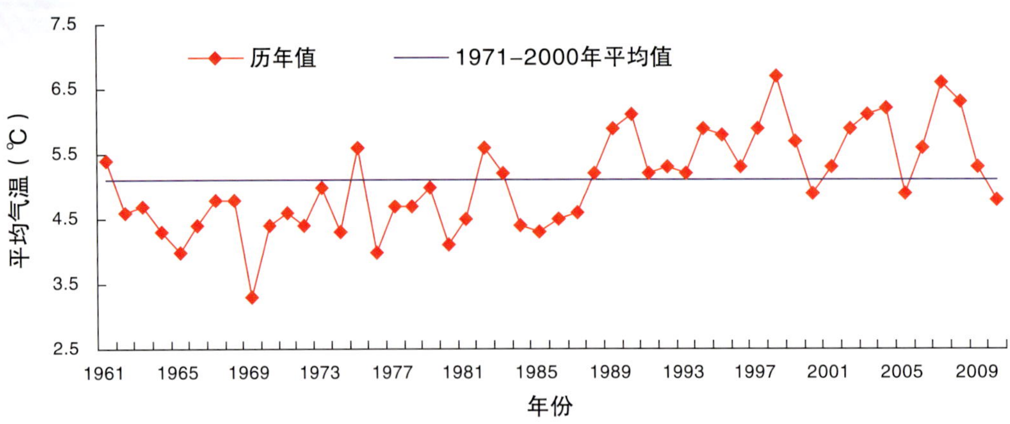

图 4.7.1　1961—2010 年吉林年平均气温变化图

Fig. 4.7.1　Annual mean temperature in Jilin during 1961—2010

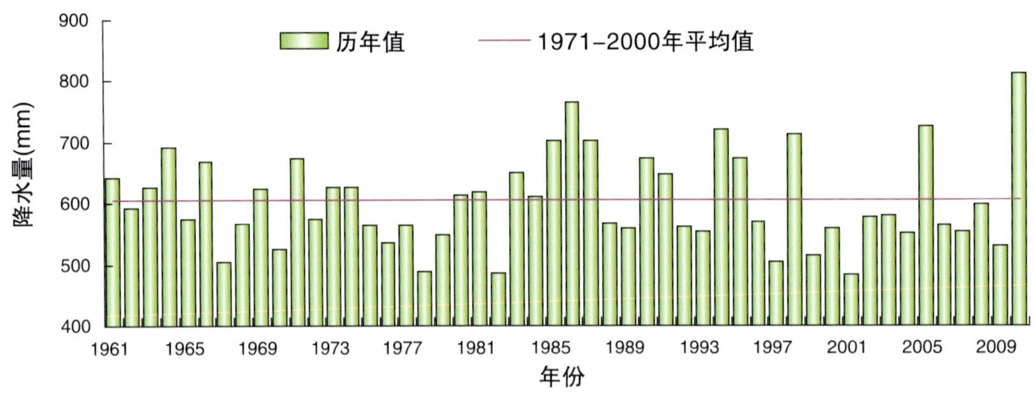

图 4.7.2　1961—2010 年吉林年降水量变化图

Fig. 4.7.2　Annual precipitation in Jilin during 1961—2010

降雨量达 80.5 毫米，10 分钟雨强达 21.3 毫米；永吉官厅乡 1 小时降雨量为 60.9 毫米，3 小时降雨量为 104.5 毫米；后赵家店和兴隆山 2 小时降雨量分别达 104.3 毫米和 105.9 毫米，雨强之大为历史罕见。暴雨洪涝造成全省 529.7 万人受灾，死亡 104 人；倒塌房屋 31 万间，损坏房屋 60.6 万间；农田受灾面积 37.3 万公顷，绝收面积 10.6 万公顷；直接经济损失 499.8 亿元。

2. 干旱

6 月吉林省出现了持续的高温少雨天气。6 月全省月平均气温为 22.8℃，比常年同期偏高 3.4℃，突破历史极值。35℃以上高温日数打破历史纪录。此间全省月平均降水量为 39.8 毫米，比常年同期少 60%，为历史同期第 3 少。近一半的县市 6 月连续无有效降雨（≥ 10 毫米）日数在 26 天以上，中西部地区 17 县市 6 月连续无有效降雨日数达 30 天，突破同期历史极值。受持续高温少雨影响，吉林省中西部地区部分地方出现不同程度的干旱。全省因旱受灾人口 142.7 万人，饮水困难 0.4 万人，农作物受灾面积 34.9 万公顷，绝收面积 12 万公顷，直接经济损失 10.3 亿元。

3. 局地强对流

2010 年 4—9 月，吉林省 274 个县市（次）出现大风日，20 个县市（次）出现冰雹，有 14 县市遭受冰雹、雷雨大风等灾害性天气的袭击，共造成 88.1 万人受灾，农作物受灾面积为 11.5 万公顷，绝收面积 0.7 万公顷，损坏房屋 1.3 万间，直接经济损失 12.7 亿元。

2010 年 5—11 月，全省有 1031 个县市（次）出现雷暴日，17 个县市（次）有雷击事件发生，造成 9 人死亡，直接经济损失 77.8 万元。

4. 雪灾

2010 年 2—3 月和 12 月吉林省中东部地区出现雪灾，主要出现在 3 月。受高空槽、地面气旋和贝加尔湖强冷空气影响，3 月 14—15 日吉林省出现明显降雪天气，中东部地区普遍出现暴雪（38 县市），全省过程平均降雪量为 15.2 毫米（图 4.7.4）。受 2—3 月和 12 月暴雪天气影响，全省 19.1 万人受灾，被困 2300 人，农作物受灾面积 5.8 万公顷，损坏房屋 0.1 万间，损坏大棚 1233 座，直接经济损失 0.9 亿元。

图 4.7.3 2010 年 7 月 21 日暴雨洪涝袭击永吉县（永吉县气象局提供）

Fig. 4.7.3 Storm attacked Yongji County of Jilin Province on July 21, 2010

4.7.3 气象减灾服务简介

2010 年吉林省气象局的预报服务人员，在迎战冬末春初频繁的降雪天气，春季低温多雨雪，夏季罕见的大旱大涝、旱涝急转等方面成绩卓著。2010 年为省委、省政府及各职能部门提供气象信息 200 余份，预报服务信息得到了省委、省政府充分肯定。省委省政府等领导多次在《重要气象信息报告》上作出批示。在 6 月高温干旱气象服务工作中，吉林省气象局及时发布了干旱黄色预警，相关预报服务信息得到省委省政府批示 4 次；7 月初及时把握了旱涝急转趋势，获省领导批示 1 次；7 月 20 日至 8 月上旬强将雨集中期内多次发布《重要气象信息报告》，省委、省政府重要批示 6 份，收到了较好的服务效果。

图 4.7.4 2010 年 3 月 15 日集安市遭受雪灾（集安市气象局提供）

Fig. 4.7.4 Heavy snow attacked Jian City of Jilin Province on March 15, 2010

4.8 黑龙江省主要气象灾害概述

4.8.1 主要气候特点及重大气候事件

2010 年黑龙江省平均年降水量比常年多 4%，冬、春季多，夏、秋季少，春季及 2 月、5 月、12 月均为 1961 年以来历史同期最多，冬季为 1961 年以来历史同期次多，秋季为 1961 年以来历史同期最少；年平均气温接近常年（图 4.8.1），冬、春季偏低，夏、秋季偏高，春季为 1961 年以来历史同期次低，夏季高温为 1961 年以来历史同期次高，6 月异常高温为 1961 年以来历史同期最高。年内主要气象灾害有：冬春持续低温多雨雪导致春播拖后、初夏高温导致特大森林火灾、后春至初夏干旱、盛夏暴雨洪涝、龙卷风。气象灾害共造成黑龙江 698.7 万人受灾，死亡 14 人，农作物受灾面积 143.4 万公顷，绝收面积 10 万公顷，直接经济损失 60.1 亿元。总体来看，2010 年属于略偏好年景。

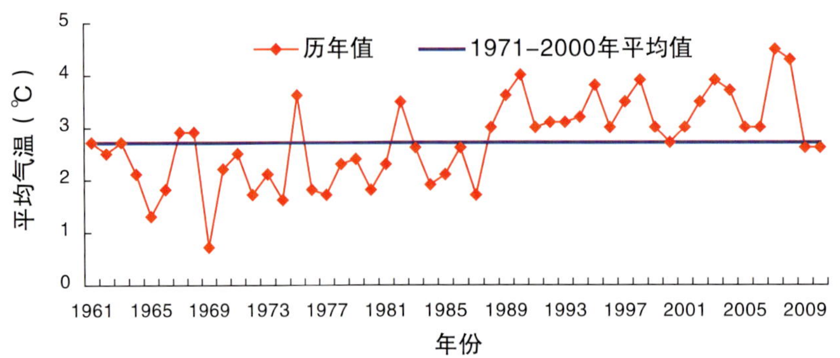

图 4.8.1 1961—2010 年黑龙江省年平均气温变化曲线图

Fig. 4.8.1 Annual mean temperature in Heilongjiang during 1961—2010

4.8.2 主要气象灾害及影响

1. 低温

2010 年黑龙江省冬春季持续低温，天气回暖比常年偏晚 10 天以上，导致土壤化冻缓慢，加之 5 月降水异常偏多，致使大田播种比历年晚 10 天以上。各大江河冰层融化速度减缓，致使开江日期延后 10 天左右，松花江哈尔滨江段开江日期为 1951 年以来最晚。

2. 雪灾

2010 年黑龙江省发生多起严重雪灾，降雪频次多、受灾范围广，受灾程度重。雪灾造成 110.5 万人受灾，1 人死亡，倒塌房屋 0.1 万间，损坏 0.5 万间，直接经济损失 2.8 亿元。4 月 12—13 日，黑龙江省中东部地区的 29 个市县降雪量有 10～36 毫米，其中鹤岗、哈尔滨、汤原降水量分别达 36、32 和 31 毫米（图 4.8.2）。哈尔滨出现 1961 年以来最大的一次降雪，导致 3 人受伤，1 人死亡。

图 4.8.2 2010 年 4 月 13 日黑龙江省哈尔滨市出现暴雪天气（黑龙江省气候中心提供）

Fig. 4.8.2 Heavy snow in Harbin City of Heilongjiang on April 13, 2010

3. 高温

从 2010 年 6 月 3 日开始，黑龙江持续出现 35℃以上的高温天气，大兴安岭等 21 个站日最高气温突破历史极值。27 日，呼玛出现高达 40.5℃的高温天气，为 6 月黑龙江省日最高气温最高值。受高温少雨影响，大兴安岭发生特大森林火灾，共 26 个火场，过火总面积达 1.3 万公顷。

4. 干旱

2010 年黑龙江省出现两次干旱过程：后春至初夏干旱和 9 月干旱。后春至初夏干旱对农业影响较大。5

月末至6月末持续高温少雨，部分地区出现旱象，重旱地区主要分布在大兴安岭、牡丹江等地，呼玛为特旱。

5. 暴雨洪涝

2010年暴雨洪涝灾害主要集中在7、8月份，全年共造成254万人受灾，1人死亡，农作物受灾面积22.1万公顷，绝收面积4.3万公顷，直接经济损失15亿元。8月13—14日，齐齐哈尔降暴雨，降水量达133.6毫米，为1961年以来历史同期最多；14日鹤岗日降水量达125.7毫米，为1961年以来历史同期次多。

6. 局地强对流

2010年黑龙江省风雹雷电等局地强对流天气灾害频发，共造成84.1万人受灾，农作物受灾面积11万公顷，绝收面积2.1万公顷，直接经济损失15.7亿元。5月15日，绥化市北林区、海伦市、兰西县、庆安县、绥棱县，哈尔滨市呼兰区的多个乡镇遭受龙卷风袭击（图4.8.3），并伴随冰雹强降水，大风持续35分钟，平均风速25米/秒，平均风力达到9级，阵性风力达11级，造成1.0万人受灾，7人死亡，98人受伤，紧急转移安置3716人，损坏房屋6414间，倒塌房屋1494间，死亡大牲畜57头（只），直接经济损失1.44亿元。

图4.8.3　2010年5月15日黑龙江省兰西县遭受龙卷风袭击（黑龙江省绥化市气象局提供）

Fig. 4.8.3　Tornado attacked Lanxi County of Heilongjiang Province on May 15, 2010

4.8.3 气象减灾服务

2010年黑龙江省气象灾害较多，极端气候事件频发，气象部门严密监测、及时预警，气象服务能力显著提升。在4月中旬中东部地区出现大到暴雪天气、初夏高温、“6.26”大兴安岭特大森林火灾、七台河与鸡西煤矿透水事故中，气象部门及时启动应急响应、多次发布预警，取得了明显的防灾减灾效果，受到各级政府领导和公众的一致认可和好评。

4.9 上海市2010年气象灾害概述

4.9.1 主要气候特点及重大气候事件

2010年上海市年平均气温为16.9℃，比常年偏高1.1℃，比2009年偏低0.3℃（图4.9.1），冬季气温偏高，春季气温与常年持平，夏季和秋季气温显著偏高；其中2月下旬各站气温均创历史同期最高，4月气温为1966年以来同期最低，出现“倒春寒”，8月浦东出现40.5℃的极端最高气温，创上海地区有气象记录以来最高，市区首次出现连续4天日最高气温≥39℃的强高温过程。全市年降水量1213毫米，较常年偏多5%，除了青浦和崇明外全市大部分地区降水偏多；冬季降水偏多，春季和秋季降水略偏多，夏季降水略偏少；梅雨降水量较常年偏多1成，11月降水显著偏少。全市平均年日照时数1812小时，比常年偏少112小时，四季日照时数都略偏少。

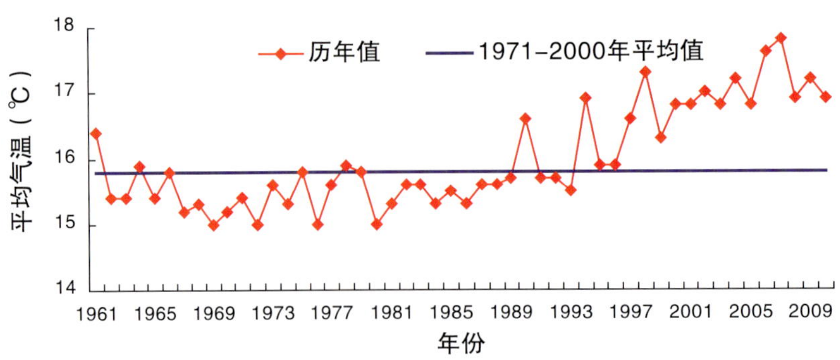

图 4.9.1　1961—2010 年上海市年平均气温历年变化图

Fig. 4.9.1　Annual mean temperature in Shanghai during 1961—2010

2010 年主要气象灾害有暴雨、雷雨大风、大雾、高温等。全市因气象灾害造成 2 人死亡，倒塌房屋 11 间，受灾人口 0.1 万人，紧急转移安置 62 人，直接经济损失 144.3 万元。总体评价，2010 年属气象灾害较轻年份。

4.9.2 主要气象灾害及影响

1、 暴雨洪涝

2010 年上海市平均暴雨日数 3.1 天，接近常年。暴雨大多出现在 7—9 月，以短时局地性强降水为主，伴有雷电大风。暴雨共造成房屋倒塌 11 间，受灾人数 653 人，紧急转移 62 人，直接经济损失 144.3 万元。

2、 局地强对流

受强对流雷暴云团影响，上海市共出现雷雨大风 7 起、冰雹 1 起，造成约 440 多个蔬菜大棚（图 4.9.2）、15 个简易工棚、70 多间房屋有不同程度的损坏（图 4.9.3），5 根电线杆和多株大树被吹倒。雷雨大风还造成上海虹桥、浦东两大机场约上千起航班延误或取消。

2010 年上海市共发生雷击事件 6 起，造成 2 人死亡，1 人重伤，击坏家用电器、电表、加油机等约 40 多件，2 根供电线遭雷击断电，雷击还造成多起供电故障和多间房屋受损。

图 4.9.2　2010 年 8 月 18 日上海市崇明县长江农场被大风刮损的大棚（上海市崇明县气象局提供）

Fig. 4.9.2　Greenhouses destroyed by gale in Chongming County of Shanghai on August 18, 2010

3. 高温

2010 年上海市市区高温日数（日最高气温≥35℃）为 30 天，比常年偏多 21 天。其中 8 月受副热带高压加强影响，市区出现 18 个高温日，为 1954 年以来同期最多，持续高温使上海地区出现用电用水高峰，上海日最高用电负荷达到 2621.2 万千瓦（8 月 12 日），成为上海新的历史最高用电负荷，上海中心城区的最高日供水量高达 668.7 万吨。

4. 大雾

2010 年 2—6 月、10—12 月上海市出现多次大雾天气，严重影响交通。6 月，上海港水域出现了罕见的夏季大雾，影响航运。上海虹桥机场、浦东机场因大雾几度处于停航状态，至少有 800 个航班延误或取消；市区黄浦江轮渡及市区通往崇明三岛、浙江的客轮多次全线停航，上海港至少 2900 艘船舶推迟或取消出航；大雾还多次造成长途客运延误。

图 4.9.3　2010 年 8 月 25 日上海市崇明县三星地区被大风吹坏屋顶（上海市崇明县气象局提供）

Fig. 4.9.3　Gale distroyed roof in Chongming County of Shanghai on August 25, 2010

4.9.3　气象减灾服务简介

2010 年上海世博期间，上海市气象局共发布预警、预通报 204 次，发布决策层等领导短信 123 万人次，发布世博园区电子屏信息 1129 次。在世博开幕式、中国馆日、世博闭幕式的世博气象保障任务中，除了完成常规的专报、专题、预警、早报等预报服务外，还特别增加了 1 小时 1 次的短临预报产品、加密观测产品、雷达产品、卫星产品、现场反馈信息、自动气象站产品的收集编辑发布。高温世博气象保障预报服务是世博气象服务的重要内容之一，特别在 8 月中旬上海出现强高温天气过程期间，及时发布园区高温预警信号并连续向市委、市府、世博会五大指挥部发布《重要天气市领导专报》，建议世博运营、卫生食品、农业仓储、交通运输等部门做好防暑降温、水电的调度工作及持续高温的防范和防御工作。由于准确、优质预报和服务今年强势高温，政府部门采取积极有效措施，世博会和整个城市运行平稳。

4.10 江苏省主要气象灾害概述

4.10.1 主要气候特点及重大气候事件

2010 年，江苏省年平均气温 15.8℃，较常年偏高 0.9℃，为 1997 年以来连续 14 年偏高（图 4.10.1）。年内气温起伏大，入春晚，入冬晚。年降水量为 1020.4 毫米，接近常年（图 4.10.2）。汛期出现较强短期降水，9 月中旬至 12 月下旬淮北地区降水量持续偏少，出现严重干旱。

2010 年江苏主要气象灾害有暴雨洪涝、雷电、干旱、大雾、寒潮、台风、冰雹、大风等，其中局地强对流、大雾造成的灾害较严重，但较去年偏轻。全省共有 743.7 万人受灾，死亡 47 人，受伤 83 人，农作物受灾面积 64.8 万公顷；直接经济损失 54.5 亿元。2010 年对旅游行业为较好的气候年景，对农业、海盐、人体健康和林业等行业气候年景正常或正常偏差。

4.10.2 主要气象灾害及影响

1. 大雾

2010 年共出现 28 个影响较重的大雾日，给交通运输和人民生命财产造成了一定损失，造成 19 人死亡，36 人受伤。

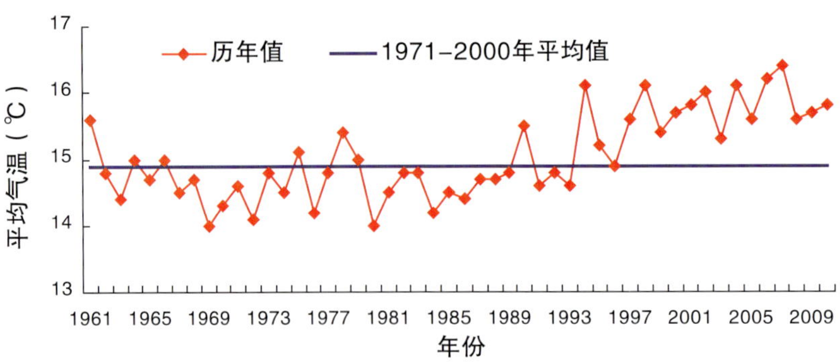

图 4.10.1　1961—2010 年江苏年平均气温变化图

Fig. 4.10.1　Annual mean temperature in Jiangsu during 1961—2010

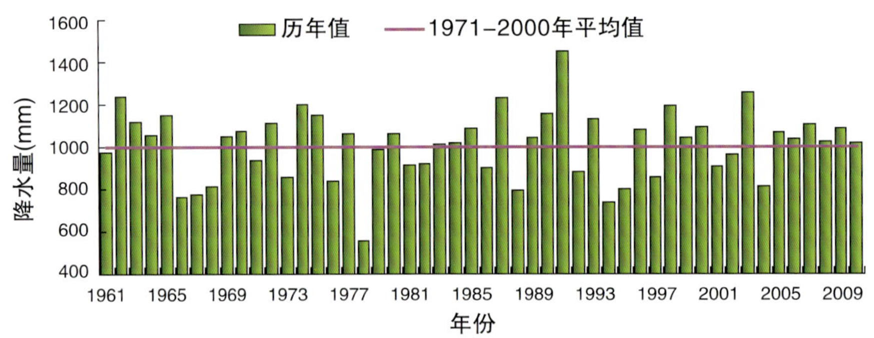

图 4.10.2　1961—2010 年江苏年降水量变化图

Fig. 4.10.2　Annual precipitation in Jiangsu during 1961—2010

2. 台风

2010 年有 4 个热带气旋外围影响江苏，其中台风“狮子山”对江苏影响较重。受北方冷空气侵入及 6 号台风“狮子山”外围云系影响，导致 2 人受伤，直接经济损失 98 万元。

3. 高温

出梅以后受强副热带高压影响，江苏省出现区域性持续高温晴热天气，7 月 29 日至 8 月 24 出现 3 次区域性高温过程，分别为 7 月 29 日至 8 月 5 日，8 月 10—15 日和 8 月 18—24 日。2010 年的高温具有范围大、持续时间长、极端最高气温高的特点，高温造成 10 人中暑死亡，其中 5 人为建筑工人。

5. 干旱

2010 年 9 月中旬，江苏省淮北大部分地区降水偏少。10 月份后，降水偏少区域扩大，江苏省淮北及江淮之间东北部地区出现较重气象干旱。11 月中旬至 12 月底，淮北大部分地区降水异常偏少，旱情进一步发展，各地都受到不同程度的干旱影响，以淮北、江淮之间的东北部地区受灾最为严重，部分麦田出现缺苗断垄、次生根发育不全、基部叶片枯黄等现象，严重的田块甚至出现干枯死苗（图 4.10.3）。

6. 雷电

2010 年，江苏省共发生雷灾 859 起，导致火灾事故 3 起；18 人死亡，9 人受伤；建筑物受损 33 起；办公电子电器受损 92 起，受损 470 件；家用电子电器受损 725 起，受损电器 956 件；直接经济损失 685 万元。雷击造成的人身伤亡事故呈明显下降趋势，是近四年来的最低值。

4.10.3 气象减灾服务简介

2010 年江苏省气象局紧密监视各类灾害性天气，积极关注重大事件，做到预报准确、服务及时、手段先进、内容丰富，为社会及省委、省政府领导正确决策提供了可靠依据和科学建议，取得了明显效果，受到了省委、省政府领导的高度赞扬。江苏省气象局汛期针对重大天气，召开了 5 次新闻发布会，发布预警信号 33 次。江苏省省长罗志军，副省长黄莉新、徐鸣，先后 11 次对决策服务材料给予了表扬或者批示。

图 4.10.3　2010 年 12 月 18 日东海麦田干旱（江苏省气象局提供）

Fig. 4.10.3　Wheat field drought in Donghai County of Jiangsu Province on December 18, 2010

在向省委、省政府及有关部门呈送重要天气报告中，充分考虑 2010 年夏收作物成熟明显偏晚，苏中、苏北夏收工作将受到多降水天气影响的实际，提出“抓住无雨天气抢收抢种”的对策建议。各地普遍加快夏收夏种进度，为多雨天气到来前颗粒归仓赢得了时间，有效降低了不利天气对夏收夏种的影响，与此同时，积极加强防雷知识宣传，防御突发性雷雨天气对田间等室外作业人员的影响。

4.11 浙江省主要气象灾害概述

4.11.1 主要气候特点及重大气候事件

2010 年浙江省年平均气温 17.5℃，比常年偏高 0.6℃，是 1997 年以来连续第 14 个偏暖年（图 4.11.1）。全省平均年降水量为 1835.2 毫米，比常年偏多 25%，为 1961 年以来历史最多年（图 4.11.2）。

全年气候异常多变，2 月持续强降水，引发罕见早春汛；3 月上旬遭受严重低温冻害，中旬出现罕见沙尘天气；4 月中旬遭受 14 年来最严重的倒春寒，早稻等作物受损；梅雨期暴雨频繁，出现 1999 年以来最强梅雨，浙西南山洪、泥石流等灾害多发；7 月下旬，温台两地暴雨强度大，温岭等城区被淹；12 月 15 日出现了浙江有气象记录以来 12 月份最大范围积雪，海陆空交通严重受阻。此外，年内还出现强对流、雷电、高温、热带气旋、连阴雨等主要气象灾害。全年因各类气象灾害造成农作物受灾面积 28.3 万公顷，绝收 1.3 万公顷；受灾人口 611.7 万人，死亡 37 人；直接经济损失 75.5 亿元。

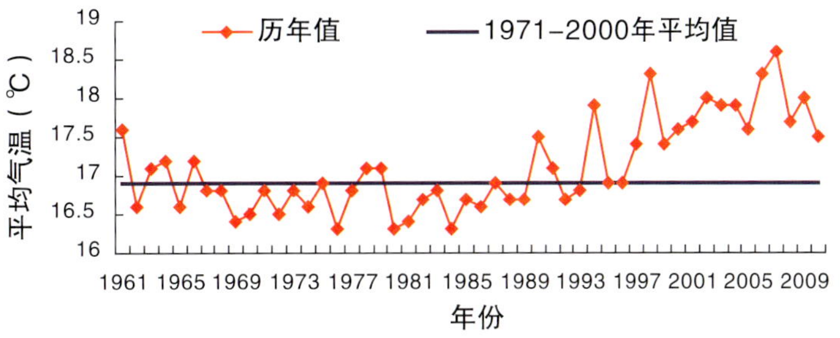

图 4.11.1　1961—2010 年浙江省年平均气温变化图

Fig. 4.11.1　Annual mean temperature in Zhejiang during 1961—2010

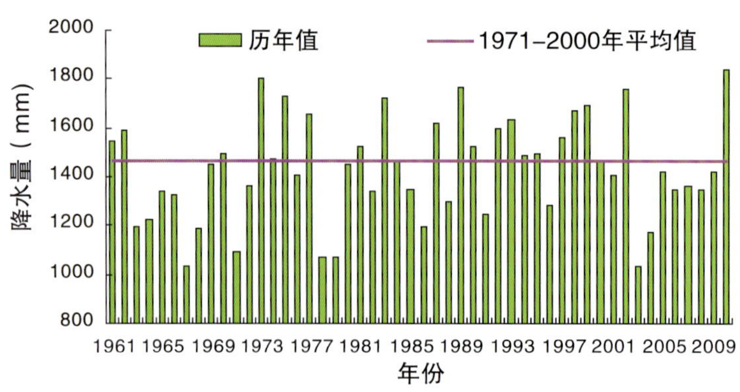

图 4.11.2 1961—2010 年浙江省平均年降水量变化图

Fig 4.11.2 Annual precipitation in Zhejiang during 1961—2010

4.11.2 主要气象灾害及影响

1. 暴雨洪涝

2010 年浙江省暴雨频繁，洪涝及次生灾害较为严重。全年因暴雨洪涝共造成农作物受灾面积 24.5 万公顷，受灾人口 554.3 万人，死亡 15 人，直接经济损失 69.1 亿元。

暴雨主要发生在 3 个时段。一是 2 月份多次出现持续强降水，全省平均降雨量 203 毫米，比常年同期偏多 4 倍，达历史同期最多，引发钱塘江下游出现 50 年一遇的早春汛。二是梅雨集中期暴雨频繁，出现 1999 年以来最强的梅雨，浙西南地区梅雨期降水量达 500 毫米以上，龙泉最大，为 658.5 毫米。强降水导致浙西南山区小流域山洪暴发，龙泉等地发生泥石流、山体滑坡等次生灾害。三是 7 月 26—27 日，台州、温州等地区出现暴雨到大暴雨，局部特大暴雨，强降水造成温岭等城区积涝严重，32 个乡镇受灾，29.4 万人受灾，直接经济损失超过 14 亿元。

2. 低温冷冻害

2010 年春秋，浙江省多次出现低温冷冻害天气，农业受损严重。3 月 8—10 日，中北部出现雨夹雪或雪，最低气温普遍在－2～－4℃之间，高山低达－10℃左右，致使已开始萌发的早生名优茶遭受严重冻害。4 月 14—16 日，出现 1997 年以来最严重的全省性倒春寒天气，造成早稻秧苗受冻、移栽和直播推迟；此外，油菜、春茶、蔬菜等作物也受较大影响，农业生产受损严重。9 月 23 日至 10 月初，中北部大部地区出现秋季低温灾害，受早稻迟收的影响，绍兴市下属各县、市、区部分乡镇出现晚稻抽穗受阻或稻穗空瘪现象。

3. 雪灾

2010 年浙江省多次出现降雪天气，严重影响林业、交通。冰雪灾害造成受灾人口 37.2 万人，农作物受灾面积 1.9 万公顷，直接经济损失 3.4 亿。其中 2 月 13—14 日，浙北大部、金华出现中到大雪，局部地区和山区出现大到暴雪。此次降雪导致部分地区高速公路封道，影响春运；浙西南、西北、浙中林业受灾严重。12 月 15—16 日，浙江省 80%地区积雪深度超过 5 厘米，山区达 20～30 厘米，积雪范围为有气象观测记录以来 12 月份最大。此次过程对浙江省的交通影响严重。

4. 强对流

2010 年强对流天气出现早，频次多，影响重。风雹共造成全省受灾人口 16.3 万人，直接经济损失 1.6 亿元。8 月 15 日，云和部分地区出现雷雨天气，并伴随 8～9 级大风，最大风速达 24.1 米/秒。18 日，云和县西北部出现短时强降水天气，紧水滩 1 小时降水量 33 毫米。两次过程共造成云和 6 个乡镇 5860 人受灾；573 间民房受损；直接经济损失 985 万元，其中农业经济损失 740 万元。

5. 高温

2010 年夏季高温来得晚，但强度强。全省 22 个县（市）日最高气温达 40℃以上，有 16 个县（市）日最高气温破当地 8 月历史最高纪录，乐清、安吉、嘉善、海盐、海宁 5 个县（市）日最高气温破当地年最高气温纪录。强高温天气造成部分地区用水、用电紧张；中暑人数明显增多，给人们生活生产带来较大影响。

6. 雷电

2010 年浙江省初雷日较常年偏早近半个月，大范围强雷暴出现时间早；雷电次数多，过程集中。3 月 5 日达 2.3 万次；全省地闪 47 万余次，为近四年最多；全年有 19 天的日地闪记录超过一万次，其中有一半发生在 8 月份。全年共发生雷电灾害 2217 起，伤亡事件 32 起。

4.11.3 气象减灾服务简介

2010 年浙江省各级气象部门围绕早春汛、强梅雨、高温、台风、暴雨、低温雨雪冰冻等重大灾害性天气过程，严密监测、精心分析、滚动预报、及时预警、广泛服务。全年共发布预警 2186 次，汛期向气象协理员发送预警短信 43 万条次，气象协理员调查收集灾情 3000 多条次；呈报决策服务材料 140 期；与农业、水利、电力、交通等部门联合会商 117 次。全面落实上海世博会气象服务，做好秦山核电联合演习参演的气象保障工作。联合省委组织部首次组织了乡镇长气象防灾减灾专题研讨班。全省共培训乡镇长 1300 多人，镇村干部 18700 多人。举办科普讲座 272 次，发放科普材料 145 万份，受众 584 万人次。在政府主导下，建成了 38 个台风登陆地标志物建筑，强化了防台科普，扩大了气象部门的社会影响。

4.12 安徽省主要气象灾害概述

4.12.1 主要气候特点及重大气候事件

2010 年，安徽省年平均气温 16.1℃，较常年偏高 0.6℃，为 1997 年以来连续第 14 年偏高。冬、夏、秋三季气温偏高；春季偏低，冷暖起伏大。

2010 年安徽省平均年降水量 1288 毫米，较常年偏多近 1 成。年内冬、春季降水持续偏多，夏季接近常年，秋季降水前多后少。

2010 年，安徽省主要气象灾害有：暴雨洪涝、秋冬连旱、盛夏高温、低温冷冻害等。全省因气象灾害造成农作物受灾面积 175.2 万公顷，其中绝收 10.6 万公顷；受灾人口 1640 万人，因灾死亡 64 人；直接经济损失 104.1 亿元。总体来看，2010 年属气候一般年景。

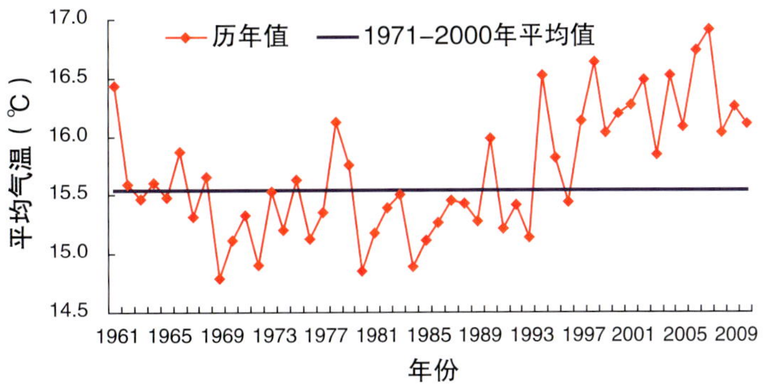

图 4.12.1 1961—2010 年安徽年平均气温变化曲线图

Fig. 4.12.1 Anual mean temperature in Anhui during 1961—2010

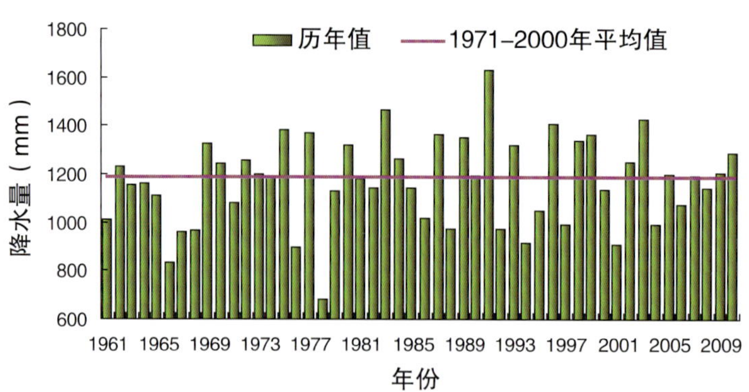

图 4.12.2 1961—2010 年安徽年降水量变化图

Fig. 4.12.2 Annual precipitation in Anhui during 1961—2010

4.12.2 主要气象灾害及影响

1. 暴雨洪涝

2010 年全省因暴雨洪涝造成的农作物受灾面积 127.7 万公顷，其中绝收 9.9 万公顷；受灾人口 1242.1 万人，因灾死亡 7 人；倒塌房屋 2.6 万间，损坏房屋 6.8 万间；直接经济损失 83.8 亿元。

汛期暴雨过程频繁，其中以 7 月 8—14 日过程最强。7 月 8—14 日，淮河以南出现集中强降水过程，大暴雨区位于大别山区和沿江江南西部，累计降水量普遍超过 200 毫米，安庆最大，达 657.2 毫米；安庆日最大降水量（300.5 毫米）破该站日降水量历史记录。此次过程具有强降雨区域集中、过程雨量大、降水强度强等特点，为 1999 年以来安徽省西南部最强的一次暴雨过程，其中安庆和太湖为有气象记录以来最强暴雨过程。受强降水影响，长江和淮河超警戒水位，这是新中国成立以来，安徽省长江、淮河干流洪水第 7 次同时超警戒水位。

2. 秋冬连旱

10 月 1 日至 12 月 11 日，沿淮淮北地区累计降水量仅为 13.3 毫米，较常年同期异常偏少 86%，为 1961 年以来第三少；平均无降水日数达 65 天，占总天数的 90%。期间气温偏高 1.6℃。降水持续偏少、气温偏高，导致全省出现严重秋冬连旱。此次干旱过程具有持续时间长、影响范围广、旱情等级重等特点。

图 4.12.3 2010 年 7 月 11 日安徽省桐城市大沙河河段因连续暴雨发生溃堤（安徽省气象局提供）

Fig. 4.12.3 Heavy rain destroyed dam in Tongcheng of Anhui on July 11, 2010

3. 高温

7 月 29 日至 8 月 24 日，安徽省出现大范围晴热高温天气。平均高温日数 16 天，为 1967 年以来同期最多；连续高温日数沿江至江南中部 9～18 天；过程极端最高气温站次和超过 38℃站次均为近 10 年来第二多，仅次于 2003 年。综合分析表明，此次高温过程为2003年以来最强。受高温天气影响，安徽省用电负荷和用电量屡创新高，电力供需平衡日趋紧张。8月5日，省电网最大用电负荷达1871万千瓦，是2010年第七次创新高，其中17个地市用电创当地历史新高。

4. 低温冷冻害

2010年，全省因低温冷冻害和雪灾共造成农作物受灾面积39.3万公顷；受灾人口131.8万人；直接经济损失5.8亿元。4月10—15日受强冷空气影响，全省平均气温持续下降，4月14日早晨，部分地区出现冰粒或霰，为4月份所罕见；15日沿淮淮北有7个县（市）最低气温低于0℃，为全省1981年以来4月中旬首次低于0℃；4月15—16日，江北地区累计30个县（市）出现霜或霜冻。此次低温霜冻天气对农业和经济林果造成不利影响。

4.12.3 气象减灾服务简介

2010年，安徽气象局在中国气象局党组以及安徽省委省政府的正确领导下，面对汛期安徽省西南部出现的1999年以来最强降雨过程，秋冬季沿淮淮北发生的严重气象干旱，各级气象部门加强监测预警、预报服务、应急处置，为省各级党委、政府和有关部门有效组织防灾减灾救灾和群众避灾自救提供了有力保障。此外，还完成了上海世博会、第四届全国体育运动大会，以及春运、国庆等保障服务工作。全年启动应急响应5次，报送各类气象服务材料206期，发布预警信息36000条，省领导先后在气象服务材料上批示多次，对气象部门的工作给予高度评价和肯定。安徽省气象局牵头建设的1500多个乡镇气象综合信息服务站在强降雨来临前，多次及时发布信息，使群众免受洪水灾害，受到了各级党委、政府和广大群众的好评。

4.13 福建省主要气象灾害概述

4.13.1 主要气候特点及重大气候事件

2010年福建省年平均气温19.6℃，较常年偏高0.4℃；平均年降水量1961.3毫米，较常年偏多约2成（图4.13.1）。冬季西部、北部出现低温雨雪冰冻灾害；春季局部出现冰雹等强对流天气；雨季开始时间偏早，结束略偏晚，降水北部强、南部弱，西部和北部出现特大暴雨过程，闽江上游发生自1998年以来最严重的洪涝灾害；夏季出现2次明显的高温天气过程。全年有5个热带气旋登陆福建省，无影响热带气旋，登陆个数与1990年同为历史最多；登陆时间和登陆地点集中，初次登陆时间偏晚，末次登陆时间和强度皆破历史纪录。

2010年全省因气象灾害共造成809.2万人受灾，死亡121人，直接经济损失158.9亿元。综

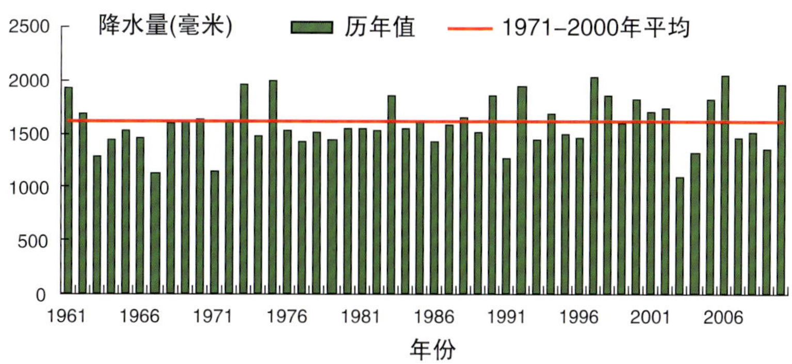

图4.13.1 1961—2010年福建省年降水量变化图

Fig. 4.13.1 Annual precipitation in Fujian during 1961—2010

合分析，2010 年气候年景偏差，气象灾害损失属于偏重年，上半年重于下半年，闽北和闽南沿海局部较重，其余地区较轻。

4.13.2 主要气象灾害及影响

1. 低温冻害和雪灾

2010 年，全省有 98.3 万人遭受低温冷冻害和雪灾，直接经济损失 15 亿元。12 月中旬福建西部、北部遭受罕见的低温雨雪冰冻灾害，给农业生产、交通运输和人民生活造成了一定的影响，尤以交通运输方面影响最重（图 4.13.2）。此次过程具有最低气温低、降雪范围广且积雪深厚等特点。

图 4.13.2　2010 年 12 月 15—17 日福建省将乐县道路积雪
（将乐市气象局提供）

Fig. 4.13.2　Tons of snow cover on the road in Jiangle County of Fujian Province from December 15 to 17 in 2010

2. 局地强对流

2010 年福建省因大风、冰雹、雷电等局地强对流天气共造成 49.3 万人受灾，18 人死亡，直接经济损失 9.6 亿元。3 月 5 日傍晚前后，南平、三明两市出现了较大范围的冰雹、雷雨大风等强对流天气，邵武市遭遇了有气象记录以来最为严重的雹灾。

3. 暴雨洪涝

2010 年福建省因暴雨洪涝造成 473.6 万人受灾，直接经济损失 94.5 亿元。年内出现 22 次暴雨过程，雨季始于 4 月 22 日，较常年偏早，结束于 6 月 28 日，较常年略偏晚。雨季特点是西部、北部偏强，高峰期明显，南部雨季不强。其中 5 月 18—23 日、6 月 13—27 日，西部、北部出现特大暴雨（图 4.13.3），直接经济损失达 78.1 亿元。

图 4.13.3　2010 年 6 月 13—27 日暴雨导致三明市发生水灾
（三明气象局提供）

Fig. 4.13.3　Flood in Sanming City of Fujian Province from June 13 to 27 in 2010

4. 热带气旋

2010 年共有 5 个热带气旋登陆福建省，登陆数明显偏多（多年平均约 2 个）；登陆地点集中在惠安至漳浦一带；初次登陆时间偏晚，末次登陆时间和热带气旋强度皆破历史纪录。2010 年热带气旋造成福建省直接经济损失为 39.7 亿元，其中 13 号“鲇鱼”超强台风造成的损失最大，其直接经济损失达 28 亿元。总体而言，2010 年热带气旋造成的灾害属中等强度年份。

4.13.3 气象减灾服务简介

2010 年，福建省气象部门提前 47 小时预报“凡亚比”将在省中南部沿海再次登陆，提前 19 个小时准确预报“凡亚比”将在漳州沿海登陆，风雨量级预报以及灾害预估准确；对于路径怪异的“鲇鱼”超强台风，气象部门提前 5 小时明确预报了登陆地点和强度，风雨量级预报以及灾害预估也较准确。及时的减灾预报服务使这两个具有较重气象灾害强度的热带气旋造成的实际灾害减轻为中等偏轻。“凡亚比”台风登陆影响期间，正值“全国特奥会组委会”汇报开幕式即将举行，多次发布专题服务报告，如建议取消高空节目，调整焰火表演，重点做好风雨天气的安全保障、交通及人员疏导工作等，气象应急车保障车还到达开幕式现场，进行实时观测与服务，同时加强了雷达监测与短时临近预报服务。全年针对各种气象灾害累计发送《专题气象服务》164 期，发布《福建省灾害性天气气候评估报告》43 期。

4.14 江西省主要气象灾害概述

4.14.1 主要气候特点及重大气候事件

2010 年江西省总的气候特点是：降水偏多，气温偏高，日照时数略偏少。全省年平均气温为 18.3℃，比常年偏高 0.6℃（图 4.14.1）；全省平均年降水量为 2150.1 毫米，比常年偏多 28%（图 4.14.2），为 1961 年以来第二多，仅次于 1975 年。春播育秧天气偏差；3 月赣东北出现罕见早汛；汛期雨量多项纪录刷新 1960 年以来历史极值，部分地区出现了严重洪涝灾害；伏秋期台风

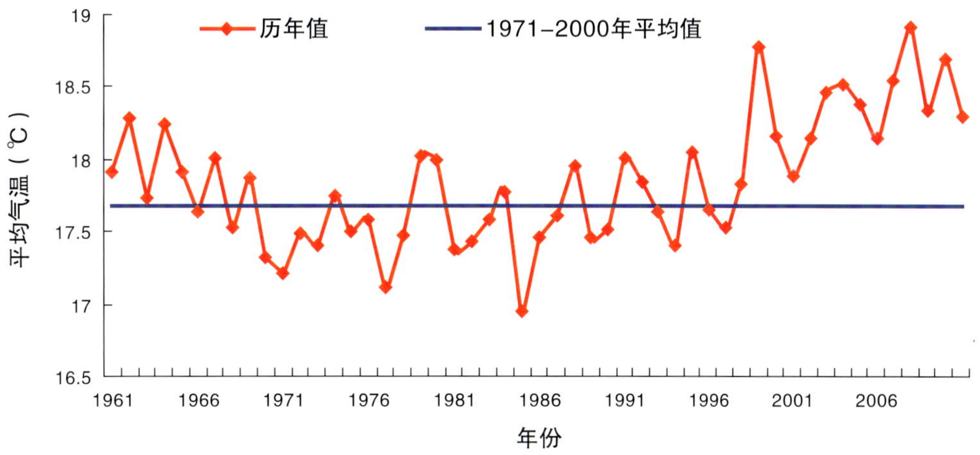

图 4.14.1 1961—2010 年江西省年平均气温变化图

Fig. 4.14.1 Annual mean temperature in Jiangxi during 1961 to 2010

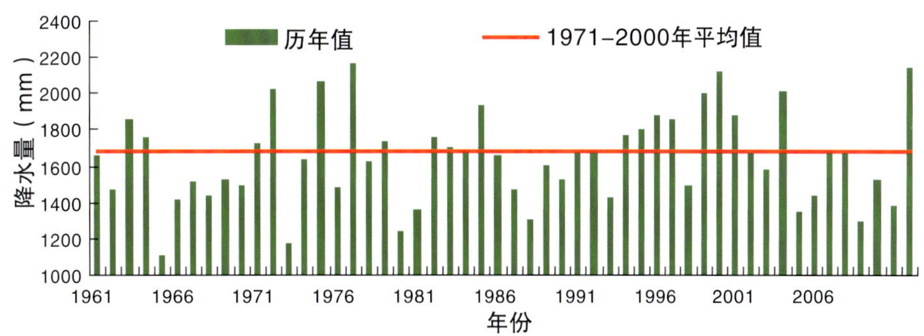

图 4.14.2 1961—2010 年江西省平均年降水量变化图

Figure 4.14.2 Annual precipitation in Jiangxi during 1961 to 2010

影响弱，高温过程频繁；秋季重度寒露风异常偏早、持续时间长，影响范围广；12月份的暴雨、降雪范围均达历史同期之最。

2010年因暴雨洪涝、大雪、雷电等气象灾害导致全省受灾严重，全年因各种气象灾害及其引发的次生灾害共造成全省农作物受灾面积达207.6万公顷，受灾人口2184.6万人，死亡126人，直接经济损失达520亿元。2010年气候异常，气象灾害偏重。

4.14.2 主要气象灾害及影响

1. 暴雨洪涝

2010年江西省先后出现了19次区域性暴雨过程，导致局部地区出现山体滑坡和短时内涝。其中汛期（4月1日至7月15日）共出现了15次区域性暴雨过程，与历史同期相比明显偏多。6月中下旬出现的连续暴雨过程，导致江西5大河流、鄱阳湖和长江九江段全面超警戒水位，抚河、信江、赣江发生超历史记录的特大洪水，抚河干流唱凯堤发生决口，东乡县、资溪县、南城县、临川区和余江县5个县城被洪水围困；鹰潭龙虎山鱼塘大桥被洪水冲断，鹰潭市境内铁路全部中断。2010年全省因暴雨洪涝共造成1752.4万人受灾，死亡46人，紧急转移安置148.9万人次；农作物受灾面积181.3万公顷，绝收18.8万公顷；直接经济损失502.1亿元，其中农业直接经济损失61.6亿元。

2. 局地强对流

2010年，江西省因风雹、雷电等局地强对流共造成256.9万人受灾，死亡56人，受伤51人；农作物受灾面积12万公顷；倒损房屋11.3万间；直接经济损失12.9亿元，其中农业经济损失6868万元。2月9日，赣北、赣东北部分县（市）遭遇雷雨大风、冰雹等强对流天气，此次冰雹灾害共造成全省21.6万人受灾；农作物受灾面积9764公顷，绝收面积550公顷；倒塌居民住房39间，损坏房屋2.5万间；直接经济损失达6600万元。

2010年，江西省雷击灾害主要集中在3—8月，其中以，7月20日星子县警民抗洪抢险18人遭雷击事件最为严重。2010年全省因雷击死亡30多人，多于2008年和2009年。

3. 雪灾

2010年出现了2次明显的大雪天气过程，其中12月14—15日江西省出现了寒潮、大到暴雪和暴雨天气，有34个县（市）出现暴雨，全省88个县（市）均出现了降雪和雨夹雪天气，降雪范围之广为1959年有完整气象记录以来之最，暴雨范围之大也为历年同月之最。据统计，全省受灾人口175.3万人，农作物受灾面积14.3万公顷，绝收1.4万公顷；直接经济损失5亿元，其中农业直接经济损失6400多万元。

4. 高温

2010年江西省共经历了七次大范围的高温天气过程，全省平均高温日数达到了43.9天，较常年偏多14天。范围最广、强度最强的高温时段主要出现在8月前半月，8月3—5日连续三天出现40℃以上的高温，且有8个县市日最高气温突破历史极值，3个县达到历史极值。由于高温范围广、强度强，导致江西电网用电负荷连续四天创历史新高。

4.14.3 气象减灾服务简介

2010年，江西省降水量创近35年来最高纪录，汛期有15次强降水轮番袭击江西，造成严重洪涝灾害。江西省气象局精心组织，提前部署，准确预报，及时预警，为全省抗洪救灾赢得了宝贵时间，得到了国家防总、中国气象局和江西省委省政府的高度评价。江西省领导在气象决策服务材料上共批示21次，为历年最多。

2010 年，江西省气象局发布省级预警信号 242 次，首次发布了暴雨红色预警；启动重大气象灾害Ⅲ应急响应 2 次，Ⅳ应急响应 4 次。在抚州唱凯决堤抗洪抢险气象服务工作中，省气象局在 6 月 22 日 1 时紧急制定了抗洪抢险气象保障服务方案，应急移动雷达车、应急指挥车和应急服务小组紧急转场唱凯决口现场。全年共向省委、省政府及有关部门报送决策服务材料 478 期，向手机用户发布预警短信 2.4 亿人次，在省市电视台、省市广播电台滚动插播预警信息 4500 余次。

4.15 山东省主要气象灾害概述

4.15.1 主要气候特点及重大气候事件

2010 年，山东省年平均气温为 13.3℃，较常年偏高 0.2℃，冬、夏、秋三季气温偏高。平均年降水量为 705.7 毫米，较常年偏多 8.8%（图 4.15.1），秋季干旱少雨，全省平均降水量较常年偏少 14.3%。冬、夏、春三季降水量较常年偏多，其中夏季全省平均降水量较常年偏多 18.1%，尤其是 8 月份偏多达 80.8%。年初冷空气频繁造成海冰灾害严重，春季气温偏低使物候期明显推迟，春夏之交风雹灾害多，盛夏初秋强降雨频发，鲁西北地区洪涝灾害严重，夏末秋初出现连阴雨，秋冬季持续少雨干旱。全年因气象灾害造成 258.3 万公顷农作物受灾，绝收 14.8 万公顷；受灾人口 2226.3 万人，死亡 16 人；直接经济损失 205.4 亿元。从灾害程度来看，山东省 2010 年属于重灾年。

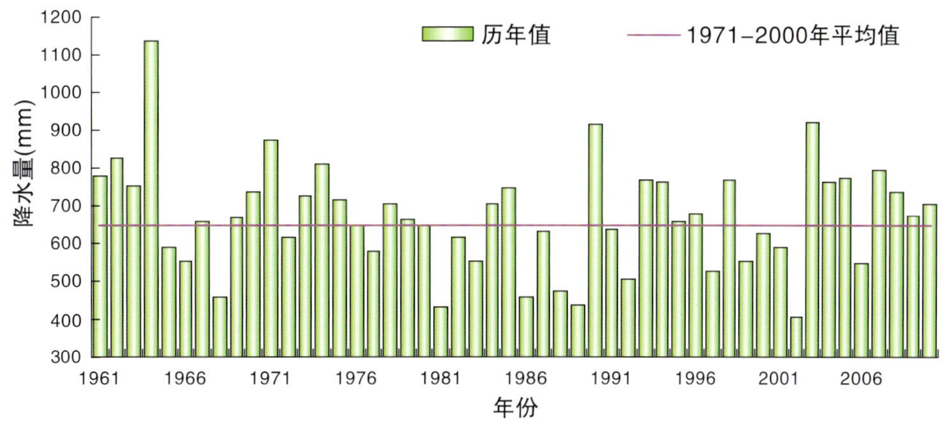

图 4.15.1 1961—2010 年山东省年降水量变化图

Fig. 4.15.1 Annual mean precipitation in Shandong during 1961—2010

4.15.2 主要气象灾害及影响

1. 暴雨洪涝

2010 年山东省暴雨洪涝灾害主要发生在 6—9 月，其中 7 月 17—22 日，8 月 8—13 日，9 月 5—9 日暴雨过程影响范围较大，损失较重。8 月 8—13 日，鲁西北地区连降暴雨，持续时间之长、降雨强度之大均为鲁西北地区 1964 年以来之最，全省平均降雨量 83.6 毫米，其中聊城过程降雨量最大，为 250.1 毫米。强降雨造成全省受灾人口 486.1 万人，紧急转移安置人口 32.9 万人；农作物受灾面积 61.8 万公顷，成灾面积 40.2 万公顷；倒塌房屋 5.7 万间，损坏房屋 11.4 万间；直接经济损失 35.6 亿元，其中农业经济损失 22.0 亿元。全年因暴雨洪涝灾害造成全省 1259.2 万人受灾，死亡 1 人，农作物受灾面积 154.5 万公顷，绝收面积 14.3 万公顷，损坏房屋 29.1 万间，倒塌房屋 17.0 万间，直接经济损失 116.1 亿元（图 4.15.2）。

2. 局地强对流

2010 年 4—8 月山东省多次出现大风、冰雹灾害，造成 139 县次受灾。其中，5 月 29—30 日，滨州、东营、潍坊、淄博、日照、临沂、烟台、青岛 8 市部分乡镇遭受风雹袭击，半岛内陆地区平均风力 4～5 级，阵风 8～9 级。此次强对流天气造成全省受灾人口 63.8 万人，农作物受灾面积 3.7 万公顷，损坏房屋 1146 间，损坏大棚 2 万余个，直接经济损失 13.1 亿元。2010 年全省因大风、冰雹、雷电灾害共造成 635.8 万人受灾，死亡 15 人，农作物受灾面积 7.6 万公顷（图 4.15.3），绝收面积 0.1 万公顷，直接经济损失 40.4 亿元。

图 4.15.2　2010 年 8 月 9 日聊城市内涝严重（山东省气象局提供）

Fig. 4.15.2　The severe waterlogging in Liaocheng City of Shandong Province on August 9, 2010

3. 低温冻害和雪灾

2010 年，全省因低温冷冻害和雪灾造成受灾人口 250.8 万人，农作物受灾面积 37.6 万公顷，倒损房屋 1 万间，直接经济损失 47.1 亿元。其中，2 月 28 日，山东出现大范围雨雪天气，鲁中东部及胶东半岛北部积雪深度普遍在 5 厘米以上，栖霞最大为 21 厘米。强降雪造成蔬菜大棚、养殖大棚、生产厂房等不同程度损坏（图 4.15.4），此次降雪造成全省 117.1 万人受灾；农作物受灾面积 7.0 万公顷，倒塌房屋 140 间，损坏房屋 9202 间，直接经济损失 23.0 亿元。

图 4.15.3　2010 年 6 月 1 日安丘县西瓜因冰雹受损（山东省气象局提供）

Fig. 4.15.3　Watermelon damaged by hailstorm in Anqiu County of Shandong Province on June 1, 2010

4.15.3 气象减灾服务简介

2010 年山东省气象局针对主汛期鲁西北罕见的长时间大范围强降雨天气过程，先后 5 次启动Ⅳ级及以上级别应急响应，其中 3 次启动或升级为Ⅲ级应急响应，全省气象部门发布预警信号 915 次、预警短信 1.08 亿条次，向地方党委、政府及相关部门提供决策气象服务材料 702 份（9 次得到省领导批示），与省国土资源厅联合发布地质灾害气象等级预报 15 期，并及时派出移动气象台进行现场服务。先后圆满完成“山东省第二十二届运动会”、“2010 年中国水运会”、“世界太阳城大会、中国国际航空体育节”（9 月 25—30 日）、“第二十四届泰山国际旅游文化登山节”（9 月 4—10 日）等重大气象保障服务任务。全年共向省委、省人大、省政府领导报送呈阅件 11 期，重要天气预报 172 期，雨情简报 29 期；通过决策气象服务短信平台向省领导发送手机预警短信 42 万余人次，为山东各级政府、部门和社会开展防灾、减灾、抗灾提供了科学决策依据。

图 4.15.4　2010 年 3 月 3 日高青县被大雪压塌的大棚
（山东省气象局提供）
Fig. 4.15.4　Vegetable greenhouse damaged by heavy snow in Gaoqing County of Shandong Province on March 3, 2010

4.16 河南省主要气象灾害概述

4.16.1 主要气候特点及重大气候事件

2010 年，河南省年平均气温 14.8℃，较常年偏高 0.4℃（图 4.16.1），除春季气温偏低外，其他三个季节均偏高；全省年平均降水量 782.7 毫米，较常年偏多 7%（图 4.16.2），其中冬、秋季偏少，春、夏季偏多。年内主要气象灾害有：春季部分地区出现低温晚霜冻天气；7 月中旬至 9 月上旬全省出现 5 次大范围强降水过程，暴雨洪涝灾害严重，特别是 7 月 23—24 日西部山区的强降水引发严重山洪灾害，造成较大的经济损失和人员伤亡；9 月上旬孟津县遭受罕见强对流天气袭击；10—12 月全省降水量持续偏少，北中部地区旱情显现。2010 年河南省因各种气象灾害造成农作物受灾面积 156.8 万公顷，绝收面积 9.6 万公顷，死亡 164 人，直接经济损失 195.2 亿元。总体来看，2010 年河南省气象灾害较轻，气候条件为偏好年份。

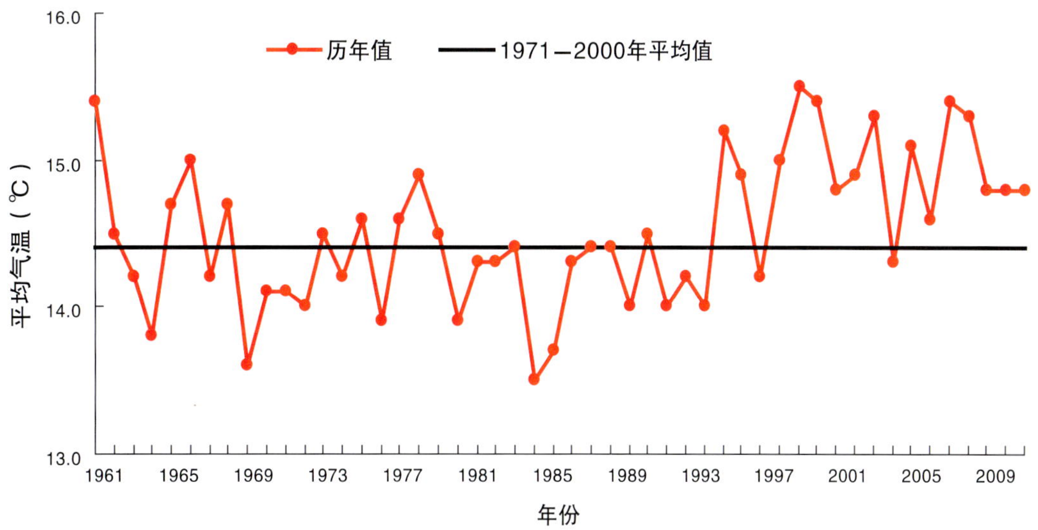

图 4.16.1　1961—2010 年河南年平均气温变化图
Fig. 4.16.1　Annual mean temperature in Henan during 1961—2010

4.16.2 主要气象灾害及影响

1. 低温冷冻害和雪灾

2010 年，低温冷冻害和雪灾造成河南省农作物受灾面积 28.7 万公顷，其中绝收面积 0.4 万公

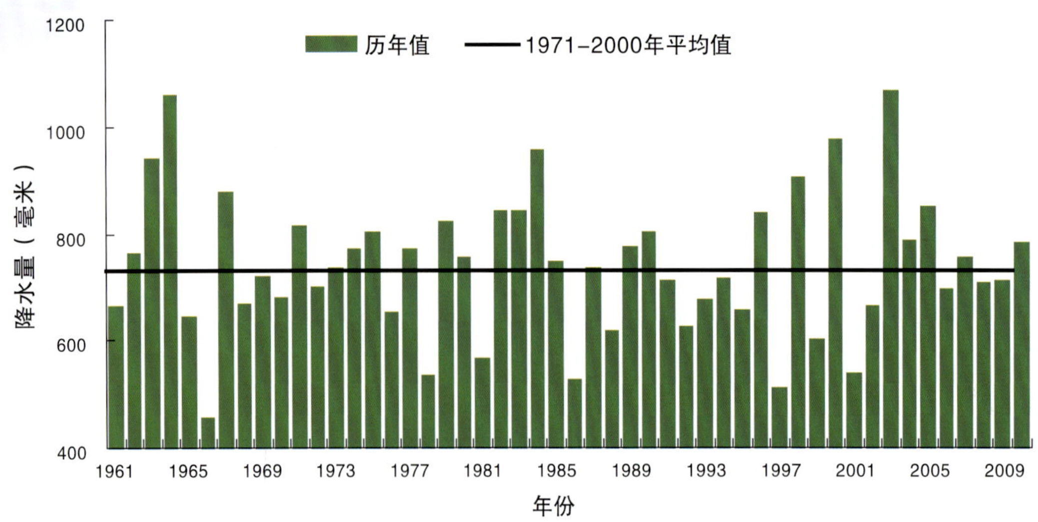

图 4.16.2 1961—2010 年河南年降水量变化图

Fig. 4.16.2 Annual precipitation in Henan during 1961—2010

顷，造成直接经济损失 8.4 亿元。4 月 13—15 日全省出现了低温晚霜冻天气，其中豫北、豫西和豫东南等地有 21 个站最低气温降至 0℃以下，鹤壁、渑池 2 站分别达－2.7℃和－3.2℃，三门峡、洛阳、焦作、郑州等地还出现了 4 月份罕见的降雪。低温天气造成豫西三门峡、洛阳等地部分农作物、蔬菜和果树遭受严重冻害。

2. 雷雨大风、冰雹

2010 年，河南省雷雨大风、冰雹造成农作物受灾面积 10.1 万公顷，其中绝收面积 1.2 万公顷；倒塌房屋 3 万间，损坏房屋 2 万间，死亡 20 人，直接经济损失 17.9 亿元，风雹灾害为偏轻年份。9 月 4 日，洛阳市孟津、新安、偃师出现强对流天气，其中孟津县遭受了罕见的狂风、暴雨和冰雹袭击，小浪底库区降水量最大为 60 毫米，瞬时极大风速达 43 米/秒，最高风力达 14 级，县城极大风速 24.4 米/秒，局部地区伴有直径 2 厘米左右的冰雹，造成新安、孟津 2 县沿黄河的 15 个乡（镇）受灾严重，孟津县黄河小浪底库区水面停放的空船有 7 艘沉没，1 艘失踪。

3. 暴雨洪涝

2010 年，河南省暴雨洪涝灾害造成农作物受灾面积 113 万公顷，其中绝收面积 8 万公顷；倒塌房屋 10.3 万间，损坏房屋 19.9 万间，死亡 127 人，直接经济损失 167.5 亿元，洪涝灾害为偏重年份。年内强降水主要集中在 7 月中旬至 9 月上旬，全省分别于 7 月 15—20 日、7 月 23—24 日、8 月 13—14 日、8 月 19—26 日和 9 月 5—7 日出现了 5 次大范围暴雨洪涝和连阴雨过程。其中 7 月 23—24 日，豫西和豫西南山区出现了强降水过程，淅川（197.4 毫米）、西峡（196.8 毫米）、栾川（155.3 毫米）、灵宝（117.4 毫米）4 站日降水量突破历史极值。强降水引发了严重的山洪和泥石流灾害，其中栾川县潭头镇汤营伊河大桥整体垮塌，造成 51 人死亡，15 人失踪，县城及 10 个乡镇电力、通讯和交通中断；西峡县灌河大桥引桥被洪水冲垮，导致 312 国道从此中断，沪陕高速公路、312 国道、宁西铁路西峡段发生多处山体滑坡，西峡县城与乡镇之间的交通、通讯、电力全部中断，县乡道路受损 90%以上，造成了严重的经济损失。

4. 干旱

2010 年 10—12 月，河南省平均降水量仅为 12.6 毫米，较常年同期偏少 86%，为 1961 年以来历史同期最少值，其中豫北和中东部地区降水量不足 10 毫米，豫东局部甚至滴雨未下。加之同期气温明显偏高，多大风天气，土壤失墒较快，旱情持续发展。全省农作物受旱面积为 5 万公顷，旱情主要出现在北中部地区，对冬小麦安全越冬造成了不利影响。总体来说，2010年河南干旱灾害为偏轻年份。

4.16.3 气象减灾服务简介

河南省各级气象部门都把汛期气象服务放在首位，为全省各级各部门防御暴雨灾害及山洪、泥石流、地质灾害提供准确、及时的天气预报，及时发布气象灾害预警信息，为河南省安全度汛、社会经济发展做出了积极贡献，受到了各级党委政府领导的称赞。河南省气象局从7月21日开始每日滚动制作《汛期天气预报》，共发布《重要天气预报》12期，《重要气象信息》10期，《汛期天气预报》39期，《"三夏"专题气象服务》40期，所有服务材料均针对天气情况提出了具体的防御措施和建议，通过专人送达、传真、电子邮件、手机短信等多种形式及时报送到省委、省政府等有关决策部门和领导手中，充分发挥了气象部门的"侦察兵"和"参谋部"的作用。

4.17 湖北省主要气象灾害概述

4.17.1 主要气候特点及重大气候事件

2010年，湖北省年平均气温16.6℃，较常年略偏高，为1997年以来第14个连续偏高年。年平均降水量1334毫米，较常年偏多12%（图4.17.1）；全省降水时空分布不均，赤壁、咸宁、嘉鱼、江夏年降水量创历史纪录。入春（3月12日）、入秋（9月22日）分别较常年提前4天；入夏（6月10—11日）、入冬（12月12日）分别较常年偏晚16天和15天。

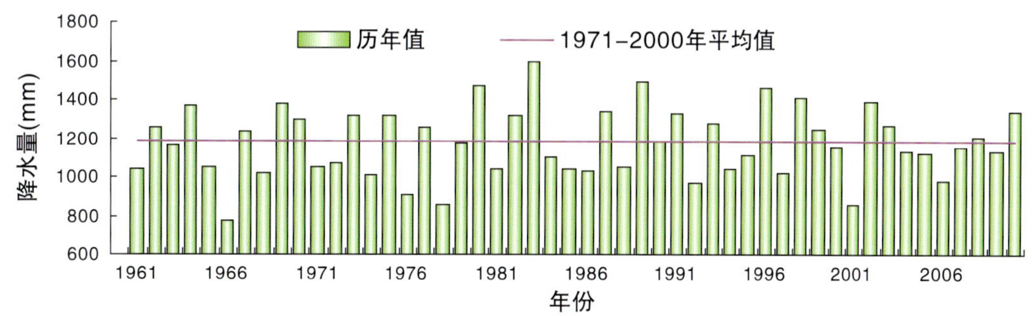

图4.17.1 1960—2010年湖北年降水量变化图

Fig. 4.17.1 Annual precipitation in Hubei during 1960—2010

2010年，湖北省重大气候事件频发。元月出现暴雪天气，21站积雪深度居历史同期前3位；强对流天气出现异常偏早；4月发生倒春寒；入梅、出梅时间异常偏晚，梅雨期出现近20年来持续强降水过程；长江、汉江大洪同步，历史少见；夏季出现三段高温天气。2010年，湖北因各种气象灾害造成2362.5万人受灾，147人死亡；农作物受灾面积246.5万公顷，绝收20万公顷；造成直接经济损失238.7亿元。总体来看，2010年湖北省气象灾害属中等偏重年份。

4.17.2 主要气象灾害及影响

1. 暴雨洪涝及次生灾害

2010年，湖北共出现较明显的暴雨天气过程12次，有277站次暴雨、42站次大暴雨、3站次特大暴雨（英山、罗田、广水）。其中7月8—16日出现了自1991年以来持续时间最长强降水过程，英山、广水日降水量分别达287.2毫米和266.2毫米，超百年一遇（图4.17.2），罗田日降雨量210毫米达30年一遇，江夏、洪湖、嘉鱼、咸宁、赤壁、崇阳6站过程雨量达到极端气候事件标准。7月23日，夷陵区、谷城、郧西等地出现罕见的局地强降雨，其中夷陵区日降水量218.4毫米，小时雨强106毫米，超百年一遇。据统计，2010年暴雨洪涝及其引发的滑坡、泥石流等地质灾害造成1905.3万人受灾，99人死亡；农作物受灾面积199.9万公顷；直接经济损失211.1亿元。

图4.17.2 2010年7月8日湖北英山大暴雨（黄冈市气象局提供），7月16日湖北广水城区街道被淹（随州市气象局提供）
Fig. 4.17.2 Storm in Yingshan on July 8 (left); flooded street in Guangshui on July 16, 2010 (right) in Hubei Province

2. 强对流（雷雨大风、大风、冰雹、雷击、龙卷风等）

2010年，湖北省共发生10次较明显强对流天气过程，主要出现在4月、7月、8月。其中2月11日武汉城区出现冰雹天气，为有气象记录以来历史第二早（最早为1957年1月14日）。据统计，2010年全省因雷雨大风、冰雹等强对流天气造成185万人受灾，因灾死亡38人，直接经济损失达17亿元。

3. 雪灾、低温冻害

2010年，湖北省发生了5次低温雨雪天气过程。其中1月5日省内南部出现中到大雪，鄂东南、江汉平原南部16县市出现暴雪（图4.17.3），武汉等21站积雪深度居1月上旬历史同期前3位，其中5站居第1位。12月14—15日鄂西北出现大到暴雪，其他大部为中到大雪，保康积雪深度达12厘米，居12月历史同期第一位。据统计，2010年湖北省因雪灾、低温冻害造成受灾人口195.7万人，农作物受灾面积22.9万公顷；直接经济损失8.2亿元。

图4.17.3 2010年1月5日湖北黄石遭受雪灾
（黄石市气象局提供）
Fig. 4.17.3 Snow disaster in Huangshi on Jannuary 5, 2010

4. 大雾

2010年，湖北省发生较大范围的大雾天气过程15次。其中1月28日早晨武汉天河机场大雾能见度不足200米（图4.17.4），导致29个进出港航班延误；10月16日早晨武汉市发生大雾天气，最低能见度为80米左右，7时左右京港澳高速公路发生7起追尾事故，造成重大伤亡。

4.17.3 气象减灾服务简介

2010年，湖北省气象局积极应对每次灾害性天气过程，准确预报，主动服务，为省委省政府防汛抗洪工作当好决策参谋，受到省委省政府高度评价。本年度为省委省政府等有关部门提供

《重大气象信息专报》33 期，《长江流域重要气象报告》8 期，《专题气象服务》58 期，《春运气象服务》46 期，《天气公报》215 期，《每日天气快报》174 期，《雨情快报》47 期，地质灾害预报 37 期，针对重大灾害性天气过程进行灾情分析评估 10 期，全省发布灾害性天气预警信号 985 次，为各级政府、部门和社会防灾减灾提供了科学决策依据；省政府领导在决策服务材料上批示 20 次，向各地市转发 13 次。年内开通的省气象局与省委的服务网络专线，多次受到省委、省政府的肯定和感谢。

图 4.17.4　2010 年 1 月 28 日，武汉市区被大雾笼罩
（湖北省气候中心提供）
Fig. 4.17.4　Fog in Wuhan City of Hubei Province on 28 January, 2010

4.18 湖南省主要气象灾害概述

4.18.1 主要气候特点及重大气候事件

2010 年，湖南年平均气温 17.7℃，较常年偏高 0.6℃，较上年偏低 0.3℃，为 1997 年以来第 14 个气温持续偏高年；年内除春季气温偏低外，其余三季均偏高。湖南年平均降水量 1548 毫米，较常年偏多 10.5%（图 4.18.1），为近 8 年以来最大值；春、夏两季降水偏多，秋、冬两季偏少。年内以暴雨洪涝、干旱以及低温冷害连阴雨影响为主。2010 年，湖南省因各种气象灾害共造成 2281.2 万人受灾，81 人死亡；农作物受灾面积 284.2 万公顷，绝收 27.3 万公顷；直接经济损失 273.8 亿元。气象灾害损失比 2009 年重，但较近年平均要轻。

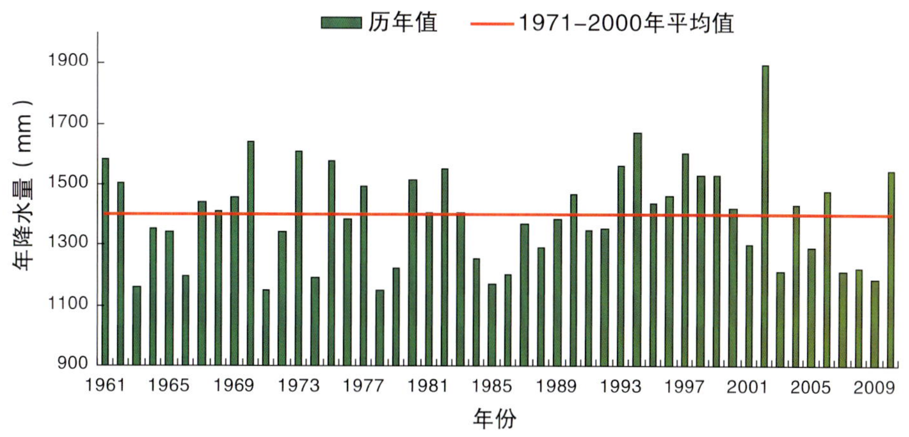

图 4.18.1　1961—2010 年湖南省年平均降水量变化直方图
Fig. 4.18.1　Annual precipitation in Hunan during 1961—2010

4.18.2 主要气象灾害及影响

1. 暴雨洪涝

在 2010 年湖南各类气象灾害中，以暴雨洪涝影响最大，具有灾害发生时间早、频率高、重复

受灾区域多等特点。全年因暴雨洪涝共造成1657.3万人受灾，64人死亡，损坏房屋40.9万间，农作物受灾面积227.9万公顷，直接经济损失246.9亿元。其中以6月中下旬和7月上中旬两次降水过程影响最大，直接经济损失均超60亿元。

2. 干旱

2010年干旱以年初的冬旱和年末的秋旱影响较大。由于前期降水持续偏少，湘西、湘西北地区前冬出现干旱，冬作物生长和春播均受到影响，部分地区出现人畜饮水困难；10月中旬，湖南大部分地区旱情加重，湘中以南地区一直维持较高干旱等级。2010年，湖南干旱共造成473.9万人受灾，145.5万人饮水困难，35.2万公顷农作物受灾；直接经济损失20.0亿元。

3. 低温冷害、连阴雨

2010年，湖南多次出现中度以上全省性低温冷害和连阴雨天气，共致23.4万人受灾，直接经济损失1.4亿元。3月7—17日、4月14—23日，出现全省性春寒、倒春寒天气，多站达重度倒春寒灾害标准。5月中下旬，湘西北、湘北和湘西南出现“五月低温”天气，其中有29县（市）达到重度标准。9月22—28日，有77个县市出现寒露风，其中有63个县（市）达重度标准，重度寒露风县市数位居1951年以来历史同期（9月）第3位。

4. 局地强对流

年内多次出现强对流天气，多县市农作物受损。全年126.6万人受灾，农作物受灾面积7.8万公顷，直接经济损失5.5亿元。

2010年雷击事件较2009年大幅减少，6月19日闪电单日雷电频数创有闪电资料日记录新高。伤人毁物事件以2—8月为多，共计发生633起，造成建筑物、生产办公设备和人员伤亡，其中受伤16人，死亡17人，直接经济损失1036万元。

5. 高温热浪

2010年，湖南平均高温日数37天，仅次于1963年和2009年，居1951年以来历史第三高位，其中靖州、武冈、东安、双牌、蓝山等地高温日数居当地历史第一高位。但高温天气出现时间晚，6月30日省内首次出现日最高气温≥35℃的高温天气，刷新高温初日最晚纪录（此前最晚出现在1955年6月16日）；年内有21个县市年极端最高气温创当地历史新高；

4.18.3 气象减灾服务简介

2010年，湖南共发布决策气象服务材料231期，服务材料被其他部门引用达147次；开展人工增雨作业202次，防雹作业140次，作业区影响面积累计达2.245万平方千米；制作发布雷电决策气象服务材料7期，雷电短时预警产品250期，雷电消息4次，发布雷电预警信号602县次。为各级领导、政府部门以及雷电敏感行业提供雷电监测公报月、季报8期，共1074份；为民航机场、石化等雷电专项用户提供专项服务产品。

4.19 广东省主要气象灾害概述

4.19.1 主要气候特点及重大气候事件

2010年，广东省年平均气温21.9℃，较常年偏高0.3℃，年内气温变化起伏大，阶段性偏高或偏低显著；全省年平均降水量1867.6毫米，与常年持平，年内降水分布明显不均，1月、9月分别偏多达9成、1.1倍，3月、11月分别偏少达6成、8成。热带气旋、暴雨和低温冷冻为广东2010年三大气象灾害。年内共有7个热带气旋和1个热带低压登陆或影响广东，其中“灿都”登陆，“凡亚比”造成损失最大；前汛期暴雨和强降水频发，局部洪涝灾害严重，造成损失严重，其中“5.7”暴雨损失和影响最突出；年初 2—3 月出现 2 次较大范围的寒潮并伴随低温阴雨过程，12 月中旬中期的寒潮导致全省出现自 1975 年以来历史同期（12 月上中旬）最低气温。据统计，2010 年，广东省因各种气象灾害共造成 184 人死亡，直接经济损失 178.2 亿元。气候影响综合评价为较差年景。

4.19.2 主要气象灾害及影响

1. 热带气旋

2010 年，有 7 个热带气旋登陆或影响广东，其中 4 个登陆或严重影响，较常年（5.3 个）偏少，登陆仅 1 个，也较常年（3.8 个）偏少。登陆或严重影响广东的 4 个热带气旋分别是：7 月 22 日台风“灿都”登陆广东，初台登陆时间比常年偏晚 27 天；9 月“狮子山”和“凡亚比”自东向西严重影响广东；10 月终台“鲇鱼”影响粤东，终台影响时间较常年偏晚 22 天。另外，10 月还有 1 个未编号的南海热带低压严重影响广东。2010 年，热带气旋共造成广东省 134 人死亡，直接经济损失 116.2 亿元。其中超强台风“凡亚比”（图 4.19.1）造成广东省直接经济损失 53.7 亿元，死亡 128 人，失踪 6 人，是年内造成损失最大的热带气旋。

图 4.19.1 9 月 23 日信宜市钱排镇双合村被洪水冲垮的房屋（广东气象局提供）

Fig. 4.19.1 Houses destroyed by flood on September 23, 2010 in Guangdong

2. 暴雨洪涝

2010 年 4 月 22 日，广东省入汛，入汛时间较常年偏晚 8 天。其中前汛期雨量 898.5 毫米，占汛期降水量的 57%，比常年同期偏多 1 成半；龙舟水雨量 321.5 毫米，与常年同期基本持平。前汛期广东发生多达 11 次的暴雨降水过程，局部洪涝灾害严重，造成重大的经济财产损失和人员伤亡，直接经济损失 54.7 亿元，死亡 28 人。其中 5 月 6—7 日，粤北、粤东和珠三角大部分地区出现暴雨到大暴雨、局部特大暴雨，广州的增城、花都、中心城区先后出现 99～126 毫米的小时强降水（居历史第 1 或第 2 位），广州有超过 30 个地下车库被浸，机动车水浸损失惨重。此次暴雨过程具有“影响范围广、降水强度强、持续时间长、造成影响重”的特点，全省直接经济损失 26 亿元，16 人死亡，6 人失踪，是前汛期暴雨过程损失最严重的 1 次。

3. 低温冻害

2—3 月，广东省出现 2 次较大范围的寒潮并伴随出现低温阴雨天气过程，对农业生产造成较严重不利影响，仅 3 月上旬中后期的粤北寒潮与上旬末中旬初的大范围轻中度的低温阴雨天气过程就造成粤东的潮州、梅州农业经济损失超过 5.4 亿元。12 月中旬中期的寒潮导致全省出现低温和大范围的冰霜冻天气，最低气温为 35 年来历史同期最低，此次寒潮造成龙门、罗定经济损失超过 8800 万元。

4.19.3 气象减灾服务简介

2010 年，广东省气象部门共为省委、省政府等和相关部门制作了《重大天气气象信息快报》172 份、《重大天气气象信息专报》23 份、《天气报告》386 份，及时收集、汇总上报全省重大气象灾情材料近70份。针对元旦、春节、“5.7强降水”、5月连场暴雨、高考、前汛期、狮子山、国庆、亚运会开幕式、亚运会闭幕式等共举行了10次新闻发布会，首席预报员多次接受报刊、电台、电视台等各家媒体的记者采访，并接受电视台直播。全年共发布暴雨、台风和高温等省级预警信号79次，强风、暴雨、台风等省级危险天气警报185次，为领导决策提供了有效的科学依据，得到了各级党政部门的充分肯定。广东省气象部门为亚运会火炬接力传递、开闭幕式、赛事举办和城市运行等提供了全方位、精细化的气象服务，保障亚运会取得圆满成功。

4.20 广西壮族自治区主要气象灾害概述

4.20.1 主要气候特点及重大气候事件

2010年，广西年平均气温21.1℃，较常年偏高0.6℃（图4.20.1）；年降水量1546.0毫米，接近常年。主要气象灾害有干旱、暴雨洪涝、热带气旋、强对流等。其中2009年8月至2010年4月出现的夏秋冬春连旱影响最为严重；汛期暴雨频繁，强降水造成严重洪涝灾害；年内高温日数比常年明显偏多；有3个热带气旋影响广西，初台偏晚，总数偏少，影响偏轻。此外，寒潮、霜（冰）冻、冰雹、大风也给广西造成不同程度的影响。

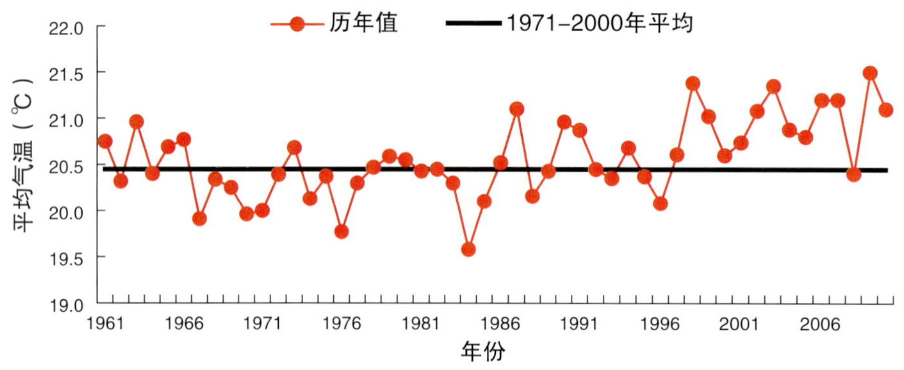

图4.20.1 1961—2010年广西年平均气温变化曲线图

Fig. 4.20.1 Annual mean temperature in Guangxi during 1961—2010

全年因气象灾害共造成农作物受灾面积166.6万公顷，绝收面积6.2万公顷，受灾人口2560.5万人次，死亡138人，直接经济损失108.7亿元。总的来看，2010年广西气象灾害属偏重年份。

4.20.2 主要气象灾害及影响

1. 干旱

2009年8月至2010年4月中旬和2010年9—11月，广西分别出现夏秋冬春连旱和秋旱。全区1309.0万人受灾，发生饮水困难321.3万人；农作物受旱面积107.9万公顷，绝收面积4.2万公顷；旱灾造成直接经济损失36.9亿元，其中农业经济损失26.0亿元。2009年8月1日至2010年4月20日的夏秋冬春连旱历时8个多月，对广西农业、林业、江河航运、旅游、水力发电及人民生活造成不同程度影响，其中对农业和人民生活的影响最为突出，尤以桂西北灾情最为严重，全区90%以上的县（市、区）受灾，旱灾造成直接经济损失33.2亿元，其中农业经济损失26.0亿元（图4.20.2）。

2. 暴雨洪涝

2010年，广西除热带气旋引起的暴雨洪涝外，全年受其他天气系统影响引起的暴雨洪涝共造成981.2万人受灾，紧急转移安置46.8万人，发生饮水困难4.8万人，死亡115人、受伤15人、失踪 17 人；农作物受灾面积 46.7 万公顷，绝收 1.6 万公顷；倒塌房屋 6.9 万间，损坏房屋 7.7 万间；因灾造成直接经济损失 62.5 亿元，其中农业直接经济损失 20.5 亿元。以 5 月 31 日至 6 月 2 日的强降水天气过程引发的洪涝和地质灾害造成的经济损失和人员伤亡最大（图 4.20.3）。

图 4.20.2　2010 年 2 月 24 日广西凌云县干旱致使农田无法耕种（凌云县气象局提供）

Fig. 4.20.2　Drought disaster in Lingyun County of Guangxi on February 24, 2010

3. 热带气旋

2010 年影响广西的热带气旋有 3 个，较常年偏少 2 个，初台偏晚，影响偏轻。全区 225.5 万人受灾，累计紧急转移安置 11.6 万人；农作物受灾面积 8.8 万公顷，绝收 0.3 万公顷；倒塌房屋 0.6 万间；直接经济损失 6.4 亿元，其中农业直接经济损失 2.2 亿元。

4. 强对流天气

2010 年 3—10 月，广西部分地区出现大风、冰雹及雷电等强对流天气，造成 34.2 万人受灾，死亡 23 人；农作物受灾面积 1.8 万公顷；损坏房屋 6.6 万间，倒塌房屋 0.1 万间；直接经济损失 1.1 亿元。

图 4.20.3　2010 年 6 月 1 日广西来宾县暴雨洪涝导致地质灾害（来宾市气象局提供）

Fig. 4.20.3　Geological disaster caused by flood in Laibin County of Guangxi on June 1, 2010

其中，2010 年广西共发生雷击事件 146 起，致使 23 人死亡，18 人受伤；雷电引发火灾或爆炸 4 起，建筑物、办公及家用的电子电器设备不同程度受损，共造成直接经济损失 249.6 万元。雷击事件主要发生在 4—9 月。雷电灾害最频繁、造成伤亡人数最多、直接经济损失最大的是 7 月，共造成 9 人死亡，7 人受伤，直接经济损失 100.6 万元。

4.20.3 气象减灾服务简介

2010 年，广西气象部门严密监测各类灾害性天气，加强预测预警，主动服务，气象服务效益显著。全年共启动应急响应 10 次，应急响应天数 104 天。自治区气象局共发布《重大气象专报》等服务信息 306 期，各级台站向社会公众发布暴雨、台风等灾害预警信号 3487 次，2 亿多人次通过手机短信接收到预警信息。做好年初特大干旱气象服务以及各关键农时气象服务工作。气象服务得到了各级党委、政府领导的充分肯定和高度赞扬。自治区领导在报送的气象服务材料上做出批示23次，并多次到气象部门检查指导和慰问。中国气象局领导到广西检查指导工作时，也充分肯定了广西气象部门为防灾减灾所做的重要贡献。

4.21 海南省主要气象灾害概述

4.21.1 主要气候特点及重大气候事件

2010年海南省年平均气温25.1℃，较常年偏高1.0℃，为1961年以来第2高值（图4.21.1）。冬、春季平均气温偏高明显，夏、秋季正常，其中5—7月，海南省多次出现高温天气过程，部分地区的极端最高气温多次突破历史同期最高纪录；年平均降水量2260.5毫米，较常年偏多25%，为1961年以来第二偏多年份（图4.21.2），其中10月降水量为1961年以来同期最大值。

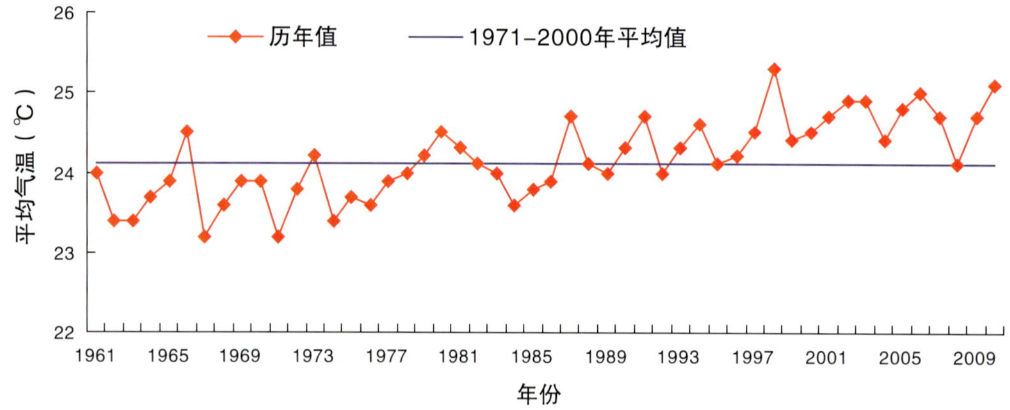

图4.21.1 1961—2010年海南省年平均气温变化图

Fig. 4.21.1 Annual mean temperature in Hainan during 1961—2010

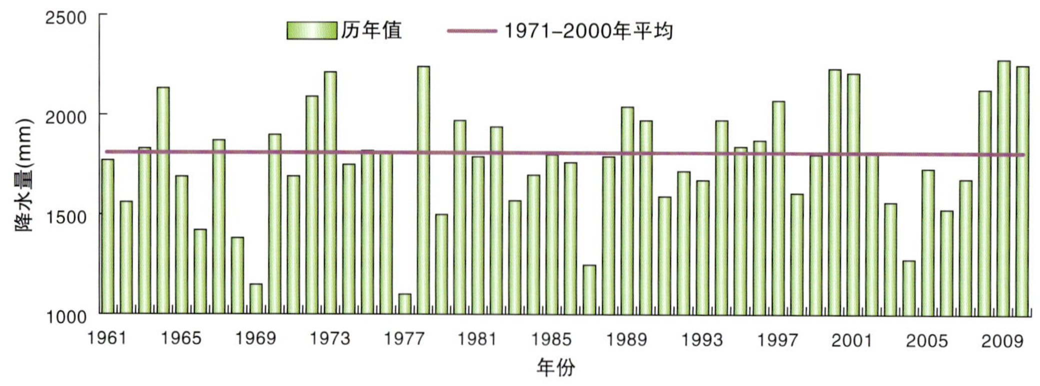

图4.21.2 1961—2010年海南省年降水量变化直方图

Fig. 4.21.2 Annual precipitation in Hainan during 1961—2010

2010年海南省主要的天气气候事件有干旱、暴雨、热带气旋、高温、雷暴等。2010年海南省因气象灾害造成437.7万人次受灾，死亡人口10人；农作物受灾面积30.6万公顷，其中绝收面积4.9万公顷；直接经济损失131.9亿元。总体上，气象灾害属于偏重年景。

4.21.2 主要气象灾害及影响

1. 热带气旋

2010年海南省先后受3个热带气旋影响，其中1个登陆，登陆个数较常年偏少。1002号台风

“康森”影响相对较大；7月15—17日，受“康森”影响，海南省大部分地区普遍出现大到暴雨，局部地区出现大暴雨，其中34个乡镇自动站超过100毫米，最大为文昌市东路镇200.1毫米。全年因热带气旋影响全省8个市（县）89.5万人受灾，死亡人口2人，紧急转移安置人口11.0万人；农作物受灾面积1.0万公顷，绝收面积1090公顷；倒塌房屋281间；直接经济损失2.8亿元。

2. 暴雨洪涝

2010年，海南省出现的暴雨洪涝灾害相对较多，全年全省有17个市（县）298.9万人次受灾，死亡6人；农作物受灾面积25.4万公顷，绝收面积4.3万公顷；损坏房屋1.4万间，倒塌房屋7000间；全年暴雨洪涝导致的直接经济损失127.1亿元。暴雨洪涝灾害属于偏重影响年份。10月1—10日、13—18日，受弱冷空气和南海辐合带的共同影响，海南省先后出现两次大范围持续性强降水天气过程，引发罕见暴雨洪涝灾害（图4.21.3）。10月1—10日，全省共有122个乡镇自动站累计雨量超过800毫米，其中77个自动站累计雨量超过1000毫米，11个自动站累计雨量超过1400毫米，最大为文昌文城镇南阳小学1754.3毫米；10月13—18日，全省共有46个乡镇自动站过程雨量超过500毫米，其中18个乡镇自动站过程雨量达600毫米以上，最大为琼中县南方农场885.7毫米。

图4.21.3　2010年10月6日持续暴雨造成琼海市郊区积水至屋顶（琼海市气象局提供）

Fig. 4.21.3　Flood disaster in Qionghai City of Hainan Province on October 6, 2010

3. 干旱

2010年，海南省中西部部分地区出现冬春连旱，全省49.3万人次受灾，22.8万人饮水困难；农作物受旱面积4.2万公顷，其中绝收面积5000公顷，造成直接经济损失2.0亿元。

4. 雷电

2010年2—10月，海南省发生雷电灾害事件47起，造成2人死亡，部分建筑物和办公（家用）电子电器设备受损，直接经济损失1027.0万元；其中7月份雷击灾害达33起，直接经济损失119.9万元。

5. 高温热浪

2010年海南省平均高温（日最高气温≥35℃）日数41天，较常年偏多25天。大范围高温天气过程主要出现在5—7月，部分地区的极端最高气温多次突破历史同期最高纪录。其中7月1—14日，全省18个市县中有15个市县均出现35℃以上的高温天气，持续高温，造成供电量猛增，海南电网统调最高负荷屡创新高，达26.8万千瓦，同比增长19.9%。

4.21.3 气象减灾服务简介

2010年海南省气象灾害偏重，针对10月罕见强降水及各种重大灾害性天气，省气象局做到“早动员、早准备、早部署”，及时准确向省委、省政府和相关部门累计报送《重要气象信息专报》

78期、《重要气象信息快报》71期；先后为“春运气象保障服务”、“环海南岛国际大帆船赛”、“博鳌国际旅游论坛”、“高考”及法定假日等重大社会活动制作提供专题气象服务报告；及时预警，主动服务，全年累积发布各类警报785次，各类预警信号143次；召开重大天气过程新闻发布会9次，向各大媒体提供专题新闻稿件20篇，不定期接受电视、电台、报纸等新闻媒体采访。

4.22 重庆市主要气象灾害概述

4.22.1 主要气候特点及重大气候事件

2010年，重庆市年平均气温17.7℃，较常年偏高0.3℃（图4.22.1）；2010年重庆市平均年降水量1035.2毫米，较常年偏少1成。冬季气温偏高，为1951年以来的第6高值；冬春连旱，大部地区达到重旱至特旱等级；夏季暴雨过程频繁、强度大、持续时间长、引发的洪涝灾害点多面广；秋季出现三段连阴雨，秋末出现强降温。

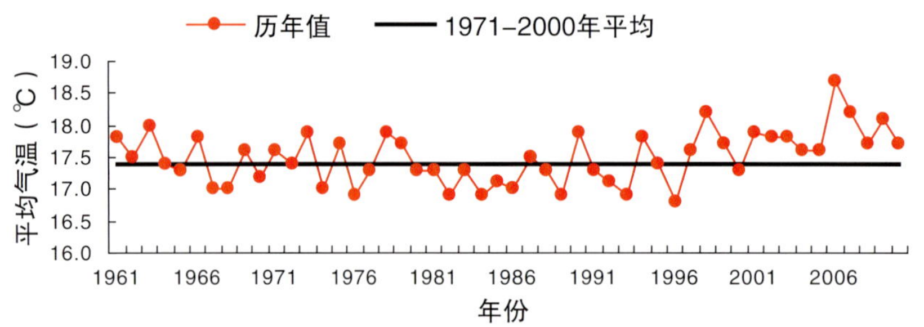

图4.22.1　1961—2010年重庆市年平均气温逐年变化曲线图

Fig. 4.22.1　Annual mean temperature in Chongqing during 1961— 2010

2010年重庆市发生的气象灾害主要有暴雨洪涝、大风冰雹、干旱，此外局部地区还出现了洪峰、滑坡、雷电、森林火灾等灾害。全年因灾造成1170.1万人受灾，其中死亡111人、农作物受灾57.5万公顷，直接经济损失67.1亿元。总体而言，2010年重庆市的暴雨洪涝灾害造成的灾情严重，大风冰雹其次，干旱灾情较轻。与2000年以来相比属中等偏重程度，比2009年重，次于2004、2006、2007年。

4.22.2 主要气象灾害及影响

1. 暴雨洪涝

2010年，重庆市暴雨、强降水、强对流天气过程发生频繁，先后出现了5.6、6.7、6.19、6.23、7.4、7.8、8.14、8.21、9.6等9次区域暴雨天气过程，以及7.17、9.9等局地暴雨。此外局地的强降水天气还引发了山洪、过境洪峰、山体滑坡等次生灾害（图4.22.2，图4.22.3）。

暴雨洪涝灾害共造成711.6万人受灾，其中死亡74人，农作物受灾32.1万公顷，房屋倒塌3.9万间，直接经济损失55.9亿元。

2. 大风冰雹及雷电

2010年重庆市出现的大风冰雹天气虽然次数不多，但造成的灾情较重，其中“5.6强风雹暴雨天气”因大风、冰雹、暴雨等强对流天气造成了严重的人员伤亡，此外“8.1大风天气”也造成西部大部地区出现了灾情，4.30、6.22、8.5、8.14局部地区还出现了大风、冰雹及雷电灾害。

全年风雹灾害造成158.0万人受灾，其中死亡37人，农作物受灾7.5万公顷，房屋损坏4.8万间，直接经济损失5.6亿元。

3. 干旱

2010年重庆市的干旱灾害主要为冬春连旱，造成大部区县的人员饮水困难、农作物受旱严重。此外7月下旬至8月中旬的高温少雨天气，造成中西部局部地区出现伏旱。

干旱共造成292.5万人受灾，149.0万人饮水困难，农作物受灾17.6万公顷，直接经济损失5.4亿元。

4. 其他灾害

3月21日九龙坡区发生森林火灾，未造成人员伤亡，整个火灾过火面积20公顷。

图4.22.2 2010年7月16日重庆市潼南县暴雨（潼南县象局提供）
Fig. 4.22.2 Rainstorm in TongNan County of Chongqing On July 16, 2010

4.22.3 气象减灾服务简介

2010年重庆市天气形势复杂，服务任务繁重，市气象部门严密监视天气气候变化，全力提高预测预报时效性和准确率，成功预报了5.6、6.7、6.19、6.23、7.4、7.8、8.14、8.21、9.6等9次区域暴雨天气过程，并及时开展了服务，有效减轻了灾害损失，同时开展了“7.17局地暴雨”应急气象服务、7月16—18日，为“重庆市两江新区工业开发区开工暨授牌仪式”提供了气象保障服务等工作，为地方领导和相关部门科学决策工作、指导抗灾救灾等提供了大量优质高效的决策服务材料和对策建议，受到了各级领导及有关部门的一致好评。

图4.22.3 2010年7月18日重庆市城口县暴雨（城口县气象局提供）
Fig. 4.22.3 Rainstorm in Chengkou County of Chongqing On July 18, 2010

4.23 四川省主要气象灾害概述

4.23.1 主要气候特点及重大气候事件

2010，四川省年平均气温15.2℃，较常年偏高0.5℃（图4.23.1），全省年平均降水量993.0毫米，比常年多43毫米，偏多4%（图4.23.2）。冬季气温显著偏高1.3℃，为1961年以来历史第三强暖冬年，降水明显偏少，降水量为历史同期第一低。春季气温、降水均接近常年水平。夏季气温偏高，其中7月气温为历史同期第三高；降水偏多，降水量为同期历史第二高。秋季平均气温偏高0.8℃，降水偏少，其中11月降水量为历史同期第二低。

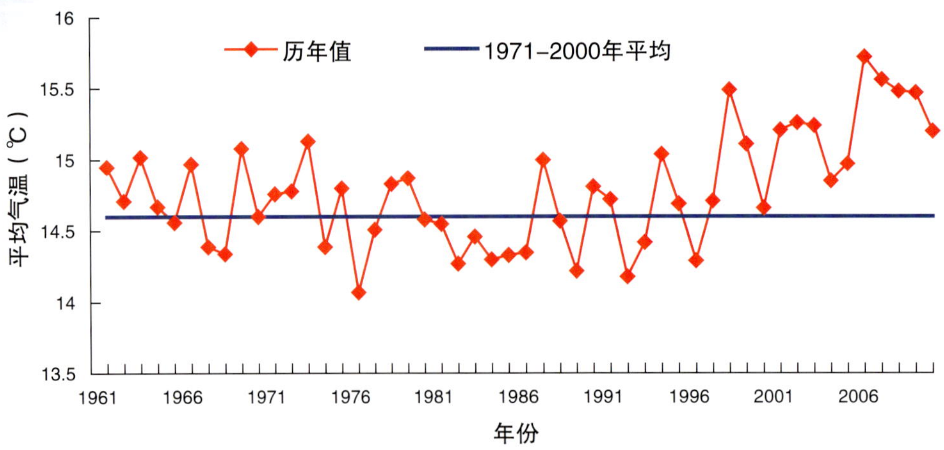

图 4.23.1　1961—2010 年四川省年平均气温变化曲线图（℃）

Fig. 4.23.1　Annual mean temperature in Sichuan during 1961—2010

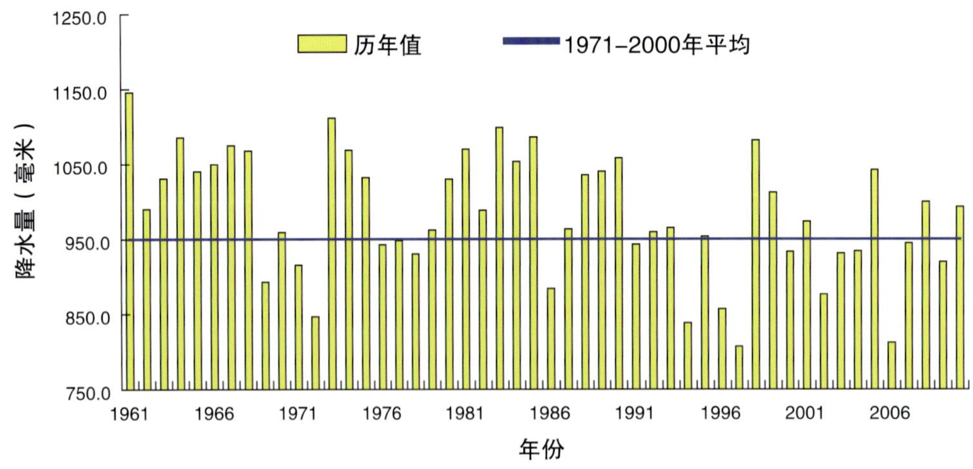

图 4.23.2　1961—2010 年四川省年降水量变化直方图

Fig. 4.23.2　Annual precipitation in Sichuan during 1961—2010

2010 年四川省主要的天气气候事件有秋旱、低温、暴雨、大风冰雹等。2010 年四川省因气象及其衍生灾害共造成 4315.4 万人（次）受灾，246 人死亡，倒塌房屋 32.6 万间，损坏房屋 95.9 万间；农作物受灾面积 232.4 万公顷，绝收面积 17.9 万公顷，直接经济损失 486.4 亿元，其中农业直接经济损失 154.8 亿元。总体看来，2010 年四川省气候条件属一般年景。

4.23.2 主要气象灾害及影响

1. 暴雨洪涝

2010 年四川省内暴雨过程次数接近常年，但发生面广，局地强度大、致灾重。年内共出现 8 次暴雨天气过程，其中 7—8 月集中出现 5 次区域性暴雨天气过程，分别在 7 月 15—18 日，7 月 22—26 日，8 月 12—15 日，8 月 17—19 日和 8 月 20—22 日。全省最大日降水量出现在 8 月 19 日的绵竹市，达 292.5 毫米。全省因暴雨造成农作物 148.8 万公顷受灾，其中成灾 79.4 万公顷，绝收 25.1 万公顷；2557.7 万人受灾，221 死亡，82 人失踪；倒塌房屋 33 万间；直接经济损失达 450.8 亿元。

7 月 14—19 日，巴中、广元、南充、达州、遂宁、成都、绵阳、乐山、眉山、雅安、内江、凉山和甘孜 13 市州的 60 个县市降了暴雨，其中有 20 个县市降了大暴雨（图 4.23.3）；万源、乐山两市降了特大暴雨。此次区域性暴雨强度大、雨量集中、来势凶猛，万源一夜之间成为孤城，广安城区80%被淹，造成山洪暴发和严重的地质灾害。据统计，此次暴雨过程共造成18个市州的87个县（市、区）1238.1万人受灾，因灾死亡31人、失踪61人，紧急转移安置104.7万人；倒塌民房7万余间；直接经济损失160.6亿元。

图4.23.3　2010年7月17日南充市嘉陵区人民广场上的交易中心被淹

Fig. 4.23.3　Flood disaster in People Square of Jialing District of Nanchong City of Sichuan Province on July 17, 2010

2. 干旱

2010年四川省内冬旱严重，先后有137个县（市）发生不同程度的冬旱，其中盆地86县（市），高原中、南部51县（市），川西南山地出现“五十年不遇”的秋冬连旱；有58个县（市、区）发生了春旱，总体偏轻，但川西南山地严重；83县（市、区）发生了夏旱，出现范围一般、持续时间较短；59县（市、区）发生了伏旱，出现范围小、持续时间短。全省因干旱受灾农作物62.8万公顷，其中成灾31.3万公顷，绝收4.8万公顷，受灾人口1412万，直接经济损失26.3亿元。

图4.23.4　2010年7月21日隆昌县行道树受损阻碍交通

Fig. 4.23.4　Traffic accident by the blowed trees in Longchang County of Sichuan Province on July 21, 2010

3. 大风、冰雹

2010年四川省因大风、冰雹灾害，共造成5万公顷农作物受灾，绝收0.8万公顷，倒塌房屋6000间，受灾人口285.4万人。

7月21日，内江市隆昌县部分地方出现8级大风，大风过程伴随雷电和降雨（图4.23.4）。造成5.2万人受灾；房屋受损156间，倒塌417间；农作物受灾4434公顷，成灾1691公顷，绝收270公顷；交通和通讯设施及城市公共设备多处受损，全县直接经济损失2582.5万元，其中农业经济损失2055万元。

9月25日，攀枝花市仁和区遭受大风冰雹袭击成灾，灾害共造成经济损失492.7万元.

4.23.3 气象减灾服务简介

2010年，四川省汛期出现8次强降雨天气过程，由于“5·12”地震极重灾区降水量偏多，其值分别是去年和前年的1.9和1.6倍，诱发了特大山洪地质灾害。面对灾多灾重、多灾并发的严峻形势，全省气象部门加强组织领导，提前做好汛期准备，进一步完善部门联动机制，准确预报，及时服务，全年发送专题气象服务材料147期，其中《重大气象服务专报》12期，预警信号137

期，全网发布红色预警信号 3 次，省领导在决策服务材料上批示 22 次。各地依据天气预报紧急转移安置 274 万人次，大大减少了人员伤亡和财产损失，形成了汛期气象服务的“清平模式”，夺取了防灾减灾的重大胜利。

4.24 贵州省主要气象灾害概述

4.24.1 主要气候特点及重大气候事件

2010 年，贵州省年平均气温 15.9℃，较常年偏高 0.5℃（图 4.24.1）；年降水量时空分布不均，降水总量接近常年（图 4.24.2）。2010 年，贵州省遭受了大风冰雹、雷击、霜冻、暴雨洪涝、干旱、低温雨雪等气象灾害。7 月 14 日至 8 月 14 日，省内大部分地区因晴热少雨，出现伏旱。另外，夏季暴雨洪涝也给人民生命财产及工农业生产带来巨大损失，其中，暴雨洪涝灾害事件以发生在关岭县岗乌镇的特大暴雨为最重，为新中国成立以来贵州省最大的滑坡、泥石流灾害。2010 年由于作物受干旱、初夏低温寡照及秋绵雨等的影响，全年农业气象条件属于一般年景。

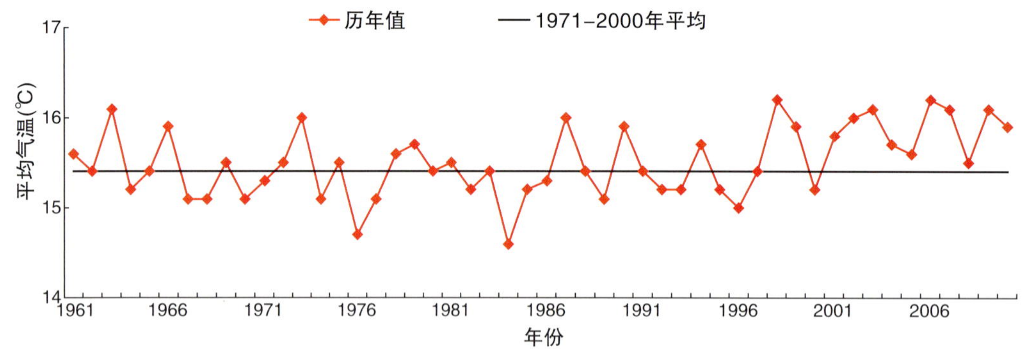

图 4.24.1 1961—2010 年贵州省年平均气温变化图

Fig. 4.24.1 Annual mean temperature in Guizhou during 1961—2010

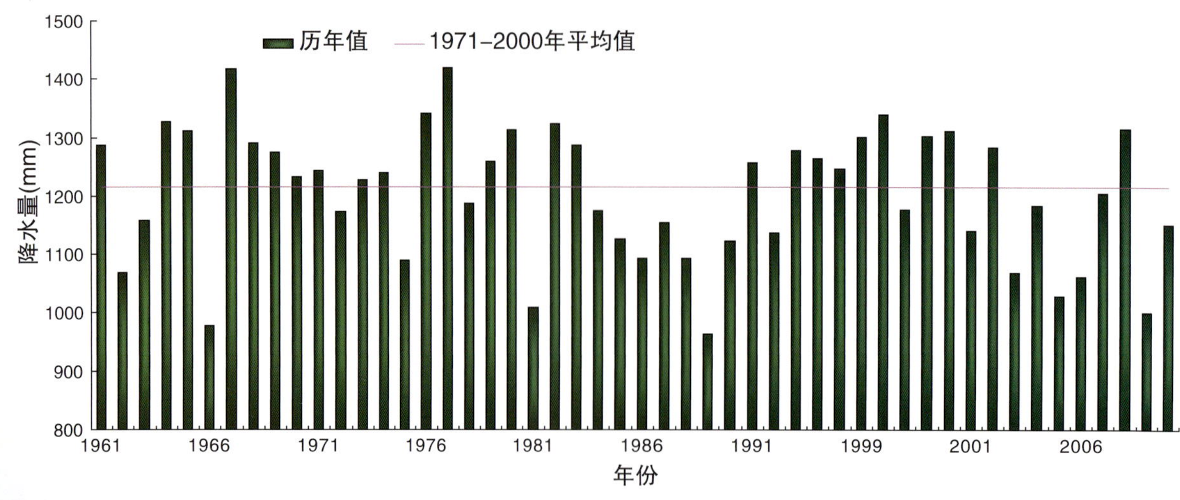

图 4.24.2 1961—2010 年贵州省年降水量变化图

Fig. 4.24.2 Annual precipitation in Guizhou during 1961—2010

4.24.2 主要气象灾害及影响

1. 干旱

贵州省2009年7月以后出现历史罕见夏秋冬春连旱，为特大气象干旱。据监测，累计出现重旱以上有83个县（市），占98.8%，其中特重旱达76个县（市），占90.5%。由于前期干旱叠加，使2010年冬春季干旱影响更为明显，干旱范围和强度均突破气象历史极值，尤以省的西部及南部最为严重。据统计，全省9个市（州、地）88个县（市、区）中有85个县（市、区）不同程度遭受旱灾；受灾总人口1868.9万人，饮水困难人口247万人；农作物受灾面积163.9万公顷，其中成灾105.6万公顷，绝收49.5万公顷；因灾造成直接经济损失132.3亿元，其中农业直接经济损失92.5亿元，工业、基础设施等损失39.8亿元。灾害还造成194.4万头大牲畜饮水困难。

7月14日至8月14日，贵州省大部分地区以晴热少雨天气为主，有36个县（市）出现35℃以上的高温天气；贵州省部分地区出现干旱。全省因夏旱农作物受灾面积19.3万公顷，绝收面积2万公顷。

2. 森林火灾

由于贵州遭受特大干旱，受其影响贵州全省共发生森林火灾1740起，过火面积1.7万公顷，受害森林面积0.4万公顷，因森林火灾死亡20人、重伤14人、轻伤8人；经济损失1.3亿元（图4.24.3）。

图4.24.3　2010年2月24日贵州省普安县森林大火
（贵州省气象局提供）
Fig. 4.24.3　Forest fires in Pu'an County of Guizhou Province

3. 暴雨洪涝

贵州省2010年4月12日出现首次暴雨，至10月1日最后暴雨日期间，共计出现21次强降雨天气过程，贵州省共出现暴雨184站次，其中大暴雨22站次。据不完全统计，贵州省仅夏季塌方、滑坡、泥石流等地质灾害共发生644起，伤亡人数120人，其中死亡51人、失踪57人、受伤12人。最严重的地质灾害为6.27关岭县岗乌特大地质灾害，灾害造成大寨村两个村民组37户人家99名村民被掩埋，42人遇难，57人失踪，为新中国成立以来贵州省最大的滑坡、泥石流灾害。

4.24.3 气象减灾服务简介

贵州省遭遇了历史罕见的自2009年夏秋开始的特大干旱灾害，针对本次干旱分别启动了干旱Ⅳ级、Ⅲ级、Ⅱ级、Ⅰ级气象应急响应服务，向省委省政府及相关部门提供准确的预报预测信息和科学抗旱建议措施。各级人工影响天气部门积极组织开展飞机、火箭、高炮配合的地空立体人工增雨作业，对缓解旱情、降低森林火险等级、增加水库蓄水发电等方面发挥了积极作用。

汛期中连续启动强降水过程气象应急响应服务。为防汛抗旱指挥部及各级政府提供防灾减灾气象决策信息，多次成功转移安置受威胁人群，有效减少了人员伤亡。特别是全程做好“6.28关岭县岗乌镇特大泥石流灾害”气象应急保障服务工作。抢险救援现场总指挥辛维光副省长指出“气象监测及预报预警非常重要，对抢险救援非常关键。”

4.25 云南省主要气象灾害概述

4.25.1 主要气候特点及重大气候事件

2010年云南大部气候异常。年、冬季、春季和夏季的气温均创下1961年以来历史同期最高纪录（图4.25.1）。全省平均年降水量较常年偏少，除秋季降水比常年同期偏多外，其余季节均偏少（图4.25.2）。年平均日照时数接近常年，除冬季日照明显偏多外，其他季节均偏少。

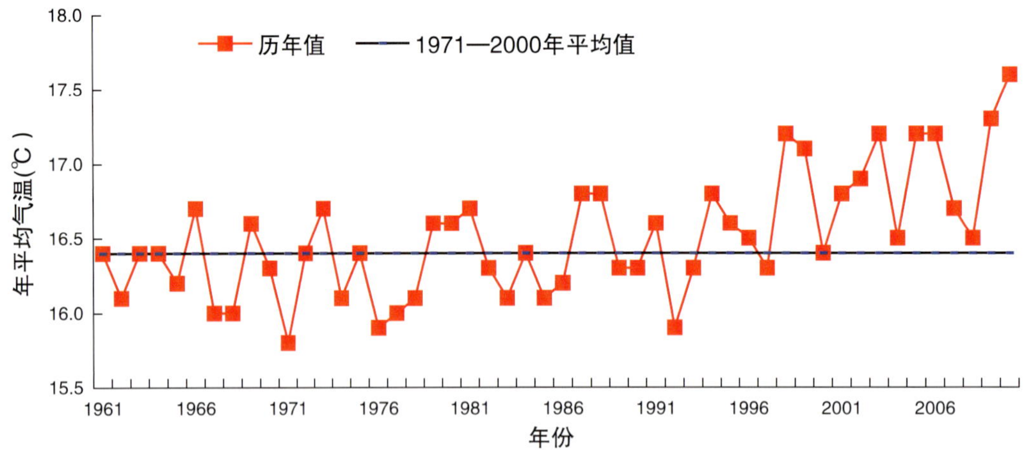

图4.25.1 1961—2010年云南省年平均气温变化曲线图

Fig. 4.25.1 Annual mean temperature in Yunnan during 1961—2010

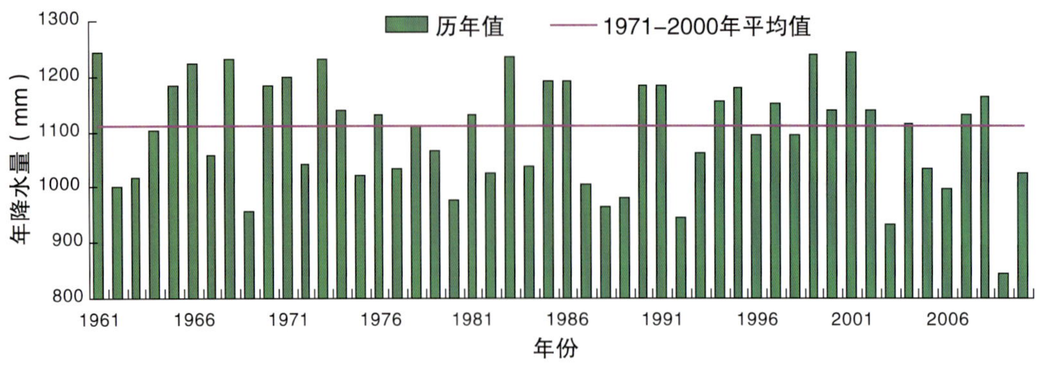

图4.25.2 1961—2010年云南省年降水量变化直方图

Fig. 4.25.2 Annual precipitation in Yunnan during 1961—2010

年内发生高温、干旱、单点性强降水、连阴雨等异常天气气候事件，造成气象及其衍生灾害频繁，水旱灾害尤为突出。其中秋冬春连旱对农业、电力、人民生活等造成严重影响，并诱发滇中及以西以北发生森林火灾，洪涝、地质灾害造成人员伤亡惨重。灾害共造成全省3119.6万人受灾，234人死亡，115人失踪；农作物受灾面积321.5万公顷，绝收面积90.9万公顷，直接经济损失344.6亿元。总的来看，云南省2010年气象及衍生灾害造成的直接经济损失、死亡失踪人数均高于2000—2009年的平均值，气象灾害属偏重年份，农业气候属较差年景。

4.25.2 主要气象灾害及影响

1. 干旱

2009年11月至2010年5月，云南降雨持续偏少，气温持续偏高，全省大部发生罕见的秋、冬、春干旱灾害，致使小春作物严重受灾，人畜饮水困难，楚雄、大理、丽江、昆明西部、玉溪北部、文山西部、红河中北部等重旱区的灾害持续至7月，大春作物的栽插、生长受到影响。这场干旱是有气象记录以来持续时间最长、影响面积最广、危害程度最深的特大旱灾。灾害造成2497.7万人受灾，1167.4万人饮水困难，农作物受灾面积295.7万公顷，绝收面积88.2万公顷，直接经济损失273.3亿元。

2. 暴雨洪涝和滑坡、泥石流

2010年汛期云南省虽未发生大面积洪涝灾害，但单点暴雨、大暴雨频繁，局部洪涝成灾重，秋季连阴雨明显。其中6月下旬和7月中下旬，曲靖、昭通、昆明北部、怒江、丽江、临沧等州市暴雨洪涝灾害突出；秋季连阴雨造成局地洪涝灾害；12月中旬初的冬季强降水造成滇中及其以南发生局地洪涝灾害。地质灾害初发时间早，灾害造成的人员伤亡惨重。3月中旬至9月中旬，云南西北部、西部、南部地区发生滑坡、泥石流、崩塌等地质灾害，怒江、保山、红河东部、丽江等州市灾害偏重，特别是贡山县灾害频发，受灾最重。灾害造成310.9万人受灾，139人死亡，115人失踪；房屋受损7.6万间，倒塌2.5万间；农作物受灾面积16.8万公顷，绝收面积1.8万公顷。直接经济损失40.8亿元。

3. 局地强对流

2010年云南省的冰雹、大风灾害损失与常年相当，雷电灾害初发期偏晚且灾害偏少，属近6年来最轻的年份。其中冰雹、大风灾害主要出现在4月、5月中下旬，7月中下旬和8月上中旬，雷电灾害主要发生在6—9月。灾害造成219.3万人受灾，78人死亡，其中雷电灾害致使33人死亡；房屋受损18.0万间，倒塌0.4万间；农作物受灾面积6.3万公顷，绝收面积0.6万公顷。直接经济损失18.0亿元。

4. 低温冷害和冻害

2010年云南省低温冷害、霜冻、雪灾偏轻发生，以局部霜冻灾害为主。1月至2月中旬、6月、12月中下旬，滇东北、滇中、滇西发生局部低温冷害、霜冻、雪灾。灾害造成28.5万人受灾，1人死亡；房屋受损0.2万间，倒塌0.1万间；农作物受灾面积2.7万公顷，绝收面积0.3万公顷。直接经济损失1.8亿元。

4.25.3 气象减灾服务简介

2010年，面对复杂严峻的天气气候形势和严重灾情，云南省气象局圆满完成了抗击特大干旱、汛期气象服务、“第十八届中国昆明进出口商品交易会暨第三届南亚国家商品展”等重大社会活动、温家宝总理、习近平副主席等党和国家领导人视察云南的重要气象保障任务。

在百年不遇、旷日持久的旱灾面前，率先在全省提出“立足于防大灾，抗大旱”，建议各地应及早准备好应对措施。气象工作者日夜坚守在干旱监测、预警、预报、服务第一线，为各级政府抗旱救灾提供准确的气象保障服务，为全省抗旱工作做出了特殊的贡献。在汛期“6.26”马龙特大暴雨、“7.13”巧家小河镇山洪灾害、“8.18”贡山特大地质灾害、“9.01”隆阳区滑坡灾害，“2.25”元谋和“8.31”巧家地震等重大灾害的预报服务工作中，出色地完成了重大气象保障服务。

4.26 西藏自治区主要气象灾害概述

4.26.1 主要气候特点及重大气候事件

2010年，西藏自治区年平均气温为4.8℃，较常年偏高1.5℃，是1971年以来历史第2高值。四季平均气温均偏高1.0℃以上（图4.26.1），其中春季偏高最明显，达1.9℃；冬季偏高1.3℃，为连续第10个（2001—2010）暖冬；夏季平均气温与1971年以来历史同期最高值持平。全区平均年降水量为485毫米，较常年偏多9%（图4.26.2）。部分站点年、月平均气温和降水量创历史同期极值。

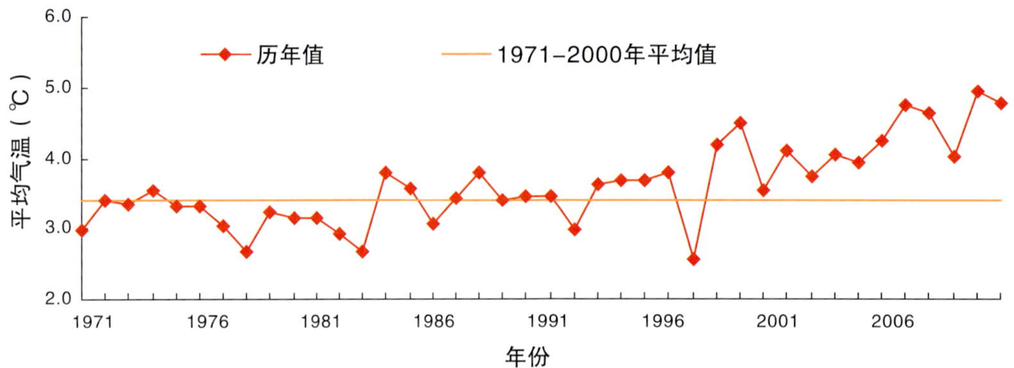

图4.26.1　1971—2010年西藏年平均气温变化曲线图

Fig. 4.26.1　Annual mean temperature in Tibet during 1971—2010

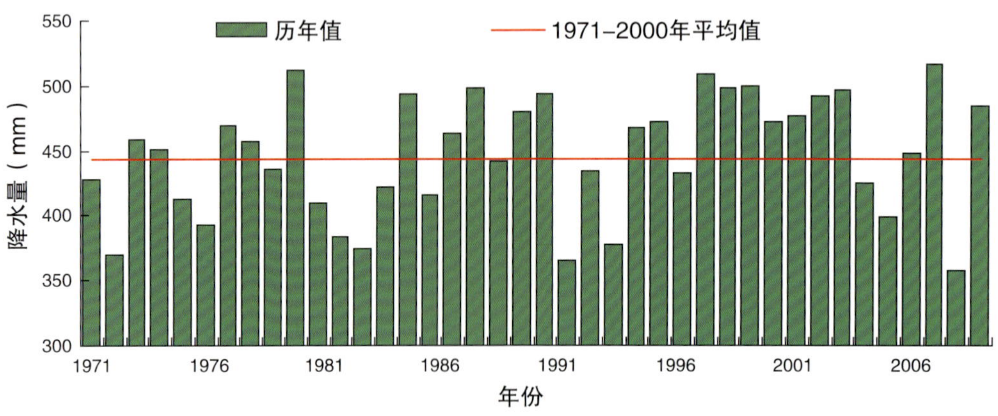

图4.26.2　1971—2010年西藏年降水量变化直方图

Fig. 4.26.2　Annual precipitation in Tibet during 1971—2010

2010年西藏自治区因气象灾害共造成23人死亡、26人受伤；受灾人口62万人，转移安置人口6438人；农作物受灾面积5.1万公顷，绝收0.6万公顷；损坏房屋7629间，倒塌1618间；牲畜死亡16.5万头（只、匹）；农业经济损失2.7亿元，直接经济损失约5.7亿元。

4.26.2 主要气象灾害及影响

1. 雪灾

2010年西藏自治区因雪灾造成3.4万人受灾，14人死亡，受伤1人，转移人口1775人；农作物受灾525.3公顷，绝收156.6公顷；损坏房屋121间，倒塌235间；死亡大小牲畜3.3万头（匹、只）；农业经济损失5273.8万元，直接经济损失2.4亿元。

2. 暴雨洪涝

2010年西藏自治区因暴雨洪涝造成受害人口10.2万人，5人死亡，受伤24人，转移安置4183人；农作物受灾面积0.4万公顷，绝收816公顷；损坏房屋4000余间，倒塌1203间；死亡牲畜10.8万头；农业经济损失2470.3万元，直接经济损失约1.1亿元。

3. 地质灾害

2010年，西藏因强降水与泥石流、滑坡等灾害共造成9160人受灾，2人死亡，转移安置380人，农作物受灾面积343公顷，绝收约50公顷，损坏房屋464间，倒塌31间，死亡牲畜876头，农业经济损失438万元，直接经济损失2850万元。

4. 大风、冰雹、雷电

2010年西藏因大风、冰雹、雷电灾害受灾人口5.3人，转移安置100人，农作物受灾6000公顷，绝收921公顷，死亡牲畜3500头（只、匹），损坏房屋1189间，倒塌149间。风雹、雷电造成2人死亡，1人受伤。农业经济损失2143万元，直接经济损失0.4亿元。

5. 旱灾

2010年西藏因旱灾造成受灾人口43万人，饮水困难人口4.5万人，农作物受灾4万公顷，绝收0.6万公顷，死亡牲畜2万头（只、匹），直接经济损失1.6亿元。

4.26.3 气象减灾服务简介

2010年，西藏气象局向中国气象局以及区党委办公厅、政府办公厅、自治区抗灾办公室等有关部门共发布《气象灾情》76期。入春后针对西藏东部持续强降雨，通过手机短信向自治区政府有关领导和林芝地区、昌都地区发布了《强降水天气消息》，发送人次达7.7万人；向区党委、政府及各有关部门，连续上报4期《气象服务信息》。2010年4月14日7时49分，青海省玉树州玉树县发生7.1级地震，造成重大人员伤亡和财产损失。按照《中国气象局启动重大气象保障Ⅰ级应急响应命令》和自治区气象局要求，于14日晚上，向中国气象局应急办、决策服务中心和自治区应急办发送了第一份《昌都地区东北部震区专项预报》。15日开始，每天与中央气象台会商2次，同时加强与昌都气象局和那曲气象局天气会商，每天发布3次《震区专项预报》，上报青海省气象局。在此次地震专项气象保障服务中，西藏区气象台共制作发布93期专项预报。

4.27 陕西省主要气象灾害概述

4.27.1 主要气候特点及重大气候事件

2010年，陕西年平均气温12.9℃，比常年偏高0.8℃，是1997年以来连续第14个偏高年（图4.27.1）。冬、夏季气温比常年同期偏高，春、秋季气温比常年同期略低，春季气温是自1997年以来首次低于平均值。全省平均年降水量694.9毫米，较常年偏多10%（图4.27.2）。冬季陕北、陕南偏少，关中偏多；春季陕北、陕南偏多，关中大部偏少；夏季除陕北北部偏少外，全省大部偏多；秋季全省大部偏多。4月中旬，陕西出现了一次罕见的强降温雨雪天气过程，陕北南部和关中北部局地出现暴雪。7月27日至8月5日全省大部遭遇高温高湿的“桑拿天”。主汛期出现4次强降水天气过程，降水时间集中，降水强度大。

2010年陕西遭受了暴雨、干旱、风雹、冷冻害等多种气象灾害，其中暴雨洪涝灾害造成的损失最为严重。2010年气象及其衍生灾害造成204人死亡，182人失踪，农作物受灾面积112.1万公顷，直接经济损失297.1亿元。2010年气象灾害为较重年份。

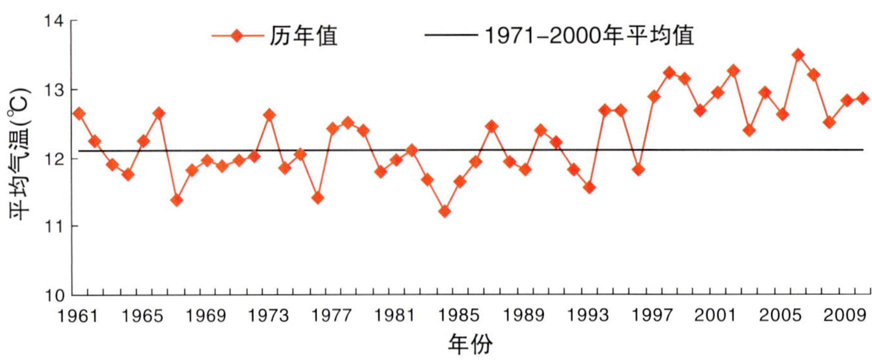

图 4.27.1　1961—2010 年陕西省年平均气温变化曲线图

Fig. 4.27.1　Annual mean temperature in Shaanxi during 1961—2010

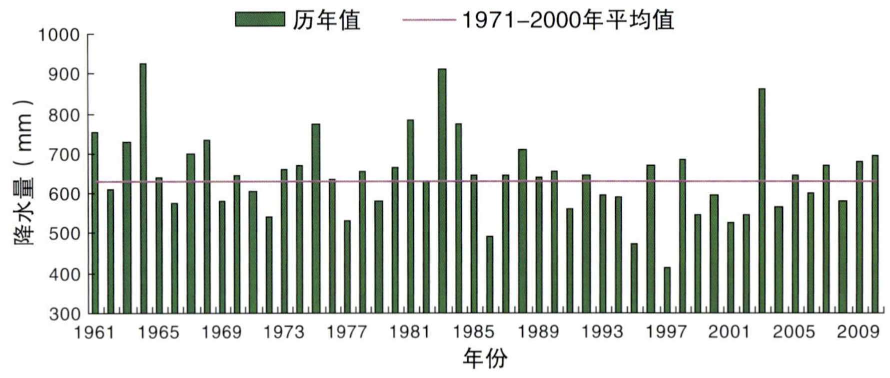

图 4.27.2　1961—2010 年陕西省年降水量变化直方图

Fig. 4.27.2　Annual precipitation in Shaanxi during 1961—2010

4.27.2 主要气象灾害及影响

1. 暴雨洪涝

2010 年陕西暴雨洪涝灾害严重，主要发生在 7—8 月。全省共出现 26 个暴雨日，161 站次，其中大暴雨 23 站次。暴雨日数和站次数均较常年同期偏多。主汛期全省出现 4 次持续强降水天气过程。强降水呈现持续时间长，强度大，范围广，日降水量多站突破建站以来的历史极值等特点。其中 7 月 22—25 日，关中、陕南出现入汛以后影响范围最广、强度最大的强降水天气，44 站次暴雨，16 站次大暴雨，7 站日降水量突破历史极值。此次暴雨过程暴雨总站次仅次于 2003 年 8 月的暴雨过程，但比 2003 年 8 月的过程时间更集中，强度更大。7 月 16—18 日和 23—25 日两次强降水过程共造成关中、陕南 58 县（区）425 万人受灾，紧急转移安置 70.3 万人，因灾死亡 111 人，失踪 167 人，倒塌房屋 14.9 万间，损坏房屋 29.3 万间，农作物受灾面积 225.7 千公顷，绝收面积 37.6 千公顷，直接经济损失 95.6 亿元。全年因暴雨洪涝灾害造成 677.4 万人受灾；农作物受灾面积 39.1 万公顷；直接经济损失 226.3 亿元。

2. 干旱

2010 年，干旱造成陕西省 299.5 万人受灾，27.9 万人饮水困难；农作物受灾面积 42.1 万公顷，绝收 3 万公顷；直接经济损失 9.3 亿元。其中 6 月中下旬全省大范围持续高温少雨天气，陕北、关中出现大范围旱情，局地出现中旱，严重影响到夏播以及播种出苗，对春播作物幼苗生长也不利。

3. 局地强对流

2010 年陕西省冰雹、大风等灾害主要集中在 5—9 月，全年因大风、冰雹灾害造成 124.3 万人受灾，25 人死亡；1.3 万公顷农作物受灾；直接经济损失 20.6 亿元。其中 7 月 19 日吴起县周湾和长城两镇遭受冰雹袭击，冰雹直径约 8 毫米，降雹持续 40 分钟。造成农作物受灾面积 518 公顷，绝收面积 375 公顷，因灾造成农业直接经济损失 421 万元。

雷击灾害事故主要发生在 6—8 月，其中 7 月份最多。全年收集雷击灾害事故共 35 起，比去年同期明显增多，雷击造成人身伤亡事故 5 起，死亡 5 人，伤 5 人。9 月 3 日，西安地区遭遇雷电袭击，周至县哑柏镇发生了一起 2 死 2 伤的雷灾事故。

4. 低温冻害和雪灾

2010 年低温冻害和雪灾造成全省 471.3 万人受灾，农作物受灾面积 29.6 万公顷，直接经济损失 40.9 亿元。4 月 11—14 日，陕西出现强降温和雨雪天气，陕北南部和关中北部局地出现暴雪，陕南局部地区出现冰雹雷暴。陕北、关中大部和商洛部分地区出现了晚霜冻。4 月 13 日陕北及渭北地区 21 个站的最低气温低于 1961 年以来 4 月中旬的极端最低气温。此次低温雨雪天气过程造成 53 个市（区）县不同程度受灾，受灾人口 399.6 万人，紧急转移安置 184 人；直接经济损失约 28.7 亿元。

4.27.3 气象减灾服务简介

2010 年报送《重大气象信息专报》等各类决策服务材料 54 期，陕西省地方党政领导在决策服务材料上批示 19 次。省市两级共制作决策气象服务材料 404 期，启动应急气象服务 81 次，其中启动二级应急响应 26 次，三级应急响应 34 次，四级应急响应 21 次，出动应急气象台 2 次。汛期共发布灾害天气预警 12 期，各类预警信号 71 期；省市两级气象、国土部门联合发布地质灾害等级预报 372 期，提前量达到 12～24 小时；发布《重要天气报告》385 期，平均提前量达到 12～24 小时，省级对过程预报的提前量增加到 72 小时。公众气象服务方式多样，受众面广。通过广播、电视、手机短信、电子显示屏、网站、报刊等多种手段开展信息服务。省级通过短信平台共发送预警 106 次，受众人数达 1814.3 万人次。12121 拨打量共为 761 万次。

4.28 甘肃省主要气象灾害概述

4.28.1 主要气候特点及重大气候事件

2010 年甘肃年平均气温 8.7℃，比常年偏高 1.0℃，是 1997 年以来连续第 14 个偏高年（图 4.28.1）。月平均气温与常年相比，4 月偏低 1.1℃，12 月接近常年，其余各月均偏高。年平均降水量 399.5 毫米，接近常年。各月降水量，3、5、9 月略偏多；2、4、8、10、12 月接近常年；1、6、7、11 月偏少。年暴雨日数较常年略偏多，局地暴雨引发的泥石流灾害特别严重；冰雹日数少，局地灾害严重；4 月下旬至 5 月中旬，陇中北部、陇东大部及陇南北部出现干旱；沙尘暴为近 4 年最多，集中出现在 3—4 月；晚霜冻日数为近 4 年最多。因气象灾害造成 2741.7 万人（次）受灾，死亡 1600 人，失踪 264 人，166.2 万人出现饮水困难；农作物受灾面积 130.3 万公顷，成灾面积 57.6 万公顷，绝收面积 10.7 万公顷，损坏房屋 24.9 万间，倒塌房屋 11.7 万间；直接经济损失 222.7 亿元。气象灾害是 2004 年以来最严重的年份。

4.28.2 主要气象灾害及影响

1. 暴雨洪涝（滑坡、泥石流）

2010 年因暴雨洪涝（滑坡、泥石流）灾害造成 364.9 万人受灾，死亡 1594 人，失踪 264 人；

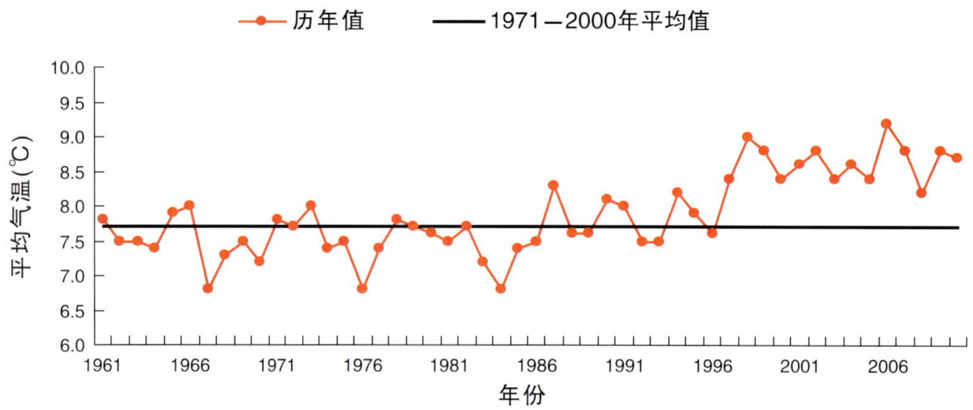

图 4.28.1 1961—2010 年甘肃年平均气温变化图

Fig. 4.28.1 Annual mean temperature in Gansu during 1961—2010

农作物受灾面积 22.3 万公顷，成灾面积 6.1 万公顷，绝收面积 1.6 万公顷；损坏房屋 23.1 万间，倒塌房屋 11.6 万间；直接经济损失 144.0 亿元。8 月 7 日距舟曲县城 10 千米的东山镇 23—24 时降水量 77.3 毫米，8 月 8 日 0 时特大泥石流冲进县城，并截断白龙江形成堰塞湖，造成一半县城被淹，一个村庄整体淹没，受灾 4.7 万人，死亡 1508 人，失踪 257 人；毁坏平房 4.6 万间，损毁办公楼 21 栋；直接经济损失 90 亿元；8 月 11—13 日陇南、天水、平凉、庆阳等市 32 个乡镇出现暴雨，降水中心成县黄渚镇 208.9 毫米，此次暴雨，造成 42 人死亡，13 人失踪。

2. 低温冻害和雪灾

2010 年因雪灾、低温冻害造成 980.1 万人受灾，农作物、蔬菜温室大棚受灾面积 29.2 万公顷，成灾面积 19.6 万公顷，绝收面积 0.8 万公顷，直接经济损失 32.8 亿元。4 月 12—15 日，全省出现严重霜冻，直接经济损失 11 亿元。

3. 局地强对流

2010 年因大风、冰雹灾害造成 550.9 万人受灾，死亡 6 人；农作物、蔬菜温室大棚、果园等受灾面积 7.3 万公顷，成灾面积 6.1 万公顷；绝收面积 1.9 万公顷；损坏房屋 1.8 万间，倒塌房屋 0.1 万间；直接经济损失 30.8 亿元。4 月 24—25 日出现年内最强大风沙尘暴，肃州区、鼎新、甘州区、民勤出现特强沙尘暴，肃州区、民勤最小能见度为小于 1 m，造成 126.8 万人受灾，直接经济损失 7.8 亿元；9 月 3 日出现年内最强冰雹灾害，农作物、果园等受灾面积 2 万公顷，成灾面积 1.3 万公顷，绝收面积 0.4 万公顷，直接经济损失 1.4 亿元。

4. 干旱

2010 年因干旱造成 845.8 万人受灾，166.2 万人出现饮水困难，农作物受灾面积 71.5 万公顷，绝收面积 6.4 万公顷，直接经济损失 15.1 亿元。

4.28.3 气象减灾服务简介

2010 年 8 月 8 日—24 日，在舟曲特大山洪泥石流灾害的抢险中，甘肃省气象局启动 I 级气象服务应急响应，发布《重大气象信息专报》6 期。省委、省政府领导批示 5 次，省政府以明传电报转发气象服务材料 4 次。甘肃省抢险救灾指挥部指挥长、省委书记陆浩指出，气象预报服务工作非常重要，气象部门要进一步加强天气预报和预警工作，进一步做好灾区天气预报预警服务，为抢险救灾提供有力保障。省委副秘书长杨元忠在省局呈送的《重大气象服务专报》上批示："气象部门在舟曲抗洪救援工作中，积极发挥职能作用，为省委领导提供了良好的气象信息服务"。

4.29 青海省主要气象灾害概述

4.29.1 主要气候特点及重大气候事件

2010年青海省年平均气温为3.7℃，较常年偏高1.5℃，为1961年以来最高值（图4.29.1），各季气温均偏高，湟源、刚察等10个测站年平均气温突破1961年以来历史最高值。年平均降水量为363.0毫米，接近常年值（图4.29.2），冬季降水偏少，春、夏、秋三季降水均偏多，诺木洪年降水量突破历史极值。

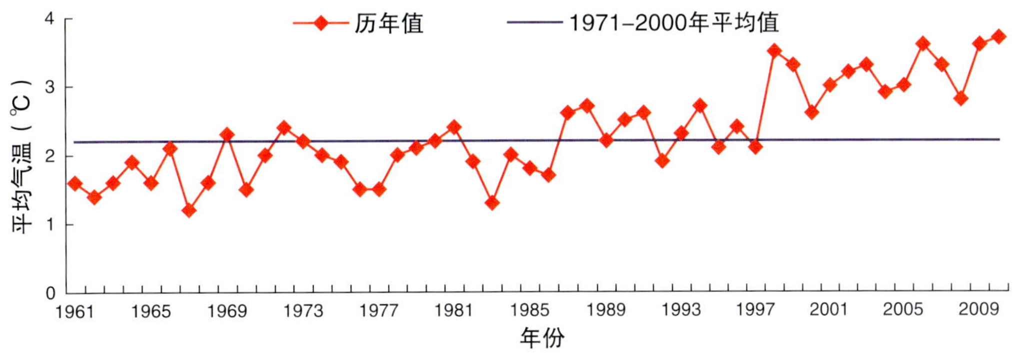

图4.29.1　1961—2010年青海省年气温变化曲线图

Fig. 4.29.1　Annual mean temperature in Qinghai during 1961—2010

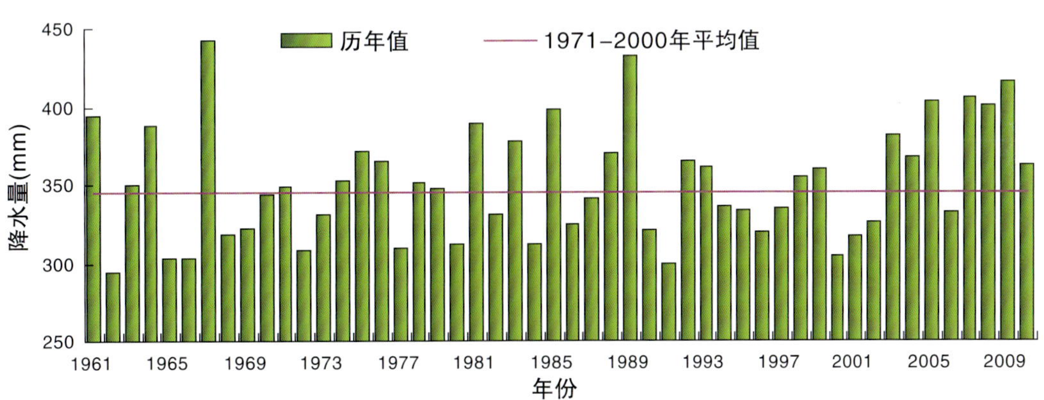

图4.29.2　1961—2010年青海省平均年降水量变化直方图

Fig. 4.29.2　Annual precipitation in Qinghai during 1961—2010

2010年春季青海省大风天气频发，部分地区创历史新高；夏季强对流天气频繁，出现连阴雨天气，暴雨洪涝灾害多发；夏季气温创历史新高，出现高温热害。全年发生的气象灾害及气象因素诱发的灾害主要有暴雨洪涝、干旱、大风、冰雹、雷电、雪灾、冻害、沙尘暴、高温、渍涝、气象地质灾害（山体滑坡、泥石流）、病虫害、森林草原等12类。共造成240.6万人受灾，死亡34人，直接经济损失11.7亿元。总体来看，农业气候条件属于“平年”年景，畜牧业气候条件属于“丰年”年景。

4.29.2 主要气象灾害及影响

1. 暴雨洪涝

2010年青海省发生暴雨洪涝气象灾害58起，因灾共造成受灾人口20万人、死亡24人、失踪人口4人；农作物受灾面积2.2万公顷；直接经济损失5亿元。其中，7月上旬、8月上旬强对流天气频繁、局地降雨强度大、暴雨日数多、洪涝灾害集中出现为多年来少见，使当地农业生产遭受较大损失。7月6日，青海省湟源县发生强雷阵雨，造成洪涝灾害，致使6万人受灾，死亡13人、失踪2人，7.5万公顷农作物受灾，水利、交通、电力、通讯基础设施严重破坏，直接经济损失2.3亿元（图4.29.3）。

2. 局地强对流（大风、冰雹、雷电）

2010年青海省因大风、冰雹、雷电等局地强对流天气，造成35万人受灾，死亡7人，受伤10人，农作物受灾面积4.3万公顷，绝收面积0.6万公顷，农业经济损失1.4亿元，直接经济损失2.4亿元。8月31日青海省互助县威远镇、五峰、塘川、西山、东山等10个乡镇出现强对流天气过程，造成7.4万人受灾，1.1万公顷农作物受灾，农业经济损失0.5亿元（图4.29.4）。

其中，2010年雷电气象灾害发生6起，造成4人死亡、8人受伤，直接经济损失88.6万元。

图4.29.3　2010年7月6日，青海省湟中县暴雨洪涝灾害（湟中县气象局提供）

Fig. 4.29.3　Storm-induced flood disaster in Huangzhong County of Qinghai Provinceon July 6, 2010

3. 干旱

2010年青海省出现阶段性干旱，对农牧业生产和河流来水量产生不同程度的影响。其中，1—4月由于青海省气温偏高，降水偏少，风沙天气多，农业区部分地方出现不同程度的旱情，对春播生产和牧草返青造成一定影响；7月下旬至8月上旬青海省北部地区出现2001年以来最严重的高温天气过程，造成部分地区农作物发生大面积青死。干旱灾害共造成全省185.5万人受灾，4.1万人饮水困难，农作物受灾4.6万公顷、成灾3.5万公顷，农业经济损失2.3亿元，直接经济损失4.3亿元。

图4.29.4　2010年8月31日，青海省互助县农作物因冰雹受损（互助县气象局提供）

Fig. 4.29.4　Crop destroyed by hail in Huzhu County of Qinghai Province on August 31, 2010

4.29.3 气象减灾服务简介

2010年青海省灾害性天气多发，应急气象保障工作任务重。面对此形势，青海省气象局高度重视，根据实际情况和服务需求，及时启动相关应急响应，积极组织开展气象灾害现场调查及气象服务工作。重点针对春季大风沙尘、夏季连阴雨、高温等“三性”天气和高影响天气以及玉树抗震救灾、格尔木温泉水库防汛抢险、环青海湖国际公路自行车赛等重大气象保障工作开展了有针对性的气象服务工作。全年共制作报送各类决策气象服务产品133期，及时向省委、省政府及相关部门提供天气气候监测、预报预警、气象灾害影响评估分析及防灾减灾建议等决策气象服务信息，得到当地政府有关领导的高度重视，作出重要批示，多次给予肯定和表扬，气象服务工作在防灾减灾及重大气象保障工作中发挥了积极的作用。

4.30 宁夏回族自治区主要气象灾害概述

4.30.1 主要气候特点及重大气候事件

2010年宁夏年平均气温较常年偏高1.1℃（图4.30.1），全区平均降水量为261.4毫米，接近常年。其中2009/2010年冬季大部地区平均气温偏高1.0℃以上，降水量北部偏多，南部偏少；春季大部地区平均气温接近常年，降水量偏多；夏季全区平均气温偏高1.4℃，是1961年以来夏季平均气温偏高年份中的第二位，降水量偏少1～6成；秋季全区平均气温较历年同期偏高1.5℃，为1960年以来秋季平均气温偏高年份中的第三位，降水量接近常年。年内极端天气气候事件频繁发生，各地不同程度地出现了干旱、大风、扬沙、沙尘暴、暴雨洪涝、霜冻、寒潮、雪灾、冰雹、高温、雷电等灾害。全区因灾死亡5人，直接经济损失约13.6亿元。

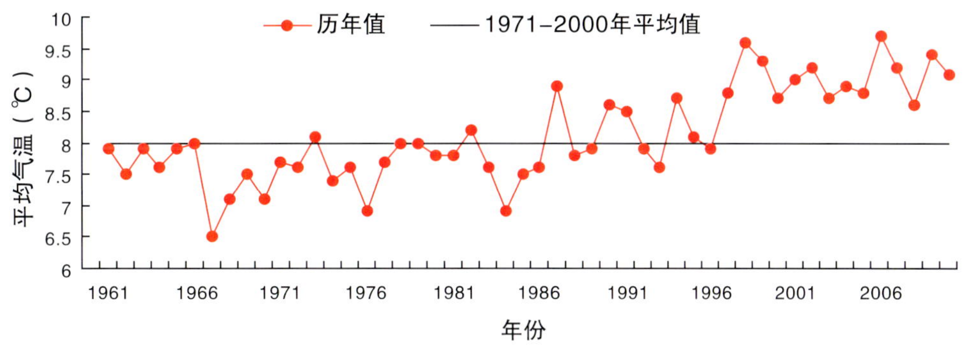

图4.30.1 1961—2010年宁夏年平均气温变化图

Fig. 4.30.1 Annual mean temperature in Ningxia during 1961—2010

4.30.2 主要气象灾害及影响

1. 干旱

2010年1月中旬，宁夏南部山区及中部干旱带的部分地区出现了轻度干旱，2月上旬干旱的强度有所发展，2月9—11日的全区性降雪过程，使旱情得到了极大的缓解，自2月中旬到3月中下旬，大风天气相对较多，气温回升快，加速了干旱的发展，加之2010年1—3月中旬，中部干旱带及南部山区的大部分地区气温偏高，降水偏少1～8成，其中兴仁、海原、麻黄山、同心及六盘山偏少6成以上。中部干旱带及南部山区的大部分地区出现了不同程度的干旱，其中，同心、海原及固原的局部达到了中到重旱的程度，范围及强度均强于2009年同期。据统计，干旱造成132.1万人饮水困难，52万人需政府救济饮水，22.7万只（头）大家畜缺水，112.5万只羊缺水。直接经济损失6亿元。

2. 暴雨洪涝

2010 年，宁夏出现 11 次局地暴雨洪涝天气，其中 5 月 1 次，6 月 2 次，7 月 2 次，8 月 4 次，9 月 2 次。全区因暴雨洪涝共造成 18.4 万人受灾，3 人死亡，2 人受伤，农作物受灾面积 1.7 万公顷，直接经济损失约 3.3 亿元（图 4.30.2）。

图 4.30.2　2010 年 8 月 10 日暴雨洪水造成宁夏同心县损坏房屋和冲开的渠口（拍摄人：杨淑萍）

Fig. 4.30.2　Rainstorm induced flood disaster in Tongxin County of Ningxia on August 10, 2010

3. 局地强对流（雷电 冰雹）

2010 年，宁夏共出现局地冰雹天气 9 次，影响范围主要集中在宁夏南部地区。雷电灾害 3 次，均出现在 8 月份，冰雹及雷电灾害共造成 30.7 万人受灾，农作物受灾面积 5.8 万公顷，直接经济损失 4.1 亿元。

4. 大风、扬沙、沙尘暴

2010 年，宁夏全区共出现大风沙尘天气程 20 次，局地沙尘暴 15 站次，均出现在春季，3 月沙尘天气明显增多达 9 次。因大风沙尘天气造成 8 个县（市、区）68 个乡镇 7.5 万人受灾，农作物受灾面积 6300 公顷，其中经果林受灾面积 3300 千公顷；6235 座温棚不同程度受损。直接经济损失 1002 万元。

5. 霜冻

2010 年，宁夏出现霜冻灾害 6 次。其中，4 月出现 4 次，5 月 2 次。霜冻灾害造成农作物受灾面积 4.8 万公顷，直接经济损失 875 万元。

6. 雪灾

2010 年，宁夏出现局地暴雪 3 次。其中，2 月出现 1 次，4 月 2 次。雪灾造成 10 人受伤，直接经济损失 284 万元。

4.30.3 气象减灾服务简介

2010 年宁夏气象局始终把为“三农”服务作为重要工作来抓，依托部门科技优势，气象与农业部门密切合作，特别是 2010 年春播气温变化剧烈、前期降水偏多，后期大风天气多，对春播工作不利。2 月 9—11 日全区出现一次明显降雪天气，宁夏局先后于 2 月 23 日、26 日、3 月 3 日以多种形式向自治区党委、政府上报春播气象形势分析和决策建议材料，自治区农牧厅根据天气预报，通过紧急明码电报向全区农牧局下发了《关于做好降雪降温设施农业畜牧夜安全生产的紧急通知》，自治区人民政府下发了《宁夏政府办公厅关于认真抓好春耕生产的通知》，为全年粮食生产稳定和农业经济发展提高优质的服务，受到了自治区领导的好评。年内自治区领导批示 18 次，自治区党政相关部门对气象服务工作提出表扬 7 次，取得了明显的社会经济效益。

4.31 新疆维吾尔自治区主要气象灾害概述

4.31.1 主要气候特点及重大气候事件

2010 年新疆最突出的气候特点是气温整体偏高，但北疆北部低，降水时空分布不均，南疆降水多。年平均气温全疆比常年偏高 0.7℃（图 4.31.1），北疆接近常年，天山山区、南疆偏高，但出现阶段性起伏，其中北疆地区 2—5 月、南疆 4—5 月平均气温持续偏低，而夏、秋季平均气温均偏高。年降水量全疆降水量比常年偏多 64.7 毫米（图 4.31.2），全疆大部地区异常偏多，南、北疆偏多幅度分居历史第一位、第二位；冬、春、秋季全疆大部地区降水偏多，夏季降水分布不均，北疆和天山山区略少、南疆偏多。全疆大部地区开春期偏晚，终霜期偏早，初霜期和入冬期偏晚。

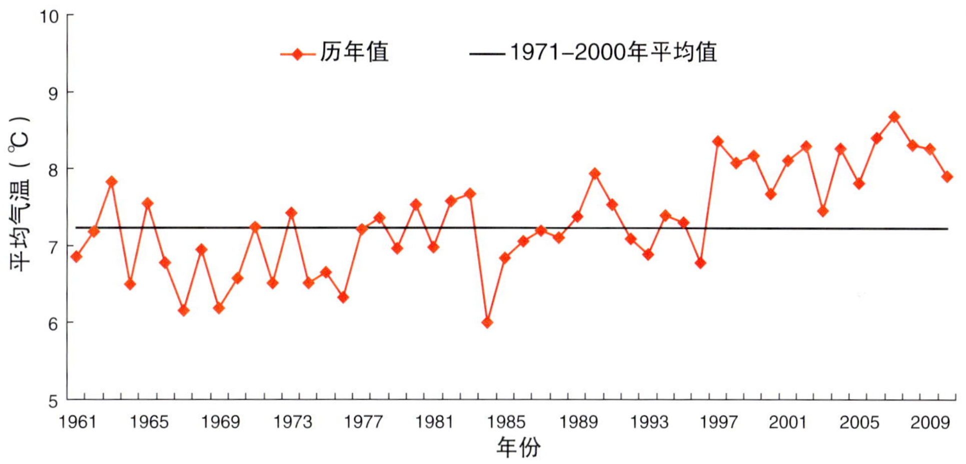

图 4.31.1 1961—2010 年新疆年平均气温变化图

Fig. 4.31.1 Annual mean temperature in Xinjiang during 1961—2010

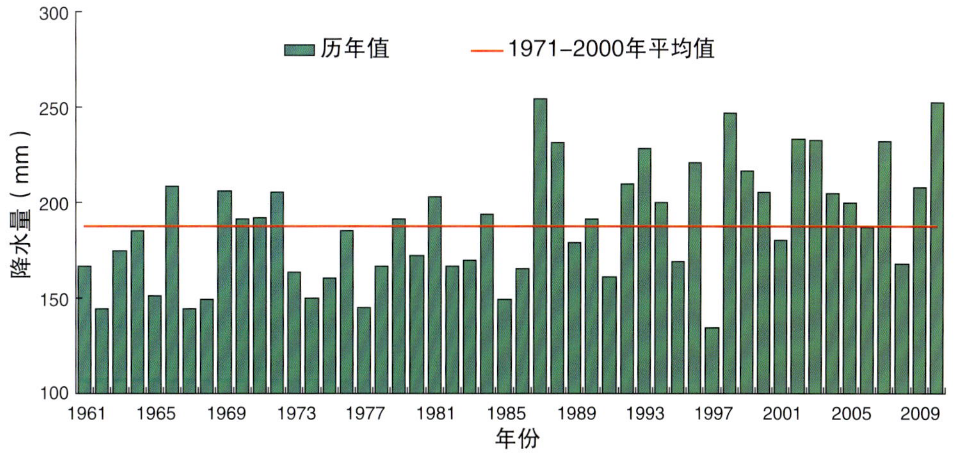

图 4.31.2 1961—2010 年新疆年降水量变化图

Fig. 4.31.2 Annual precipitation in Xinjiang during 1961—2010

2010 年，新疆全区出现的主要天气气候事件及气象灾害有：雪灾、局地暴雨洪水、融雪型洪水及其衍生的地质灾害、大风及沙尘暴、寒潮和霜冻、冰雹、雷电和大雾等，致使 663.8 万人受灾，因灾死亡 81 人，失踪 9 人，紧急转移安置 28.5 万人；农作物受灾面积 130.6 万公顷，其中绝收面积 14.1 万公顷；倒塌房屋 14.9 万间，损坏房屋 39.8 万间，直接经济损失 122.7 亿元。农牧业气象年景为偏歉年。

4.31.2 主要气象灾害及影响

1. 雪灾

2010 年 1—2 月，北疆出现了多次寒潮和暴雪天气，造成了 60 年来最强雪灾，冬季降水量较常年偏多 1.5 倍，突破历史同期极值，其中北疆北部大部地区超过 80 毫米，富蕴达 153.7 毫米，阿勒泰、伊宁县等 23 站突破历史同期极值。北疆雪深大于 20 厘米的总面积较历年同期偏大 2～3 成，最大积雪深度大部在 30 厘米以上，其中北疆北部大部在 60 厘米以上，阿勒泰达 94 厘米，山区在 1～2 米之间，阿勒泰、伊宁县、乌苏等 13 站突破历史同期极值。冬季极端最低气温，北疆普遍在－20℃以下，其中福海、富蕴、青河和蔡家湖 4 站在－40℃以下，青河县塔克什肯口岸为－47.5℃，昌吉、白杨沟等 2 站突破历史极值。

11—12 月，阿勒泰地区、塔城地区、乌鲁木齐市、伊犁河谷地区、克拉玛依等 5 个地州（市）的 9 个县（市）再次遭受雪灾，北疆北部最大积雪深度为 30～66 厘米，北疆其余大部为 13～34 厘米，其中塔城北部的裕民（66 厘米）、额敏（61 厘米）均突破历史极值。

降雪降温造成全疆 240.1 万人受灾，5.8 万人被困，33 人死亡，农作物受灾面积 43.1 万公顷，直接经济损失 22.4 亿元。

2. 暴雨洪涝

2010 年，北疆局地，南疆大部地州出现了暴雨洪水灾害，受灾人口 262.9 万人，26 人死亡，农作物受灾面积 18.3 万公顷，直接经济损失 50.3 亿元。其中，7 月 28—31 日，南疆出现了暴雨过程，累计降水量有 14 站超过 20 毫米、4 站超过 40 毫米，岳普湖达 64.9 毫米，库车大龙池景区高达 104 毫米。受暴雨影响，加之前期高温融雪的作用，南疆各主要河流来水量剧增，出现了大范围的严重汛情，部分河流出现超保证流量和有资料记载以来的第一、二位洪水。其中，皮山县阿克肖水库遇超标洪水漫坝决口；处于除险加固中的拜城县克孜尔水库遇历史第二位洪水。同时暴雨洪水造成库车大龙池景区一千余名游客及牧民被困。克孜勒苏柯尔克孜自治州阿克陶县因降雨引发山洪泥石流，正在此处施工工人 5 人死亡 4 人失踪。巴州若羌县南部山区因突发山洪，一辆探矿车被冲翻，3 人死亡，1 人失踪。

3. 沙尘暴

2010 年，新疆大风及沙尘天气较近 10 年普遍偏少，南疆偏西地区较近 10 年偏少，偏东地区偏多。13 个地（州、市）的 43 个县（市）先后受灾，受灾人口 40.7 万，死亡 3 人，农作物受灾面积 33.7 万公顷，绝收面积 1.2 万公顷，损坏大棚 1.8 万座，直接经济损失 21.6 亿元。3 月 12 日，和田地区出现了特强沙尘暴，俗称“黑风”。自西向东各县（市）沙尘暴持续 1～3 小时，最低能见度不足 20 米，部分地区不足 1 米。此次沙尘暴强度强、时间长、影响大，在即将春播的时候发生，对当地农、林、牧业及设施农业等造成极大的影响（图 4.31.3）。

4. 局地强对流

2010 年，新疆因冰雹、雷电等局地强对流天气造成约 145.3 万人受灾，19 人死亡，，农作物受灾面积 39.2 万公顷，绝收面积 6.4 万公顷，直接经济损失 43.8 亿元。6 月 1 日，温宿县佳木镇、依希来木其乡和塔格拉克牧场遭受冰雹袭击，冰雹最大直径为 40 毫米，持续时间 30 分钟左右，造成农作物严重受损，同时降水冲毁林带、防渗渠、木桥等。6月29日，和田地区的皮山县因雷击造成1人死亡。

5. 大雾

2010年1月4—5日、11—12日乌鲁木齐市大雾天气造成乌鲁木齐国际机场进出港航班延误和备降、旅客滞留，部分路段实行双向交通管制，发生多起车祸。

图4.31.3　2010年3月12日新疆和田遭受强沙尘暴

Fig. 4.31.3　Strong sandstorm in Hetian of Xinjiang on March 12, 2010

11月22—30日，乌苏到阜康的北疆沿天山一带出现了能见度小于500米的大雾天气，部分地区能见度小于200米，其中27—30日乌鲁木齐市出现浓雾，能见度极差。浓雾对航空运输造成极大影响，期间进出乌鲁木齐国际机场的航班几乎停运，近千架次航班取消、延误或者备降其他机场，上万名旅客滞留。

4.31.3 气象减灾服务简介

自治区人民政府高度重视气象灾害防御工作，建立了自治区气象灾害防御多部门联合会商机制，召开由政府主导，新疆气象局承办、农口各单位及相关部门参与的气象灾害防御联合会商会5次。

针对北疆北部60年一遇的暴雪，5月14—16日强冷空气，7月28日至8月1日南疆偏西地区大降水暴雨洪水天气等重大天气、气候事件开展了系列化气象服务工作，先后3次启动重大气象灾害Ⅳ、Ⅲ级应急响应，积极主动向自治区党政各级领导部门提供决策气象服务材料达300多期，其中报送《重要气象情报》20多份，自治区领导批示12次，自治区人民政府根据我局上报材料下发内部明电20次，为近年来最多，自治区党委、政府办公厅采纳108次，为各级领导部门决策提供参考依据。特别是在北疆北部60年一遇的暴雪服务中，向温家宝总理汇报了专题分析报告；阿克苏地区渭干河流域克孜水库在除险加固期间的暴雨洪水应急抢险中，及时派出移动气象台连夜赶赴灾害现场，开展现场应急服务。

第五章　全球重大气象灾害概述

5.1 基本概况

2010 年全球地表温度和 1998、2005 年并列为有器测记录以来的最暖年。年初，寒流暴雪肆虐亚洲、欧洲和北美洲；夏季，高温热浪袭击亚洲南部，俄罗斯高温干旱引发严重森林火灾；年内，南美洲、亚洲暴雨洪水灾害频发，7—8 月巴基斯坦遭遇 81 年来最严重暴雨洪涝。2010 年，除了大西洋外，全球其他大洋的热带气旋活动均较常年偏少。

5.2 全球重大气象灾害分述

5.2.1 寒流和暴雪

2010 年年初，多次罕见寒流暴雪袭击北半球，部分国家最低气温、积雪深度创历史纪录；7—8 月，寒流袭击南美洲；11—12 月，寒流暴雪袭击东亚、北美以及欧洲多国。

2010 年初，多次罕见的寒流暴雪袭击北半球，亚洲的韩国、日本、土耳其，美洲的美国、加拿大、墨西哥，欧洲的俄罗斯、德国、英国、瑞士、波兰、捷克、罗马尼亚、保加利亚、比利时等国均出现了极端性寒冷天气，数百人因寒冷死亡，交通严重受阻。其中，韩国首尔积雪深度刷新了 1937 年以来的历史记录；墨西哥最低气温打破了 124 年的历史纪录；1 月，寒流袭击孟加拉、尼泊尔以及印度北部，至少 411 人死亡；2 月，美国东海岸遭遇三场猛烈暴风雪袭击，华盛顿积雪超过一米，创 110 年来最大积雪深度纪录；2 月上中旬，亚洲中南部的印度、阿富汗、吉尔吉斯斯坦和巴基斯坦境内发生多场严重雪崩，导致近 300 人死亡。

2009 年 11 月至 2010 年 4 月，中国东北、华北发生近 40 年来罕见持续低温灾害。京津冀地区和东北三省平均气温分别为 1971 年以来历史同期最低值和次低值。北京 1 月 6 日最低气温达－16.7℃，突破 1971 年以来同期最低气温纪录。1 月中下旬，中国大部地区遭受强寒潮袭击。1—3 月，新疆北部出现有气象记录以来最严重雪灾。

7—8 月，阿根廷、秘鲁、玻利维亚和巴西等南美洲国家遭遇罕见寒流袭击。7 月 16 日，阿根廷首都布宜诺斯艾利斯最低气温为－1.5℃，创近 40 年来最低纪录；秘鲁首都利马的气温创近 46 年来最低值。

11—12 月，寒流席卷欧洲多国，英国、法国、德国、丹麦、意大利、波兰、芬兰、奥地利、瑞士、比利时等国遭遇罕见低温和暴风雪袭击，英国中部遭遇 1890 年以来最低温，造成交通堵塞、供电中断，欧洲各大机场一度关闭或限制运转，数千航班被取消或延误。同期，北美也频遭暴风雪袭击，中国东北及内蒙古的部分地区发生严重雪灾。

11 月中下旬，美国遭遇冻雨和暴风雪袭击，导致电力中断，道路关闭，航班取消，交通事故频发；12 月，美国和加拿大遭遇暴风雪袭击，导致多个机场因暴雪关闭，数千航班被取消，至少

18 人死亡。其中 12 日美国中北部 16 人死亡，一个体育馆被积雪压塌；13 日加拿大安大略省 1 人死亡；26—27 日美国东北部遭遇严重暴风雪袭击，纽约灾情最重。

5.2.2 高温热浪和干旱

2010 年年初，亚洲多国发生严重干旱，南半球多国遭遇高温天气；春夏季，亚洲印度、巴基斯坦、日本等国和欧洲多国遭持续高温热浪袭击，多个地区最高气温打破历史纪录；秋冬季，中国华北、黄淮地区遭遇连旱。

2009 年 9 月至 2010 年 3 月，中国西南地区出现了有气象记录以来最严重的秋冬春连旱，江河湖库水位明显下降，人们生产生活受到严重影响。泰国、越南和菲律宾也发生严重旱灾。其中，3 月越南红河水位创 1902 年以来最低；泰国遭遇 5 年来最严重旱灾，湄公河水位降至 30 年来最低，持续干旱导致 393.2 万人受灾，2 万公顷农作物受灾。

1 月中旬，澳大利亚、阿根廷、巴西等地遭遇高温天气，其中澳大利亚墨尔本 11 日夜间气温高达 34℃，为当地 108 年来最高纪录；阿根廷、巴西部分地区日最高气温达 40℃。2 月，巴西遭遇持续高温导致 32 人死亡，东南部地区气温最高达 41℃。

4—6 月印度遭遇严重高温热浪袭击。4 月，印度遭高温热浪袭击，各地最高气温纷纷刷新历史纪录，新德里 4 月 17 日最高气温达 43.7℃，创下近 52 年来新高，造成至少 114 人死亡；5 月，印度西北部最高气温接近 50℃，高温热浪引发罕见旱情致使印度近 1 亿人口受灾，导致近 300 人死亡；6 月，新一波热浪再袭印度北部地区，导致 25 人死亡，北方邦气温高达 47℃，拉吉斯坦省的高温也创近 7 年同期新高，达到 45.8℃。

5 月中旬，沙特阿拉伯遭罕见热浪袭击，日最高气温达 50℃。5 月下旬，巴基斯坦遭遇热浪袭击，导致 18 人死亡，其东南部信德省 5 月 26 日最高温度达 53.5℃，打破历史纪录。

夏季，中国出现大范围高温天气过程，高温日数为 1961 年以来最多。5—8 月，日本遭遇 1898 年以来最炎热夏天，数万人因中暑被送医治疗，逾 170 人死亡。

夏季，非洲北部和阿拉伯半岛遭遇高温热浪袭击。其中，沙特阿拉伯最高温度达 52℃，卡塔尔首都多哈最高温度达 50.4℃，摩洛哥最高温度达 47.7℃。6 月，科威特遭遇热浪袭击，最高气温达 54℃，刷新了该国 1998 年 51.3℃的夏季气温纪录，导致电力紧张、部分地区断电。

6 月，英国遭受 46 年来最严重干旱，西北部最为严重。1—5 月英国平均降水量为 319 毫米，逼近 1964 年英国干旱年的 308 毫米，比正常平均降水量少 100 多毫米。

7 月，罕见的高温热浪袭击北半球多个国家，一些国家和地区的气温相继打破历史纪录。7 月 18 日乌克兰首都基辅的最高气温创下自 1881 年来的新高；欧洲的英国、法国、德国、意大利、芬兰南部、比利时、西班牙、葡萄牙、俄罗斯等国家气温持续在 35℃以上，部分地区气温突破 40℃，意大利和西班牙分别有 3 人死于高温。

夏季，俄罗斯欧洲地区气温异常偏高 2℃以上，莫斯科 6 月平均气温偏高 7.6℃，7 月 29 日最高气温达 38.2℃创下纪录，部分地区日最高气温连续多日超过 40℃。由于降水持续偏少气温高，俄罗斯发生自 1972 年以来最严重干旱，进而导致 7—8 月该国境内多处发生严重森林火灾，造成众多人员死亡。

9 月下旬，美国洛杉矶遭遇热浪袭击，27 日最高气温达 45℃，创 113 年来最高纪录。

10—12 月，中国华北、黄淮等地降水持续偏少，气象干旱发展，发生秋冬连旱，其中山东中部等地达重旱、河南中部达特旱。

5.2.3 暴雨和洪涝

2010 年，亚洲、南美洲、非洲多国遭遇严重暴雨洪涝灾害袭击。

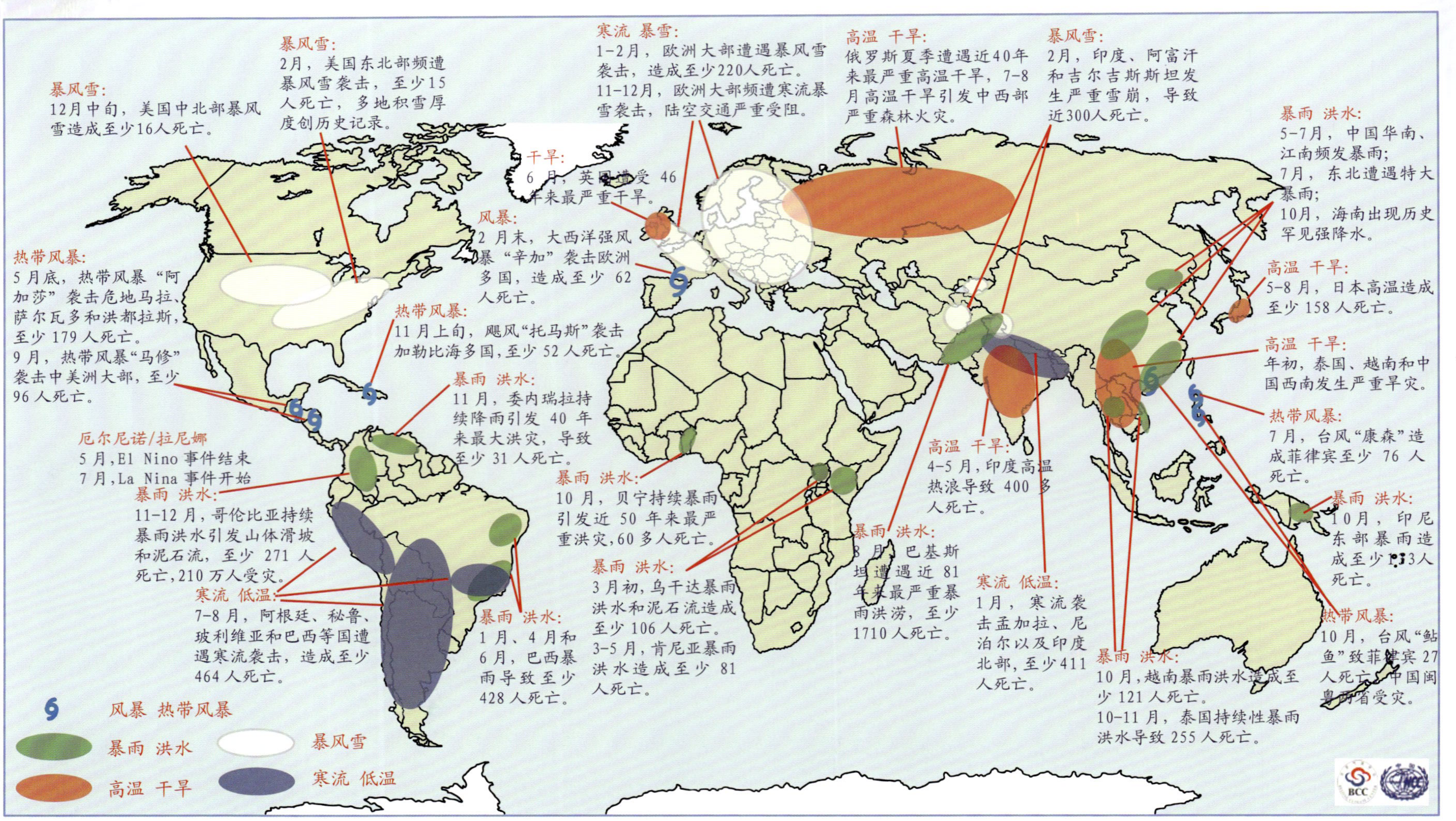

图 5.1.1 2010年全球重大天气气候事件示意图

Fig.5.1.1 Global major weather and climate events in 2010

亚洲：

2月中下旬，印度尼西亚雅加达、茂物和万隆地区遭遇雨季中的持续暴雨袭击，导致芝里翁河水位不断上涨，引发洪水和山体滑坡，导致数千人受灾，至少26人死亡；3月中旬，哈萨克斯坦南部连降暴雨导致冰雪消融，引发水库溃坝、山洪暴发，造成至少40人死亡，铁路和公路交通中断；5月上旬，阿富汗西北部、塔吉克斯坦南部、印度东北部遭遇暴雨洪水，导致200多人死亡，其中，阿富汗北部和西部地区有超过1800所房屋被毁，塔吉克斯坦南部持续暴雨使捷巴莱河水位猛涨，引发了洪水和泥石流，有近5000所房屋受损，400多千米公路和3.8万公顷农田被淹没。5月，季风降水和热带气旋引发斯里兰卡遭遇50年来最严重洪水。

夏季，中国云贵川等地频发泥石流和滑坡灾害。其中，6月27日贵州省局地降水量达260.4毫米，前期干旱和强降水引发重大山体滑坡，造成42人死亡；7月13日，强降水袭击云南省，导致特大山洪、泥石流灾害，造成19人死亡；8月12—23日，四川省多次出现区域性暴雨天气过程，导致汶川、映秀、汉源等地震灾区发生严重泥石流、滑坡等地质灾害；8月7日，中国甘肃省局地短时强降水引发舟曲县特大山洪泥石流灾害，造成1700多人死亡（含失踪）。

7月底至8月的近40天时间里，巴基斯坦经历了5次强降水过程，与常年同期相比大部地区降水偏多1～3倍，局部高达4～5倍，导致巴基斯坦遭受了自1929年以来最严重的暴雨洪涝灾害，洪灾绵延1000多千米，超过1/4的国土受灾，造成250万人受灾。

此外，6月14—16日，暴雨引发孟加拉国东南部、缅甸西部以及印度西部发生洪水和泥石流，分别导致58人、63人、46人死亡；7月初，暴雨袭击印度南部和东北部，引发洪水和山体滑坡，导致至少50人死亡，近50万人受灾；7月中旬，持续暴雨在印度西北部引发洪水，导致至少15人死亡；7—8月，也门全国遭遇暴雨和洪水灾害，造成至少53人死亡，大量农田被毁；8月上旬，印控克什米尔列城遭遇特大暴雨袭击引发洪水和泥石流，导致至少185人死亡，数百人失踪。

10月1—19日，中国海南日平均降水量达1060.1毫米，平均暴雨日数为6.6天，均是常年同期的5倍以上，且均为1961年以来同期最多。强降水导致部分江河水库水位超过警戒水位，多个县市出现严重内涝，公路交通一度中断。

9月，印度北部遭遇暴雨，亚穆纳河河水高涨，引发洪水和山体滑坡、泥石流，导致63人死亡，著名旅游名胜泰姬陵也被洪水包围。10月，越南中部遭遇暴雨引发河静省、义安省和广平省洪水泛滥，造成至少121人死亡，15万座房屋被淹；印度尼西亚东部连降暴雨引发洪水和泥石流，造成至少133人死亡。10—11月，泰国遭遇持续性暴雨洪水引发山体滑坡，导致255人死亡，51个省和866万人受灾。11月10—12日，斯里兰卡遭遇18年来最严重暴雨洪水，导致至少2人死亡，35万人受灾。

美洲：

上半年，巴西遭遇多起暴雨洪涝灾害。1月，巴西圣保罗、里约热内卢和米纳斯吉拉斯三大州遭遇暴雨引发多起泥石流，导致至少125人死亡，数万人无家可归，其中圣保罗州1月降雨量达70多年来同期最大；4月上中旬，巴西里约热内卢多日连降暴雨，至少246人死亡，其中4月4—5日，里约市24小时累积雨量多达279毫米，打破了48年来的历史最高纪录；6月中下旬，巴西东北部连日大雨引发洪灾，造成阿拉戈阿斯州和伯南布哥州至少57人死亡，数万人无家可归。

1月，秘鲁遭遇暴雨洪水引发山体滑坡，造成6万多人受灾；4月初，秘鲁东北部发生暴雨引发泥石流，造成电力中断，至少28人死亡，25人失踪，54人受伤。2月上旬，墨西哥中部地区连遭暴雨引发洪水和泥石流，至少41人死亡，其中米却肯州灾情最重，共有30人死亡，12人失踪。4—5月，拉美多国连降暴雨，导致至少33人死亡，数万人受灾。其中哥伦比亚自4月进入雨季以来有至少 18 人死亡，近 7.3 万人受灾。

9 月，墨西哥东南部和西部遭遇暴雨洪水引发山体滑坡，导致 35 人死亡，近百万人受灾。受灾最重的是韦拉克鲁斯州，有 20 万人被疏散。9 月上旬，危地马拉多省遭遇暴雨引发山体滑坡和泥石流，导致 48 人死亡，5 万人受灾。

11—12 月，哥伦比亚遭遇 30 多年来最大暴雨洪水，引发多起山体滑坡，至少 47 人死亡，210 多万人受灾，271 人受伤，62 人失踪，全国 32 个省中 28 个省受灾。同期，委内瑞拉持续降雨引发 40 年来最大洪灾，导致至少 34 人死亡，7 万多人受灾，多条道路和桥梁被破坏。

非洲：

3 月初，初入雨季的乌干达经历了连续 3 天的大雨，导致洪水泛滥，数条道路毁坏、多座桥梁被冲垮。强降雨引发的泥石流淹没了 3 座村庄，导致近百间房屋被毁，百余人遇难，约 300 人失踪，万余人流离失所。

3—5 月，肯尼亚多个地区连降暴雨引发洪水，冲毁了许多房屋、农田以及公路和桥梁，洪水还引发了霍乱和疟疾，造成至少 81 人死亡，12 万人无家可归。

5—8 月，尼加拉瓜遭遇暴雨引发洪水和山体滑坡，导致 37 人死亡，3.2 万户居民被迫转移。持续强降雨在 10 个省份引发洪水，导致 57 个城市出现严重内涝，4300 多栋房屋倒塌，多座桥梁和公路被冲毁。

6—10 月，非洲中部和西部地区受雨季期间的持续暴雨袭击，引发洪灾和泥石流，导致至少 377 人死亡，150 万人受灾。其中，8 月，暴雨袭击西非部分地区造成 20 万人受灾；10 月，贝宁持续暴雨引发近 50 年来最严重洪灾，60 多人死亡。

欧洲：

2 月 20—21 日，葡萄牙马德拉岛遭遇 1993 年以来最猛烈的暴风雨袭击，暴雨引发山洪和山体滑坡，造成至少 42 人死亡，4 人失踪，100 多人受伤。

5 月中旬，中欧的波兰、捷克、斯洛伐克、塞尔维亚和匈牙利遭遇暴雨洪水袭击，造成至少 20 人死亡。其中波兰近一半地区受洪灾影响，数千人撤离，16 人死亡。

6 月 14—18 日，持续暴雨导致法国东南部遭遇自 1827 年来最严重洪涝灾害，造成供电中断、交通受阻，25 人死亡，约 10 万居民受到影响。

8 月上旬，欧洲中部遭遇暴雨引发洪水导致 15 人死亡。其中，6—7 日波兰西南部连降暴雨，导致尼斯河水位上涨至破历史纪录的 7.07 米；中下旬丹麦连降大雨，暴雨天气创近 120 年来历史记录，局地数小时的降雨量达 100 毫米以上，造成大量桥梁、道路、房屋被淹。

澳洲：

9 月上旬，澳大利亚南部遭遇暴雨飓风并引发 17 年来最严重洪灾，数百万户民居被淹没。

12 月，澳大利亚东北部持续降雨引发自 20 世纪 70 年代以来最大洪灾，导致 16 人死亡，20 万人受灾，其中昆士兰州受灾最重。

5.2.4 热带气旋和风暴

2010 年，西北太平洋、东北太平洋和印度洋热带气旋活动均较常年偏弱，大西洋较常年偏强。全球共生成 67 个风暴，其中 34 个达到飓风的强度，远低于 44 个的常年平均值。

太平洋：

2010 年，西北太平洋共有 14 个热带气旋（7 个达台风级别），生成个数比常年（平均 27 个）异常偏少，与 1998 年并列为 1971 年以来最少，比 2009 年（23 个）偏少 9 个。东北太平洋形成 8 个风暴（远少于多年平均值 17 个），其中 3 个达飓风级别。西南太平洋形成 11 个风暴，5 个达气旋级别，接近于平均值。

(1) 南太平洋

2月4日夜，法属波利尼西亚遭热带飓风“奥利”袭击；2月11日库克群岛遭热带飓风“帕特”袭击；2月15日晚汤加塔布岛遭热带飓风“雷娜”袭击，造成房屋受损，电力中断。

3月14—16日，飓风“托马斯”袭击斐济北部引发洪水，导致1人死亡，约6000人紧急撤离；3月下旬，飓风“乌卢伊”横扫澳大利亚东北部，最大风速时速200千米，导致港口关闭、房屋受损、约6万户居民断电。

12月25日，热带风暴“塔莎”在澳大利亚东北部登陆，引发昆士兰州暴雨洪水，导致至少9人死亡。

(2) 东太平洋

5月底，热带气旋“阿加莎”袭击中美洲的危地马拉、萨尔瓦多和洪都拉斯以及墨西哥，引发洪水和山体滑坡，近320人死亡。

(3) 西北太平洋

7月中旬，台风“康森”袭击菲律宾、中国和越南，造成菲律宾至少76人死亡，72人失踪，中国海南2人死亡，越南17人失踪；7月22日，台风“灿都”登陆中国广东省，造成9人死亡；8月10—12日，韩国和日本遭遇台风“电母”袭击引发暴雨，造成韩国5人死亡。

9月初，台风“圆规”袭击韩国和朝鲜引发暴雨，造成13人死亡；9月2日，热带风暴“狮子山”登陆中国福建，造成56.1万人受灾；9月10日，台风“莫兰蒂”在中国福建登陆，导致16.2万人受灾；9月19日，超强台风“凡亚比”在中国台湾登陆，20日在中国福建再次登陆，导致广东、台湾两省受灾严重。

10月18日，超强台风“鲇鱼”在菲律宾吕宋岛东北部登陆，登陆时中心附近最大风力达到17级以上（68米/秒），导致菲律宾27人死亡，日本3人死亡，中国福建、台湾两省受灾，“鲇鱼”是自1984年以来西北太平洋出现的最强台风，同时也是2010年全球范围内生成的最强台风。

大西洋：

2010年大西洋热带气旋活动较常年偏活跃，形成19个冠名的风暴，多年平均值为10个。其中12个达到飓风级别，仅次于2005年（28个风暴，包括15个飓风）。然而2010年没有风暴在美国大陆登陆。

2月27日，大西洋强风暴“辛加”登陆法国西北部，随后相继袭击比利时、荷兰、德国等国，导致这些国家陆空交通严重受阻，沿海地区房屋被淹，62人死亡。“辛加”时速高达166千米，为近10年来西欧最严重的一次风暴。

6月28日，中美洲尼加拉瓜、危地马拉、萨尔瓦多遭遇2010年大西洋海域形成的首个热带风暴“亚历克斯”侵袭，引发泥石流和洪水，造成至少10人死亡；7月上旬，“亚历克斯”袭击墨西哥，引发强降雨和洪水，至少20人死亡，数万房屋受损；8月30—31日，飓风“伯爵”袭击加勒比海地区引发暴雨，最大风力达到时速215千米，30日“伯爵”升级为4级飓风。

9月中旬，热带风暴“赫敏”袭击美国引发暴雨洪水，导致8人死亡；9月17—20日，飓风“卡尔”袭击墨西哥东部引发暴雨洪水和泥石流，导致16人死亡，数万人受灾；9月下旬，热带风暴“马修”袭击委内瑞拉北部、墨西哥南部、尼加拉瓜和中美洲大部，引发暴雨洪水和泥石流，导致96人死亡；9月底—10月初，热带风暴“妮可”袭击牙买加和美国东北部，引发暴雨洪水，造成至少10人死亡。

11月上旬，飓风“托马斯”袭击海地等加勒比海沿岸国家引发暴雨洪水和山体滑坡、泥石流，共造成52人死亡。

印度洋：

2010 年北印度洋生成 4 个风暴，2 个达气旋级别，南印度洋生成 11 个风暴，5 个达气旋级别，均远低于平均值。

3 月 10 日，飓风“于贝尔”登陆马达加斯加东海岸，造成沿海地区至少 10 人死亡，4 万人无家可归，10 万人受灾，这是该地区 5 年来遭受的最强飓风；4 月 13—14 日，印度东部和孟加拉国遭遇强风暴袭击，风暴时速高达 160 千米，导致约 10 万间房屋被毁，电力、交通及通讯中断，至少 125 人死亡；5 月下旬，印度东部遭遇 14 年来最严重的飓风“莱拉”袭击，造成 27 人死亡，55 人失踪；6 月 5—6 日，形成于阿拉伯海的热带风暴“钻石”袭击阿曼和巴基斯坦，导致阿曼 15 人死亡，巴基斯坦 16 人死亡，近 10 万人撤离。

10 月 22—25 日，热带风暴“吉里”袭击缅甸和马来西亚，导致马来西亚至少 150 人死亡，20 万人受灾。

5.3 重大气候事件成因分析

5.3.1 中国西南地区秋冬春持续干旱

西南地区 2009/2010 年秋冬春降雨持续偏少，出现了近 60 年以来最严重的干旱。成因分析结果显示：西南地区对流活动明显偏弱，受干冷的异常西北气流控制；来自孟加拉湾和南海的水汽输送偏弱，水汽在高层辐合、低层辐散，西南地区下沉运动明显加强；受中部型厄尔尼诺的影响，赤道 100°—120°E 附近形成异常下沉运动，南海及东南亚周边地区存在一个强大的异常反气旋；同时，西南地区受副热带异常反气旋性高压脊的控制，热带与副热带系统的共同作用，是极端干旱发生的重要原因。另外，2009 年西南地区夏季雨季提早结束，秋雨期降水明显偏少，冬春季印缅槽较常年偏弱，加剧了干旱的发展。

5.3.2 湄公河流域冬春季大范围干旱

2009 年底至 2010 年春季，湄公河流域及其中南半岛北部地区遭遇大范围干旱，湄公河干流水位不断下降，中南半岛北部（含湄公河流域）为中到重旱，湄公河北部的水位已降至历史最低水平。成因分析结果表明：湄公河流域的干旱不是一个局地现象，而是东半球副热带地区大范围干旱的一部分，是热带大气对厄尔尼诺事件的区域响应；是在全球气候变暖背景下大气环流异常导致的一次极端干旱气候事件，来自孟加拉湾输送到湄公河流域的暖湿空气明显减弱；北方冷空气主要从偏东路径南下，很少能渗透到中南半岛北部，导致该地区降水异常偏少。

5.3.3 北半球罕见寒流暴雪

2009/2010 年冬季，北半球中高纬度地区大范围异常寒冷，美国、中国、韩国、德国、英国等地出现极端性寒冷天气，多个国家交通运输、电力供应和居民生活遭受低温暴雪天气影响。美国严重暴风雪天气成因分析结果显示：北半球大气环流异常是造成美国东部出现严重暴风雪的主要原因；频繁活动的冷空气与来自墨西哥湾的暖湿气流在美国东南部的交汇，直接导致美国东海岸地区频现强降雪；北大西洋暖湿气流向美国东北部输送是造成暴风雪的根本原因。

5.3.4 美洲暴雨引发洪涝和泥石流

2010 年 1 月，南美的巴西、秘鲁等国以及北美的美国西南部暴雨成灾，引发洪涝和泥石流灾害。巴西圣保罗 1 月份降水量为近 40 年来最大；秘鲁南部连接著名旅游胜地马丘比丘古城遗址的唯一铁路被暴雨引发的泥石流冲毁。分析认为，厄尔尼诺事件是导致此次美洲部分国家暴雨的主要原因。2009 年 6 月以来，赤道中、东太平洋海温较常年同期异常偏高，大气吸收了来自海洋大量的热量和水汽，赤道中、东太平洋及美洲西海岸地区空气对流旺盛，降水增多。此次美洲部分国家暴雨正是在这样的背景下发生的。

5.3.5 严重高温干旱引发俄罗斯森林大火

2010 年 7 月中旬开始俄罗斯欧洲地区气温异常偏高 2℃以上，部分地区日最高气温连续多日超过 40℃，同时由于降水偏少，森林火灾持续蔓延，俄罗斯境内有 7 个地区宣布进入紧急状态。导致火灾的原因，持续高温无疑是主要因素，高温无雨引起森林和地下泥炭自燃，而高温少雨的根本原因是中高纬度大气环流系统的异常，尤其是乌拉尔山阻塞高压系统的持续维持。7 月以来，欧洲上空稳定维持了一个强大的暖性高压，它使来自北非的暖干气流不断向北流向东欧至莫斯科上空堆积，并造成高温少雨的天气。

5.3.6 巴基斯坦遭遇世纪性暴雨洪涝

巴基斯坦遭遇世纪性暴雨洪涝灾害，1/5 国土面积受淹。世界银行和亚洲开发银行评估报告指出，直接经济损失可能达 95 亿美元。分析认为，大气环流持续异常是造成巴基斯坦暴雨洪涝灾害的主因。受中纬度环流分型的影响，南侧出现切断低压系统；同时，由于受印度季风系统向北推进的影响，在印度季风槽上不断有低压系统由东南向西北方向移动，来自赤道印度洋的暖湿水汽进入巴基斯坦；欧洲上空强大暖高压不断引导极地的干冷气流南下，并维持在巴基斯坦至阿富汗中南部的高空，和暖湿的西南季风交汇，导致对流不断发展从而形成该地区持续的强降水。稳定的环流背景使得多次暴雨过程持续发生，直接触发流域性洪涝。

5.3.7 “鲇鱼”穿越吕宋岛北上直击福建

“鲇鱼”于 10 月 13 日在菲律宾东部洋面上生成，14 日加强为强热带风暴，15 日发展为台风，16 日加强为强台风，17 日加强为超强台风，18 日在菲律宾吕宋岛沿海登陆，穿越菲律宾吕宋岛后进入南海东部海面，并再次加强为超强台风，随后快速地由西行转为北上，于 23 日在福建省漳浦县沿海登陆。“鲇鱼”具有变化快、强度强、生命长、登陆晚、路径曲折多变等特点。复杂的大气环流背景和北方冷空气南下是影响“鲇鱼”强度和移动路径的主要原因。从历史统计来看，一般在深秋季节形成并进入南海的台风常以西行或西北行为主。“鲇鱼”进入南海后，先西行后北上，活动路径实属罕见。究其原因：一是今年夏季以来，热带太平洋处于厄尔尼诺向拉尼娜状态转换，导致南海地区南风气流维持，在其引导下“鲇鱼”进入南海后向偏北方向移动。与此同时，受北方较强冷空气南下的影响，造成“鲇鱼”北进速度缓慢。二是“鲇鱼”活动期间，正值大气环流从秋季向冬季过渡的调整时期，同时有副热带高压、西风带系统和南半球越赤道气流等多个大尺度环流系统相互影响、相互制约，造成了“鲇鱼”路径出现异常的拐点，成为移动路径多变的台风。

5.3.8 厄尔尼诺事件快速转为拉妮娜事件

2010 年赤道中东太平洋经历了中等强度厄尔尼诺事件向中等强度拉妮娜事件的快速转换过程。由于厄尔尼诺事件的滞后效应，夏季西太平洋副热带高压仍异常强大，明显西伸；冬季则异常偏弱，位置偏东。7—10 月海表温度分布型态使得对流在西太平洋东部受到抑制而在西太平洋西部加强。西太平洋暖池处于暖状态使得低层盛行异常东风，高层盛行异常西风，抑制了季风槽向东南延伸，使得季风槽明显偏西。低层的异常东南风环流容易引导生成的热带气旋西行进入我国沿海并登陆。

第六章　防灾减灾重大气象服务事件

2010 年是近 10 年来气象灾害最为严重的一年，也是气象服务保障任务较重的一年。面对西南干旱、新疆暴雪、北方低温、台风、极端高温、海南暴雨等气象灾害的频繁出现，玉树地震、舟曲特大山洪泥石流等重大自然灾害事件的接连发生和上海世博会、广州亚运会等重大活动的相继召开，各级气象部门积极应对，主动服务，为防灾减灾工作做出了有力的贡献，为重大活动的顺利进行提供了良好的保障。

2010 年党中央和国务院领导人在中国气象局上报的重大防灾减灾和决策气象服务材料上做出了 67 次重要批示。回良玉副总理对 2010 年的气象工作给予了充分肯定：全国气象部门深入贯彻落实科学发展观，认真履行气象防灾减灾和应对气候变化职责，加快推进气象现代化体系建设，有效应对了一系列重大自然灾害，有效保障了一系列重大活动，推动气象事业科学发展取得了新成绩，服务国家科学发展作出了新贡献。

6.1 西南地区抗旱气象服务

2009 年 9 月开始，云南、贵州、广西、四川和重庆等西南五省（区、市）地区降雨持续偏少，气温持续偏高，出现了近 60 年以来最严重的干旱，进入 3 月份后各地先后出现降水，旱情逐步缓解。此次干旱持续时间长、影响范围广、干旱程度重，导致西南五省（区、市）农业受灾严重、春播生产受到影响；人畜饮水持续困难、江河湖库水位下降；森林火灾频发。

6.1.1 密切关注旱情发展，及时启动气象应急响应

2009 年入秋后西南干旱开始露头，中国气象局、西南各省（区、市）气象局密切关注旱情发展趋势，云南省于 2010 年 1 月 27 日就启动了重大气象灾害（干旱）Ⅱ级应急响应，2 月 26 日启动重大气象灾害（干旱）Ⅰ级应急响应，开展超常规应急气象服务工作。2 月 27 日，中国气象局启动重大气象灾害Ⅲ级应急响应，相关职能司、直属业务单位及相关省（区、市）气象局进入应急响应状态。

6.1.2 加强协作联动，合力抗旱救灾

在抗旱气象服务中，各级气象部门密切协作，上下互动、左右联动，加强监测、预报，并加强与农业部、水利部等相关部委的沟通协作，合力抗击干旱。

一是上下联动，密集组织干旱专题会商。国家气象中心、国家气候中心、相关省级气象台站采取视频、紧急电话、网上沟通等多种方式对旱区短期气候、中短期、延伸期预报预测以及干旱对农业生产影响分析、特别是干旱地区转折性降水过程预报进行专题会商，滚动制作短期气候预测材料，及时发布干旱预警。2 月 25 日至 5 月 10 日，共发布干旱黄色预警 56 期。

二是区域联合，跨省区人工影响天气作业为抗旱服务。各级气象部门密切跟踪监视旱区天气

变化，抓住有利时机开展跨区域飞机与地面立体化人工增雨作业，并在川西高原南部实施了该区域有史以来第一次飞机人工增雨作业。2009年9月1日至2010年5月10日，西南五省（区、市）实施飞机人工增雨作业158架次，累计飞行时间约380小时，地面人工影响天气作业15962次，发射人影炮弹114327发、火箭弹38158枚，人工增雨为抗旱工作提供了有力支持，效果明显。

三是加强与相关部委沟通协作。中国气象局还加强与发改委、民政部、农业部、水利部、林业局、国家防总等部门之间的协作沟通，参加国家减灾委、国家防总等组织的专题会商会，并会同林业局、水利部等单位赴旱区开展专题调研工作。

6.1.3 及时报送发布决策气象服务信息

中国气象局组织多个专家组、工作组赴旱区实地调查旱情墒情，指导当地开展旱情收集、降水后旱情缓解程度评估等工作。

中国气象局2月27日起每日向党中央、国务院和相关部门报送《抗旱气象服务专报》，及时报送《重大气象信息专报》、《中国气象局值班快报》等决策服务信息，截至6月25日，共报送《抗旱气象服务专报》72期，与西南干旱有关的《重大气象信息专报》14期，向国务院报送干旱专题报告3期；旱区气象部门主动向当地党委、政府报告服务信息，云南省气象局报送各类服务材料277份，为政府决策抗旱减灾赢得先机。

6.1.4 广泛宣传，社会服务效益显著

气象部门在新华网、中国政府网等中央媒体发布多篇气象抗旱救灾消息，中央电视台各相关节目对气象部门抗旱救灾工作情况进行了集中报道。《中国气象报》、中国气象局网和中国天气网均开设专题栏目对抗旱救灾气象服务进行深入报道。中国气象频道记者奔赴旱区实地采访，推出西南旱情特别关注等专题报道。旱区各省（区、市）气象局加强抗旱救灾科普宣传，通过制作发布抗旱专题网页、声讯电话、短信平台、数字电视、电子显示屏、数字移动传媒屏等多种方式向公众普发抗旱相关信息和抗旱知识宣传短信，普及干旱防御对策和应对知识，取得了良好的社会服务效益。

6.2 舟曲抢险救灾气象服务

2010年8月7日夜间，甘肃省甘南州舟曲县发生特大山洪泥石流灾害，并造成了重大人员伤亡。灾害发生后，中国气象局坚决贯彻落实党中央、国务院对此次灾害抢险救援工作的统一部署，快速响应，迅速就灾区抢险救灾气象服务保障工作进行周密部署，动员全国气象部门的力量，全力以赴做好气象保障服务工作。

6.2.1 强化快速响应部署

中国气象局于8日17时30分启动了重大气象保障Ⅱ级应急响应，甘肃省气象局启动了Ⅰ级应急响应，四川省气象局启动了Ⅱ级应急响应。中国气象局成立舟曲特大山洪泥石流灾害气象应急保障服务工作组，实行统一领导，对灾区抢险救灾涉及的气象监测、预报、预警服务等重点工作进行周密部署，并于8日派出救灾指导工作组赶赴灾区。甘肃省气象局工作组赴甘南州气象局指导救灾气象服务工作。8日7时甘肃省气象局第一时间向甘肃省省委、省政府和相关部门报送了第一期《舟曲县及白龙江流域上游专题天气预报》，同时派业务人员赶赴舟曲县城开展现场应急气象保障服务。

6.2.1 加强应急监测和预报会商

中国气象局紧急在两天时间内在白龙江流域临时布设了14个自动气象监测站，使白龙江流域

自动雨量站达45个，并进行逐小时气象要素加密监测．紧急调运四川省气象局移动天气雷达、移动风廓线雷达车第一时间赶赴白龙江上游地区进行雷达加密观测。加强灾区周边682个自动气象站维护，确保资料传输处理运行正常。

在加强加密监测的同时，中国气象局周密组织国家、省、地、县加密天气会商，加强对白龙江流域内降水天气过程尤其是白龙江流域上游面雨量的精细化预报。实施每3小时天气滚动预报，加强灾区地质灾害气象等级和舟曲主要公路沿线专项天气预报。特别是提前成功预报了8月11日至13日舟曲降水天气过程，为抢险救灾赢得了宝贵时间。

6.2.3 强化针对性服务

中国气象局8月9日起每天滚动向中办、国办及国务院抢险救灾指挥部等18个相关部门报送《舟曲抢险救灾气象服务专报》。截至9月5日，共报送42期《舟曲抢险救灾气象服务专报》及相关《气象灾害预警服务快报》19期。并在任意时段视具体的天气情况制作“两办”刊物信息及时、快捷报送党中央、国务院等各个相关部门。

根据舟曲抢险救灾前线气象服务需求，气象部门加强抢险救灾部门沟通联动，及时通过Email、手机短信等方式，向国家防总、国土资源部、发展改革委和武警总部等前线抢险部门滚动报送舟曲及白龙江流域精细化实况、预报及地质灾害气象预报、舟曲周边道路交通气象预报等服务信息，主动针对堰塞湖抢险、防雷防暑及次生灾害防范、救灾人员和物资运输安全、灾区群众生活安置、卫生防疫等，做好有针对性的专项气象保障服务。

6.2.4 加强宣传引导

中国气象局坚持正确的舆论导向，积极与新华社、中央电视台、中央人民广播电台、人民日报等多家新闻单位沟通，加强同新华网、中国政府网、中国新闻网、中国广播网、人民网、雅虎、腾讯网等37家媒体的联系，及时播发灾区最新天气实况和预报，并通过专家访谈、现场直播等方式指导灾区广大群众科学避险，积极营造全力抢险救灾的舆论氛围。

6.3 台风“凡亚比”气象服务

2010年共有14个热带气旋在西北太平洋和南海生成，11个影响我国，其中7个登陆。在这14个热带气旋中，第11号超强台风“凡亚比”给我国造成的损失最严重。“凡亚比”于9月19日9时前后在台湾花莲县附近沿海登陆，20日7时在福建漳浦县沿海再次登陆，具有发展变化快、台风风力强、降雨影响大等特点。受其影响，台湾、广东和福建等地出现了强风暴雨，其中大陆地区广东高州马贵镇累计降雨量最大，达829.7毫米，阳江双窖镇次之为557.9毫米；台湾地区屏东玛家累计降雨量达1127毫米。受“凡亚比”影响，华南等地出现不同程度的灾情，其中广东受灾最为严重。

中国气象局认真贯彻落实回良玉副总理的重要指示精神，积极主动做好台风“凡亚比”的气象预报预警服务工作。9月18日08时30分启动重大气象灾害（台风）Ⅲ级应急响应，并于19日16时将应急响应级别提升至Ⅱ级。19日，中国气象局印发《关于做好“凡亚比”强台风监测预警服务的紧急通知》，要求国家气象中心、受台风影响省（区、市）气象局等全力以赴跟踪做好台风监测、预报预警服务工作，并派出两个工作组，分别赴广东、福建指导防台气象服务工作。

6.3.1 及时滚动发布台风预报预警信息

中央气象台密切跟踪台风变化趋势和风雨影响，及时发布台风和暴雨预报预警。中央气象台9月17日06时发布台风橙色预警，18日06时提升为台风红色预警，服务期间共发布台风蓝色预警1期、台风黄色预警1期、台风橙色预警6期、台风红色预警5期；暴雨黄色预警4期、暴雨蓝色预警7期。广东、广西、福建三省（区）气象部门发布台风、暴雨等预警信息约200站次。中国气象局通过气象频道、中国天气台风网等途径，实时播发最新台风预报预警信息和防范知识。各有关省（区）气象部门加强与广播、影视、信息、城市建设等部门的沟通与协作，通过电台、电视台、手机短信、网站、手机WAP网、96121电话、电子显示屏、报纸等多种方式和途径向社会公众及时报告台风动态，并提出有效的防御措施和建议。广东、广西、福建等省（区）气象局首席预报员、专家接受电视、电台采访100余次，为媒体提供新闻稿约200份，各家电视频道进行直播报道30余次，向社会公众发布台风预警短信约1.8亿人次。

6.3.2 及时做好防台减灾决策气象服务

中国气象局及时将“凡亚比”的有关信息上报党中央、国务院，并向有关部门通报，从9月16日（台风登陆前4天）至23日，共向党中央、国务院和民政、国土资源、交通运输、水利、农业、安全监管、旅游、海洋等部门报送《重大气象信息专报》3期，制作《气象灾害预警服务快报》9期、《中国气象局值班快报》15期，动态报告“凡亚比”最新动态信息和风雨影响。广东省根据台风及暴雨预报预警信息，及时转移人口7.9万人；潮州、茂名市及时发布中小学停课通知。福建省及时组织南部和中部渔场作业的5.5万艘渔船全部提前进港避风，安全转移群众18.7万人，其中渔船作业人员15万人。

6.3.3 及时启动应急响应和专题会商

在中国气象局先后启动启动重大气象灾害（台风）Ⅲ级、Ⅱ级应急响应后，各级气象部门加强业务值守，充分利用气象卫星、雷达，自动气象站、海洋浮标站等气象现代化设备，密切监视台风“凡亚比”的移动发展动向。中央气象台加强与广东、福建等省的台风专题会商。

6.4 广州亚运会气象保障服务

2010年11月12日至27日，第16届亚洲运动会（简称广州亚运会）在广州及协办城市汕尾、佛山和东莞市成功举行。中国气象局高度重视广州亚运会的气象保障服务工作，以“惠民气象，服务亚运”为宗旨，以“奥运标准，周到服务”为理念，为确保亚运会的成功举行提供了全方位的精细化气象服务。

6.4.1 提早准备、精心筹备，为亚运气象服务奠定了坚实的基础

自2004年广州成功申办第16届亚运会和第10届亚残运会后，中国气象局随即开始了亚运气象服务的筹备工作。由郑国光局长为组长成立了中国气象局2010年广州亚运会气象服务工作领导小组；组织骨干力量成立了广州亚运气象服务中心；编制了《亚运气象服务实施方案》、《亚运会开幕式气象服务专项实施方案》等方案，有序推进亚运气象服务筹备工作，为亚运气象服务奠定了坚实的基础。

加强了广州及其周边的气象探测系统建设。在广州周边区域建成了以气象卫星、新一代天气雷达、高空探测站、风廓线雷达、自动气象站、闪电定位仪、大气电场仪、大型海上浮标、大气水汽探测和移动应急监测车等组成的现代化、立体式、稠密型、具有国际先进水平的大气综合探测网，大大提升了对各类气象要素和中小尺度天气系统的实时监测能力。同时，根据焰火燃放对气象的要求，同时为能获取大气边界层的观测数据，气象部门分别在广州塔塔身的121米、454米和536米安装了自动气象站、三维超声风速仪、大气成分采样机等，为亚运会开幕式提供气象保障。

加强了亚运气象精细化预报服务系统建设。借鉴北京奥运会、上海世博会气象服务成功经验和技术，引进和研发了短时临近预报系统、亚运精细预报（SAFEGUARD）系统、亚运数值预报模式系统（GRAPES－CHAF）、街区（场馆）精细化模式系统和亚运空气质量模式系统（GRAPES－CMAQ），并投入了业务运行，大大提高了亚运气象服务能力。

组建了高效的气象预报服务团队。中国气象局抽调国家气象中心、北京、香港、青岛、广西、海南、湖南、福建、江西等气象部门的“外援”专家及广东省内的气象预报服务专家，组建了亚运气象服务团队，并进行了针对性培训，这为亚运会气象服务提供了有力的人才保障。

6.4.2 精细准确预报、周到贴心服务，给亚运会保驾护航

11 月 5 日起，中国气象局每日滚动制作和报送《2010 年广州亚运会气象服务专报》给中共中央办公厅、全国人大常委会办公厅、国务院办公厅、全国政协办公厅、中央军委办公厅，国家体育总局，亚运会组委会和亚运会执委会，并根据开幕式彩排演练、开幕式、赛事活动及闭幕式等不同阶段，进行跟进式服务。

开闭幕式气象保障服务中，本着“七天内逐日滚动，三天内逐时滚动”的原则，逐步调整服务内容。在 11 月 12 日和 27 日开闭幕式的当天，针对活动安排，提供观众入场、暖场表演、文艺表演和运动员入场、点燃圣火仪式（闭幕仪式）及退场等分时段但更加有针对性的天气预报服务信息，同时提供了海心沙地面、珠江江面和广州塔上的风力风向及云底高度等预报信息，为珠江巡游和烟花燃放等活动进行全方位的服务。而在 13 日至 26 日的亚运赛事气象保障服务中，每天在《2010 年广州亚运会气象服务专报》中滚动提供广州及汕尾、佛山和东莞等赛场未来三天的天气状况、气温、相对湿度、风速风向和能见度等预报信息，对从化马术场馆提供暑热压力指数预报。

6.5 其他重大气象服务事例

6.5.1 青海玉树抗震救灾气象服务

2010 年 4 月 14 日，青海玉树地区发生了 7.1 级强烈地震。地震发生后，中国气象局积极贯彻党中央、国务院关于抗震救灾的一系列重要指示，统一部署，动员全国各级气象部门全力做好抗震救灾气象保障服务。

自 4 月 15 日至 8 月 30 日，中国气象局共制作 109 期《抗震救灾气象服务专报》，以纸质和电子邮件方式报送给中共中央办公厅、全国人大常委会办公厅、全国政协办公厅、中央军委办公厅，国务院抗震救灾总指挥部抢险救灾组、群众生活组、卫生防疫组、基础设施和生产恢复组、地震监测组、社会治安组、宣传组、综合组等相关部委和单位，为抗震救灾及恢复重建工作提供了及时、精细、高效的服务产品，为各级领导指挥抗震救灾提供了科学的决策依据。

青海省气象局也在地震当天 11 时 35 分启动了地震灾害Ⅰ级应急响应，随即成立了抗震救灾应急指挥部，在玉树州气象局设现场指挥点。在中国气象局的指导下和四川、西藏等兄弟气象部门的通力合作下，出色完成了抗震救灾不同阶段、不同对象的气象服务及后期卫生防疫、地质灾害、临时安置区、交通、灾后重建、气象灾害防御等方面的气象服务工作，圆满完成了抗震救灾的各项气象服务工作。

6.5.2 上海世博会气象保障服务

2010 年 5 月 1 日至 10 月 31 日，为期 184 天的上海世界博览会圆满成功举行。中国气象局按照党中央、国务院关于举全国之力办好世博会的要求，精心组织、团结协作、奋力拼搏，经过 6

年精心准备，184 天的气象服务保障及气象参展运营的检验，圆满完成了世博气象服务和气象参展的任务，兑现了“气象让世博更精彩”的庄严承诺。

2006 年 2 月，中国气象局成立了上海世博会气象服务工作领导小组，先后召开多次专题会议研究部署世博气象保障服务筹备工作，制定了 2010 年上海世博会气象服务实施方案。世博期间，中国气象局举全部门之力，充分发扬全国气象部门“一盘棋”的体制优势，构建上下联动、区域联防的上海世博会气象保障服务工作机制。面对开幕式、中国馆日、高峰论坛及闭幕式等重大活动，气象部门多次启动特别工作状态，开展加密观测和专题天气会商，及时向中办、国办、上海世博会组委会和执委会等单位提供服务，为活动筹备提供了重要的决策参考依据。同时，气象部门每天向世博会 5 大指挥部、世博园区运行指挥中心等 36 个部门提供《今日天气早报》、《明日及一周天气关注》、《世博专题气象报告》等服务产品，为世博园区运营管理提供专项保障服务。此外，还举行多场新闻发布会，并充分利用广播、电视、报纸、网站及手机气象短信，及时向社会各界发布世博园区天气预报和各类气象服务信息，方便了观演群众。

附　录

附录 1　气象灾情统计年表

附表 1.1　2010 年气象灾害总受灾情况统计表

Table A 1.1　Summary of total meteorological disasters over China in 2010

地区	农作物受灾情况（万公顷）		人口受灾情况			直接经济损失（亿元）
	受灾面积	绝收面积	受灾人口（万人）	死亡人口（人）	失踪人口（人）	
北京	0.4	0.1	11.5	2	0	2.1
天津	3.3	0.1	0.6	0	0	0.5
河北	152.8	18.8	2280.5	20	2	97.5
山西	139.6	17.7	1327.1	4	0	122.0
内蒙古	203.3	61.6	889.3	26	0	138.2
辽宁	75.7	12.1	631.3	25	5	169.0
吉林	89.5	23.3	779.6	113	55	523.7
黑龙江	143.4	10.0	698.7	14	0	60.1
上海	0.0	0.0	0.1	3	0	0.0
江苏	64.8	1.6	743.7	47	0	54.5
浙江	28.3	1.3	611.7	37	1	75.5
安徽	175.2	10.6	1640.0	64	0	104.1
福建	60.5	8.4	809.2	121	78	158.9
江西	207.6	20.8	2184.6	126	2	520.0
山东	258.3	14.8	2226.3	16	4	205.4
河南	156.8	9.6	1843.8	164	46	195.2
湖北	246.5	20.0	2362.5	147	16	238.7
湖南	284.2	27.3	2281.2	81	10	273.8
广东	72.4	3.0	1087.6	184	12	178.2
广西	166.6	6.2	2560.5	138	5	108.7
海南	30.6	4.9	437.7	10	0	131.9
重庆	57.5	4.9	1170.1	111	12	67.1
四川	232.4	17.9	4315.4	246	141	486.4
贵州	168.1	64.8	3081.9	125	69	178.6
云南	321.5	90.9	3056.4	234	115	333.9
西藏	5.1	0.6	62.0	23	1	5.7
陕西	112.1	8.3	1572.5	204	182	297.1
甘肃	130.3	10.7	2741.7	1600	264	222.7
青海	11.1	0.9	240.6	34	4	11.7
宁夏	14.5	1.7	182.3	5	0	13.6
新疆（包含兵团）	130.6	14.1	663.8	81	9	122.7
合计	3743.0	487.0	42494.2	4005	1033	5097.5

* 灾情统计数据来源于民政部、中国气象局等。

附表 1.2 2010 年暴雨洪涝（滑坡、泥石流）灾害情况统计表

Table A. 1. 2 Summary of rainstorm induced flood (landside and mud-rock flow) disasters over China in 2010

地区	农作物受灾情况（万公顷）		人口受灾情况		房屋受灾情况（万间）		直接经济损失（亿元）
	受灾面积	绝收面积	受灾（万人）	死亡人口（人）	倒塌	损坏	
北京	0.1	0.0	0.7	0	0.0	0.1	0.1
天津	0.0	0.0	0.0	0	0.0	0.0	0.0
河北	28.5	1.4	277.5	4	0.4	1.3	18.4
山西	20.9	1.0	223.0	2	1.4	4.6	19.7
内蒙古	21.6	3.5	79.8	13	0.9	4.6	12.0
辽宁	70.8	11.5	561.9	11	1.8	9.1	163.4
吉林	37.3	10.6	529.7	104	31.0	60.6	499.8
黑龙江	22.1	4.3	254.0	1	0.4	2.0	15.0
上海	0.0	0.0	0.0	0	0.0	0.0	0.0
江苏	52.8	1.0	289.5	0.0	0.3	1.6	30.3
浙江	24.5	1.3	554.3	15	0.8	5.1	69.1
安徽	127.7	9.9	1242.1	7	2.6	6.8	83.8
福建	31.0	4.7	473.6	99	6.4	12.0	94.5
江西	181.3	18.8	1752.4	46	16.2	32.0	502.1
山东	154.5	14.3	1259.2	1	17.0	29.1	116.1
河南	113.0	8.0	1472.5	127	10.3	19.9	167.5
湖北	199.9	17.7	1905.3	99	10.1	26.9	211.1
湖南	227.9	21.6	1657.3	64	17.2	40.9	246.9
广东	46.6	2.2	401.4	31	3.5	4.8	54.7
广西	46.7	1.6	981.2	115	6.9	7.7	62.5
海南	25.4	4.3	298.9	6	0.7	1.4	127.1
重庆	32.1	2.8	711.6	74	3.9	12.3	55.9
四川	150.8	12.0	2557.7	221	33.0	90.7	450.8
贵州	36.3	3.0	787.0	97	2.4	7.2	33.2
云南	16.8	1.8	310.9	139	2.5	7.6	40.8
西藏	0.4	0.0	10.3	7	0.1	0.4	1.3
陕西	39.1	5.2	677.4	174	29.6	56.9	226.3
甘肃	22.3	1.6	364.9	1594	11.6	23.1	144.0
青海	2.2	0.3	20.0	24	0.5	2.8	5.0
宁夏	1.7	0.7	18.4	3	0.1	0.4	3.3
新疆（包含兵团）	18.3	0.8	262.9	26	10.5	24.5	50.3
合计	1752.6	165.9	19935.4	3104	222.1	496.4	3505.0

附表 1.3 2010 年干旱灾害情况统计表

Table A 1.3 Summary of drought disasters over China in 2010

地区	农作物受灾情况（万公顷）		人口受灾情况		直接经济损失（亿元）
	受灾面积	绝收面积	受灾人口（万人）	饮水困难（万人）	
北京	0.0	0.0	0.9	0.0	0.0
天津	0.0	0.0	0.0	0.0	0.0
河北	59.6	13.7	910.2	67.6	35.5
山西	72.8	10.6	587.5	64.0	25.2
内蒙古	143.4	51.1	658.4	110.7	100.5
辽宁	1.8	0.0	49.1	49.1	2.7
吉林	34.9	12	142.7	0.4	10.3
黑龙江	101.2	3.6	250.1	3.3	26.6
上海	0.0	0.0	0.0	0.0	0.0
江苏	7.0	0.4	108.2	0.0	1.0
浙江	0.2	0.0	0.1	0.0	0.1
安徽	4.1	0.0	4.6	0.0	0.1
福建	0.5	0.0	0.5	0.5	0.1
江西	0.0	0.0	0.0	0.0	0.0
山东	58.6	0.4	80.5	3.6	1.8
河南	5.0	0.0	71.2	1.2	1.4
湖北	20.4	0.5	76.5	2.2	2.4
湖南	35.2	4.8	473.9	145.5	20.0
广东	12.0	0.0	3.4	0.0	0.1
广西	107.9	4.2	1309.0	321.3	36.9
海南	4.2	0.5	49.3	22.8	2.0
重庆	17.6	0.9	292.5	149.0	5.4
四川	62.8	4.8	1412.3	232.3	26.3
贵州	127.1	61.5	2204.2	785.3	142.5
云南	295.7	88.2	2497.7	1167.4	273.3
西藏	4.0	0.6	43.0	4.5	1.6
陕西	42.1	3.0	299.5	27.9	9.3
甘肃	71.5	6.4	845.8	166.2	15.1
青海	4.6	0.0	185.5	4.1	4.3
宁夏	1.6	0.0	132.1	52.0	6.0
新疆（包含兵团）	30.0	0.2	15.5	3.3	6.2
合计	1325.8	267.4	12704.2	3384.2	756.7

附表 1.4 2010 年大风、冰雹及雷电灾害情况统计表

Table A 1.4 Summary of gale, hail and lightning stroke disasters over China in 2010

地区	农作物受灾情况（万公顷）		人口受灾情况		房屋受灾情况（万间）		直接经济损失（亿元）
	受灾面积	绝收面积	受灾人口（万人）	死亡人口（人）	倒塌	损坏	
北京	0.0	0.0	3.7	2	0.0	0.0	0.4
天津	0.0	0.0	0.0	0.0	0.0	0.0	0.0
河北	23.6	1.0	466.3	12	0.1	0.4	19.1
山西	8.0	0.2	142.4	2	0.1	0.6	17.1
内蒙古	26.8	6.4	106.6	11	0.1	0.5	19.6
辽宁	3.1	0.6	20.3	10	0.0	0.9	2.7
吉林	11.5	0.7	88.1	9	0.0	1.3	12.7
黑龙江	11.0	2.1	84.1	10	0.3	2.1	15.7
上海	0.0	0.0	0.1	3	0.0	0.0	0.0
江苏	2.0	0.2	322.2	18	0.2	1.0	6.9
浙江	0.4	0.0	16.3	22	0.0	1.0	1.6
安徽	4.1	0.7	261.5	11	0.5	2.8	14.4
福建	3.5	0.1	49.3	18	1.1	18.9	9.6
江西	12.0	0.6	256.9	56	0.7	10.6	12.9
山东	7.6	0.1	635.8	15	1.3	2.2	40.4
河南	10.1	1.2	171.4	20	3.0	2.0	17.9
湖北	3.3	0.6	185.0	38	4.1	2.8	17.0
湖南	7.8	0.8	126.6	17	0.9	10.4	5.5
广东	0.1	0.2	0.7	19	0.0	0.2	0.4
广西	1.8	0.0	34.2	23	0.1	6.6	1.1
海南	0.0	0.0	0.0	2	0.0	0.0	0.0
重庆	7.5	1.2	158.0	37	1.0	4.8	5.6
四川	5.0	0.8	285.4	22	0.6	3.4	7.4
贵州	4.3	0.3	90.6	28	0.2	3.4	2.8
云南	6.3	0.6	219.3	78	0.4	16.6	18.0
西藏	0.6	0.0	5.3	2	0.0	0.1	0.4
陕西	1.3	0.0	124.3	30	0.2	1.7	20.6
甘肃	7.3	1.9	550.9	6	0.1	1.8	30.8
青海	4.3	0.6	35.0	7	0.0	0.2	2.4
宁夏	5.8	1.0	30.7	2	0.0	0.1	4.1
新疆（包含兵团）	39.2	6.4	145.3	19	0.4	3.6	43.8
合计	218.0	28.3	4616.3	549	15.4	100.0	350.9

附表 1.5 2010 年热带气旋灾害情况统计表

Table A 1.5 Summary of tropical cyclone disasters over China in 2010

地区	农作物受灾情况（万公顷）		人口受灾情况			倒塌房屋（万间）	直接经济损失（亿元）
	受灾面积	绝收面积	受灾人口（万人）	死亡人口（人）	紧急转移安置人口（万人）		
北京							
天津							
河北							
山西							
内蒙古							
辽宁							
吉林							
黑龙江							
上海							
江苏							
浙江	1.3	0.0	3.8	0	0.0	0.0	1.3
安徽	0.0	0.0	0.0	0	0.0	0.0	0.0
福建	10.5	0.6	187.5	4	60.9	0.3	39.7
江西							
山东							
河南							
湖北							
湖南							
广东	12.6	0.5	642.9	134	39.2	4.0	116.2
广西	8.8	0.1	225.5	0	11.6	0.6	6.4
海南	1.0	0.1	89.5	2	11.0	0.0	2.8
重庆							
四川							
贵州							
云南							
西藏							
陕西							
甘肃							
青海							
宁夏							
新疆							
合计	34.2	1.3	1149.2	140	122.7	4.9	166.4

附表 1.6　2010 年雪灾和低温冷冻灾害情况统计表

Table A 1.6　Summary of snow, low-temperature and frost disasters over China in 2010

地区	农作物受灾情况（万公顷）		人口受灾情况		倒塌房屋（万间）	损坏房屋（万间）	直接经济损失（亿元）
	受灾面积	绝收面积	受灾人口（万人）	死亡（人）			
北京	0.3	0.1	6.2	0	0.0	0.0	1.6
天津	3.3	0.1	0.6	0	0.0	0.0	0.5
河北	41.1	2.7	626.5	0	0.0	0.1	24.5
山西	37.9	5.9	374.2	0	0.0	0.3	60.0
内蒙古	11.5	0.6	44.5	2	0.0	0.0	6.1
辽宁	0.0	0.0	0.0	0	0.0	0.0	0.2
吉林	5.8	0.0	19.1	0	0.0	0.1	0.9
黑龙江	9.1	0.0	110.5	1	0.1	0.5	2.8
上海	0.0	0.0	0.0	0	0.0	0.0	0.0
江苏	3.0	0.0	23.8	0	0.0	0.0	16.3
浙江	1.9	0.0	37.2	0	0.0	0.0	3.4
安徽	39.3	0.0	131.8	0	0.0	0.3	5.8
福建	15.0	3.0	98.3	0	0.0	0.0	15.0
江西	14.3	1.4	175.3	0	0.0	0.4	5.0
山东	37.6	0.0	250.8	0	0.1	0.9	47.1
河南	28.7	0.4	128.7	0	0.0	0.0	8.4
湖北	22.9	1.2	195.7	0	0.1	0.4	8.2
湖南	13.3	0.1	23.4	0	0.0	0.1	1.4
广东	1.1	0.1	39.2	0	0.0	0	6.8
广西	1.4	0.3	10.6	0	0.0	0.1	1.8
海南	0.0	0.0	0.0	0	0.0	0.0	0.0
重庆	0.3	0.0	8.0	0	0.0	0.0	0.2
四川	13.8	0.3	60.0	0	0.0	0.2	1.9
贵州	0.4	0.0	0.1	0	0.0	0.0	0.1
云南	2.7	0.3	28.5	1	0.1	0.2	1.8
西藏	0.1	0.0	3.4	14	0.0	0.0	2.4
陕西	29.6	0.1	471.3	0	0.0	0.2	40.9
甘肃	29.2	0.8	980.1	0	0.0	0.0	32.8
青海	0.0	0.0	0.1	0	0.0	0.0	0.0
宁夏	5.4	0.0	1.1	0	0.0	0.0	0.2
新疆（包含兵团）	43.1	6.7	240.1	33	4.4	15.4	22.4
合计	412.1	24.1	4089.1	51	4.8	19.2	318.5

附录 2　主要气象灾害分布示意图

2010年中国年平均气温较常年偏高0.7℃，为1961年以来第10高；中国年降水量为1961年以来第2多。

雪灾　11–12月东北及内蒙古等地发生严重雪灾

干旱　6–7月华北及内蒙古中东部夏旱明显

高温　6月东北出现大范围罕见高温天气，多地日最高气温突破历史极值

暴雨洪涝　7月下旬辽宁、吉林遭受特大暴雨袭击

雪灾　1–3月新疆北部出现有气象记录以来最严重雪灾

低温　东北、华北发生近40年罕见冬春持续低温

干旱　华北、黄淮等地出现秋冬连旱

沙尘暴　春季北方沙尘天气过程次数较近年同期偏多，影响范围广，局地强度强

暴雨洪涝　7月中旬至9月上旬北方和西部地区遭受10轮暴雨袭击

高温　夏季高温强度大、范围广，高温日数为1961年以来同期最多

暴雨洪涝　甘肃舟曲发生特大山洪泥石流灾害

强对流　重庆、江西、黑龙江等地强对流灾害重

暴雨洪涝　3月江南出现历史罕见早汛

暴雨洪涝　云贵川等地汛期频发泥石流、滑坡灾害

暴雨洪涝　5–7月华南、江南遭受14轮暴雨袭击

干旱　西南地区发生历史罕见秋冬春特大干旱

热带气旋　年内7个热带气旋在中国登陆、登陆比例高，灾情偏轻

暴雨洪涝　10月上中旬海南出现历史罕见持续性强降水过程

南海诸岛

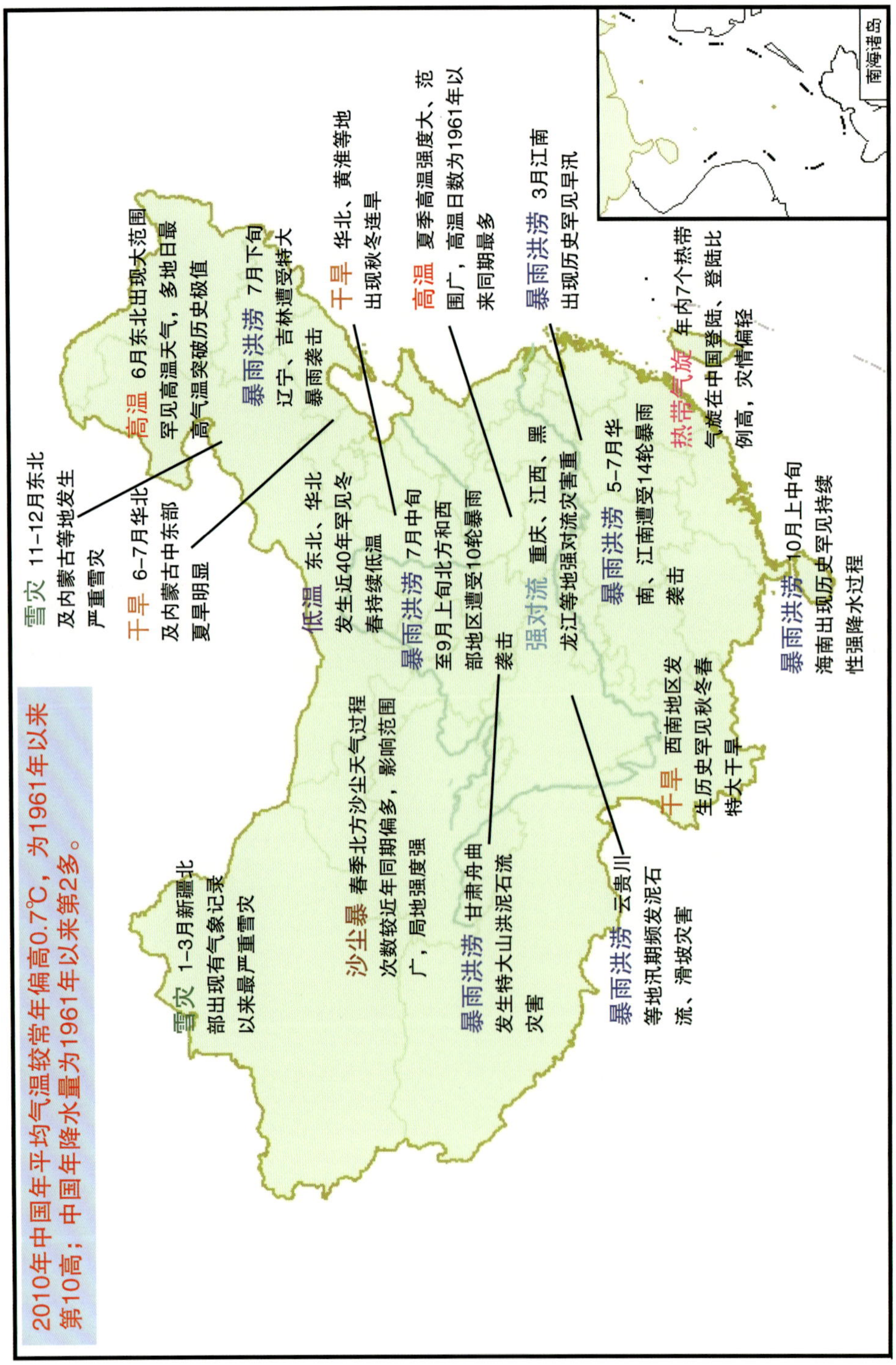

附图 2.1　2010 年全国主要气象灾害分布示意图

Fig.A 2.1　Sketch of the major meteorological disasters over China in 2010

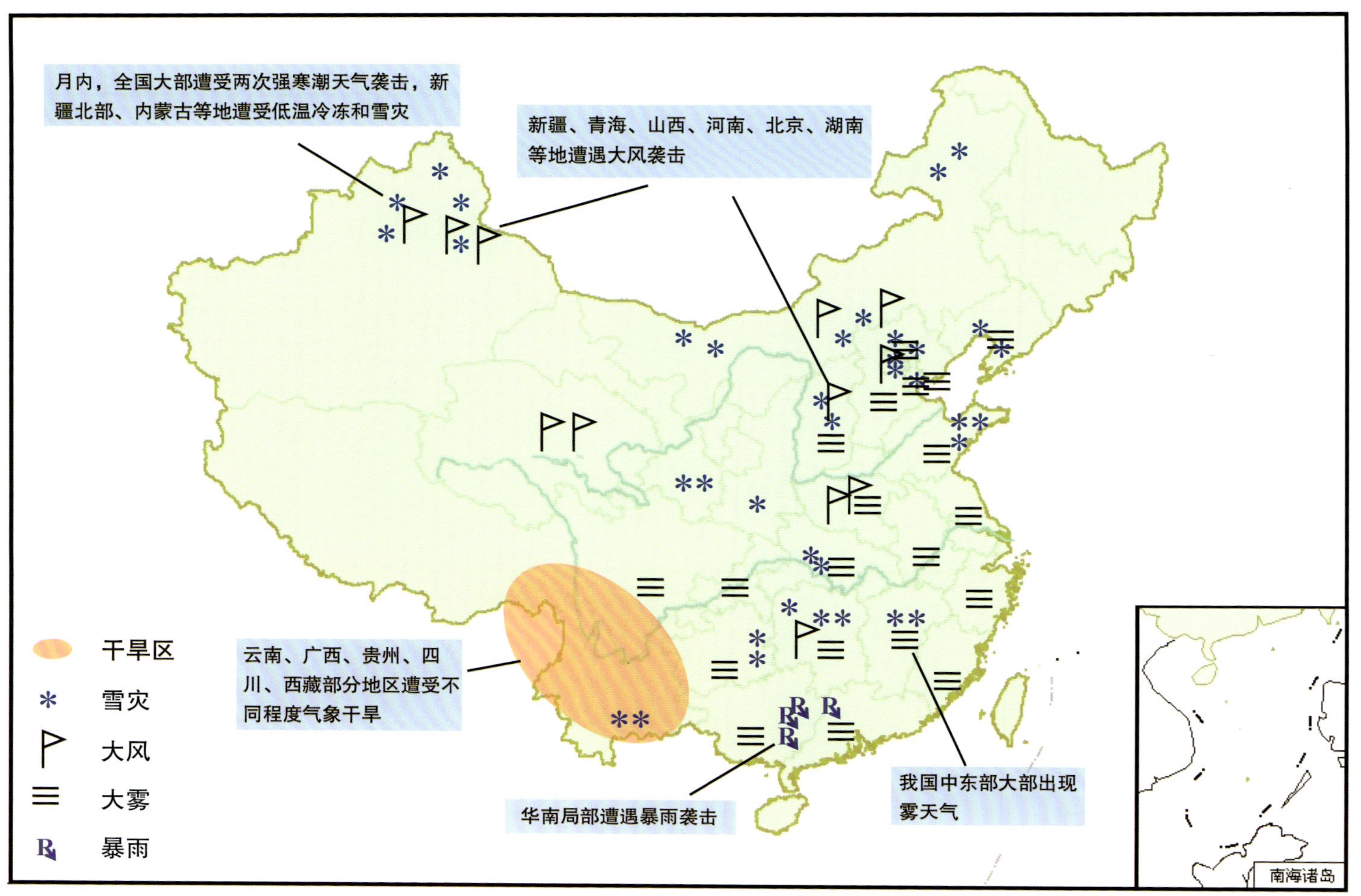

附图 2.2　2010 年1月全国主要气象灾害分布示意图

Fig.A 2.2　Sketch of the major meteorological disasters over China in January 2010

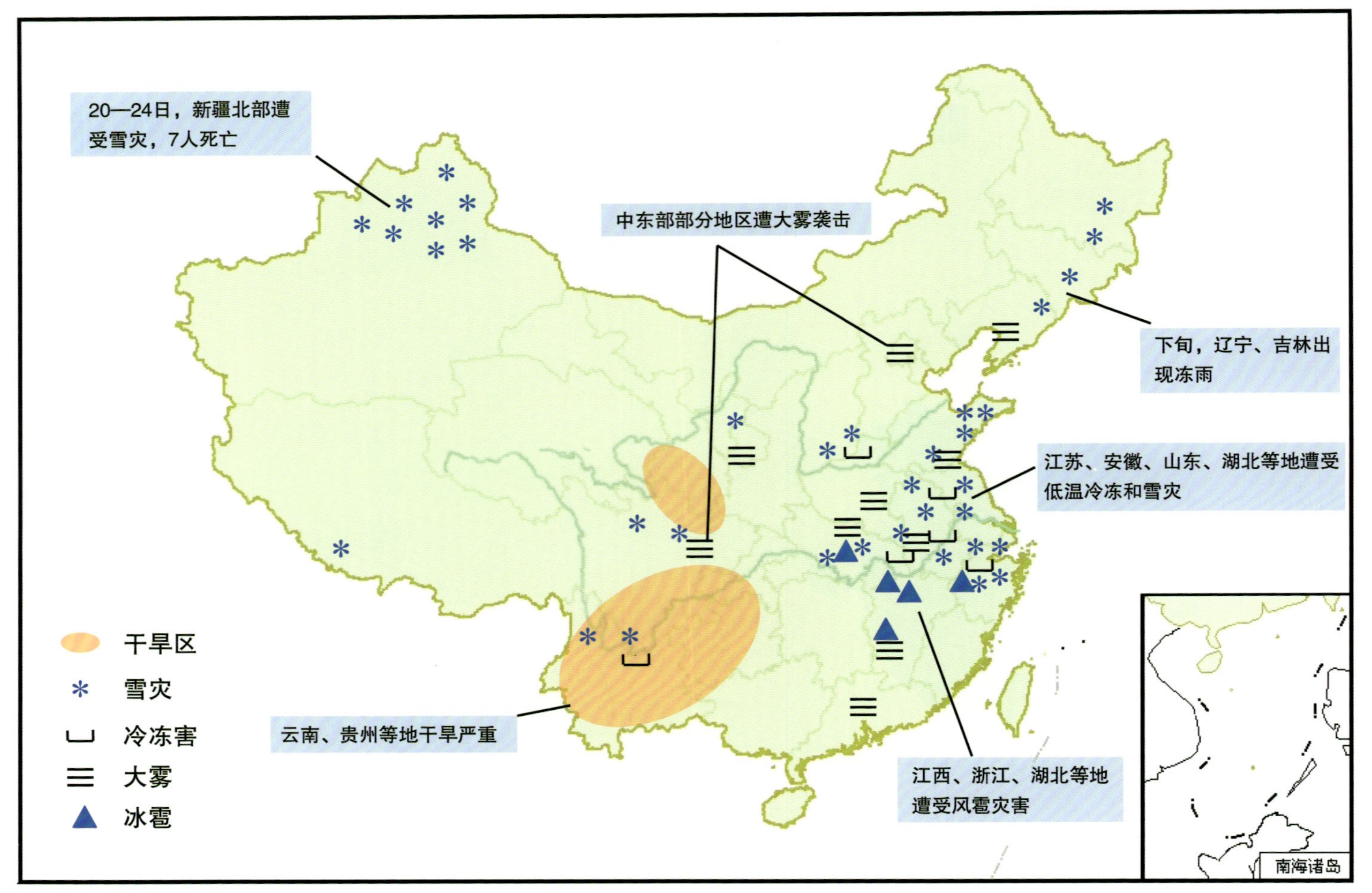

附图 2.3　2010 年2月全国主要气象灾害分布示意图

Fig.A 2.3　Sketch of the major meteorological disasters over China in February 2010

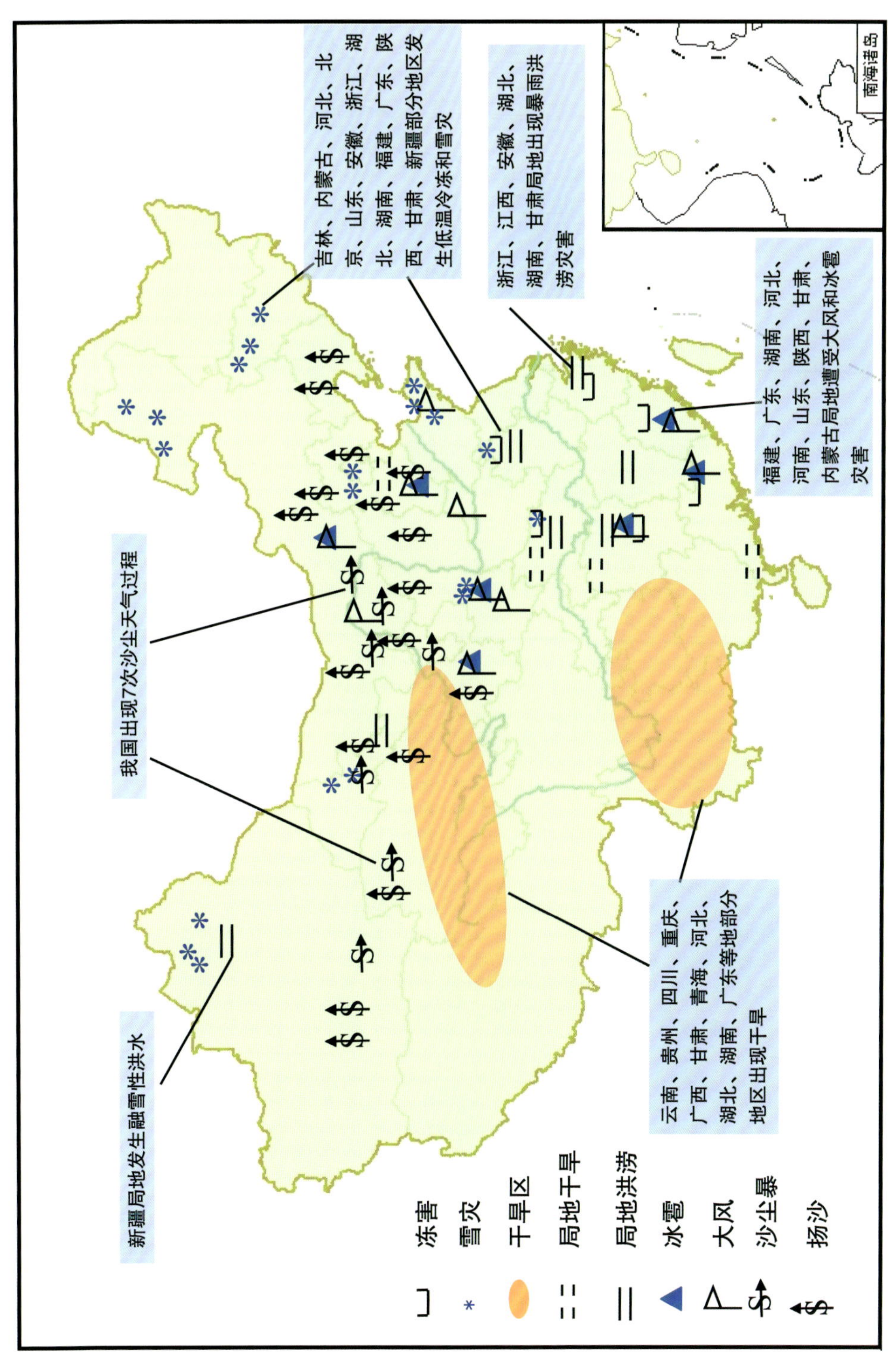

附图 2.4　2010 年3月全国主要气象灾害分布示意图

Fig.A 2.4　Sketch of the major meteorological disasters over China in March 2010

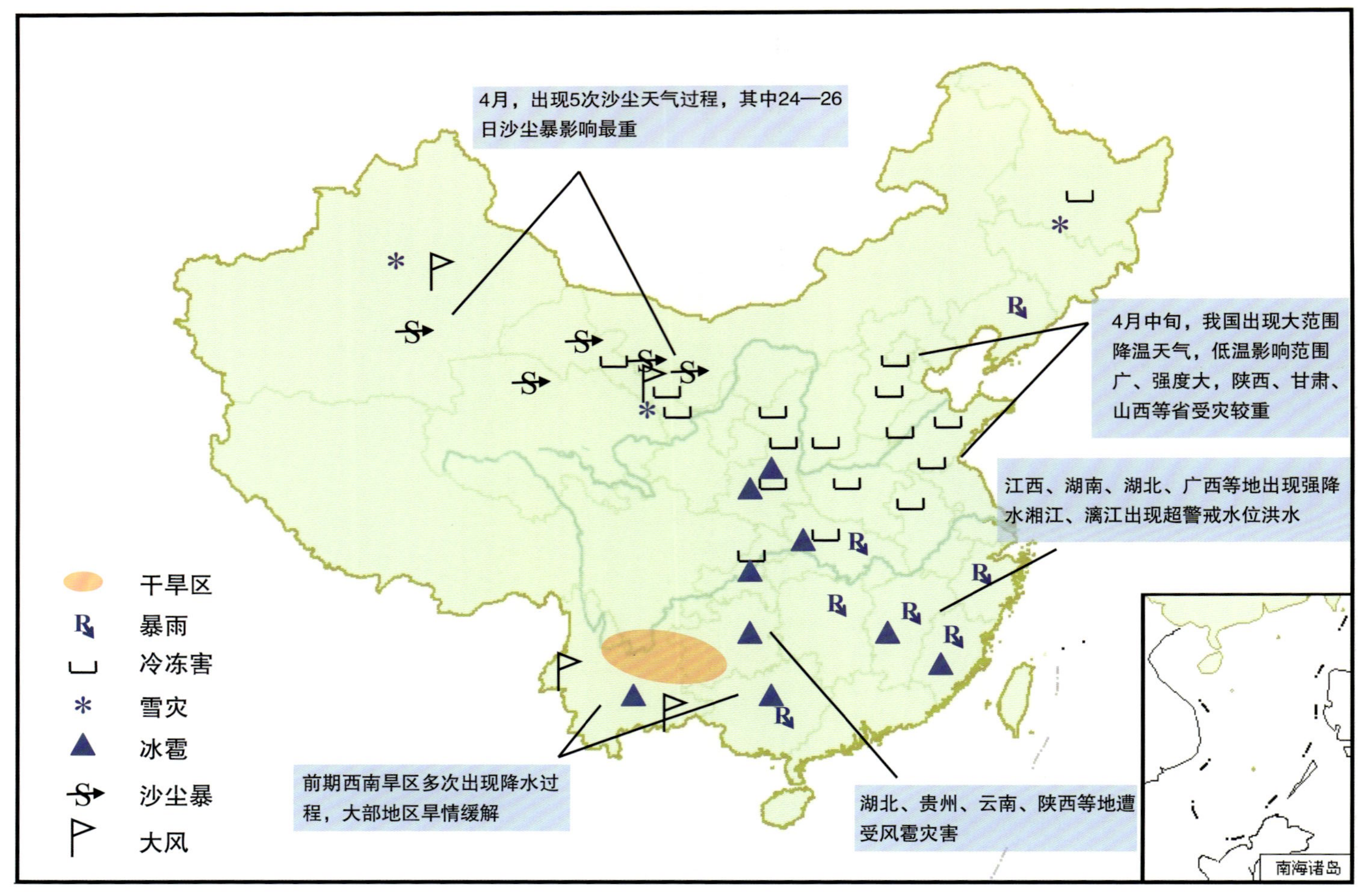

附图 2.5　2010 年4月全国主要气象灾害分布示意图

Fig.A 2.5　Sketch of the major meteorological disasters over China in April 2010

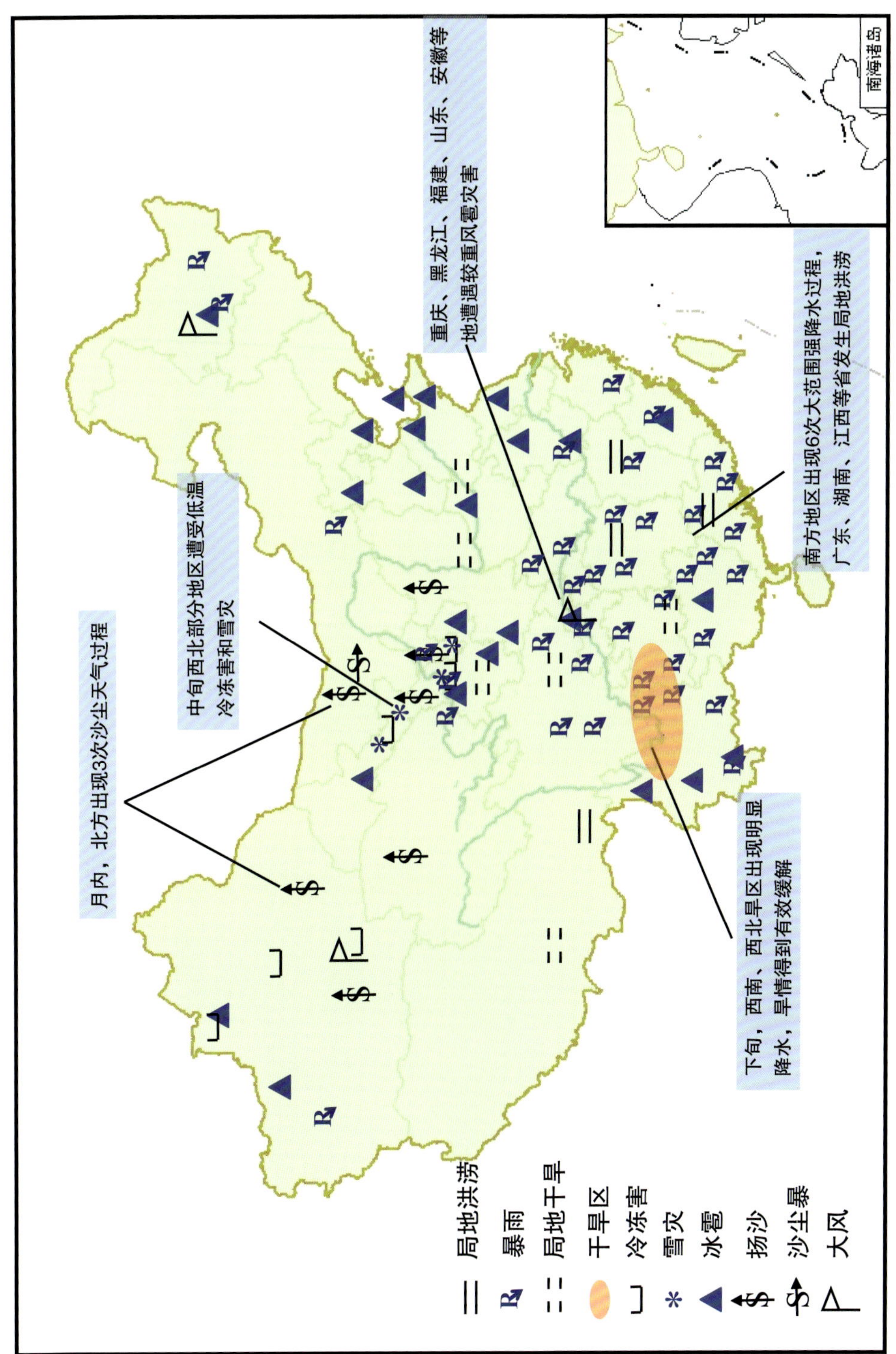

附图 2.6　2010 年5月全国主要气象灾害分布示意图

Fig.A 2.6　Sketch of the major meteorological disasters over China in May 2010

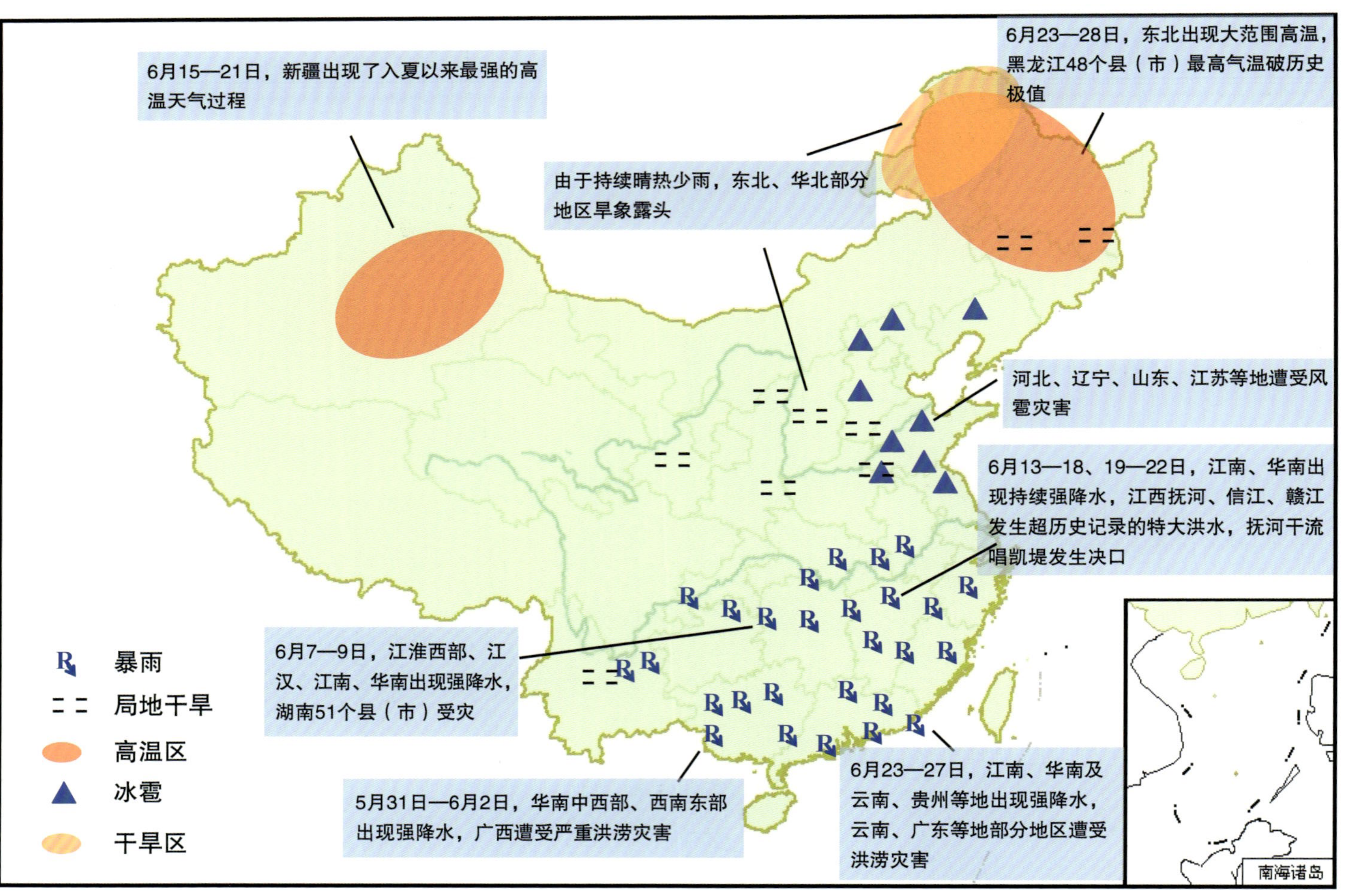

附图 2.7　2010 年6月全国主要气象灾害分布示意图

Fig.A 2.7　Sketch of the major meteorological disasters over China in June 2010

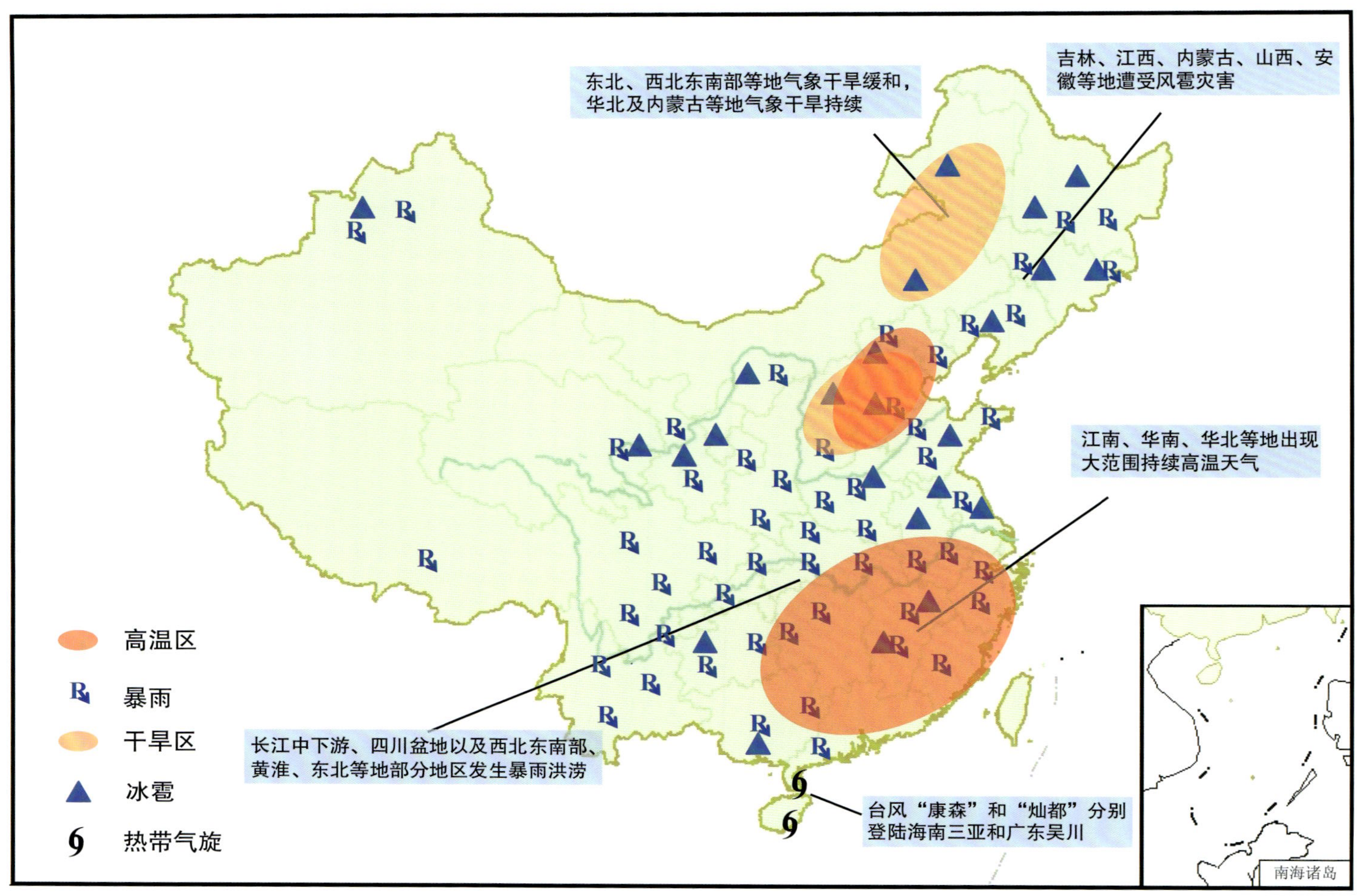

附图 2.8　2010 年7月全国主要气象灾害分布示意图

Fig.A 2.8　Sketch of the major meteorological disasters over China in July 2010

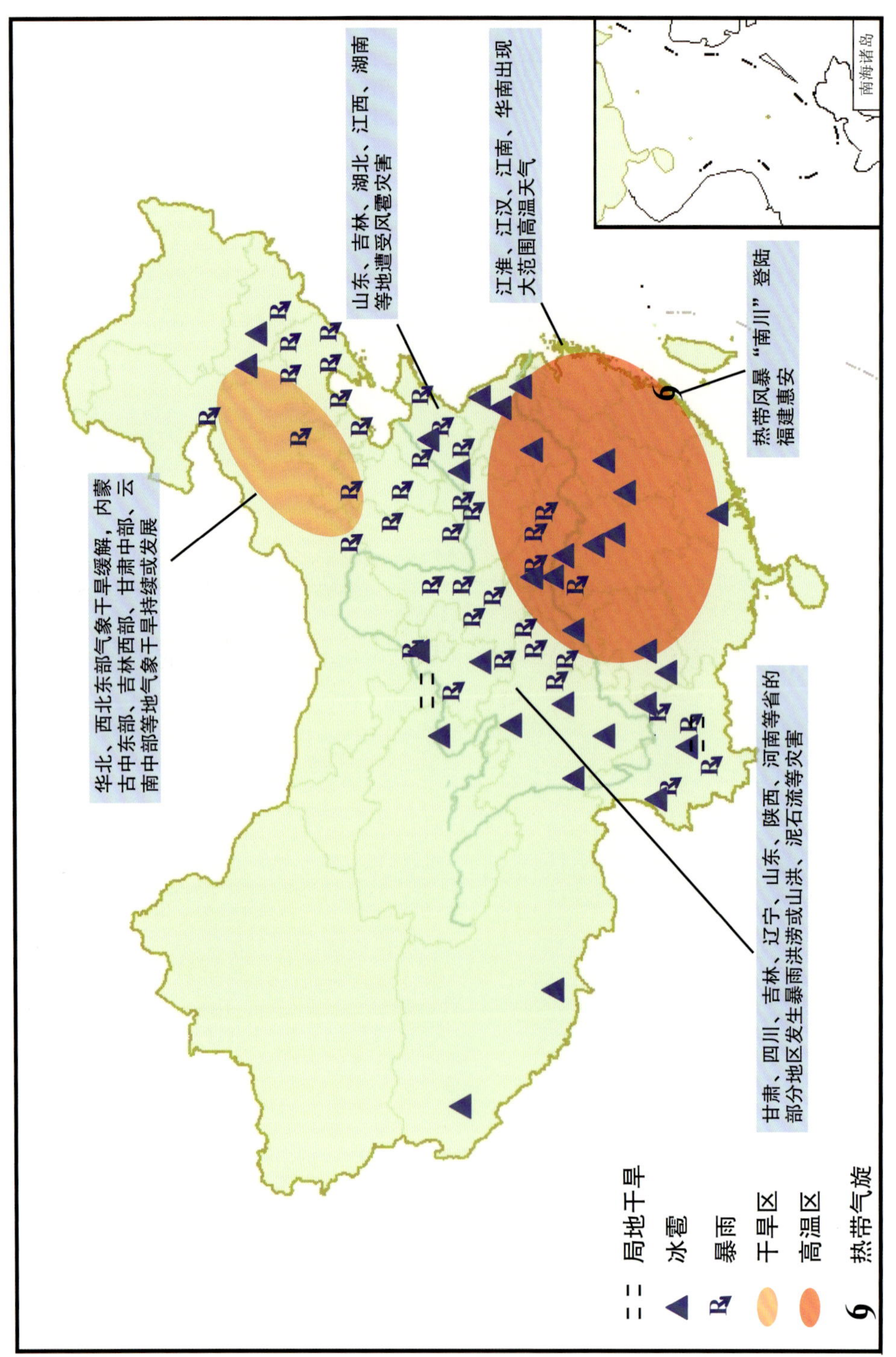

附图 2.9　2010 年8月全国主要气象灾害分布示意图

Fig.A 2.9　Sketch of the major meteorological disasters over China in August 2010

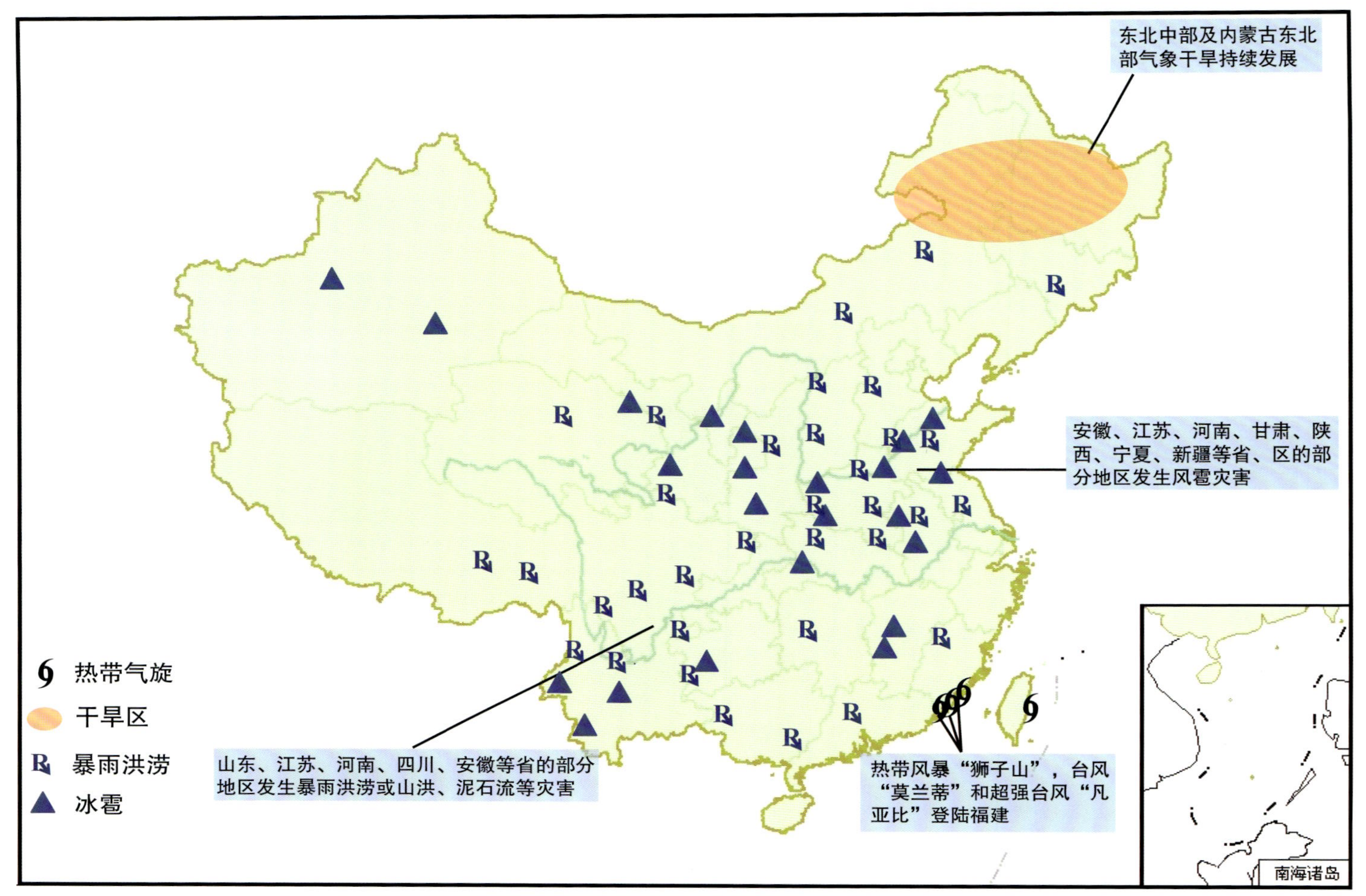

附图 2.10　2010 年9月全国主要气象灾害分布示意图

Fig.A 2.10　Sketch of the major meteorological disasters over China in September 2010

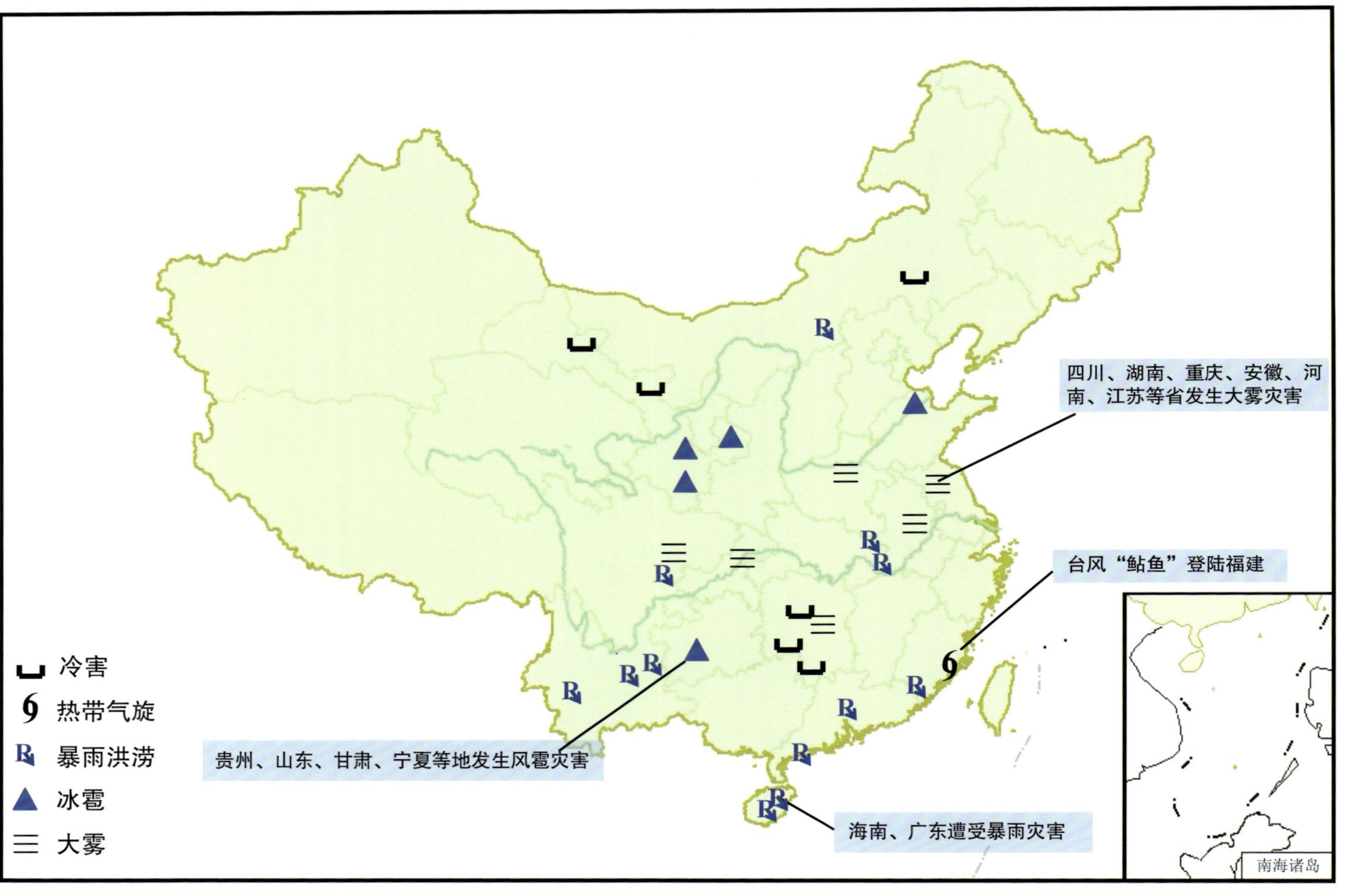

附图 2.11　2010 年10月全国主要气象灾害分布示意图

Fig.A 2.11　Sketch of the major meteorological disasters over China in October 2010

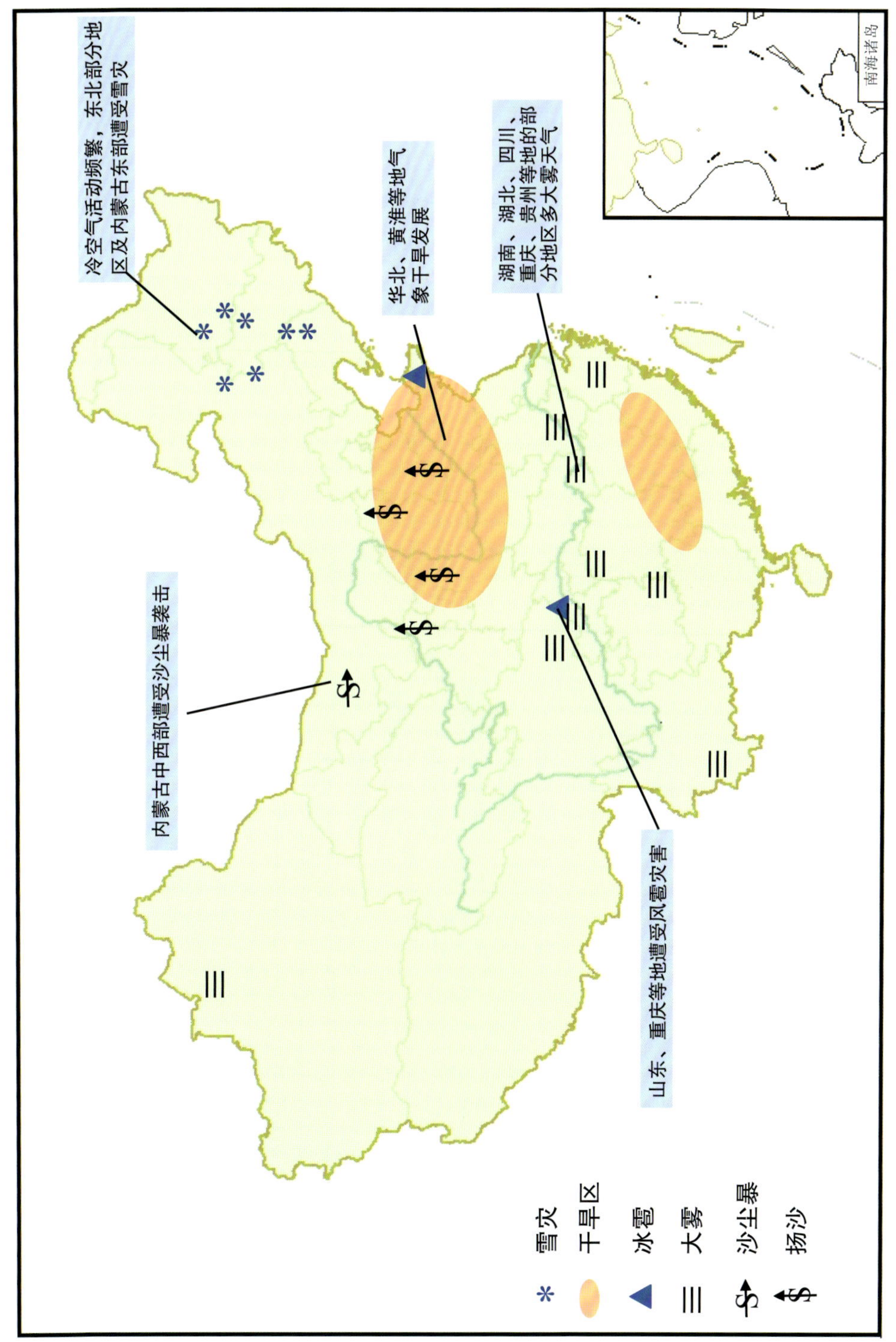

附图 2.12　2010 年11月全国主要气象灾害分布示意图

Fig.A 2.12　Sketch of the major meteorological disasters over China in November 2010

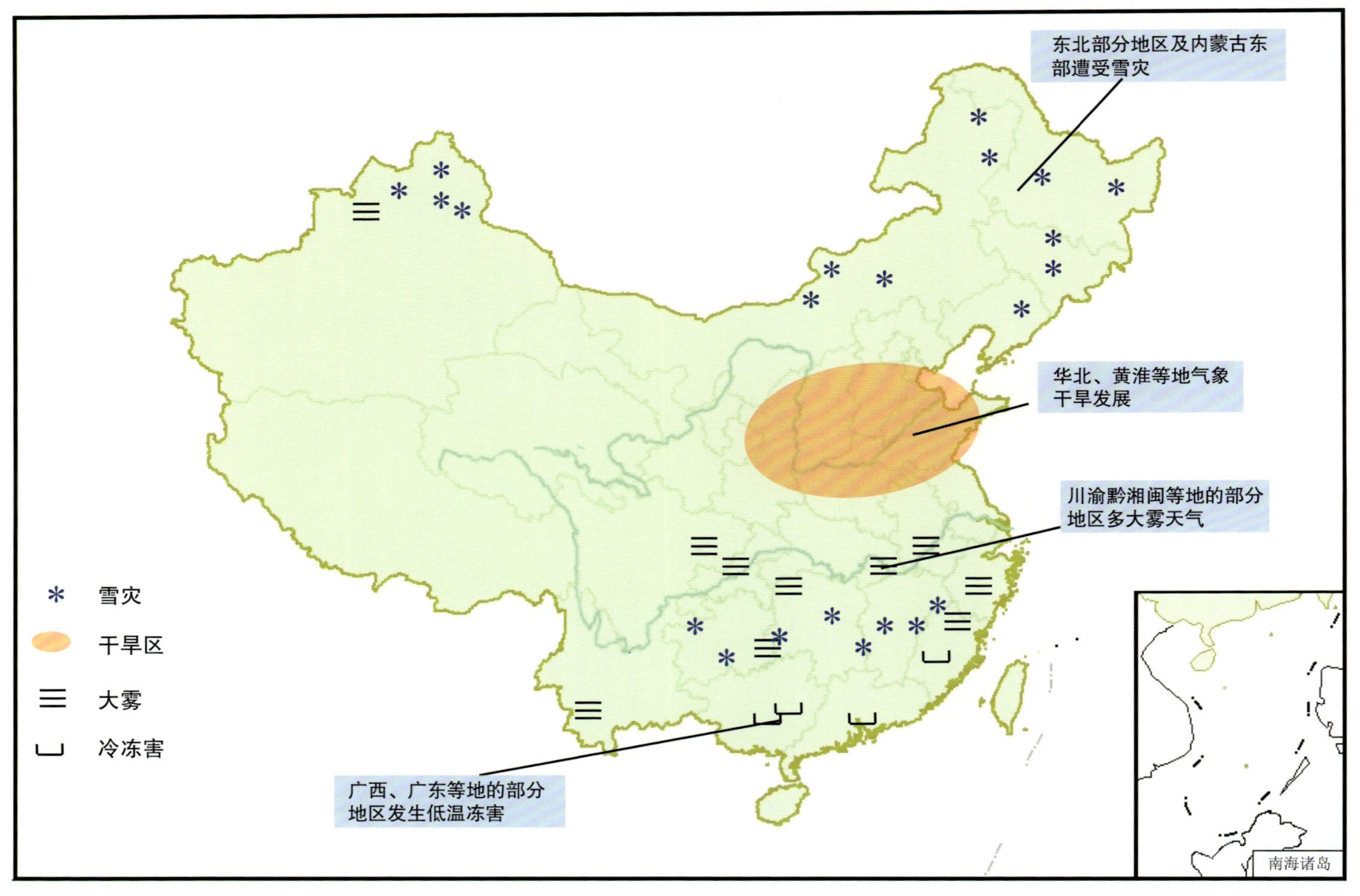

附图 2.13　2010 年12月全国主要气象灾害分布示意图

Fig.A 2.13　Sketch of the major meteorological disasters over China in December 2010

附录 3 气温特征分布图

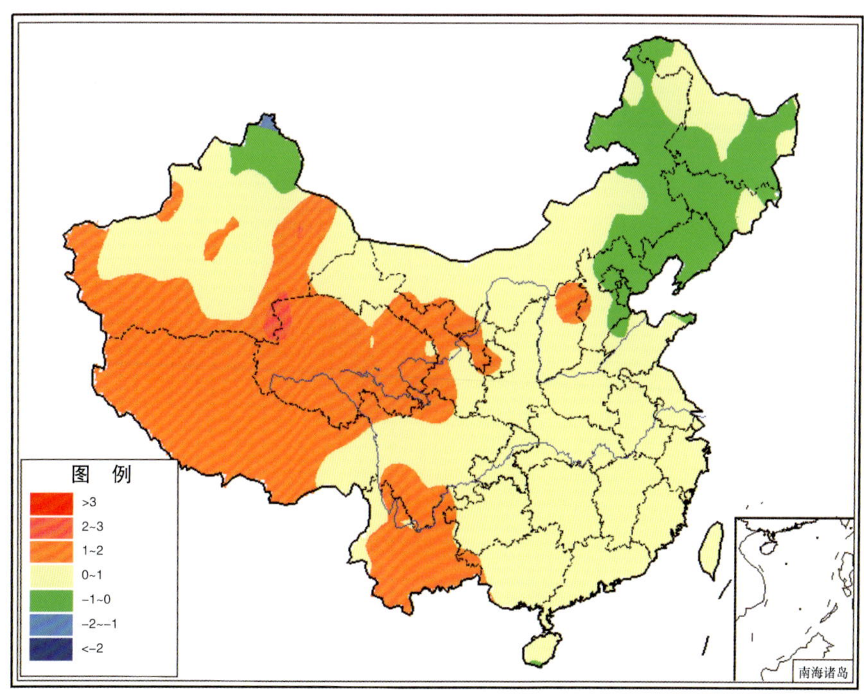

附图 3.1 2010 年全国年平均气温距平分布图（℃）
Fig. A 3.1 Distribution of annual mean temperature anomalies over China in 2010（℃）

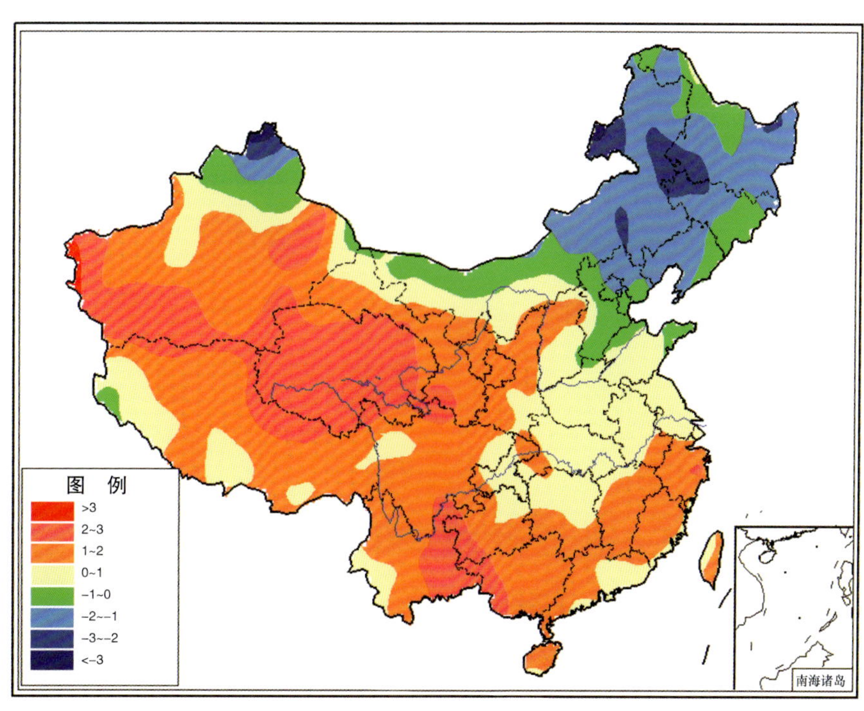

附图 3.2 2010 年全国冬季平均气温距平分布图（℃）
Fig. A 3.2 Distribution of winter mean temperature anomalies over China in 2010（℃）

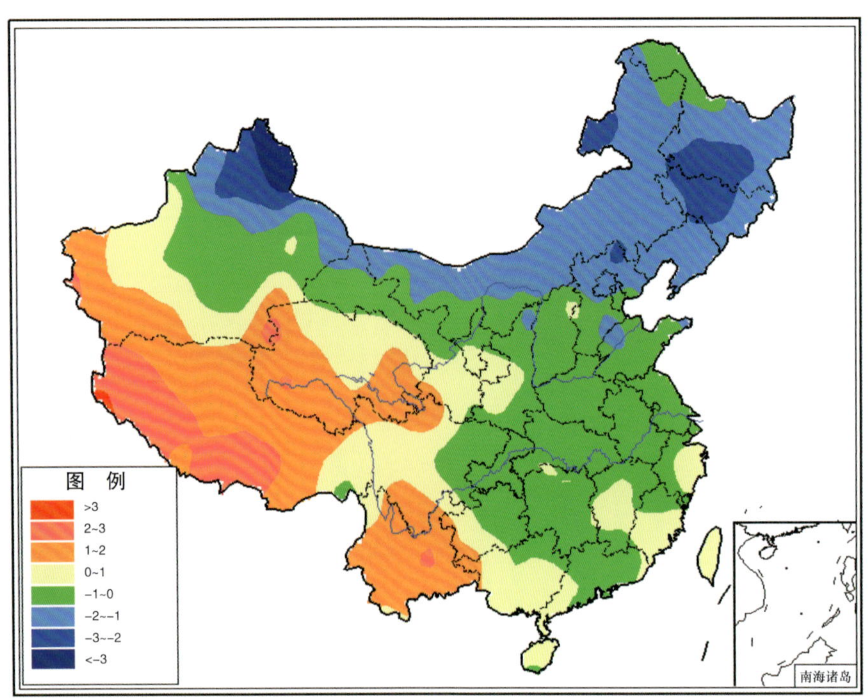

附图 3.3　2010 年全国春季平均气温距平分布图（℃）

Fig. A 3.3　Distribution of spring mean temperature anomalies over China in 2010（℃）

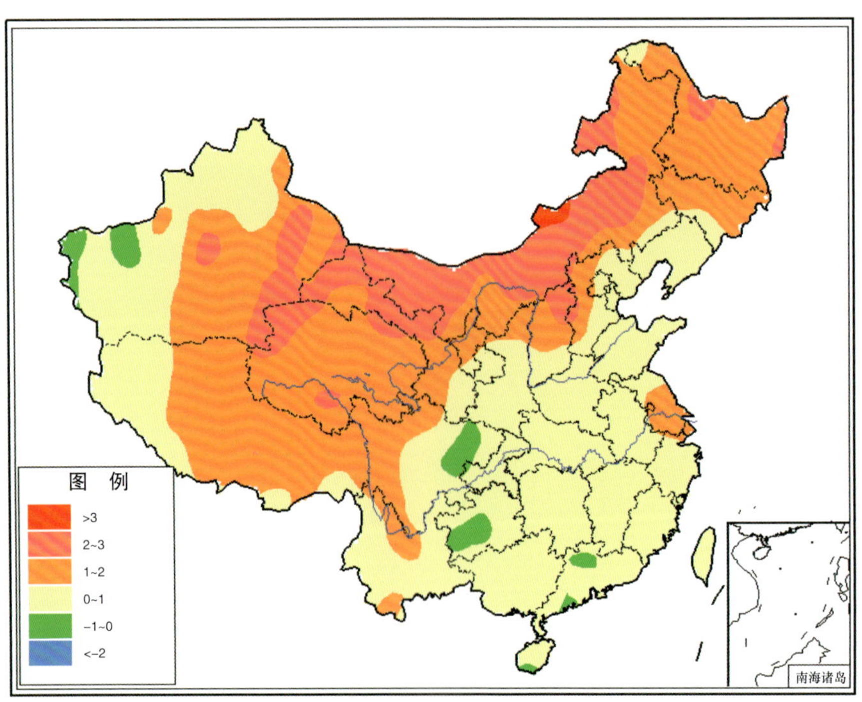

附图 3.4　2010 年全国夏季平均气温距平分布图（℃）

Fig. A 3.4　Distribution of summer mean temperature anomalies over China in 2010（℃）

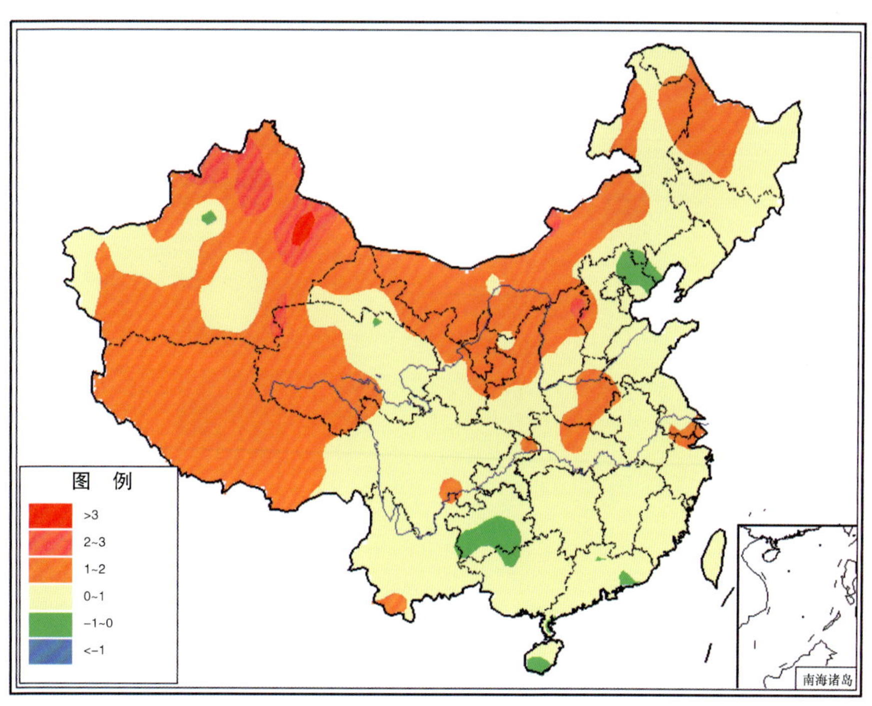

附图 3.5　2010 年全国秋季平均气温距平分布图（℃）

Fig. A 3.5　Distribution of autumn mean temperature anomalies over China in 2010（℃）

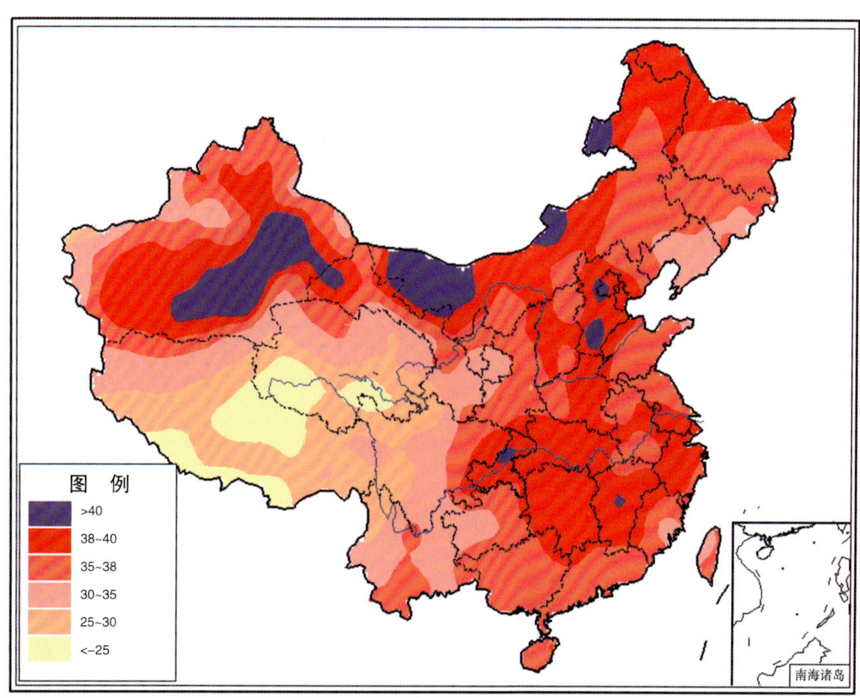

附图 3.6　2010 年全国年极端最高气温分布图（℃）

Fig. A 3.6　Distribution of annul extreme maximum temperature over China in 2010（℃）

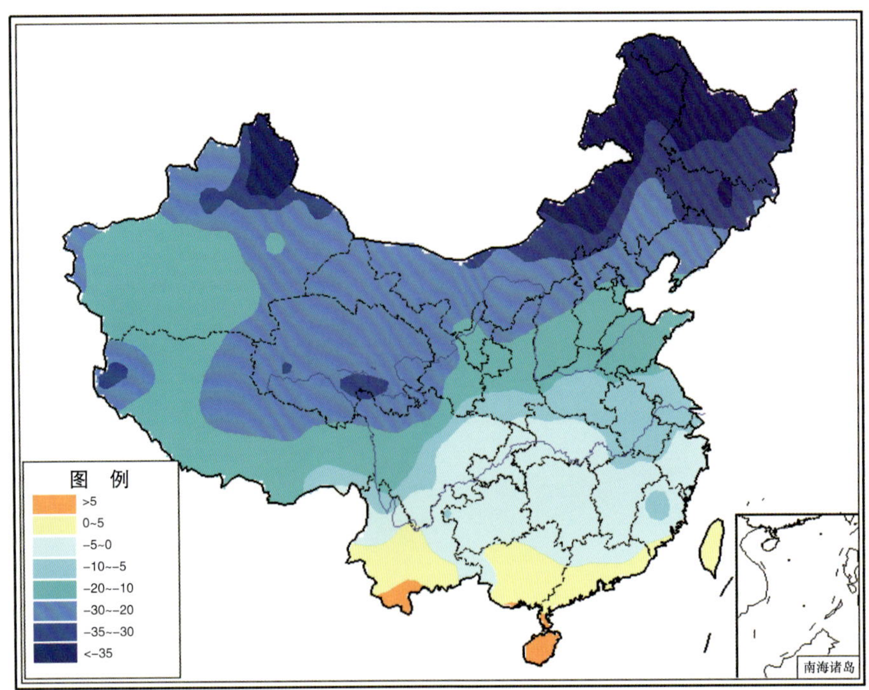

附图 3.7　2010 年全国年极端最低气温分布图（℃）

Fig. A 3.7　Distribution of annul extreme minimum temperature over China in 2010 (℃)

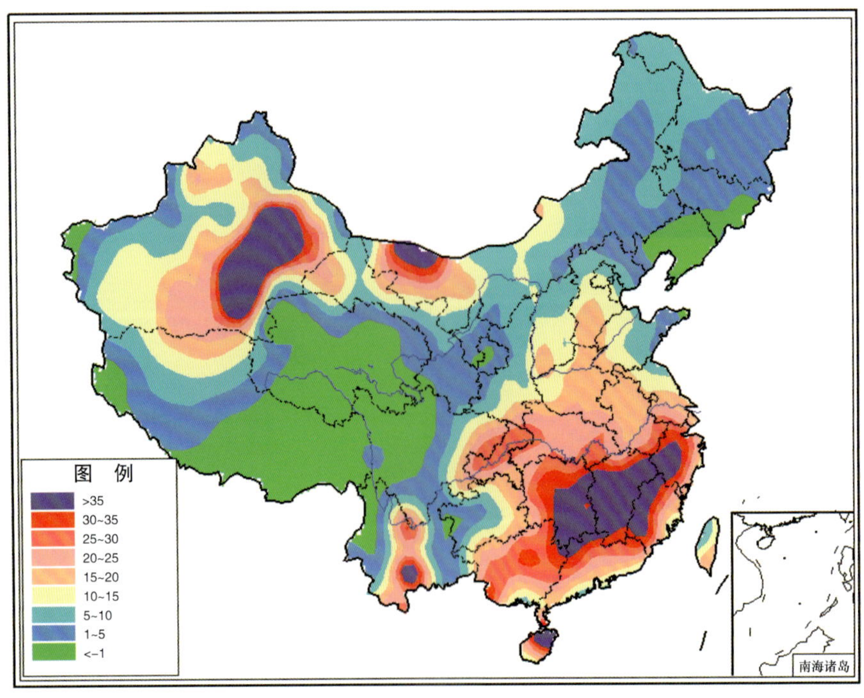

附图 3.8　2010 年全国高温（日最高气温≥35℃）日数分布图（天）

Fig. A 3.8　Distribution of the number of days with daily maximum temperature ≥35℃ over China in 2010 (d)

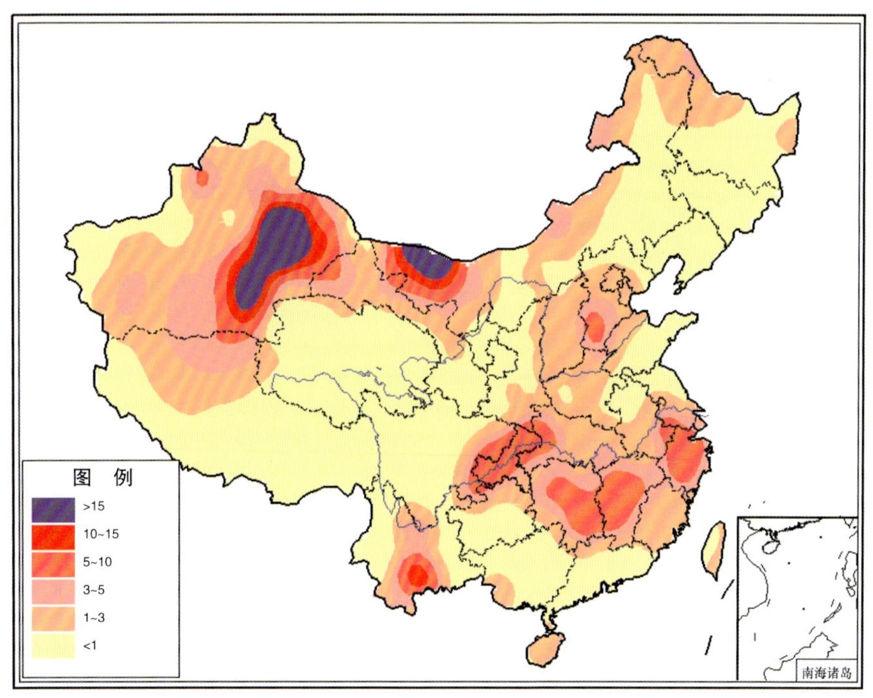

附图 3.9　2010 年全国高温（日最高气温≥38℃）日数分布图（天）

Fig. A 3.9　Distribution of the number of days with daily maximum temperature ≥38℃ over China in 2010 (d)

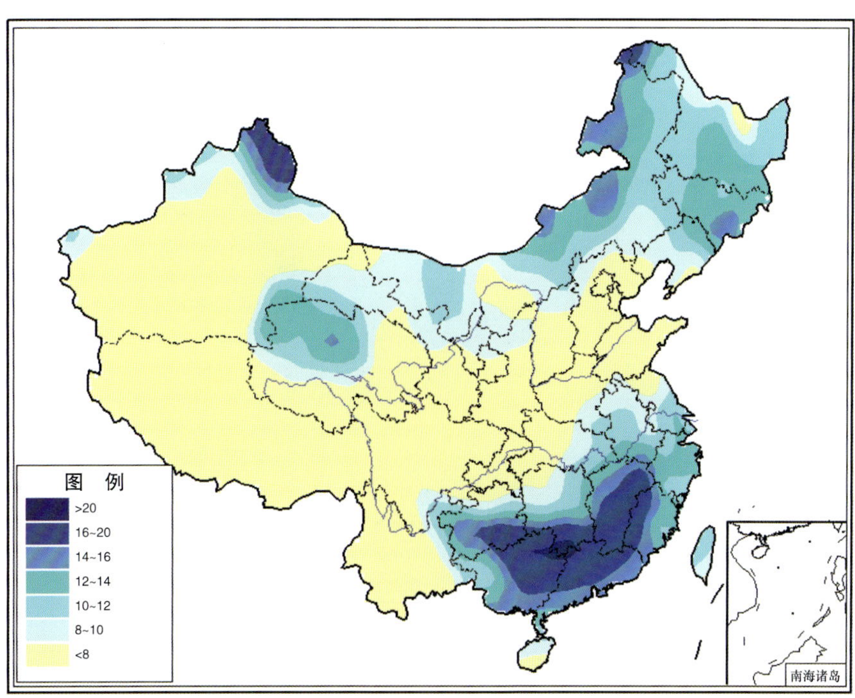

附图 3.10　2010 年全国最大过程降温幅度分布图（℃）

Fig. A 3.10　Distribution of the maximum amplitude of temperature dropping in China in 2010 (℃)

附录 4 降水特征分布图

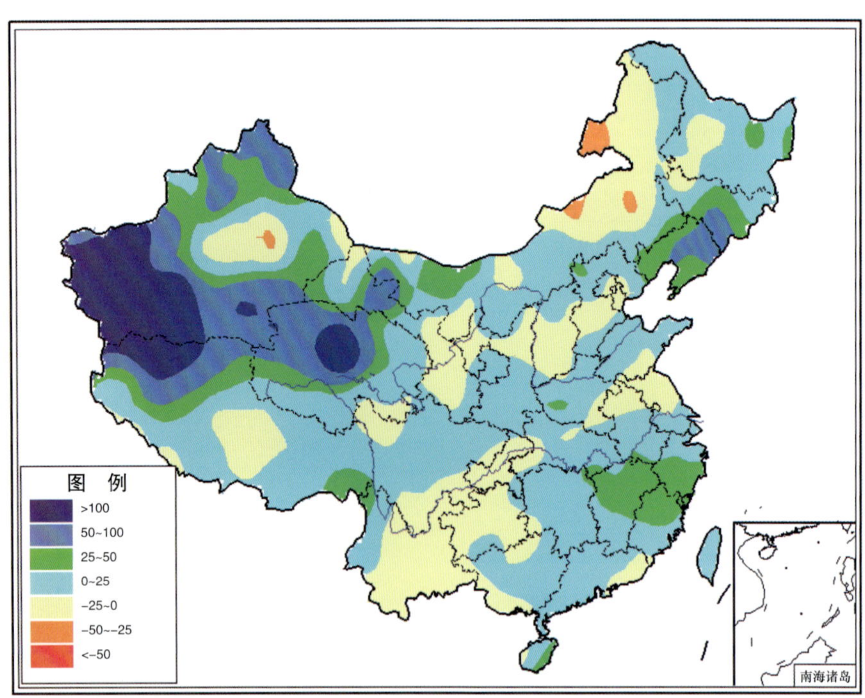

附图 4.1 2010 年全国年降水量距平百分率分布图（%）

Fig. A 4.1 Distribution of annual precipitation anomalies over China in 2010 (%)

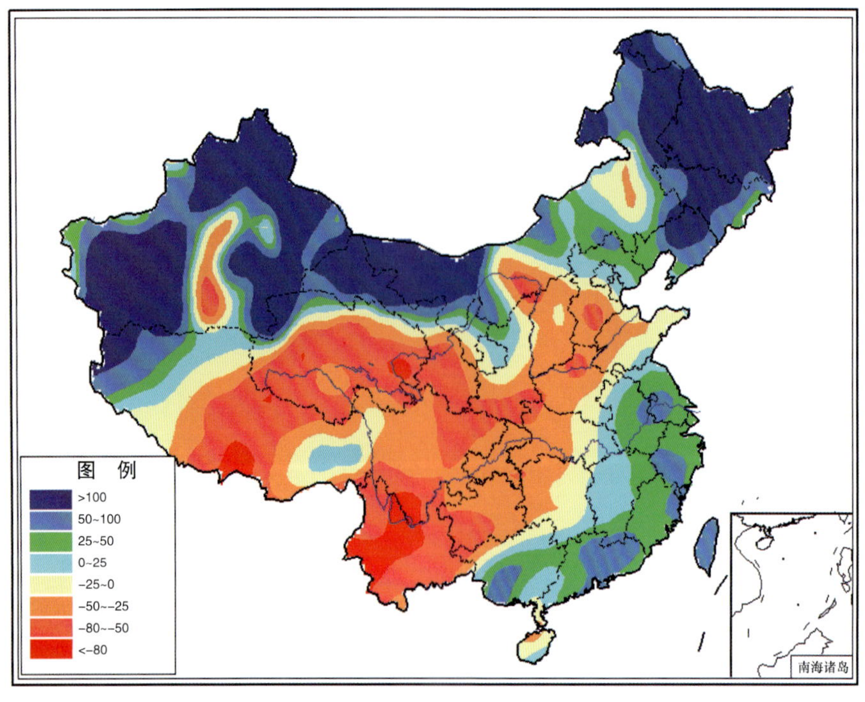

附图 4.2 2010 年全国冬季降水量距平百分率分布图（%）

Fig. A 4. 2 Distribution of winter precipitation anomalies over China in 2010 (%)

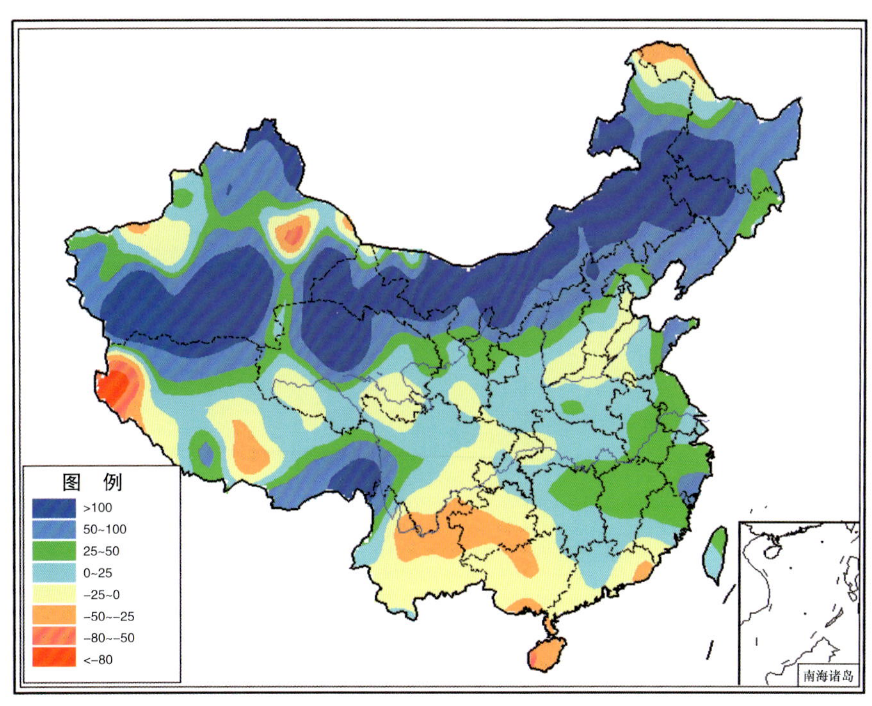

附图 4.3　2010 年全国春季降水量距平百分率分布图（%）

Fig. A 4.3　Distribution of spring precipitation anomalies over China in 2010（%）

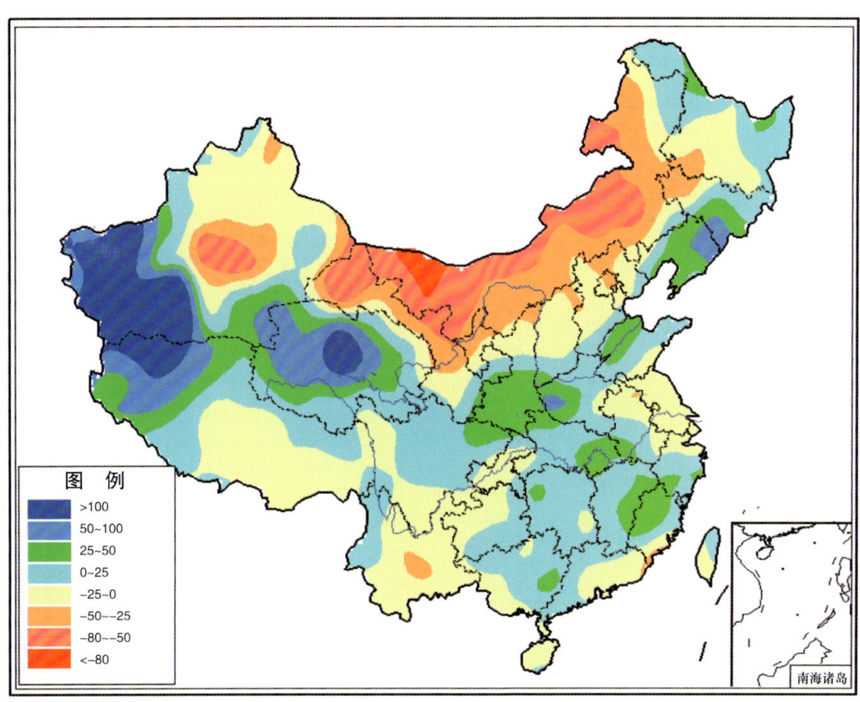

附图 4.4　2010 年全国夏季降水量距平百分率分布图（%）

Fig. A 4.4　Distribution of summer precipitation anomalies over China in 2010（%）

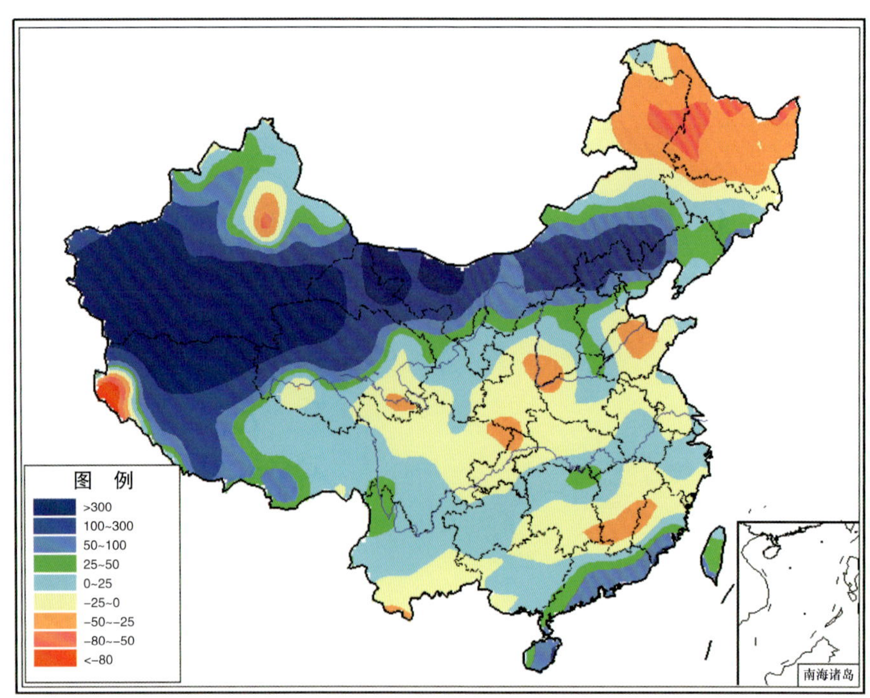

附图 4.5　2010 年全国秋季降水量距平百分率分布图（%）

Fig. A 4.5　Distribution of autumn precipitation anomalies over China in 2010（%）

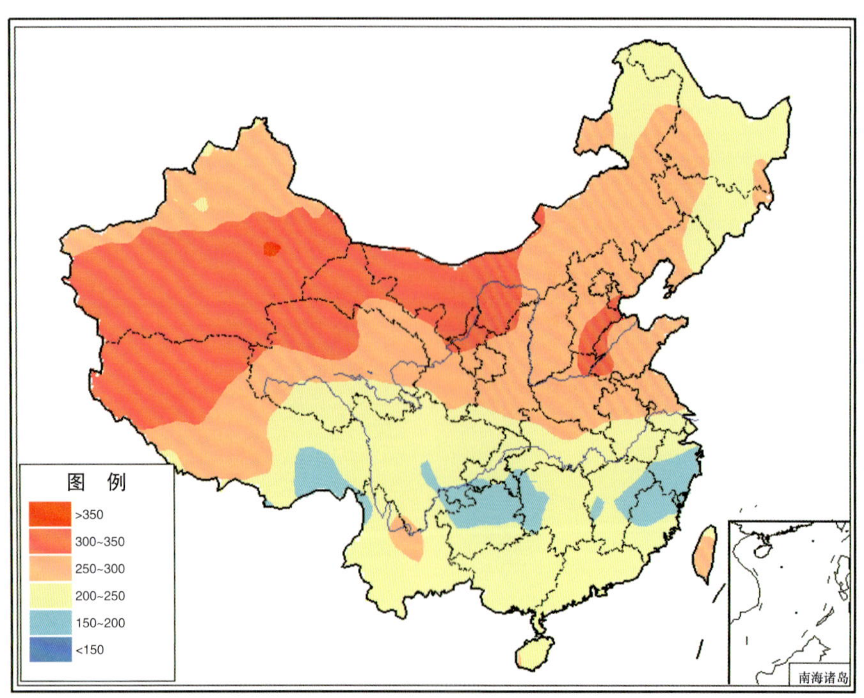

附图 4.6　2010 年全国无降水日数分布图（天）

Fig. A 4.6　Distribution of the number of days non-precipitation over China in 2010 (d)

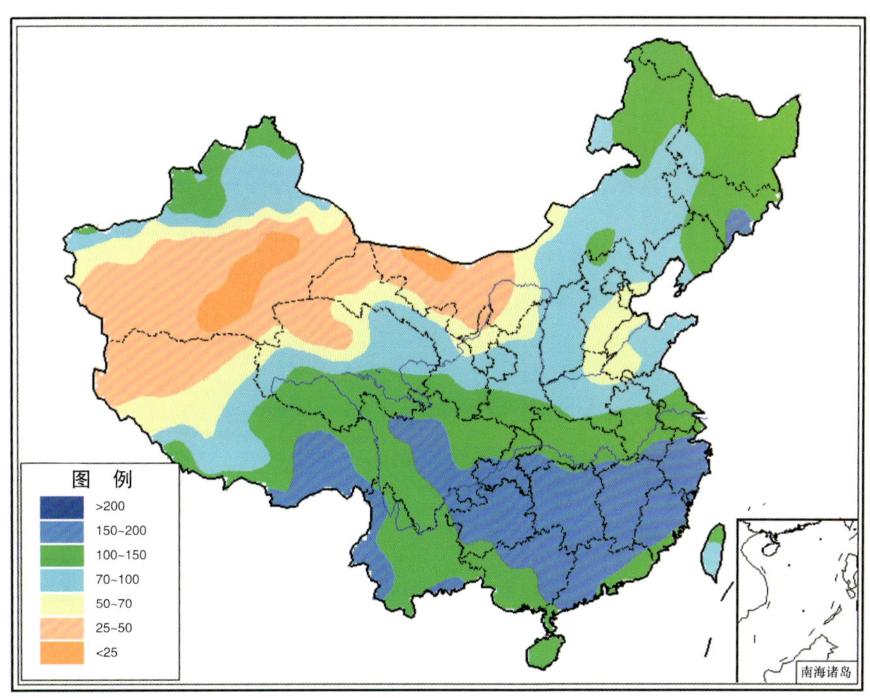

附图 4.7　2010 年全国降水（日降水量≥0.1 毫米）日数分布图（天）

Fig. A 4.7　Distribution of the number of days with daily precipitation≥0.1mm over China in 2010 (d)

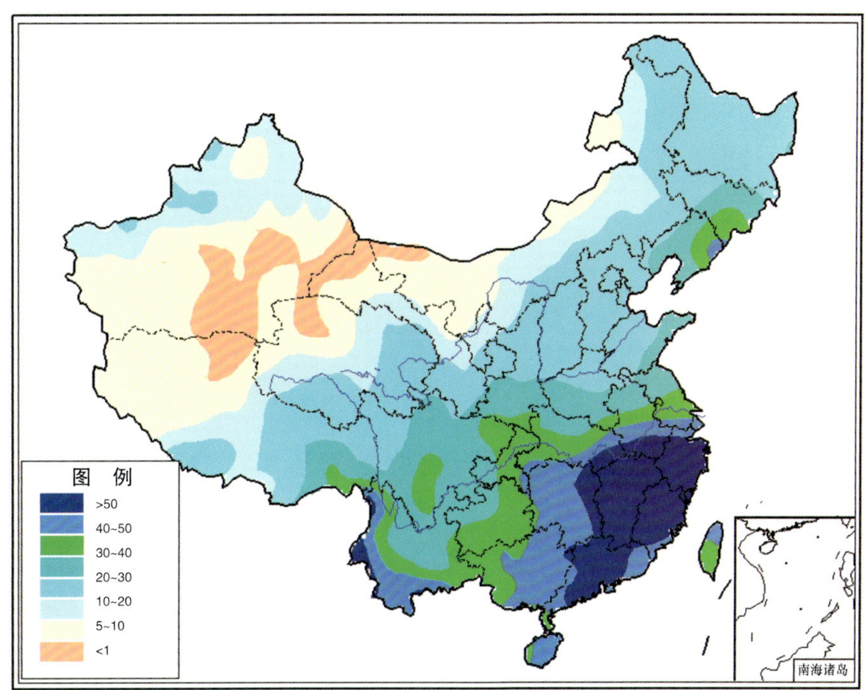

附图 4.8　2010 年全国中雨以上（日降水量≥10.0 毫米）日数分布图（天）

Fig. A 4.8　Distribution of the number of days with daily precipitation≥10.0mm over China in 2010 (d)

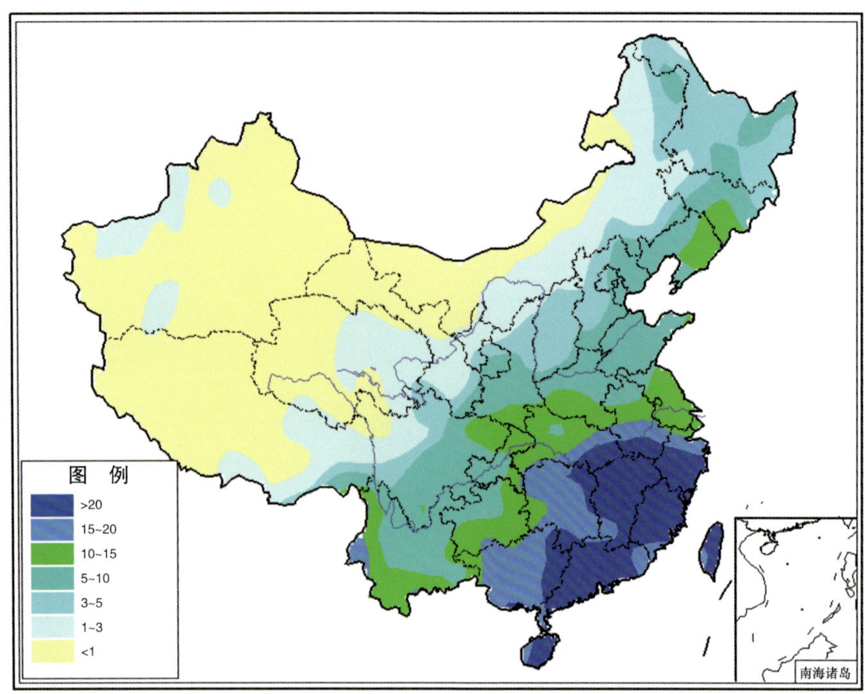

附图 4.9　2010 年全国大雨以上（日降水量≥25.0 毫米）日数分布图（天）

Fig. A 4.9　Distribution of the number of days with daily precipitation≥25.0mm over China in 2010 (d)

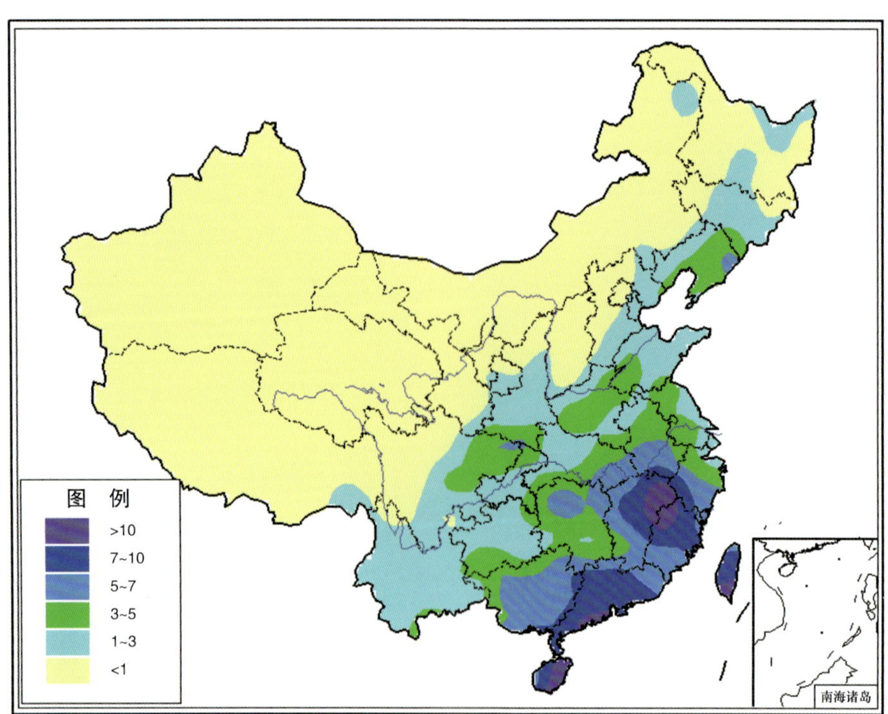

附图 4.10　2010 年全国暴雨以上（日降水量≥50.0 毫米）日数分布图（天）

Fig. A 4.10　Distribution of the number of days with daily precipitation≥50.0mm over China in 2010 (d)

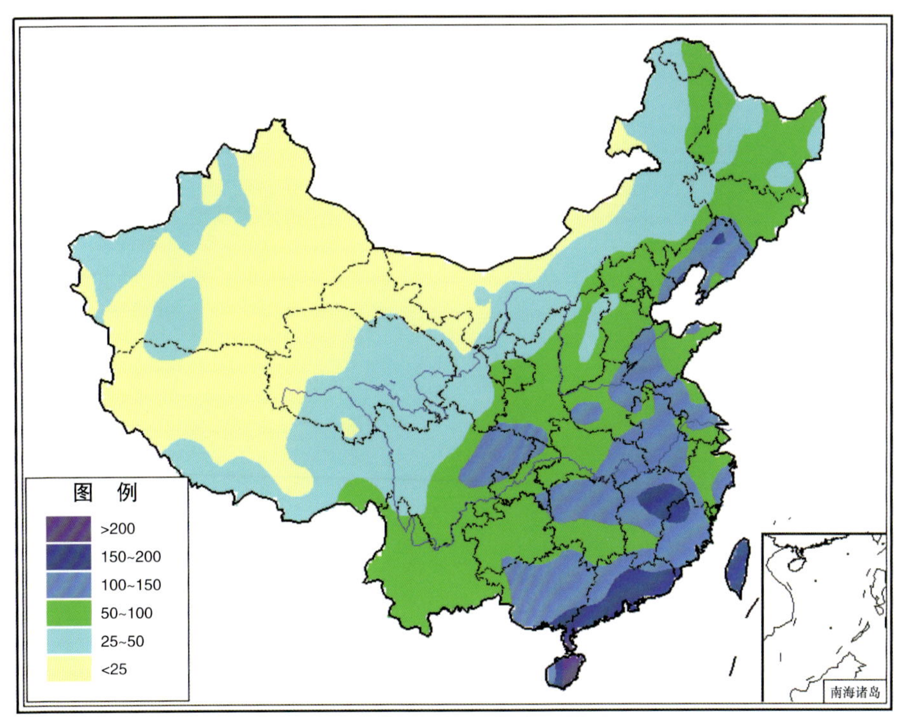

附图 4.11　2010 年全国日最大降水量分布图（毫米）

Fig. A 4.11　Distribution of maximum daily precipitation amount over China in 2010 (mm)

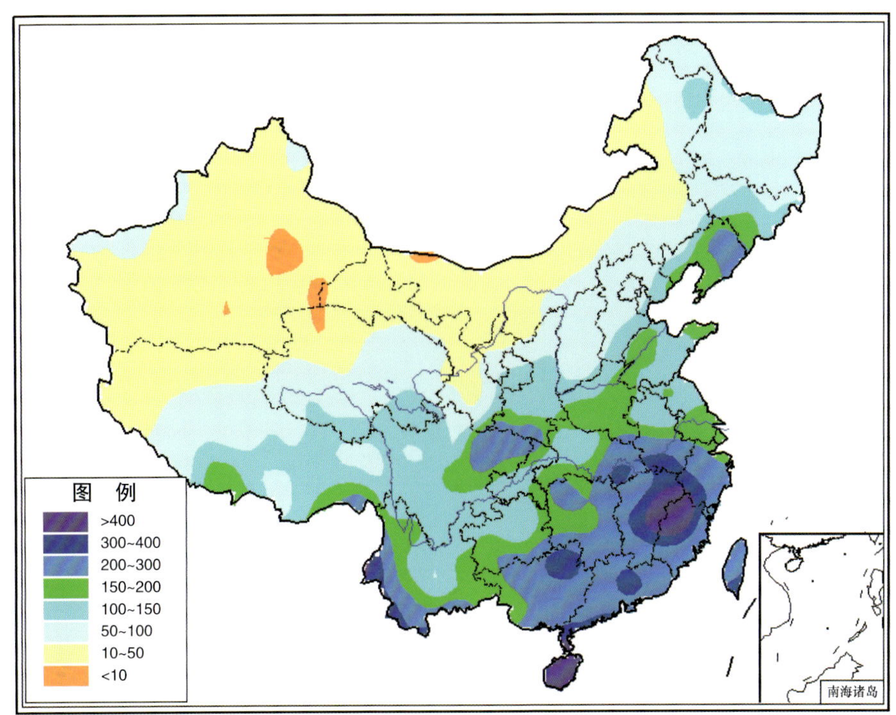

附图 4.12　2010 年全国最大连续降水量分布图（毫米）

Fig. A 4.12　Distribution of maximum consecutive precipitation amount over China in 2010 (mm)

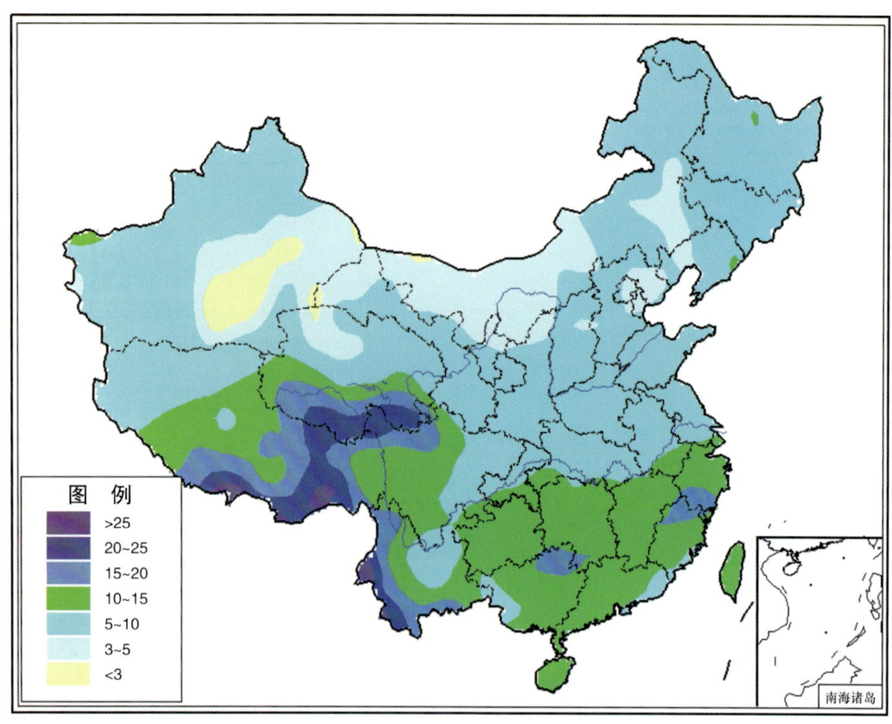

附图 4.13 2010 年全国最长连续降水日数分布图（天）

Fig. A 4.13 Distribution of days for the longest consecutive precipitation over China in 2010 (d)

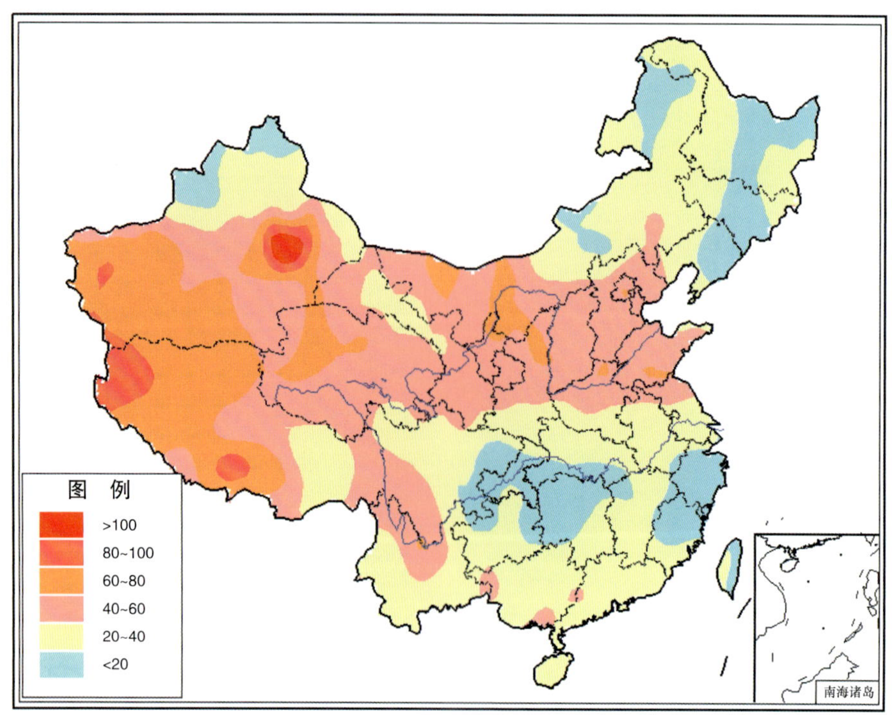

附图 4.14 2010 年全国最长连续无降水日数分布图（天）

Fig. A 4.14 Distribution of days for the longest consecutive non-precipitation over China in 2010 (d)

附录 5　天气现象特征分布图

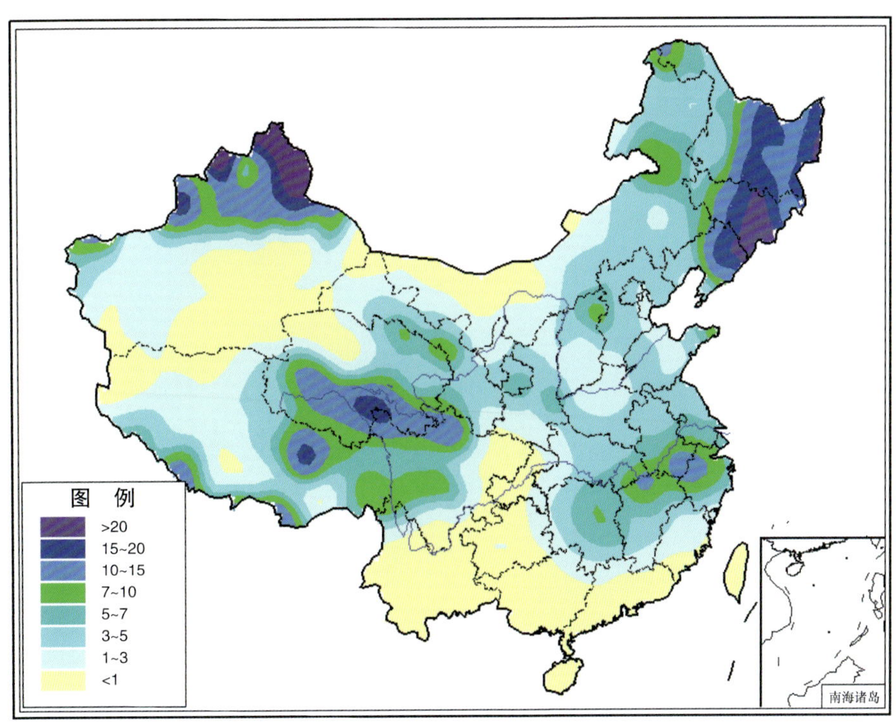

附图 5.1　2010 年全国降雪日数分布图（天）

Fig. A 5.1　Distribution of the number of snow days over China in 2010 (d)

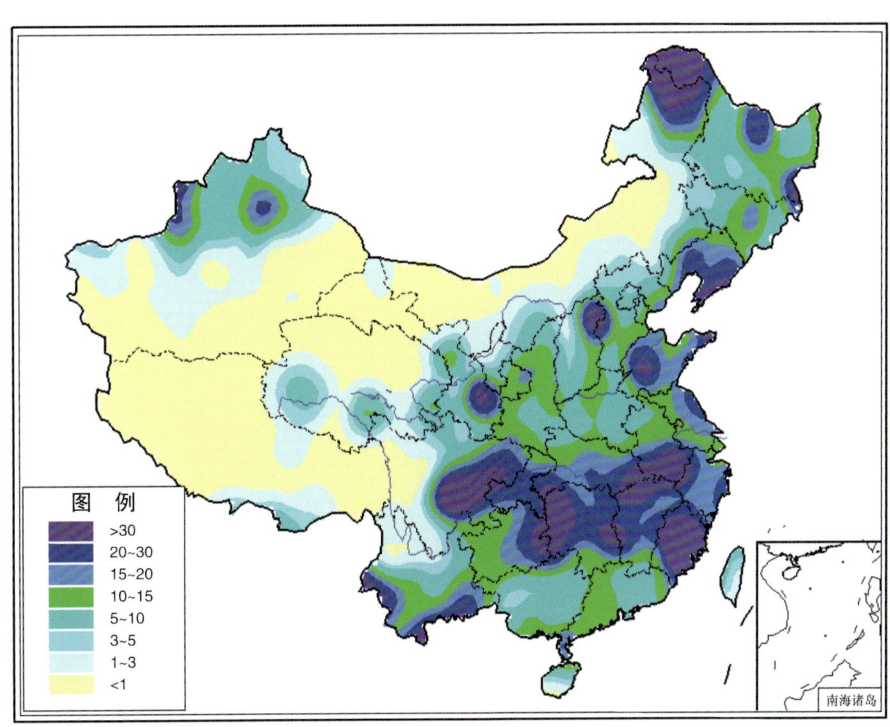

附图 5.2　2010 年全国雾日数分布图（天）

Fig. A 5.2　Distribution of the number of fog days over China in 2010 (d)

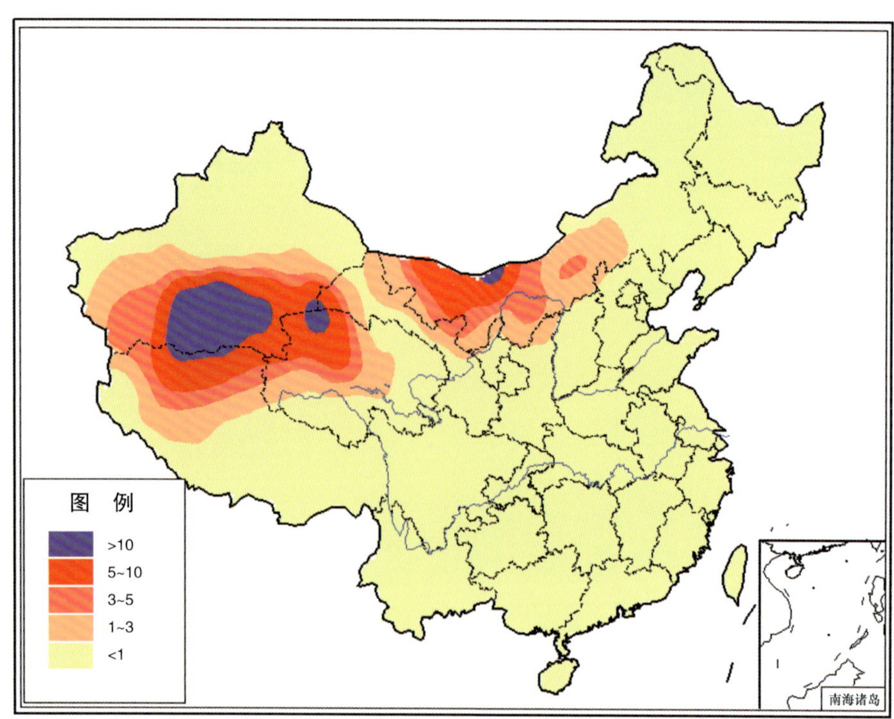

附图 5.3 2010 年全国沙尘暴日数分布图（天）

Fig. A 5.3 Distribution of the number of sand and dust storm days over China in 2010 (d)

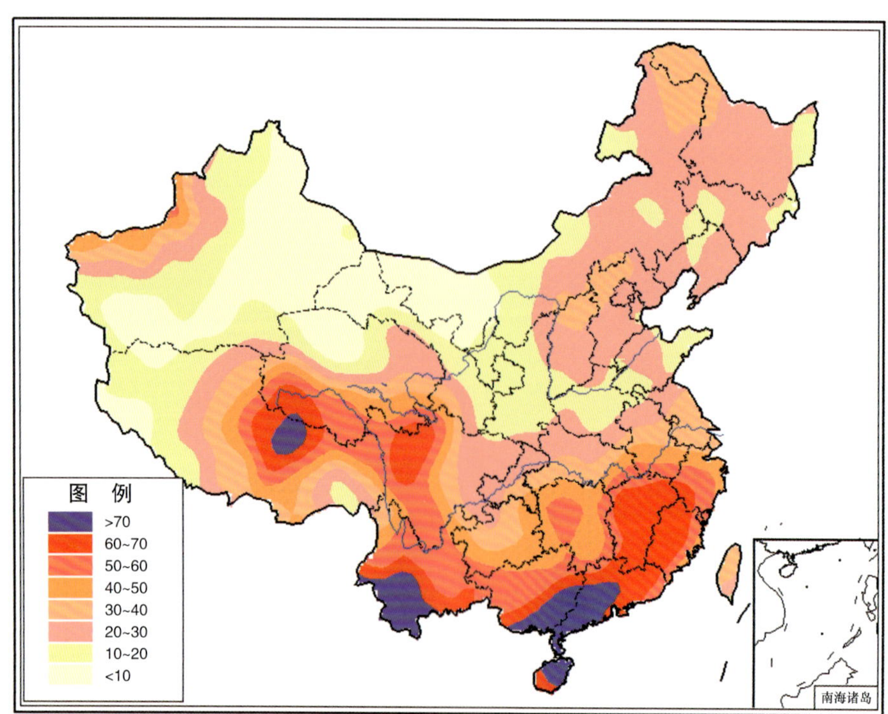

附图 5.4 2010 年全国雷暴日数分布图（天）

Fig. A 5.4 Distribution of the number of thunderstorm days over China in 2010 (d)

附录 6　2010 年香港、澳门、台湾部分气象灾情选编

香港

• 3 月 21 日起，香港地区遭受沙尘天气袭击。22 日，空气污染指数升至有纪录以来的最高位，普遍达“严重”水平。受沙尘影响，香港空气质量明显转差，悬浮的沙尘将楼宇和天空“漂黄”，窗台外亦可见落满细尘。

• 7 月上旬，香港出现高温天气过程。7 月 5 日下午，香港天文台最高气温 33℃，新界北部在 35℃或以上，上水达 36.5℃。连日高温促使冷气机、风扇等销量攀升，并造成 2 人中暑死亡。

• 受台风“灿都”的外围雨带影响，7 月 22 日香港出现大到暴雨和雷暴天气，尖沙咀、大埔、沙田及北角降雨量超过 150 毫米，小西湾附近出现水龙卷。全港共录得至少 42 宗水浸报告。新界区水浸报告达 21 宗，1 老翁被洪水淹死；大埔碗窰村发生 30 多年来最严重水浸，全村几近淹没，1 名男子被水冲走失踪。受暴雨影响，香港部分地方发生山泥倾泻，车辆被山泥覆盖；多条道路及隧道因水浸封闭；部分渡轮服务暂停；部分航班因大雨延误。原定 7 月 23 日揭幕的“香港龙舟嘉年华”活动中的国际龙舟邀请赛，赛事也由三天缩短为两天。

• 7 月 27—28 日，香港出现暴雨及雷暴天气。27 日上午，后海湾附近出现水龙卷。28 日下午，市区降雨量超过 100 毫米，大屿山及新界东等地降雨量超过 150 毫米。西贡、大埔及元朗等地发生 8 宗水浸及山泥倾泻事件，香港机场截至 28 日 19 时共有 76 班抵港航班和 98 班离港航班延误。

• 9 月 8 日白天，香港出现高温，至少有 9 人中暑送医院救治。8 日夜间出现雷暴和闪电，其中 9 日 0 时起的 1 小时内，共发生 1.31 万次闪电，是香港天文台自 2005 年有闪电记录以来的 1 小时闪电次数的最高纪录。

• 9 月 20—21 日，受台风“凡亚比”外围雨带影响，香港出现大雨及狂风雷暴，两天降雨量达 245.8 毫米，其中九龙、西贡和港岛部分地区 3 个半小时降雨量超过 100 毫米。

• 受强冷空气影响，12 月 16 日晨香港市区出现入冬以来最低气温 8.1℃，西贡北潭涌气温仅 6℃，大帽山气温达－2℃，遍山矮树丛出现结霜奇景，甚至天文台的测温箱亦结满冰霜。由于持续寒冷，9 名在西贡郊野公园参加野外求生训练的 14～15 岁的中学生出现不适症状。

澳门

• 受台风“鲇鱼”外围云系影响，10 月 22—23 日澳门往返高雄航班取消，来往澳门至深圳机场及蛇口的渡轮、氹仔临时客运码头来往香港国际机场的渡轮服务一度停航。

台湾

• 2009 年 12 月 18—21 日，寒流笼罩台湾，高山气温屡创新低。20 日深夜到 21 日清晨，玉山、合欢山的最低温分别降到－8.3℃及－4.3℃。台湾部分医院就诊病患激增 3～4 成，尤其急诊就医的心脏病患增多。据新闻报道，大台北地区自 20 日凌晨到晚 8 时许，共 14 人疑因天冷发病猝死。

• 1 月 7—8 日，台湾高山地区普降大雪。7 日深夜到 8 日清晨，合欢山出现入冬以来最大降雪，松雪楼一带积雪最厚达 50～60 厘米，昆阳以上积雪约 20 厘米；玉山积雪深约 27 厘米，气温在－3℃左右，能见度仅约 100 米。8 日，一支登山队在玉山攀登时向导因大雪坠入山谷身亡。

• 1 月 13 日，台湾出现低温天气。13 日凌晨，玉山最低气温下降到－12.5℃，合欢山达－8.1℃，均创下入冬以来气温新低。彰化沿海伸港乡约有 4～5 成、30 万尾的虱目鱼因低温被冻

死，损失惨重。

• 2月1日上午，台湾桃园国际机场出现大雾，16班飞往东南亚的出境航班延误。

• 2月初，台湾台南、苗栗、新竹、屏东等地芒果遭受低温冻害，累计经济损失超过5.4亿元新台币，其中以台南灾损最为严重，损失超过5.1亿元新台币。

• 春节期间，台湾遭遇低温雨雪天气。2月19日，台湾北部地区最低温只有10℃，北部、东北部地区局部有大雨。合欢山降入冬以来最大的一场雪，山区积雪超过30厘米，最深达60厘米；玉山积雪达24厘米。据报道：2月17日至19日晨，全台湾有44人因天冷引发心血管疾病而猝死，其中台北市就有15人不治身亡。

• 2月23—24日，台湾出现浓雾。24日上午，金门尚义机场和"小三通"因能见度不佳而关闭；桃园国际机场32班出境航班延迟起飞，13架次回台班机无法降落，数千旅客行程受到影响。

• 3月21—22日，台湾遭受沙尘天气影响。21日，全台76个空气质量监测站中，有25个站的每立方米悬浮微粒浓度超过1000微克，打破历史纪录。22日，高雄市包括楠梓、小港等地空气质量监测站测得的悬浮微粒浓度是平日的10倍。台湾很多医院急诊室因呼吸道、耳鼻喉和眼睛不适就诊的患者较平时激增3成。澎湖地区能见度降低到只有1.5千米，马公航空站班机起降受到影响，马公与七美岛之间的航班被迫取消。马祖机场班机全天不能正常起降。

• 3月26日，台北气温骤降。从26日凌晨零时到上午9时许，共8人疑似天冷引发心血管疾病，送医不治身亡。

• 4月初，台湾南部发生严重干旱，曾文水库蓄水量只剩8000万吨，乌山头水库剩5000多万吨，南化水库剩2900多万吨，蓄水量只有往年的6成。

• 4月21—23日，金门一连3天出现浓雾，造成约2000名旅客被迫滞留。

• 5月23—24日，台湾中南部遭受暴雨袭击，其中23日12时至24日12时高雄县桃源乡降雨274.5毫米，嘉义县阿里山乡263.5毫米。此次降雨造成多县发生路树倒断、道路塌方、人员受困等灾情。暴雨造成全台25所学校停课；屏东县因灾失踪1人。

• 5月28—30日，台湾中南部连续3天遭受暴雨袭击。5月28日至30日晚上7时的累积雨量，高雄县桃源乡御油山达476毫米，屏东县三地门乡尾寮山360毫米，高雄县桃源乡溪南348毫米，屏东县玛家乡326毫米，高雄县六龟乡新发321.5毫米。据报道，暴雨造成南投、嘉义、高雄、屏东、台东等5县共计27处道路中断。

• 7月上旬，台湾出现高温天气。7月1日全台最高气温为34.0℃；3日台北最高气温达38.6℃，追平台湾气象史上7月最高气温纪录。由于天气炎热，全台用电量不断走高。同时，4—7日台北、台东、新竹、台中等地有5人疑似高温中暑死亡，1—6日高雄市发生5起劳工高温猝死事件。

• 7月26—27日，台湾南部地区遭受大雨、暴雨袭击。其中，台南县新营与柳营7月27日凌晨至下午3时半降雨量累积达453.5毫米，屏东县山区玛家乡26日凌晨到27日上午9时降雨量累积达310毫米。台南市部分地区出现积水和民宅进水；屏东县雾台乡伊拉便桥、大武便桥被水冲毁。高雄县山区台20线南横、台21线及台27线省道公路中断。

• 受"南川"及"狮子山"影响，台湾出现暴雨与强阵风。其中，9月1日高雄地区最大风力8级，冈山镇降雨量51毫米；台东山区累计雨量超过100毫米。截至9月2日11时统计，屏东县、高雄县及台北市苦瓜、番石榴、香蕉等农作物受灾面积221公顷，农业总损失近510万元新台币。8月31日岛内有21个航班取消；9月1日有40架次航班停飞。"两马"航线8月31日起全面停航；厦金航线9月1日全线停航；高雄至澎湖间的台华轮9月1日也停驶。9月1日，南部各县市一度停班停课。此外，8月31日，台中市大坑山区一老翁在野溪意外溺毙；9月1日，花莲县 2 名男子冒险在蚬池工作，不慎意外溺水身亡。

• 受“莫兰蒂”影响，台湾东南部、南部出现暴雨。9 月 9 日，台东知本一天降雨量达 370.5 毫米。台东、高雄、屏东山区 7 个村和部落、近千民众被迫撤离家园。岛内航线共 2 班延误，17 班取消；台马轮、台华轮取消船班，东港往返小琉球也取消了 26 个航次航班。

• 受“凡亚比”台风登陆影响，台湾中南部出现强降雨，其中高高屏（高雄县、高雄市、屏东县）地区降下罕见暴雨。高雄县冈山镇 9 月 19 日一天降雨量达 872 毫米，创下该测站成立近 20 年来的最高纪录；屏东县玛家乡总降雨量达 1027 毫米，其中 19 日 12—18 时 6 小时内降雨量达 626 毫米。据台湾“经济部”评估，南部制造业损失高达 30 亿元新台币。据台湾“农委会”统计，香蕉、莲雾、木瓜、番石榴及枣子等作物受灾面积达 3.4 万公顷，其中有 8000 公顷绝收；1.5 万头猪及 98 万只鸡死亡；高雄县、屏东县鱼塭受害 720 公顷；农业损失约 34.5 亿新台币。“凡亚比”造成全台累计有 83.9 万户停电。除金门、连江外，全台各县市一度停班、停课；高雄大学不少教室、实验室泡在水里；全台各级受灾损学校总共有 438 所，灾害损失约 2.5 亿元新台币。强风暴雨对铁路、公路、航空等也造成严重影响。在这次风灾中，台湾共疏散、撤离 13 县 53 乡镇市共 10 万余人，设收容所 103 处，收容 5921 人，因灾死亡 6 人，伤 76 人。

• 9 月 23 日下午至 24 日凌晨，台湾基隆市遭受大到暴雨袭击，10 多条道路因淹水交通中断，最深处水深及腰，多位摩托车骑士摔倒受伤。另外，台北县汐止市连夜大雨，造成 4 处土石坍方。

• 9 月 30 日深夜，台湾宜兰县发生雷电灾害，头城乌石港堤防上 3 人遭受雷击，其中 2 人重伤被送医院就治。

• 10 月 16 日傍晚至 17 日清晨，台湾花莲县遭受大到暴雨袭击，多处 1 小时雨量超过 100 毫米。多条溪流水位暴涨酿祸，造成 1 人死亡，1 失踪，2 人受伤，118 人紧急撤离。

• 受台风“鲇鱼”外围环流影响，台湾出现暴雨。10 月 21 日，宜兰县苏澳雨测站降雨量达 919 毫米，突破该站日雨量历史记录（538 毫米），也打破了台湾地区 17 个“平地雨量站”的单日降雨纪录。其中 12—13 时降雨量 134.0 毫米，13—14 时降雨量达 181.5 毫米，连破该站“时雨量”历史纪录。强降雨导致宜兰县发生近数十年来最严重水灾，据报道，截至 10 月 28 日，台风“鲇鱼”共造成 11 人死亡，26 人失踪。失踪的 26 人中，包括来自广东珠海的旅游团一行 19 人和北京旅游团领队 1 人（11 月初，这 20 位来自大陆的游客已被认定罹难）。据台湾“行政院”农业委员会统计，受台风“鲇鱼”影响，台北、宜兰、花莲、台东等县（市）农业及民间设施损失共计 5571 万元新台币，宜兰、花莲、台北 3 县（市）共有 19 所学校受灾，其中宜兰县 17 所学校受灾，灾害损失 417 万元新台币。

Summary

In 2010, the annual precipitation in China was 681.0mm, exceeding the climate normal by 11.1%, which was the fourth largest since 1951 (Fig. 1). Seasonal precipitation was all above the normal and was the third most in spring as well as the sixth most in autumn since 1951. The annual mean temperature over China was 9.5℃, being 0.7℃ warmer than the normal. The year 2010 had ranked the tenth warmest year since 1951 as well as the fourteenth consecutive year with higher temperature than the normal (Fig. 2). Except in spring, seasonal temperature was all above the normal in other three seasons and the temperature in summer was the warmest since 1951.

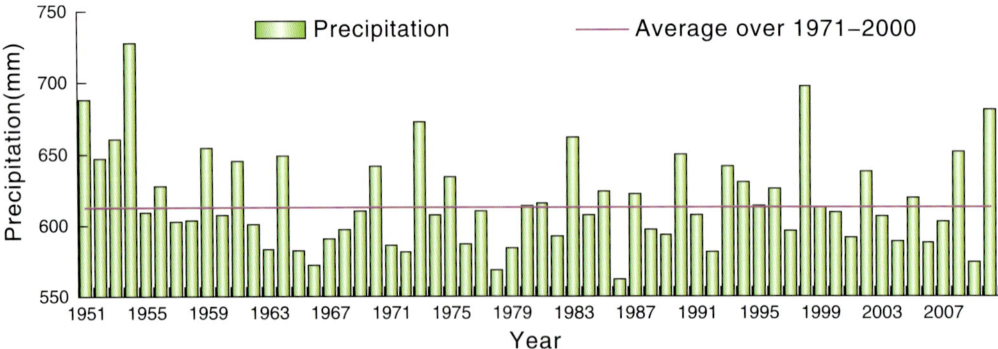

Fig. 1 Annual precipitation over China during 1951—2010 (mm)

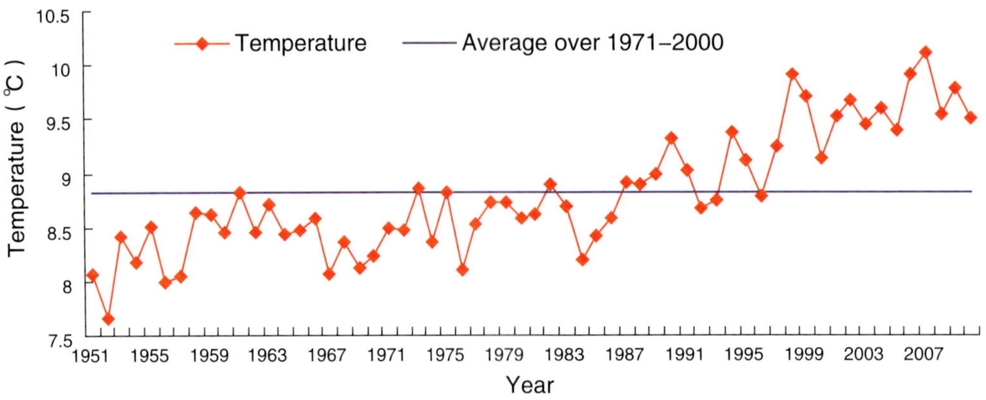

Fig. 2 Annual mean temperature over China during 1951—2010 (℃)

In 2010, extreme weather and climate events occurred frequently. Southwest China experienced the rare severe autumn-winter-spring consecutive drought. In winter and spring, unusual persistent low temperature hit Northeast and North China. The most serious snowstorm attacked northern

Xinjiang, which broke the historical record. From May to July, heavy rainstorm attacked southern China 14 times. From mid July to early September, severe rainstorm and induced flood attacked northern and western China 10 times. In early and mid October, seldom consecutive heavy rainstorm appeared in Hainan Province. Serious geological hazards such as mountain torrents and mud-rock flow caused by local heavy rainfall happened in Zhouqu of Gansu Province and other sporadic places. In summer, frequent hot waves happened widely and intensely. In the early summer, the maximum temperature in many places of Northeast China broke historical records. The landing proportion of tropical cyclones was high and the affected regions concentrated in South China. Typhoons Chanthu and Fanapi brought serious losses. The worst strong wind and hail hazards in recent 20 years, occurred in Chongqing and caused heavy casualties. In spring, strong dust storm affected 21 provinces.

According to statistics, meteorological disasters and the related disasters in 2010 affected 0.43 billion person-times, caused 4000 death and struck 3.7×10^7 hm^2 crop lands, with 4.8×10^6 hm^2 lands without harvest. The direct economic losses (DEL) reached over 500.0 billion RMB (Fig. 3). In general, the DEL caused by meteorological disasters in 2010 exceeded the average level during 1990—2009. The meteorological disasters in 2010 were relatively more serious than normal.

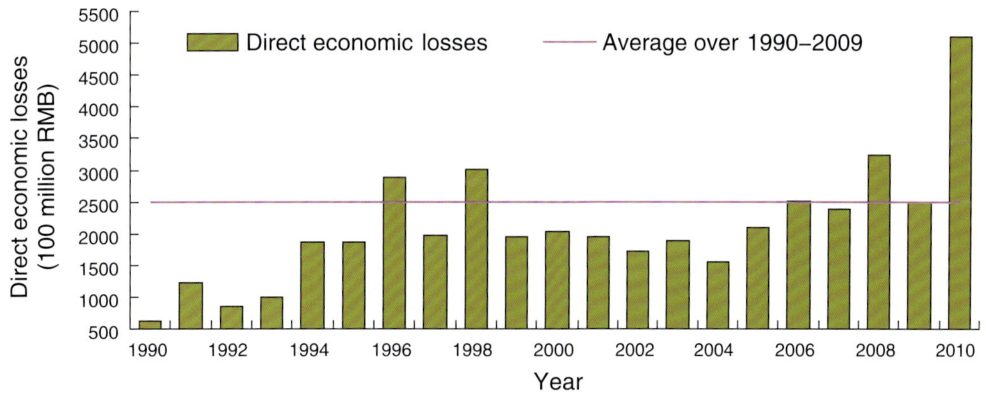

Fig. 3 Direct economic losses (DEL) caused by meteorological disasters over China during 1990—2010

Fig. 4 exhibits the relative proportions of loss indices for five major meteorological disasters over China in 2010. Except for the higher percentage of 54.9% in the "crop areas without harvest" caused by drought, rainstorm and flood disaster had the highest percentage in all the other kinds of loss indices, being 80.7% in "death toll", 89.8% in "collapsed houses" and 68.8% in "direct economic losses", which also reached the percentage of 46.9% and 46.8% respectively in "affected population" and "affected area".

Overall, the meteorological disasters induced obviously more death toll and direct economic losses, but less affected population and affected areas in 2010 than those in 2009, and close crop areas without harvest. In 2010, rainstorm and flood, low temperature, frost injury and snow disaster caused obviously larger direct economic losses than those in 2009, whereas drought did less than those in 2009. The DEL by tropical cyclone and local strong convection were close to those in 2009 (Fig. 5 left). Rainstorm and associated flood, mud-rock flow and landslide as well as tropical cyclone caused obviously more death toll in 2010 than those in 2009, and, local strong convection in-

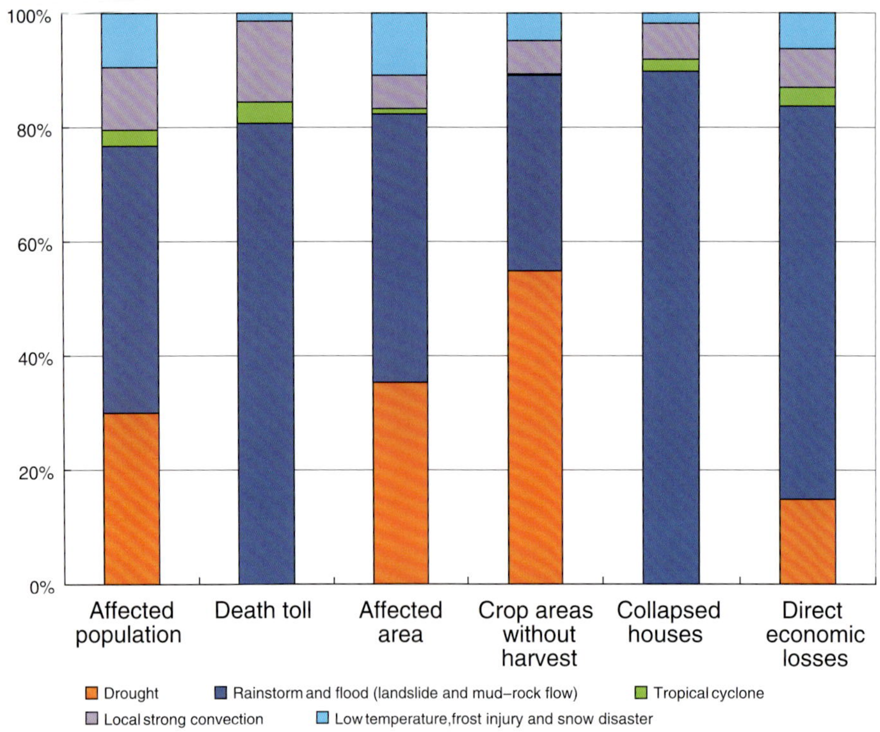

Fig. 4 Relative proportions of loss indices for five major meteorological disasters over China in 2010

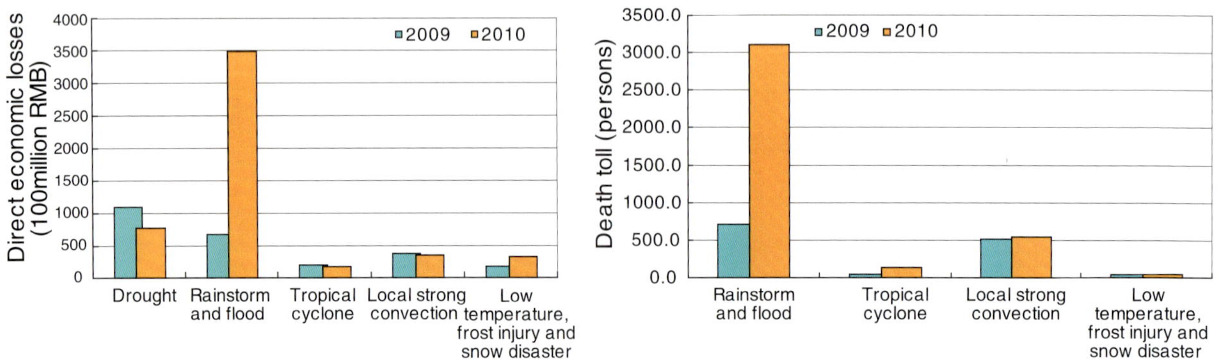

Fig. 5 Direct economic losses (left) and death toll (right) caused by main meteorological hazards over China in 2009 and 2010

duced slightly more death toll in 2010 than those in 2009. The death toll by low temperature, frost injury as well as snow disaster were very close to those in 2009 (Fig. 5 right).

General Review of Main Meteorological Disasters in 2010:

Drought In 2010, the drought-affected areas over China covered more than 13.2 million hectares, which was less than that averaged over 1990—2009 and significantly less than that in 2009. However, the regional and staggered drought was serious and the year 2010 was a relatively moderate year in terms of meteorological drought disaster. Southwest China experienced the rare severe autumn-winter-spring drought. North China and central eastern Inner Mongolia suffered from obvious drought in summer. Continuous drought lasting from autumn to winter occurred in Huanghuai, southern North China and northern Jianghuai (Fig. 6).

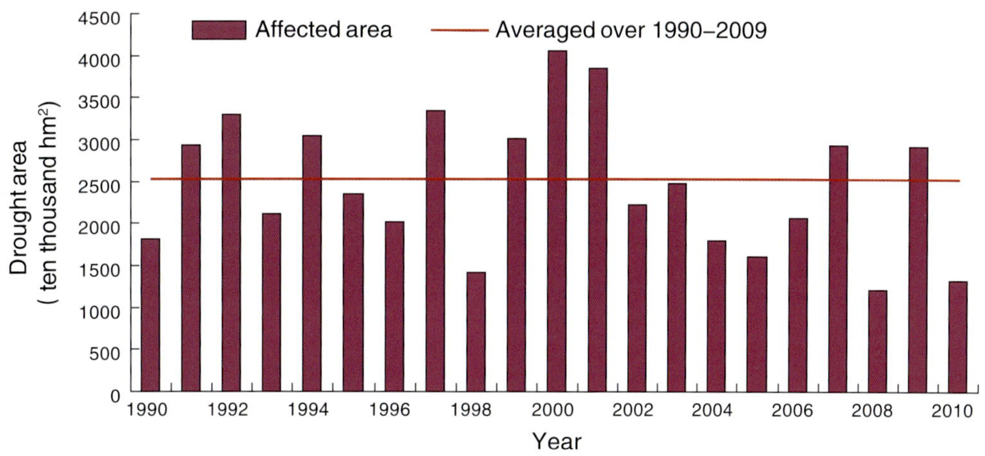

Fig. 6 Histogram of drought-affected areas over China during 1990—2010

Rainstorm and Associated Flood, Mud-rock Flow and Landslide In 2010, the rainstorm process occurred frequently with heavy rainfall intensity, which resulted in concurrent multi-basin flood as well as serious secondary disasters such as landslide and mud-rock flow etc. In March, rare early flood appeared in Jiangnan. From May to July, heavy rainstorm attacked southern China 14 times and induced severe flood. From mid July to early September, severe rainstorm and induced flood attacked northern China. Serious mountain torrents and mud-rock flow hazards caused by local heavy rainfall happened in Zhouqu of Gansu Province. And, mud-rock flow and landslide hazards happened frequently in Yunnan, Guizhou and Sichuan. In early and mid October, seldom consecutive heavy rainstorm appeared in Hainan Province. In 2010, the affected areas by rainstorm and flood reached more than 17.5 million hectares, which was obviously more than those averaged over 1990—2009. Death toll and missing persons as well as the direct economic losses were all more than those averaged over 1990—2009. The year 2010 was a relatively severe year in terms of rainstorm and flood disaster.

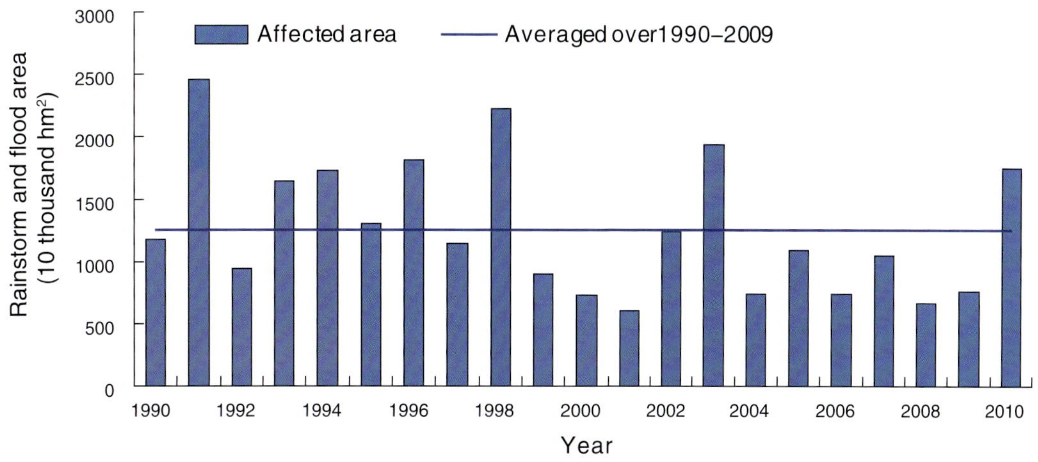

Fig. 7 Histogram of rainstorm and flood affected areas over China during 1990—2010

Tropical Cyclone (Typhoon) In 2010, there were 14 tropical cyclones forming over the Northwest Pacific and the South China Sea, with 13 less than the normal (27), which was equal to the numbers of year 1998 and was the least since 1949. There were 7 tropical cyclones landed on the mainland, close to the normal (7.1). The landing proportion of tropical cyclones reached 50%, which was the highest since 1949. The landing location was concentrated with 5 tropical cyclones landing on the coast of Fujian. These tropical cyclones caused 140 deaths and the direct economic losses of 16.6 billion RMB. Both of the direct economic losses and the death toll from tropical cyclones in 2010 were less than the averaged amounts over 1990—2009. As a whole, the year 2010 was a relatively slight year in terms of tropical cyclone disaster (Fig. 8).

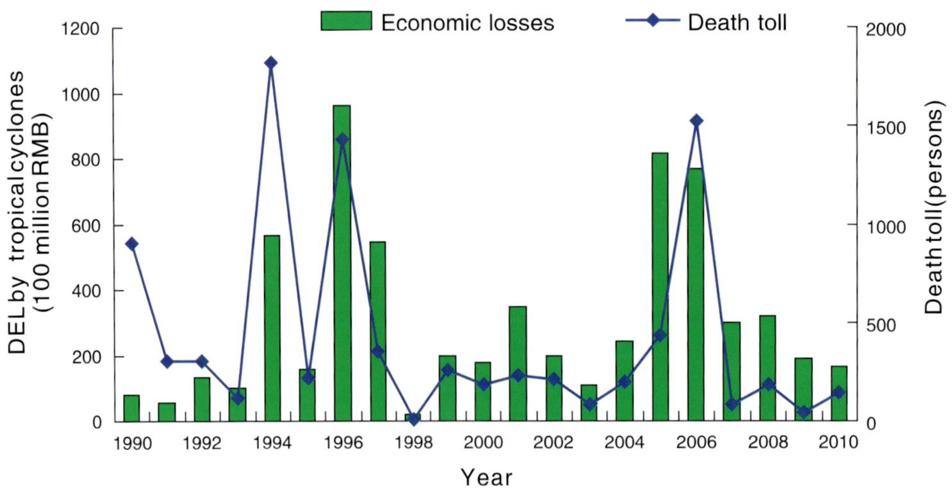

Fig. 8 Histogram of direct economic losses and death toll caused by tropical cyclones over China during 1990—2010

Local strong convection (gale, hail, tornado, lightning stroke, etc) In 2010, the strong convection days averaged over China was less than the normal and ranked the fifth least year since 1961. Gale and hail disasters caused an affected crop area of 2.2 million hectares and a direct economic loss of 35.1 billion RMB, both of which were smaller than those in 2009, but the disaster caused great loss in local areas. During 3—8 of May, the worst strong wind and hail hazards in recent 20 years attacked 21 counties and districts of Chongqing City and caused heavy casualties.

Low Temperature, Frost Injury and Snow Disaster In 2010, the low temperature, frost injury and snow disaster caused a total affected crop area of 4.1 million hectares, which was more than that averaged over 1990—2009 as well as in 2009. The year 2010 was a severe year in terms of low temperature, frost injury and snow disaster. In winter and spring, unusual persistent low temperature hit Northeast and North China, which was rare in recent forty years. From January to March, the most serious snowstorm attacked northern Xinjiang, which broke the historical record. During November and December, Northeast China and Inner Mongolia suffered from severe snow disaster.

Sand Storm In the spring of 2010, the sand storm days averaged over northern China were 2.5, which was 3.1days less than the normal and was the 8th least since 1961. There were 16 dust weather processes, which was less than the normal (19.2) whereas more than the averaged amounts during 2000—2009 (12.7). Strong sandstorm processes were relatively less whereas sandstorm processes were more. The sandstorm weather was characterized by concentrated occurring, more in early spring whereas less in late spring, wide range of influence and heavy local intensity. The sandstorm during 19—22 of March affected 21 provinces, which had the widest scope of affected areas in 2010.

Contents